HISTORIA DE LA FÍSICA CUÁNTICA

VOLUMEN II

DRAKONTOS

Director:
JOSÉ MANUEL SÁNCHEZ RON

HISTORIA DE LA FÍSICA CUÁNTICA

VOLUMEN II

La creación e interpretación de la mecánica cuántica:
de Heisenberg al gato de Schrödinger (1925-1935)

José Manuel Sánchez Ron

CRÍTICA
BARCELONA

Primera edición: junio de 2025
Tercera impresión: junio de 2026

Historia de la física cuántica. Volumen II
La creación e interpretación de la mecánica cuántica:
de Heisenberg al gato de Schrödinger (1925-1935)
José Manuel Sánchez Ron

Iconografía: DAU, Grupo Planeta

Av. Diagonal, 662-664, 08034 Barcelona (España)
Crítica es un sello editorial de Editorial Planeta, S. A.
editorial@ed-critica.es
www.ed-critica.es
ISBN: 978-84-9199-779-5
Depósito legal: B. 7.546-2025
Printed in Spain - Impreso en España

PEFC Certificado
Este libro procede de bosques gestionados de forma sostenible
PEFC
PEFC/14-38300305
www.pefc.es

En memoria de Francisco J. Ynduráin (1940-2008), que quería que escribiera este libro, y para Carmen Esteban, mi editora y amiga, que con su paciencia e insistencia consiguió que lo hiciera.

Acércate a esta roca junto al mar y mira:
es casi enteramente espacio vacío
(mírala electrónicamente)
es evanescente espuma toda ella
como la espuma de mar que de las rocas nace y en las rocas se deshace.
Efímeras partículas que no están ni aquí ni allí,
yendo y viniendo al azar de las olas de un mar vacío.
Partículas que surgen de la nada y vuelven al olvido.
Viajan del vacío al vacío.

ERNESTO CARDENAL,
«Cántico cuántico» (1989)

Prólogo

Este segundo tomo de la *Historia de la física cuántica* está dedicado a uno de los momentos de mayor importancia y transcendencia de toda la historia de la ciencia, la culminación de los procesos y esfuerzos descritos en el primer volumen de esta obra: la creación e interpretación (a la manera de Copenhague) de la mecánica cuántica, aportación pionera de Werner Heisenberg. A esta siguieron una formulación diferente a cargo de Erwin Schrödinger y la presentación de Paul Dirac, muy influida por la de Heisenberg. No se trata de calificaciones en absoluto gratuitas o exageradas. Como señalé en el prólogo de la entrega anterior, de la mecánica cuántica se derivaron reflexiones de índole filosófica (sobre la naturaleza de la realidad física) y aplicaciones tecnológicas que han modificado nuestras vidas en profundidad: basta con pensar en el transistor, un «hijo» de la disciplina que, de forma literal, ha cambiado el mundo. Cuando se compara este en 1925-1926 y en el siglo XXI, se observan sin dificultad las grandes diferencias que existen entre ambas fechas, tanto en lo referente a la sociedad como al modo de vida de las personas. Algunos de los desarrollos que explican tales disparidades se detallarán en el tomo tercero de esta historia.

En lo que se refiere al intervalo temporal, este segundo volumen finaliza en 1935, año en el que apareció el famoso artículo firmado por Albert Einstein, Boris Podolsky y Nathan Rosen. También es la fecha en que se publicó otro de Erwin Schrödinger con su afamada paradoja, texto más conocido como «del gato de Schrödinger», cuya transcendencia residía sobre todo en la manera en que su autor resaltaba una característica fundamental de la mecánica cuántica: la «superposición de estados». De hecho, tanto el artículo de Einstein y sus colaboradores como este último incidían sobre una propiedad en gran medida contraintuitiva denominada *Verschränkung* ('entrelazamiento'), un fenómeno que daría lugar en el futuro a importantes investigaciones experimentales y a profundas discusiones teóricas.

El hecho de que haya seleccionado 1935 para poner término a este segundo tomo no significa que el tercero y último comience a partir de esa fecha, sino que lo he decidido así por razones de coherencia expositiva. Lo cierto es que el siguiente volumen parte, básicamente, de 1932, un año «verdaderamente milagroso», pues fue cuando se descubrieron el neutrón y la primera antipartícula, el positrón, y cuando Cockcroft y Walton consiguieron romper, desintegrar de manera artificial, un átomo.

Al igual que en la primera etapa de esta historia, que abordé en la anterior entrega de la obra, en esta segunda se aprecia, aunque en menor medida (el período que cubre es también más breve), su carácter de empresa colectiva, en la que participaron un elevado número de científicos, físicos en su mayoría, pero también algunos químicos y matemáticos. Un empeño poliédrico, pluridimensional, que transcurrió por caminos a veces no previstos. Por ejemplo, Heisenberg tuvo que recurrir al cálculo matricial, algo totalmente inesperado para él, tanto que en un primer momento fue incapaz de darse cuenta de que estaba utilizando una herramienta matemática que desconocía.

En el período cubierto en este tomo todavía dominaron las contribuciones realizadas por los científicos europeos, alemanes desde luego, pero también de otras nacionalidades, a la cabeza de los cuales se encontraba el británico Paul Dirac, luminaria excepcional, mientras que Niels Bohr resistía en su papel central de «patrón» de la física cuántica. Sin embargo, como se comprobará en el próximo volumen, a partir de la década de 1940 el centro neurálgico de la disciplina se trasladó al otro lado del Atlántico, a Estados Unidos. Hitler y su régimen ayudaron, pero, por decirlo de alguna manera, «las cartas ya estaban dadas», a consecuencia del desarrollo industrial y económico estadounidense.

Espero que esta obra, esta trilogía, sirva para comprender mejor, o para entender algo de lo que considero uno de los grandes monumentos de la historia de la humanidad: la física cuántica. Una creación que no es de piedra, ni de ningún material sólido, de esos que se pueden tocar, pero que durará mucho más que cualquiera de ellos. Su riqueza, su permanencia, tiene que ver con ideas, con el pensamiento, con la capacidad de los seres humanos para construir edificios conceptuales. Como bien escribió el matemático inglés Godfrey Harold Hardy en un libro maravilloso, *A Mathematician's Apology* (1940):[1] «La civilización babilónica y la asiria han perecido; Hammurabi, Sargón y Nabucodonosor son nombres vacíos; aunque los matemáticos babilónicos siguen siendo interesantes y el sistema sexagesimal babilónico todavía se utiliza en astronomía. [...] Las matemáticas griegas son "eternas" más aún que la literatura griega. Arquímedes será recordado, mientras que Esquilo cae en el olvido, porque los lenguajes mueren, pero las ideas matemáticas no». Aunque esta disciplina posee, en efecto, un mayor grado de inmortalidad, si se sustituyen «matemáticas» y nombres como el de Arquímedes y Esquilo por «física», «biología», «química»..., y Newton, Lavoisier, Darwin, Einstein..., la noción que defendía Hardy continuará siendo válida.

1. Hay traducción al castellano: *Apología de un matemático*, traducción de Pedro Pacheco González (Capitán Swing, Madrid, 2017).

Agradecimientos

Este libro es deudor de una larga lista de personas: científicos que dedicaron parte de su tiempo para explicar su vida y su trabajo, así como el de otros colegas, por un lado, e historiadores de la ciencia por el otro, que han intentado reconstruir los cientos, si no miles, de aspectos y detalles de la compleja historia de la física cuántica. En lo personal, quiero recordar especialmente el estímulo, conocimientos y amistad que he recibido de Paul Forman, Francisco Ynduráin, José Luis Sánchez Gómez y Roger Stuewer, los tres últimos por desgraciada ya fallecidos. La paciencia y disposición de mi editora en Crítica, Carmen Esteban, ha sido una pieza imprescindible para que este volumen haya llegado a existir. Sin embargo, mi mayor agradecimiento es para mi esposa, Ana Gómez Antón, que revisó todo el manuscrito y corrigió, con su magnífico saber de física, no pocos errores. Sin olvidar, claro está, todo lo demás que le debo y que difícilmente se puede expresar.

1

La mecánica cuántica de matrices de Heisenberg

El primer tomo de esta historia finalizó con el establecimiento de las bases sobre las que se construiría una mecánica para los procesos del mundo atómico, una mecánica *cuántica,* un cuarto de siglo después de que Max Planck se viera obligado a introducir elementos discretos de energía, la inmortal fórmula $E=h\cdot\nu$. El largo camino que condujo a este logro, cuyas aplicaciones tecnológicas terminaron por conmocionar al mundo, o mejor dicho, por cambiarlo de manera radical, fue transitado por un numeroso conjunto de científicos, físicos en su inmensa mayoría, entre los que destacaron nombres que ya forman parte de lo mejor de la historia de la ciencia, como sin duda son Albert Einstein, Ernest Rutherford y Niels Bohr.

En ese primer volumen ya apareció, aunque brevemente, un joven estudiante de Arnold Sommerfeld, con dotes excepcionales para un gran número de actividades, sobre todo las intelectuales: Werner Heisenberg (1901-1976), sobre quien recayó el honor de construir la primera mecánica cuántica. En el capítulo 9 de la anterior entrega comencé a esbozar su biografía y expliqué que en el otoño de 1920 Sommerfeld le encargó el estudio del efecto Zeeman anómalo. También que el alumno, utilizando el modelo *Rumpf*, encontró que los nuevos datos experimentales que habían enviado a su maestro podían explicarse mediante la asignación a los estados estacionarios de números cuánticos internos semienteros, 1/2, 3/2, 5/2, resultado que publicó en última instancia en 1922, una vez que se supo en Múnich que Alfred Landé había llegado a ideas similares. Heisenberg mostraba así su creatividad en un dominio tan complejo como actual. Sin embargo, Sommerfeld decidió que sería conveniente para la educación de su joven discípulo que no se centrase exclusivamente en la física atómica y le asignó como tema para su tesis doctoral un problema de hidrodinámica clásica: la transición de un flujo laminar a otro turbulento. También ahí Werner demostró sus habilidades y desarrolló métodos aproximativos para manejar las ecuaciones no lineales implicadas en este análisis. En 1923 completó su tesis, que apareció publicada al año siguiente (Heisenberg 1924), y logró así el título de doctor, aunque no sin dificultades; es conocida la historia de sus aprietos en el examen oral (julio de 1923), que tenía como fin comprobar los conocimientos generales del candidato sobre física. Wilhelm Wien, uno de los examinadores, le planteó preguntas sobre el poder de resolución de microscopios, telescopios e interferómetros de Fabry-Perot, que el aspirante no pudo contestar. Solo la ayuda de Sommerfeld le salvó del suspenso, en el que Wien insistía, aunque únicamente logró la calificación más baja posible: *rite* (el orden era: *summa cum laude*, *magna cum laude*, *cum laude* y *rite*). Heisenberg no olvidó nunca aquella humillante lección y tuvo buen cuidado de aprender a calcular el poder de resolución de los instrumentos ópticos, conocimientos que le sirvieron bien en 1927, cuando los utilizó en el experimento mental con el que sustanció el principio de incertidumbre.

Aun sin haber defendido todavía su tesis doctoral, Heisenberg se trasladó a Gotinga como ayudante de Max Born, un físico que apareció en repetidas ocasiones en el tomo anterior, aunque no me detuve mucho en él. Ahora, es el momento de presentarlo debidamente, ya que es un personaje clave en la historia de la mecánica cuántica.

1. Un personaje clave: Max Born

Tras finalizar sus estudios de secundaria y pasar tres semestres en la universidad de su ciudad natal, Breslavia (hoy en Polonia), y otros dos de verano en Heidelberg y Zúrich, en 1904 Max Born (1882-1970) entró en la Universidad de Gotinga. Por entonces, una de las grandes luminarias de esta institución era el matemático David Hilbert (1862-1943), con quien Max estableció relaciones muy pronto y quien le encargó (lo que constituía un gran honor) que preparase las transcripciones de sus clases para que pudiesen ser consultadas por otros alumnos en la sala de lectura; en 1905, el joven se convirtió en ayudante personal de Hilbert.[1] De hecho, una de las características de la carrera científica de Born fueron sus grandes dotes y conocimientos matemáticos, que, como veremos más adelante, resultaron decisivos a la hora de dar una forma matemática acabada a la mecánica cuántica que Heisenberg propuso en 1925.

Pese a sus habilidades en las ciencias exactas, Born no se inclinó por esta disciplina, sino que desde el principio mostró interés por la física teórica, en concreto por temas como la teoría del electrón (lo que le llevó a ser uno de los primeros físicos en introducirse en el campo de la relatividad especial), o como la elasticidad. De hecho, la separación entre matemática y física teórica no estaba muy bien definida todavía. «En aquella época —escribió en un breve texto autobiográfico (Born 1971 a: 33)—, las Matemáticas abarcaban también la Física matemática. Por ejemplo, Hilbert y Minkowski dirigían un seminario sobre Electrodinámica de los cuerpos en movimiento, en el que se trataban problemas que hoy se incluyen bajo el nombre de Relatividad.»

Una vez conseguido el título de doctor (defendió su tesis a finales de 1906), tuvo que realizar el servicio militar, del que fue licenciado en 1907. Decidió entonces irse a Inglaterra (llegó a Londres en abril), a Cambridge, para ampliar estudios con J. J. Thomson y Joseph Larmor: «Descubrí que la exposición del electromagnetismo hecha por Larmor apenas me enseñaba nada que no hubiera aprendido ya con Minkowski. Las demostraciones experimentales de J. J. Thomson eran, en cambio, brillantes y apasionantes» (Born 1971 a: 37).

A los seis meses, regresó a Breslavia, pero pronto recibió una oferta de Hermann Minkowski para volver a Gotinga y ayudarle con sus trabajos sobre la electrodinámica y la teoría de la relatividad especial. Born aceptó y llegó a esta ciudad en diciembre de 1908. No obstante, y por desgracia, Minkowski falleció muy poco después, en enero de 1909, tras una operación de apendicitis. No por ello, sin embargo, se frustró la carrera del joven en su *alma mater*. De hecho, su estatus como científico prosperó con rapidez y él se sumergió en los problemas de la física cuántica y en otros (como los mencionados en el capítulo 5 del primer tomo, con Theodore von Kármán, sobre

1. Sobre las relaciones de Born con Hilbert cuando era estudiante en Gotinga, véase Born (1978: 81-85).

la teoría atómica de cristales). Muestra de su creciente prestigio es que, en 1912, Michelson le invitó a dar una serie de conferencias sobre relatividad en Chicago, invitación que Born aceptó.

En 1914, justo al iniciarse la primera guerra mundial, fue llamado a Berlín, como profesor extraordinario (el puesto, recordemos, previo al de catedrático), para ayudar a Max Planck en sus obligaciones docentes, tarea a la que se incorporó en la primavera de 1915. Allí, además de servir a su país, Born intimó con Einstein. Recurriendo de nuevo a sus notas autobiográficas (Born 1971 a: 42-43):

> En los aciagos días de la guerra, cuando resultaba difícil conseguir alimento suficiente para la familia, la amistad con Einstein constituyó un gran consuelo. Nos veíamos a menudo, tocábamos juntos sonatas para violín y discutíamos no solo cuestiones científicas, sino también la situación política y militar. [...] Desaprobábamos abiertamente las metas políticas del Gobierno alemán y estábamos convencidos de que habrían de conducir a una catástrofe. En este año [diciembre de 1915] completó Einstein su teoría de la relatividad general y la discutió conmigo. Quedé tan impresionado de la grandeza de su concepción que decidí no trabajar jamás en este campo. [...] Juntos vivimos la derrota militar, la Revolución en Berlín y la fundación de la República Alemana. Como estaba regida desde Weimar y no desde Postdam, abrigamos la esperanza de un futuro pacífico.

En 1919, y como Max von Laue estaba muy interesado en vivir en Berlín, permutaron sus respectivos puestos, lo que significó que Born se trasladó a Fráncfort, donde tuvo un pequeño laboratorio a su disposición. Allí, su ayudante, Otto Stern, realizó junto a Walther Gerlach los experimentos comentados en el primer tomo, cuando se analizó el efecto Stern-Gerlach.

Dos años más tarde, la Universidad de Gotinga le ofreció suceder a Peter Debye como catedrático y director del Instituto de Física, que englobaba tanto las ramas teórica como experimental de esta disciplina. Sin embargo, Born no estaba interesado en ocuparse de la parte empírica y convenció al Ministerio para que nombrara también a James Franck, para que se hiciera cargo de esta sección. La propuesta fue aceptada y así Gotinga contó a partir de entonces con tres institutos y tres catedráticos de Física: Robert Pohl, que ya estaba allí con anterioridad, Born y Franck.

Victor Weisskopf (1908-2002), un físico austríaco que desarrolló una brillante carrera, primero en Alemania y después y durante mucho más tiempo en Estados Unidos (también llegó a ser director general del CERN, el laboratorio europeo de física de altas energías ubicado en Ginebra), recordó en sus memorias el ambiente que reinaba en Gotinga en aquella época, así como la personalidad de algunos de sus principales protagonistas, Born y Franck en particular (Weisskopf 1991: 30):

> Cuando llegué a Gotinga en 1928, encontré que mientras el régimen era mucho menos estricto que en Múnich [donde había estudiado con Sommerfeld], tenía otras ventajas. El profesor de física teórica de más alto rango era Max Born, uno de los principales contribuyentes al desarrollo de la mecánica cuántica. Se mantenía algo distante de sus estudiantes y tenía un enfoque bastante formal de la física. Cuando daba clases, tendía a expresar todo en términos matemáticos complejos. Aunque yo prefería un enfoque menos formal, su presencia me deslumbraba. Sabía que, a pesar de todas nuestras diferencias, era un gran hombre. Quería emularlo. De hecho, era muy amigable y me animaba. Pero cuando entré en contacto con la nueva mecánica cuántica, pensé que era una teoría esotérica muy alejada de la experiencia humana ordinaria. Yo todavía era muy joven e idealista, y mi dedicación a los asuntos humanos y sociales se había convertido en muy importante para mí. [...]
>
> A pesar de varios encuentros positivos con Born, mi colaboración con él no fue tan estrecha como había esperado. Él era, por naturaleza, un hombre poco dado a abrirse a los demás en circunstancias normales. Poco después de mi llegada a Gotinga, había sufrido un infarto y era todavía más difícil acercarse a él. Aun así, tuvimos algún contacto. Born me llamó a su despacho y me dijo que estaba preparando un libro de texto sobre óptica. Sabía que yo había estado interesado en el comportamiento de la luz en cristales. Dijo que no había pensado todavía en el capítulo sobre ese tema y que necesitaba mi ayuda. Yo debía leer la literatura y preparar una sinopsis de lo que pensaba debería ser el capítulo. Lo escribí, pero el resultado fue tan diferente al estilo de Born que no podía incluirlo en el libro sin hacer muchos cambios. Cuando se publicó el libro [*Optik: Ein Lehrbuch der elektromagnetische Lichttheorie*, 1933] fui incapaz de reconocer el capítulo como algo que había escrito.
>
> Los dos profesores séniors de física experimental eran James Franck y Robert Pohl. Me atrajo especialmente Franck, que había ganado el Premio Nobel en 1925 por demostrar que cuando los átomos colisionan,

ganan o pierden energía en saltos cuánticos. Al contrario que el solitario Born, Franck era cálido e interaccionaba de forma muy personal y amigable con sus estudiantes, que estaban muy impresionados con él. También tenía un grupo de activos jóvenes ayudantes, que nos resultaban muy accesibles y que eran profundamente devotos de su jefe. Constituía un gran placer discutir física con Franck. Me impresionaba su intuitiva comprensión de la ciencia, su misterioso sentido de la física y su maravillosa forma de trabajar. Parecía ser capaz de predecir con gran precisión el resultado de un experimento o de cálculos teóricos, incluso aunque no estuviese muy familiarizado con los métodos matemáticos implicados. Debido a esto decíamos que tenía un contacto directo con Dios. [...]

Además de los «grandes hombres» había en Gotinga muchos jóvenes en el nivel que en Estados Unidos se denomina profesores ayudantes. Aprendimos bastante de los miembros júnior de la Facultad, porque eran mucho más accesibles y nos relacionábamos con ellos socialmente. Recuerdo en particular a Walter Heitler, Lothar Nordheim y Gerhard Herzberg, quien después se instaló en Canadá y ganó el Premio Nobel por su trabajo en física molecular. Herzberg enseñaba un curso denominado «Introducción a la mecánica cuántica». Este campo era entonces tan nuevo que todavía no formaba parte de la mayoría de los programas de estudio de física, pero Herzberg era joven y estaba ansioso de enseñar los últimos desarrollos. Para mí, el curso de Herzberg significó muchísimo, porque me ayudó enormemente a familiarizarme con la nueva física.

Con Born, Franck y Pohl, además de los jóvenes que se congregaron a su alrededor, la física floreció en Gotinga. En el semestre de verano de 1932, por ejemplo, 206 de los 3.662 matriculados en la universidad de dicha ciudad, esto es el 5,6 %, estudiaban esa carrera, mientras que en toda Alemania lo hacían 2.299 alumnos, de un total de 126.381 universitarios, por consiguiente, el 1,8 %.

En Gotinga, Born se centró sobre todo en los problemas de la física cuántica, tarea en la que le ayudaron de manera considerable sus dos primeros ayudantes, un dúo extraordinario: Wolfgang Pauli y Werner Heisenberg. Veamos la manera en que se refería a ellos en su autobiografía (Born 1978: 211):

La serie de los ayudantes [que tuve en Gotinga] fue bastante notable; a saber: Pauli, Heisenberg, Jordan, Hund, Hückel, Nordheim, Heitler y Rosenfeld. [...]

Pauli me fue recomendado por Sommerfeld. [...] Era un «wunderkind» [«niño prodigio»]. [...] Nos encontramos por primera vez durante el verano de 1921, en Ehrwald, Tirol, estando yo de vacaciones. [...] Recuerdo que incluso en la escenografía montañosa más majestuosa, Pauli continuaba discutiendo problemas de física. No era posible ningún tipo de relajamiento mental en su compañía. Por supuesto, no fue un auténtico éxito como «ayudante». Trabajamos juntos en refinados problemas de la teoría de perturbaciones y su aplicación a la teoría cuántica de los átomos, y aprendí mucho de él, ciertamente más que él de mí. Pero apenas me ayudó en mi trabajo rutinario de enseñanza. Yo sufría entonces de ataques de asma y algunas veces tenía que permanecer en cama durante un día o dos. Se suponía entonces que Pauli debía dar mi clase, que era de 11 a 12 del mediodía. Pero a menudo lo olvidaba y si enviaba a nuestra criada para que se lo recordase a las diez y media, normalmente le encontraba todavía durmiendo.

Cuando Pauli se marchó, Sommerfeld le recomendó a Heisenberg.

No era menos «niño prodigio». Estaba entonces trabajando en su tesis doctoral sobre un problema de hidrodinámica; Sommerfeld le aconsejó que aceptase mi oferta para que respirase una atmósfera científica diferente. Cuando llegó (debió ser en octubre de 1922) parecía un sencillo muchacho campesino, con pelo corto y rubio, ojos claros y brillantes, y una expresión encantadora. Tomó sus deberes como ayudante mucho más seriamente que Pauli, y me fue de gran ayuda. Su increíble rapidez de comprensión y agudeza le permitía llevar a cabo una cantidad colosal de trabajo sin demasiado esfuerzo; completó su tesis sobre hidrodinámica, trabajó en problemas atómicos, en parte solo y en parte en colaboración conmigo, y me ayudó a dirigir a mis estudiantes de investigación.

2. En busca de una «mecánica cuántica»

Entre las investigaciones de Heisenberg en Gotinga se encontraba el estudio sistemático de átomos más complejos que el de hidrógeno (el único para el que funcionaban las teorías disponibles entonces). La idea era emplear los métodos perturbativos procedentes de la mecánica clásica y celeste. Al tratar los átomos complejos como sistemas «múltiplemente periódicos» y aplicar al helio dichos métodos (que ya habían estudiado antes Born y Pauli) y las condiciones de cuantización del tipo $\int p_k \cdot dq_k = n_k \cdot h$, descubrió (Born y Heisenberg 1923) que los estados energéticos así calculados conducían a valores para la energía de ionización del átomo de helio que no coincidían con los datos experimentales. Sin embargo, el propio Heisenberg había encontrado con anterioridad (aunque no lo había publicado, simplemente se lo había comunicado a Sommerfeld por carta en octubre de 1922) que si tomaba $\int p_{\phi} \cdot d\phi = \frac{1}{2} \cdot h$ entonces se llegaba al resultado correcto para esa energía. La conclusión era difícilmente evitable: el método/modelo atómico de Bohr-Sommerfeld tenía sus límites y no parecía funcionar más allá del hidrógeno, mientras que los números cuánticos semienteros reforzaban su presencia.

El artículo de Born y Heisenberg que acabo de citar fue enviado para su publicación el 11 de mayo de 1923 y apareció en el número del *Zeitschrift für Physik* correspondiente al 9 de julio, el mismo mes en que Heisenberg defendió (el día 23) su tesis doctoral en Múnich. En septiembre, regresó a Gotinga, donde continuó sus investigaciones, a pesar del inestable ambiente político imperante entonces en Alemania. Sin embargo, si el mundo social vivía en un estado de zozobra, el de la física cuántica no le iba a la zaga. La situación era ya insostenible y cundía cada vez con mayor certeza la sensación de que era imprescindible algún cambio profundo. Entre quienes compartían con más virulencia esa impresión se encontraba el heterodoxo y genial Wolfgang Pauli, como muestra la carta que dirigió a Bohr el 21 de febrero de 1924, en la que daba rienda suelta a su innato y pronunciado espíritu crítico (reproducida en Stolzenburg, ed. 1984: 410-414):

> En Gotinga ahora imaginan que, *aparte de todas las cuestiones de la estructura compleja*, la penetración de las órbitas en los centros atómicos [*Atomrest*] y los valores de los términos en las series de los espectros se ajustan mejor con valores de *k* semienteros que con valores enteros. Sobre esto, en primer lugar, querría decir lo siguiente: los físicos atómicos de Alemania se dividen en la actualidad en dos clases. No incluyo a Heisenberg (él tiene más sentido). La primera clase hace cálculos para un cierto problema con valores semienteros de los números cuánticos, y si [sus resultados] no están de acuerdo con el experimento calculan entonces utilizando números cuánticos enteros. Los otros hacen cálculos primero con números cuánticos enteros y si [sus resultados] no están de

acuerdo [con el experimento] entonces calculan con semienteros. Sin embargo, ambas clases de físicos tienen en común la característica de que, *a priori*, de sus teorías no se pueden deducir argumentos que digan para qué números cuánticos y para qué átomos se deberían hacer los cálculos con valores semienteros de los números cuánticos, y para cuales se debería calcular con valores enteros. Solo pueden decidir esto *a posteriori*, comparando con el experimento. Yo no puedo aceptar este tipo de física teórica, y me retiro a mi conducción calorífica en cuerpos sólidos. Sin embargo, sobre este tema todavía tengo que decir: 1. Contrariamente al punto de vista que usted adoptó en el otoño, ahora creo que, también en el caso del número cuántico *k* (no solo para *j*), no se reproducen aspectos esenciales de la realidad con la teoría de los sistemas múltiplemente periódicos. 2. Soy mucho más radical que los físicos atómicos «semienteros». Ya que no creo que las desviaciones de la realidad [que se encuentran] en los resultados de la aplicación de la teoría de los sistemas múltiplemente periódicos a los sistemas atómicos con más de un electrón se agoten simplemente insertando en las fórmulas finales de esta teoría números semienteros en lugar de enteros. 3. Me parece que la cuestión más importante es esta: *¿en qué medida se puede hablar realmente de las órbitas definidas de los electrones en los estados estacionarios?* Creo que en modo alguno se puede suponer que esto sea evidente en sí mismo [...] En mi opinión, Heisenberg da precisamente en el blanco cuando duda de la posibilidad de hablar de órbitas definidas.

Con esta última frase, Pauli hacía referencia a ideas que Heisenberg desarrollaría más adelante, sobre todo en un artículo que envió a la redacción de *Zeitschrift für Physik* el 13 de junio de 1924 (Heisenberg 1924 b). En ese trabajo afirmó (véase el tomo anterior *HFC-1*): «Se hace más claro que nunca que una explicación del efecto Zeeman anómalo debe traer consigo modificaciones profundas en nuestras concepciones teóricas cuánticas».[2]

El mismo día (es decir, el 13 de junio) que se recibió en el *Zeitschrift für Physik* el anterior artículo de Heisenberg, llegó otro de Born (lo que sugiere que fueron enviados al mismo tiempo desde Gotinga): lle-

2. Las relaciones científicas entre Pauli y Heisenberg en este período crítico se estudian en diversos lugares, dentro del contexto del desarrollo por parte de Heisenberg de la primera versión de la mecánica cuántica, la mecánica de matrices. No obstante, una referencia especialmente interesante es Serwer (1977).

vaba el significativo título de «Über Quantenmechanik» («Sobre la mecánica cuántica»; Born 1924). En él se utilizaba por primera vez la expresión «mecánica cuántica». «Este artículo —se lee en sus primeras líneas— contiene un intento de dar un primer paso hacia una teoría cuántica del acoplo [interacción entre "sistemas" separados, como los átomos], que tenga en cuenta algunas de las propiedades más importantes de los átomos (estabilidad, resonancia para frecuencias de transición, principio de correspondencia) y que surja de manera natural de las leyes clásicas. Esta teoría incluye la fórmula de dispersión de Kramers y revela una estrecha afinidad con la formulación de Heisenberg de las reglas para el efecto Zeeman anómalo.»

Obviamente, Heisenberg se benefició de todo esto: «En los seminarios que bajo la dirección de Max Born tuvieron lugar en Gotinga, en el semestre de verano de 1924 —recordó en su autobiografía (Heisenberg 1996: 122)—, se hablaba ya de una nueva mecánica cuántica, que más tarde debería ocupar el lugar de la antigua mecánica newtoniana y de la que, por el momento, solo en puntos particulares aislados se podían conocer los contornos. También en el semestre de invierno que le siguió, durante el cual trabajé de nuevo a temporadas en Copenhague y me esforzaba por estructurar una teoría que había desarrollado Kramers de los llamados fenómenos de dispersión, se concentraron nuestros esfuerzos no en deducir las relaciones matemáticas exactas, sino en averiguarlas partiendo de la similitud con las fórmulas de la física clásica».

En esta cita, Heisenberg menciona que trabajó por temporadas en Copenhague y como este aspecto de su biografía es particularmente importante me detendré un instante en él.

Werner llegó a la capital danesa el 15 de marzo de 1924, en lo que constituía su primera visita. La cosa era diferente en lo que se refiere a Bohr, a quien había conocido bastante antes, cuando asistió (le llevó Sommerfeld, que cubrió sus gastos) al curso que dictó el físico danés entre el 12 y el 22 de junio de 1922 en Gotinga, ocasión financiada con los intereses del fondo (cien mil marcos) que había dejado en 1906 el matemático Paul Wolfskehl para quien demostrase el teorema de Fermat. Con sus preguntas, Heisenberg llamó la atención del ponente, que reconoció su talento, se entrevistó con él en solitario y le invitó a visitar su Instituto. Aquel primer viaje a Copenhague no fue muy largo (unas dos semanas), aunque sí intenso (véase Cassidy 1992: 172-176), y su anfitrión le atendió con esmero: la fama del discípulo de

Sommerfeld y colaborador de Born le había precedido. Pronto regresó para una estancia más prolongada: a principios de julio, Bohr le escribió para informarle de que la Junta de Educación Internacional de la Fundación Rockefeller le había concedido mil dólares para que trabajase en Copenhague durante un año. Sin embargo, la joven estrella de la física cuántica era un bien muy apreciado y Born no estaba dispuesto a renunciar a él. Llegó a un acuerdo con Bohr: como Born iba a estar el semestre de invierno de 1924-1925 en Estados Unidos, Heisenberg podía pasar ese período en Dinamarca, pero debía regresar a Gotinga antes del 1 de mayo de 1925. De esta manera, Werner se encontraba en una posición especialmente favorable, ya que podía combinar dos tradiciones, dos estilos científicos diferentes, pero complementarios. «El énfasis en Gotinga estaba más en el lado matemático, en el lado formal —señaló Heisenberg en la entrevista que mantuvo con Thomas Kuhn en febrero de 1963 durante el proyecto «Sources for History of Quantum Physics»[3]—, mientras que en Copenhague estaba más en el lado, yo diría, filosófico. Esto era cierto en el siguiente sentido: para Born, una descripción de física debería ser siempre una descripción matemática, de manera que su atención estaba concentrada en la idea de cómo el esquema matemático describiría esas curiosas cosas que vemos en nuestros experimentos. La aproximación de Bohr en Copenhague era diferente. Bohr diría: "Bien, ¿cómo puede evitar la naturaleza las contradicciones? Ahora tenemos la imagen ondulatoria, conocemos la interferencia, sabemos del efecto Compton, sabemos todo esto, pero ¿cómo puede poner el Señor orden en todo esto?". Y así, lo primero que quería era comprender cómo se podían evitar las contradicciones, y diría: "Solamente cuando hayamos comprendido esto suficientemente, podremos esperar ponerlo en forma matemática".» Heisenberg, con su mecánica matricial, en la que la forma matemática (el álgebra no conmutativa de matrices) y el enfoque filosófico (basar la teoría solo en magnitudes observables) constituían una unidad indivisible, combinó los estilos de Born y Bohr, el físico-matemático-formalista y el físico-filosófico, en un grado difícilmente igualable en la práctica científica.

Pero no avancemos tanto. El 24 de julio, en Gotinga, Heisenberg dio un nuevo paso en su carrera académica, al superar (esta vez sin

3. En el resto de este capítulo, cuando utilice citas de este proyecto, simplemente añadiré, entre paréntesis, «Sources».

ningún problema) las pruebas de habilitación que le daban derecho a enseñar (como profesor no titular) en cualquier universidad alemana. Al día siguiente, se fue a pasar tres semanas en los montes bávaros. En septiembre, estaba de vuelta en Copenhague, con lo que rompía el acuerdo alcanzado. Allí, no solo trabajó con Bohr, sino que también lo hizo con Hendrik Kramers, con quien extendió la teoría de la dispersión que este había obtenido antes (Kramers y Heisenberg 1925).

Como anuncié en el capítulo 11 del primer tomo, la teoría de la dispersión de Kramers desempeñó un papel muy destacado en la génesis de la mecánica de matrices de Heisenberg. Explicar la manera en que lo hizo constituye una tarea tan exigente y compleja como plural; pretendo tan solo resaltar algunos puntos que ayuden a entender la aportación de Heisenberg.

Como preparación, veamos antes lo que el propio Heisenberg (1979 b: 31) escribió en uno de sus ensayos posteriores:

> En el cálculo de una fórmula para la dispersión, Kramers se dejó guiar por la idea de que los armónicos se corresponden con osciladores armónicos virtuales en el átomo. Kramers y yo analizamos luego también fenómenos de difusión en los que la frecuencia de la luz dispersada es distinta de la de la luz incidente. El cuanto de luz dispersado es aquí diferente del cuanto incidente porque durante la dispersión el átomo pasa de un estado a otro. Raman acababa de descubrir tales fenómenos en los espectros de bandas. Al intentar elaborar fórmulas para la deflexión, en estos casos era obligado hablar no solo de las probabilidades de transición de Einstein, sino también de las amplitudes de transición; había que asignar fases a estas amplitudes (por ejemplo, la amplitud para pasar del estado *m* al *n* por la de *n* a *k*) y sumar luego sobre los estados intermedios *n*; solo así llegábamos a fórmulas razonables para la deflexión.

En esta cita, aparecen los siguientes elementos que me interesa destacar: (1) se asocia (conforme a una, por entonces, ya larga tradición) la radiación con osciladores (el que sean «virtuales», en el sentido de Bohr-Kramers-Slater [véase *HFC-1*], no es excesivamente importante en este contexto); (2) esos osciladores se representan por «armónicos», lo que permite desarrollarlos en series de Fourier (de ahí la presencia continua de expresiones —por ejemplo, para momentos eléctricos o magnéticos— del tipo $\Sigma e^{2\pi i \upsilon t}$); (3) osciladores y radiación, tratados de la manera anterior, conducen a fórmulas en las que aparecen amplitudes de transición entre estados, las cuales obligan a sumar estados intermedios.

Es cierto que se puede argumentar que nada de esto era nuevo, pero Heisenberg no tenía demasiada experiencia en este campo y los resultados a los que llegó con Kramers eran lo bastante buenos como para animarle a aprovechar algunos de sus elementos. Algunos, pero desde luego no todos, en tanto que, hay que insistir en este punto, su planteamiento y desarrollo dependían de los de Bohr-Kramers-Slater. Ellos mismos lo reconocían así en el resumen de su artículo (Kramers y Heisenberg 1925: 681): «El tratamiento se basa en una extensión del punto de vista propuesto recientemente por Bohr, Kramers y Slater». Lo cierto es que la influencia del trabajo de estos tres físicos tuvo aspectos positivos, pero también otros claramente negativos, como se encargó de señalar en alguna ocasión, con su habitual virulencia, Pauli.[4]

Abundan las anécdotas relativas al carácter de este. Se cuenta, por ejemplo, que siendo todavía un estudiante en Múnich asistió a un seminario que dio Einstein y contribuyó a la discusión posterior con la siguiente manifestación: «¿Saben?, lo que dijo Herr Einstein no es tan estúpido». En otra ocasión, en una conversación con un colega, este le pidió que, por favor, fuese más lento, porque no podía pensar tan rápido como él, a lo que Pauli replicó: «No me importa que usted piense con lentitud, pero objeto que publique con más rapidez de como piensa». De un artículo, cuyo contenido era bastante oscuro, dijo una vez: «No solamente no es verdad lo que dice, ¡sino que ni siquiera está equivocado!» («*Das ist nicht nur nicht richtig, es*

4. Una buena muestra de los sentimientos de Pauli al respecto es lo que escribió a Kramers el 27 de julio de 1925 (Stolzenburg, ed. 1984: 440, 443): «En general, considero como un magnífico golpe de suerte que la interpretación de Bohr, Kramers y Slater haya sido refutada tan rápidamente por los bellos experimentos de Geiger y Bothe, al igual que por los publicados recientemente por Compton. Es verdad que el propio Bohr ya no apoyaría esta interpretación, incluso si no se hubiesen realizado estos experimentos. Pero muchos físicos excelentes (tales como, p. ej., Ladenburg, Mie, Born) la habrían apoyado, ¡y el desafortunado artículo de Bohr, Kramers y Slater podría acaso haberse convertido durante un largo tiempo en un obstáculo al progreso de la física teórica! Ya que se mueve en una dirección completamente falsa: *no es el concepto de energía el que debe ser modificado, sino más bien los conceptos de movimiento y fuerza*».

ist nicht einmal falsch!»). Magnífica es también la historia según la cual la primera vez que se encontró con Ehrenfest, este le espetó: «Me gusta más su física que usted», a lo que Pauli respondió: «Con usted, profesor Ehrenfest, es justo lo contrario: me gusta más usted que su física».

Sin embargo, dejando a un lado a Pauli y su agrio carácter, quiero resaltar que, aunque Heisenberg fue deudor de las investigaciones que llevó a cabo y de las discusiones que mantuvo en Copenhague, necesitó algo más para encontrar la «mecánica cuántica» por la que clamaba Max Born.

3. Heisenberg y la mecánica cuántica: la mecánica de matrices

Antes de pasar a explicar algunos detalles del artículo en el que Heisenberg desarrolló la primera forma satisfactoria de mecánica cuántica, veamos cómo él mismo explicó los pasos que le llevaron al umbral de la nueva teoría (Heisenberg 1979 c: 51-53):[5]

> En el semestre de invierno de 1924/25 había vuelto a trabajar en Copenhague y, junto a Kramers, a seguir desarrollando la teoría de la dispersión. En relación con esto habían aparecido en las fórmulas del efecto Raman ciertas expresiones matemáticas que en la teoría clásica eran productos de la serie de Fourier, mientras que en la teoría cuántica había que sustituirlas evidentemente por productos de series análogas que tenían que ver con las amplitudes teórico-cuánticas de las líneas de emisión y absorción. [...] Tras regresar a Gotinga en el semestre de verano de 1925, una de las primeras discusiones con Born nos llevó a la conclusión de que yo debería intentar adivinar las amplitudes e intensidades correctas del hidrógeno a partir de las correspondientes fórmulas (según el principio de correspondencia) de la teoría clásica. [...] Pero, al profundizar, resultó que el problema era demasiado complicado, al menos para mis habilidades matemáticas, por lo cual busqué sistemas mecánicos más sencillos en los que dicho método prometiese más éxito. Al mismo

5. En esta cita se repiten algunos datos que ya he mencionado antes, en referencia a otro artículo de Heisenberg. Sin embargo, dada la importancia de las cuestiones que se tratan, he optado por permitir tales reiteraciones.

tiempo tenía la sensación de que debía renunciar a cualquier descripción de las órbitas electrónicas, de que incluso debía reprimir conscientemente tal idea. Quería fiarlo todo a las reglas semiempíricas para la multiplicación de series de amplitudes, cuya validez se había probado en las teorías de la dispersión.

En efecto, en mayo de 1925, según se había acordado con anterioridad, Heisenberg regresó a Gotinga e intentó encontrar las intensidades del espectro del hidrógeno, pero fracasó.

El primer método con el que probó fue el matemático (Heisenberg, «Sources»):[6]

Me fui a casa con un libro de funciones de Bessel [que había cogido del despacho de Born] con la esperanza de estimar la intensidad del átomo de hidrógeno. [...] El punto es que en el átomo de hidrógeno se tienen multiplicaciones muy complicadas, más bien matemática muy complicada, y al final se obtiene una función de Bessel como una amplitud. [...] Y yo pensé: «Bien, debería intentar imitar estos procesos de la misma manera en que imité en la fórmula de la dispersión los procesos de la teoría de perturbaciones, esto es, multiplicando amplitudes y cosas por el estilo». Y entonces vi que no podía imitar realmente estos procesos porque la matemática era muy complicada. Entonces empecé a pensar sobre el aspecto fundamental de este proceso. Y lo que se tenía era, por supuesto, que las operaciones más triviales eran las de adición y multiplicación.

Al mismo tiempo que pensaba en estos términos y sin que se le ocurriese una gran idea en un momento preciso («diría que me vino gradualmente, como algo que es casi obvio»), se planteó la siguiente cuestión:

¿Qué significa x(t)? En un átomo x(t) no representa realmente la órbita [...], de manera que ¿qué significa? Bien, significa ciertamente algún tipo de radiación, de manera que todas estas frecuencias que se pueden emitir de alguna forma representan esta x(t). «De alguna forma» es, por supuesto, un término muy vago, pero no hubo más que eso. Además,

6. Mientras no señale lo contrario, las citas de Heisenberg siguientes proceden de «Sources».

pensé: «¿Por qué no puede obedecer a las leyes de movimiento (que mv sea el momento, etc.) esta representación de x(t)?». Al menos uno debería intentarlo.

Traducido a expresiones analíticas, lo que Heisenberg se planteó en mayo de 1925 era lo siguiente: supongamos que un electrón se comporta como un oscilador armónico unidimensional, que responde a una ecuación diferencial del tipo[7]

$$\frac{d^2x}{dt^2} + f(x) = 0 \qquad (1)$$

pero renunciemos a la interpretación habitual de la coordenada de posición, x.

En un movimiento periódico clásico, $x(t)$ se puede desarrollar en serie de Fourier[8]

$$x(t) = \sum_{\alpha=-\infty}^{+\infty} a_\alpha \cdot e^{i\alpha\omega t} \qquad (2)$$

En la teoría cuántica, sin embargo, los coeficientes a_α y la frecuencia ω dependen de un número cuántico, n. Por consiguiente, en lugar de (2), Heisenberg podía escribir

7. En algunos desarrollos matemáticos que vienen a continuación, sigo de cerca la exposición de Mehra (1976). Con respecto a tratamientos más completos de la génesis de la mecánica cuántica de Heisenberg, véase, en especial, Mehra y Rechenberg (1982). Una reconstrucción menos técnica, pero también interesante, es la contenida en la biografía de Heisenberg debida a Cassidy (1992).

8. Las series de Fourier (introducidas por Joseph Fourier [1768-1830] en un manuscrito de 1807: «Mémoire sur la propagation de la chaleur»; veáse Grattan-Guinness y Ravetz [1972: 187 y ss.]) constituyen un útil valiosísimo para la física. Expresan el resultado de que casi todas las funciones periódicas $f(t)$ que varían con el tiempo se pueden desarrollar como una suma (o serie) de infinitos términos armónicos (esto es, funciones trigonométricas, como senos o cosenos) dependientes del tiempo, o, lo que es lo mismo, como una suma infinita de osciladores armónicos. Cada término de la serie (denominada «serie de Fourier») está caracterizado por un número entero, n ($n = 1, 2, 3,...$), y viene dado por el producto de la amplitud de la oscilación, $a(n)$, una frecuencia angular, $\omega(n)$, y el tiempo. Como la función exponencial imaginaria, e^{ix}, contiene senos y cosenos, se puede escribir $f(t) = \Sigma a_n e^{in\omega(n)t}$.

$$x(t)=\sum a_{\alpha}(n)\cdot e^{i\alpha\omega(n)t} \tag{3}$$

con los mismos límites que antes para α.[9]

A continuación, reemplazó los coeficientes de la serie de Fourier en la ecuación (3), las amplitudes *a*, por unos términos nuevos

$$a(n, n-\alpha)\cdot e^{i\omega(n,n-\alpha)t} \tag{4}$$

correspondientes a la transición del estado caracterizado por el número cuántico *n* al determinado por el *n*-α (es decir, sustituyó la coordenada de posición por una tabla de amplitudes que debía corresponder a la serie de Fourier clásica).

Con semejantes elementos, su problema principal era calcular la intensidad de la radiación emitida en una transición P→Q. Sin embargo, conocía un importante resultado que había obtenido Rudolf Ladenburg (1882-1952) en Breslavia, un viejo amigo, por cierto, de Born. Ladenburg (1921) había encontrado —y desarrollado posteriormente junto a Reiche (Ladenburg y Reiche 1923)— que la intensidad de una línea espectral (que mide no solo la magnitud de la absorción y de la emisión, sino también su poder de dispersión)[10] es proporcional a la transición de probabilidad (los coeficientes de probabilidad A_{PQ}) introducida por Einstein en 1916, así que supuso que era un múltiplo del cuadrado absoluto de *a*; esto es

$$A_{PQ}\propto\left|a(n,n-\alpha)\right|^{2} \tag{5}$$

Con anterioridad, vimos que Heisenberg, mientras trataba la cuestión de las intensidades del hidrógeno, se refirió a sus dificultades con las multiplicaciones. Este último punto se convirtió en un apartado básico de la nueva mecánica cuántica. No obstante, en el mo-

9. Una muestra de la fe que Heisenberg puso en la descomposición en series de Fourier es la carta que envió el 3 de junio de 1925 a Kronig (citada en Mehra y Rechenberg 1982, vol. 1: 235): «La idea básica es esta: en la teoría clásica, el conocimiento de la serie de Fourier para el movimiento [de un sistema] es suficiente para calcular *todo*; no solamente, digamos, el momento dipolar de la emisión [asociada], sino también el momento cuadrupolar, momentos superiores, etc.».

10. Debido a esta característica, el trabajo de Ladenburg de 1921 constituye un avance de la teoría de la dispersión de Kramers.

mento al que me refiero (mayo), a Heisenberg le surgió el problema con relación a otra cuestión:

> Había pensado ya durante algún tiempo sobre las correcciones superiores para la radiación. Al calcular la radiación, no se tiene únicamente la radiación dipolar, también está la cuadripolar, y así sucesivamente. En consecuencia, existen partes en la interacción entre electrones y radiación que no dependen linealmente de las coordenadas, sino del cuadrado de las coordenadas. Y pensé: «Bien, incluso aunque haya resuelto todos mis problemas, ¿cómo puedo calcular la radiación cuadrupolar en lugar de la dipolar?». De esta forma llegué a la idea de que uno se debe preguntar en primer lugar: ¿se puede multiplicar x por y en general? Si se conocen x e y como funciones de las amplitudes cuánticas, ¿podemos calcular $x \cdot y$?[11]

Se dio cuenta de que sí podía, pero también de que «existía un rasgo muy desagradable: $x \cdot y$ no era igual a $y \cdot x$». Aun así, se dijo: «Después de todo, ¿por qué no probar con un problema en el que las multiplicaciones sean muy sencillas, no tan complicadas como en el movimiento de Kepler? Y así llegué al oscilador anarmónico».

Reconstruyamos lo que debió hacer.

Continuando con su reinterpretación del álgebra clásica, para convertirla en cuántica, Heisenberg pasó de la ley clásica de combinación de frecuencias

$$\upsilon(n,\alpha) = \upsilon(n,\beta) + \upsilon(n,\alpha-\beta)$$

a

$$\upsilon(n,n-\alpha) = \upsilon(n,n-\beta) + \upsilon(n-\beta,n-\alpha) \qquad (6)$$

Ahora bien, esto hacía que fuese prácticamente inevitable («parece que la más sencilla e inevitable suposición sería...», escribió Heisenberg en su artículo definitivo [1925; van der Waerden, ed. 1967: 265])

11. Se comprueba que las consideraciones sobre los momentos dipolares y cuadrupolares desempeñaron un papel importante en su investigación, sin más que leer las primeras páginas de Heisenberg (1925).

que el coeficiente, C(n, n-α), del producto de dos series de Fourier «cuánticas»; esto es, del tipo (4), tal como

$$x(t)\cdot y(t)=\sum_{\alpha=-\infty}^{+\infty}C(n,n-\alpha)\cdot e^{i\omega(n,n-\alpha)t} \tag{7}$$

obedeciese a la regla de multiplicación

$$C(n,n-\alpha)=\sum_{\beta=-\infty}^{+\infty}A(n,n-\beta)\cdot\beta(n-\beta,n-\alpha) \tag{8}$$

Aquí es donde Heisenberg debió darse cuenta de la no conmutatividad del producto. Tomando de nuevo su artículo fundacional (Heisenberg 1925; van der Waerden, ed. 1967: 266): «Mientras que en la teoría clásica $x(t)\cdot y(t)$ es siempre igual a $y(t)\cdot x(t)$, esto no es necesariamente el caso en la teoría cuántica». No había problema con expresiones como x^2, pero sí con las del tipo de $x\cdot y$. Heisenberg, sin embargo, no se desanimó y propuso sustituir la expresión clásica $x\cdot y$ por la cuántica $\frac{1}{2}(x\cdot y+y\cdot x)$. «De manera similar —añadió—, parece que sería siempre posible encontrar expresiones naturales para los valores medios teórico-cuánticos.»

En este punto, se planteó un ejemplo en el que pudiera probar este tipo de suposiciones y eligió el oscilador anarmónico, regido por la ecuación diferencial

$$\frac{d^2x}{dt^2}+\omega_o{}^2x+\lambda x^3=0 \tag{9}$$

que resolvió mediante métodos perturbativos. Esto es, utilizó como solución de prueba una del tipo:[12]

$$x(t)=a_1\cdot\cos(\omega t)+\lambda a_3\cdot\cos(3\omega t)+\lambda^2a_5\cdot\cos(5\omega t)+\ldots \tag{10}$$

la cual, reinterpretada de manera cuántica, se escribía como:

12. Véase Heisenberg (1925; van der Waerden, ed. 1967: 272).

$$\begin{aligned} x(t) &= a(n,n-1)\cdot\cos\left[\omega(n,n-1)t\right]+ \\ &+\lambda a(n,n-3)\cdot\cos\left[\omega(n,n-3)t\right]+\ldots \end{aligned} \tag{11}$$

Desarrollando también las frecuencias ω en serie de potencias de λ

$$\omega(n,n-i)=\omega_o\cdot a(n,n-i)+\lambda\omega_1\cdot a(n,n-i)+\ldots \tag{12}$$

para $i = 1, 2, \ldots$

Insertando las expresiones (11) y (12) en (9), Heisenberg obtenía al orden cero de aproximación (es decir, para λ=0)

$$\left[\omega_o^{\ 2}-\omega^2(n,n-1)\right]\cdot a(n,n-1)=0 \tag{13}$$

esto es, el oscilador armónico. A continuación, probó con el primer orden de aproximación y obtuvo las expresiones correspondientes al oscilador anarmónico. De esta manera, fue capaz de calcular —como soluciones de las ecuaciones (13) y sucesivas— las $a(n, n - \alpha)$, las «amplitudes de transición», como las denominó, salvo por una constante que no supo determinar. Este es el punto en el que se encontraba a finales de mayo. Más en concreto, citando de nuevo «Sources», no había sido capaz de calcular las intensidades del hidrógeno, pero «tenía la idea general de que podía utilizar un x de n y $n - 1$. Entonces me di cuenta de que en un oscilador anarmónico se tenían no solo elementos matriciales de n a $n - 1$, sino también de n a $n - 2$, o a $n - 3$, dependiendo de qué clase de oscilador tomase. Y allí tenía fórmulas generales, como calcular x^2 si tenía z, y $x \cdot y$ si tenía x e y».

En su autobiografía, Heisenberg (1969, 1996: 123-124) se refirió a la situación en la que se encontraba entonces en los términos siguientes:

> Me adentré en la espesura impenetrable de unas fórmulas matemáticas complicadas, cuyo camino de salida no encontraba. Pero con este ensayo se afirmó en mí la idea de que no era necesario investigar las órbitas de los electrones en el átomo, sino que la totalidad de las frecuencias de oscilación y de las magnitudes que determinan la intensidad de las líneas (las llamadas amplitudes) podrían valer como sustituto completo de las órbitas. En cualquier caso, se podían observar directamente tales magnitudes. [...] Mi intento de llevar a cabo este plan con el átomo del hidrógeno había fracasado por la complicación del problema. Por

ello buscaba un sistema mecánico matemáticamente más sencillo, con el que pudiese seguir adelante con mis cálculos. Como tal sistema se me ofreció el péndulo oscilatorio, o, en términos más generales, el llamado oscilador anarmónico, que se usa en la física atómica como modelo, por ejemplo, de las oscilaciones moleculares.

Una circunstancia fortuita le ayudó a salir de la «espesura impenetrable» en la que se encontraba. De nuevo, su autobiografía explica con gran claridad los acontecimientos (Heisenberg 1996: 124-125):

> A fines de mayo de 1925 caí enfermo con una fiebre de heno, tan molesta que tuve que suplicar a Born que me eximiera durante catorce días de mis obligaciones. Decidí marchar a la isla de Heligoland [en el mar del Norte] para curar radicalmente mi fiebre de heno con los aires del mar, lejos de los arbustos y praderas en flor. [...] En Heligoland, aparte de los paseos diarios por la meseta y los ejercicios de baño en la duna, no hubo ocasión externa alguna que me pudiera apartar del trabajo sobre mi problema, y así avancé más rápidamente de lo que me hubiera sido posible en Gotinga. Algunos días bastaron para desechar el lastre matemático que aparece siempre en tales casos al comienzo, y encontrar una formulación matemática sencilla de mi problema. Pocos días después vi con claridad creciente que, en una física semejante, en lugar de las condiciones cuánticas de Bohr y Sommerfeld, debían jugar su papel solamente las magnitudes observables. Pude advertir claramente que con esta condición adicional estaba formulado ya el punto central de la teoría y que a partir de este momento no quedaba ya lugar para una libertad ulterior. Pero reparé en que no había garantía alguna de que el esquema matemático así originado pudiera, en absoluto, ser aplicado sin contradicción. En especial resultaba totalmente incierto si en este esquema estaba vigente todavía el principio de conservación de la energía, y no podía ocultárseme que sin el principio de la energía todo el esquema quedaría sin valor alguno. Por otro lado, había en mis cálculos muchas indicaciones de que la matemática por mí alumbrada podía ser desarrollada realmente sin contradicciones y de forma coherente si se podía demostrar en ella el principio de la energía. En consecuencia, mi trabajo se concentró cada vez más en la cuestión de la validez del principio de la energía, y una noche avancé tanto que pude determinar cada uno de los términos en la tabla de energías, o, como se dice hoy, en la matriz de la energía... Cuando vi que en los primeros términos se confirmaba realmente el principio de la energía caí en una espe-

cie de excitación, que me hacía cometer errores en todos los cálculos siguientes. Eran las tres de la madrugada cuando el resultado definitivo del cálculo estuvo completo ante mis ojos. La vigencia del principio de la energía se había demostrado en todos los términos, y como este resultado se había ofrecido por sí mismo (sin violencia alguna), no podía ya tener dudas sobre la falta de contradicciones matemáticas ni sobre la unidad completa de la mecánica cuántica aquí insinuada. En el primer momento quedé profundamente conmocionado. Tenía el presentimiento de que, a través de la superficie de los fenómenos atómicos, miraba hacia un fondo subyacente de belleza interior fascinante, y casi perdí el sentido a pesar de que ahora tenía que ir tras esta multitud de estructuras matemáticas que la naturaleza había abierto ante mí. Estaba tan impresionado que no pude conciliar el sueño.

Intentemos reconstruir los pasos principales que dio en Heligoland, a donde parece que llegó el 8 de junio.

Escribió la conocida condición cuántica $\int p\,dq = n \cdot h$ en una dimensión como

$$\int m(dx/dt)dx = n \cdot h \tag{14}$$

(con la integración sobre un período completo del movimiento). Sustituyendo x por la serie de Fourier (3), obtenía

$$n \cdot h = 2\pi m \sum_{\alpha=\infty}^{+\infty} |a_\alpha(n)|^2 \alpha^2 \omega_n \tag{15}$$

Heisenberg reemplazó esta fórmula por otra obtenida mediante diferenciación con respecto al tiempo; esto es

$$h = 2\pi m \sum_{\alpha=-\infty}^{+\infty} \alpha \frac{d}{dn}\left[\alpha\omega_n |a_\alpha|^2\right] \tag{16}$$

Utilizando esta expresión únicamente como un paso intermedio, reemplazó la derivada por una diferencia y obtuvo

$$h = 4\pi m \sum_\alpha \left[|a(n,n+\alpha)|^2 \omega(n+\alpha,\alpha) - |a(n,n-\alpha)|^2 \omega(n,n-\alpha)\right] \tag{17}$$

Esta expresión le bastó (Heisenberg 1925; van der Waerden, ed. 1967: 268) «para determinar *a* de manera unívoca, ya que la constante indeterminada contenida en las magnitudes *a* [uno de los problemas que le habían detenido en mayo] se fija automáticamente por la condición de que exista un estado fundamental, en el que no se emite radiación. Si denotamos a este estado por n_o, entonces debería ser $a(n_o, n_o - \alpha) = 0$ (para $\alpha < 0$)». Era, pues, una relación importante, la «condición cuántica de Heisenberg», que, como él mismo reconoció en su artículo definitivo (Heisenberg 1925; van der Waerden, ed. 1967: 268), había sido obtenida antes mediante consideraciones relacionadas con la dispersión, por Werner Kuhn (1925) y Wilhelm Thomas (1925).[13]

Tras resolver este problema, pasó al de la conservación de la energía (el que destacaba en su autobiografía). En este sentido, hay que tener en cuenta que el artículo en el que Bothe y Geiger (1924) habían demostrado que, al contrario de lo que suponían Bohr-Kramers-Slater, la energía se conservaba, acababa de ser publicado en el *Zeitschrift für Physik*.

En la mecánica clásica, la conservación de la energía se sigue de manera inmediata de la ecuación de movimiento, (9), de un oscilador anarmónico. En efecto, multiplicando (9) por md^2x/dt^2, se convierte en

$$\frac{d}{dt}\left[\frac{1}{2}m\left(\frac{dx}{dt}\right)^2 + \frac{1}{2}m\omega_o^2x^2 + \frac{1}{4}\lambda x^4\right] = 0 \qquad (18.a)$$

Denotando $[\frac{1}{2} \cdot m(dx/dt)^2 + \frac{1}{2} \cdot m\omega_o^2x^2 + \frac{1}{4} \cdot \lambda x^4]$ como H (el hamiltoniano de la mecánica analítica, que se asocia a la energía), podemos escribir la ecuación (18.a) como

$$\frac{dH}{dt} = 0 \qquad (18.b)$$

Ahora bien, una cosa es la mecánica clásica, en la que se verifica (18), y otra la física cuántica. ¿Se cumpliría una ecuación así en este caso? Heisenberg reinterpretó la ecuación conforme al enfoque que ha-

13. De hecho, cuando Heisenberg se encontraba en Heligoland, estos artículos no habían sido publicados todavía: el de Thomas está fechado el 28 de junio (1925) y apareció el 10 de julio, mientras que el de Kuhn llegó a *Zeitschrift für Physik* el 14 de mayo y vio la luz el 8 de agosto.

bía utilizado antes y encontró que, en efecto, hasta el segundo orden en λ[14] se verificaba la conservación de la energía en el dominio cuántico.

Tras permanecer dos semanas en Heligoland, Heisenberg regresó a Gotinga, aunque se detuvo en Hamburgo para visitar a Pauli, cuya opinión y poderes críticos tanto valoraba. La reacción de su amigo fue muy positiva.[15] A Kramers, que había realizado una breve visita a Gotinga en junio, Pauli le escribió el 27 de julio (Stolzenburg, ed. 1984: 441, 443-444; Hermann, von Meyenn y Weisskopf, eds. 1979: 232-234):

> La «comunidad de auténticos creyentes» no ganaría ni honor ni mucho éxito intentando combatir la tendencia del actual desarrollo de la teoría cuántica que pretende analizar los conceptos de movimiento y fuerza. Me parece que también existe la esperanza de realizar avances *positivos* en esta dirección. En particular, he recibido con alegría las atrevidas suposiciones de Heisenberg (de las que usted habrá oído sin duda en Gotinga). Ciertamente, se está aún muy lejos de ser capaz de decir algo definitivo, y aquí estamos únicamente en los principios. Pero lo que me ha gustado tanto de las consideraciones de Heisenberg es el *método* de su procedimiento y el *propósito* que le ha llevado a hacer estas consideraciones. En general, creo que en lo que se refiere a mis ideas científicas ahora estoy muy próximo a Heisenberg y que tenemos la misma opinión en casi todo, en la medida en que esto es posible en dos personas independientes. También he advertido con placer que Heisenberg ha aprendido un poco de pensamiento filosófico con Bohr en Copenhague y se ha apartado perceptiblemente de lo puramente formal. En consecuencia, ahora me siento menos solo que hace medio año cuando (espiritual y espacialmente) me encontraba bastante aislado entre la Escila de la escuela mística de los números de Múnich y la Caribdis del reaccionario golpe [*Putsches*] de Copenhague, ¡del que usted ha hecho propaganda con excesos fanáticos! Ahora, mi única esperanza es que usted no retrase más el proceso de recuperación de la física de Copenhague, algo que, como resultado del fuerte sentido de la realidad de Bohr, no puede dejar de tener lugar.

14. Trataba el término $\lambda x^4/4$ como una perturbación del oscilador armónico.

15. Las cartas que Pauli y Heisenberg se intercambiaron en este período, que arrojan mucha luz sobre las ideas y trabajos de ambos, se reproducen en Hermann, von Meyenn y Weisskopf, eds. (1979).

No cabe duda de que ser agradable y cortés no formaba parte de las características personales que adornaban a Pauli.

Un punto especialmente interesante en esta carta es la referencia a que, influido por Bohr, Heisenberg se había hecho más «filosófico», lo que le había beneficiado. La interpretación más inmediata y segura de esta manifestación tiene que ver con el hecho de que el sistema cuántico que este había desarrollado se basaba en «magnitudes observables», al asociar los coeficientes de probabilidad de Einstein (que permitían calcular intensidades) con los cuadrados de las amplitudes de transición, $|a(n, n - \alpha)|^2$.

La cuestión es si semejante vinculación respondió en realidad a un planteamiento «filosófico», o si más bien fue simplemente un paso físico con implicaciones filosóficas. Se trata de un interrogante que no es fácil dilucidar y que puede parecer retórico, de escaso interés práctico. En lo que a este último aspecto se refiere, mi opinión es que tiene una importancia indudable, en tanto que es un ejemplo extremadamente representativo de un problema de gran relevancia para la gnoseología, como es el del papel de la filosofía, de las consideraciones epistemológicas y metodológicas, en la adquisición de conocimientos sobre la naturaleza. De lo que no hay duda es de que el propio Heisenberg defendió la idea de que su decisión de recurrir a magnitudes observables fue consciente e impuesta por una reflexión de carácter fundamental. En este sentido, basta con leer la introducción del artículo en el que presentó sus resultados (Heisenberg 1925; van der Waerden, ed. 1967: 261-262):

> Es bien sabido que se pueden criticar las reglas formales que se emplean en la teoría cuántica para calcular magnitudes observables, tales como la energía del átomo de hidrógeno, basándose en que contienen, como elemento fundamental, relaciones entre magnitudes que son aparentemente inobservables en principio; p. ej., la posición y el período de revolución del electrón. Por consiguiente, estas reglas carecen de un fundamento físico evidente, salvo que todavía se quiera mantener la esperanza de que magnitudes que no se han podido observar hasta el momento puedan alcanzar después el dominio de la determinación experimental. Tal esperanza podría considerarse justificada si las reglas antes mencionadas fuesen internamente consistentes y aplicables a un rango claramente definido de problemas mecánico-cuánticos. La experiencia demuestra, sin embargo, que solamente el átomo de hidrógeno y

su efecto Stark son susceptibles de tratamiento mediante estas reglas formales de la teoría cuántica. Con el problema de los «campos cruzados» (átomo de hidrógeno en campos eléctricos y magnéticos con direcciones diferentes) ya surgen dificultades fundamentales. Igualmente, tampoco se puede describir la reacción de átomos a campos periódicos variables. Por último, ha resultado imposible la extensión de las reglas cuánticas al tratamiento de átomos que tienen varios electrones.

En este punto, pasaba a identificar el mal y a efectuar su propuesta:

> Se ha convertido en práctica caracterizar este fracaso de las reglas teórico-cuánticas como [debido a] una desviación de la mecánica clásica, ya que las propias reglas se derivaban esencialmente de la mecánica clásica. Semejante caracterización tiene, sin embargo, poco sentido cuando uno se da cuenta de que la condición de frecuencia de Einstein-Bohr (que es válida en todos los casos) ya representa una desviación completa de una mecánica clásica de ese tipo, o más bien (utilizando el punto de vista de la teoría ondulatoria) de la cinemática que subyace a esa mecánica; que incluso para los problemas teórico-cuánticos más simples la validez de la mecánica clásica, sencillamente, no se puede mantener. En esta situación parece razonable descartar toda esperanza de observar magnitudes hasta ahora inobservables, tales como la posición y el período del electrón, y aceptar que el acuerdo parcial de las reglas cuánticas con la experiencia es más o menos fortuito.

y continuaba: «Parece así más razonable tratar de establecer una mecánica cuántica teórica, análoga a la mecánica clásica, pero en la que solamente aparezcan relaciones entre magnitudes observables».

Aparte de estas manifestaciones, que podrían no ser sino una especie de reconstrucción metodológica de un paso de carácter técnico, para dar una imagen más sistemática o profunda, contamos con otros documentos, en los que Heisenberg (1979 d: 121-123) explicó con más detalle su proceder:

> Las contradicciones que se habían puesto de manifiesto en la teoría cuántica de la estructura del átomo [...] tornáronse con el tiempo cada vez más importantes e irresolubles. Nuevos experimentos (el efecto Compton y el efecto Stern-Gerlach, por ejemplo) demostraron que sin una modificación radical de la formulación de los conceptos físicos no

podía uno describir ya tales fenómenos. En esas circunstancias recordé una idea que había leído en algún libro de Einstein: una teoría física solo debe manejar magnitudes que puedan observarse directamente. Este requisito garantizaba, tal era la opinión, el nexo entre las fórmulas matemáticas y los fenómenos.

Es interesante continuar citando lo que señaló en aquella ocasión, en tanto que muestra las opiniones de Einstein al particular. En la primavera de 1926, Heisenberg fue invitado a hablar en un coloquio que organizaban los físicos de Berlín. Tras su intervención, Einstein le pidió que le acompañase a su casa, para continuar la discusión sobre el tema de la nueva mecánica cuántica:

> Llegados a nuestro destino acometió inmediatamente una cuestión central. Me hizo notar que en mi descripción matemática no aparecía para nada el concepto de «órbita de un electrón», mientras que en una cámara de niebla uno podía observar directamente su trayectoria. Se le antojaba absurdo afirmar que la trayectoria del electrón existía en esa cámara de niebla, pero no en el interior del átomo. Yo me defendí justificando con detalle la necesidad de abandonar el concepto de órbita para el interior del átomo. Señalé que esa órbita no se podía observar, que lo que realmente uno registraba eran frecuencias de la luz emitida por el átomo, intensidades y probabilidades de transición, pero no órbitas. Y que, como lo lógico era introducir en una teoría solo magnitudes directamente observables, el concepto de órbita electrónica no debía aparecer en la teoría. Einstein, para mi sorpresa, no se dio por satisfecho con esta justificación. Opinaba que cualquier teoría entraña magnitudes inobservables y que el principio de utilizar solo magnitudes observables no era posible llevarlo consecuentemente a la práctica. Cuando repliqué que me había limitado a emplear la clase de filosofía en la que él había basado su teoría de la relatividad, repuso: «Puede que en algún momento yo haya utilizado esa filosofía y que incluso haya escrito sobre ella, pero no deja de ser un absurdo».

No se debe pasar por alto que el Einstein que realizó semejantes manifestaciones era muy diferente al que en 1905 defendió, en el artículo en el que desarrolló la teoría de la relatividad especial y en los ensayos posteriores, en los que analizaba o explicaba sus ideas, que la física debía ser depurada y manejar únicamente «observables», tal y como Ernst Mach había propugnado. No cabe duda de que la relatividad especial se ajustaba a semejante planteamiento, pero cuando, en 1926, Einstein se entrevistó con Heisenberg, habían pasado bastante años y experiencias. En particular, en diciembre de 1915, tras una larga e intensa búsqueda, había desarrollado la relatividad general, que ya no se ajustaba al análisis epistemológico de 1905. En efecto, la nueva teoría de la interacción gravitacional contenía como elemento fundamental el concepto de campo, que, como es bien sabido, no es una «magnitud observable» en el mismo sentido que el espacio y el tiempo de la relatividad especial, o que las frecuencias que utilizaba Heisenberg en 1925. En la medida en que la relatividad general constituía un paso adelante en el conocimiento de la naturaleza, Einstein tenía razón en contestar a Heisenberg como lo hizo. Este, por supuesto, también en argumentar ante el por entonces ya viejo y ortodoxo maestro de la manera en que lo hizo, puesto que a él le había funcionado bien la lección einsteiniana de 1905.[16]

A su regreso a Gotinga, Heisenberg informó a Born, su superior, de sus hallazgos. Había preparado a tal efecto un manuscrito, que le dejó al mismo tiempo que le pedía permiso para trasladarse a Cambridge, de donde había recibido una invitación. «Recuerdo —dejó escrito Born (1978: 216) en sus memorias— que no leí este manuscrito inmediatamente porque estaba cansado... y temeroso de tener que pensar duramente. Pero cuando pocos días después lo leí, me fascinó.»[17]

16. Sobre las ideas de Einstein en estos puntos, y en concreto sobre su relación con Mach, véase Sánchez Ron (2015). Acerca de la relación entre física y filosofía, véase Sánchez Ron (1986).

17. Es interesante, aunque se repitan consideraciones que ya he realizado anteriormente, citar *in extenso*, el resumen que Born añadía a continuación: «Heisenberg había adoptado la idea de amplitudes de transición y elaborado un cálculo para ellas, siguiendo la relación entre los coeficientes del desarrollo clásico de una magnitud vibrante y sus componentes armónicos (las series de Fourier). Si se multiplican dos de estos desarrollos, se obtiene un nuevo desarrollo para el producto, cuyos coeficientes se pueden formar a partir de los de la serie original mediante una sencilla regla. Ahora Heisenberg sugería que uno debería olvidar todo sobre las series y considerar el conjunto de coeficientes que representan la magnitud física en cuestión; entonces se tenía una regla de multiplicación para esos conjuntos de coeficientes. No obstante, cada conjunto estaba todavía asociado a una única órbita o estado estacionario, mientras que en la teoría cuántica todo efecto observable depende de la transición entre dos estados. Utilizando nuestra experiencia previa sobre la correspondencia entre los conceptos de las teorías clásica y cuántica, Heisenberg definía amplitudes de transición y su multiplicación a través de la analogía con los conjuntos de coeficientes clásicos de Fourier y su multiplicación. Su paso más

El artículo de Heisenberg (1925) fue enviado para su publicación a *Zeitschrift für Physik*, donde fue recibido el 29 de julio y apareció en el número del 18 de septiembre, bajo el título de: «Über quantentheoretische Umdeutung kinematischer und mechanischer Beziehungen» («Reinterpretación teórico-cuántica de relaciones cinemáticas y mecánicas»). Sin embargo, como se señalaba en la conclusión, todavía quedaba bastante por hacer:

> Si un método, como el que se propone aquí, para determinar datos teórico-cuánticos utilizando relaciones entre magnitudes observables puede ser considerado, en principio, como satisfactorio, o si representa una aproximación demasiado grosera al problema físico de construir una mecánica cuántica teórica (un problema evidentemente complejo por el momento), es algo que solo puede ser decidido mediante una investigación matemática más intensa del método que, muy superficialmente, se ha empleado aquí.

La mecánica cuántica contenida en aquel primer artículo estaba, en efecto, por desarrollar y formalizar, tarea en la que la participación de Max Born fue decisiva. «Después de haber enviado el artículo de Heisenberg al *Zeitschrift für Physik*—recordó el propio Born (1978: 217)—, comencé a meditar sobre la multiplicación simbólica, y pronto me sumergí tan profundamente en esta cuestión que pensé sobre ella durante todo el día, no pudiendo tampoco dormir apenas durante la noche. Pensé que había algo fundamental detrás de ella, la consumación de nuestros esfuerzos de muchos años. Y una mañana, sobre el 10 de julio de 1925, de repente vi la luz: la multiplicación simbólica de Heisenberg no era nada más que el cálculo matricial, bien conocido para mí desde mis días de estudiante a través de las clases de Rosanes en Breslavia.»

La fecha del 10 de julio no es segura. En otro lugar (Born 2005: 85), Born manifestó: «Heisenberg me dio su manuscrito el 11 o 12 de julio, pidiéndome que juzgara si se podía publicar o si yo podía aña-

audaz consistía en proponer la introducción de amplitudes de transición en las coordenadas q y el momento p de las fórmulas de la mecánica; por ejemplo, en la energía cinética $p^2/2m$, donde ahora p^2 representa el producto simbólico del conjunto de amplitudes de transición de p consigo mismo. También logró expresar las condiciones cuánticas de Bohr en términos de esta multiplicación simbólica y aplicó su formalismo a un sencillo tipo de oscilador anarmónico».

dir algo, porque él no podía ir más lejos. Estando fatigado, no pude leerlo inmediatamente, pero en todo caso lo hice antes del 15 de julio». La conclusión de que debió ser antes de esta última fecha se debe a que en ella Born escribió a Einstein una larga carta de la que extraigo algunos pasajes (Born 2005: 82):

> En conjunto, mis jóvenes, Heisenberg, Jordan, Hund, son brillantes. A veces simplemente para seguir sus pensamientos debo esforzarme considerablemente. Su maestría en la denominada «zoología de los términos», es maravillosa. El nuevo estudio de Heisenberg, que va a aparecer pronto, tiene un enfoque muy místico, pero seguramente es verdadero y profundo, permite a Hund poner orden en todo el sistema periódico con sus complicados multipletes. También su artículo se va a publicar pronto.[18]

Retomando la mención al matemático austrohúngaro Jakob Rosanes (1842-1922), diré que su carrera académica transcurrió al completo en Breslavia y que su obra científica estuvo centrada en la geometría algebraica y en la teoría de los invariantes. Realizó su trabajo más importante en 1870, cuando demostró (de manera independiente, aunque prácticamente al mismo tiempo que Max Noether y William K. Clifford) que una transformación de Cremona se puede generar mediante composición de transformaciones cuadráticas.

En la actualidad, el cálculo matricial constituye un apartado básico y poco complicado de la matemática. Como tal, se enseña en cursos más bien preliminares, de modo que el conocimiento de las matrices y sus propiedades (álgebra) se encuentra muy extendido y no se limita a los especialistas. Sin embargo, en la época de la que hablamos, esto no era así. Por tanto, no debe extrañarnos que Heisenberg no conociera su existencia, a diferencia de Born, que estaba bien formado matemáticamente. Tampoco es sorprendente que este último

18. En esta carta, Born se refería a sí mismo de forma muy humilde: «En primer lugar, con respecto a la física, sus amables comentarios sobre mis actividades surgen de la bondad de su corazón. Sin embargo, soy totalmente consciente de que lo que estoy haciendo es material muy ordinario comparado con sus ideas y las de Bohr. Mi almacén de pensamientos es muy vacilante; no hay mucho en él y lo que hay oscila de un lado a otro, no tiene forma definida y se hace más y más complicado. Su cerebro, el cielo lo sabe, es mucho más nítido, sus productos son claros, simples y ajustados».

lo aprendiera en los cursos de un experto en teoría de invariantes como era Rosanes. En efecto, aunque sus orígenes están relacionados con capítulos de la matemática con una larga historia (como la resolución de sistemas de ecuaciones lineales o la generalización del concepto de número), fue a partir de mediados del siglo XIX cuando realmente se creó, de manera explícita, el concepto de matriz y se estudiaron sus propiedades, una tarea en la que se distinguieron los matemáticos británicos James Sylvester (1814-1897), que acuñó el nombre «matriz» en 1850, y Arthur Cayley (1821-1895), cuyas investigaciones se centraron en la teoría de invariantes.[19] Nos encontramos en este punto con una cuestión, la relación entre física y matemática, que volverá a aparecer durante el recorrido de la historia de la cuántica, en especial cuando se analice la irrupción de la teoría de grupos en el mundo de esta última. La física, en particular la teórica, necesita de la matemática, utiliza teorías y estructuras diversas, cuyo origen, al menos en ciertos casos, se encuentra en el universo puramente matemático. Como tal, en un primer momento son conocidas (aprendidas, ya que forman parte de los planes de estudio de sus carreras) solo por quienes cursan esta materia, lo que plantea problemas para su «entrada» en la física.[20] Por fortuna, en el caso que ahora nos ocupa, no existió prácticamente ninguna dificultad, gracias a la oportuna intervención de Born.

Estrictamente hablando, el detalle que más convenció a este fue darse cuenta de que la ecuación (17) se podía reescribir como

$$\frac{h}{2\pi i} = \sum_{m=-\infty}^{+\infty} \left[p(n,m)\, q(m,n) - q(n,m)\, p(m,n) \right] \qquad (19)$$

que a su vez se podía escribir como

$$\mathbf{p}\cdot\mathbf{q} - \mathbf{q}\cdot\mathbf{p} = (h/2\pi i)\cdot\mathbf{I} \qquad (20)$$

19. Para comprobar en qué medida el cálculo matricial entraba en los trabajos de Sylvester y Cayley, véase Parshall (1998).

20. Por supuesto, la relación entre matemática y física se da en los dos sentidos: la física también plantea problemas que se traducen en la invención de apartados de la matemática. Un magnífico ejemplo es el de Paul Dirac y la génesis de la teoría de distribuciones, de lo que me ocupo en el capítulo 4.

donde **p** y **q** denotan las matrices formadas por, respectivamente, los elementos p(nm) y q(nm) e **I** es la matriz unidad.

Fue preciso, no obstante, vencer algunos problemas, que Born (1978: 217-218) detalló con claridad en su autobiografía:

> Encontré [que la multiplicación simbólica de Heisenberg no era más que cálculo matricial] simplificando la notación un poco: en lugar de q(n, n+t), donde *n* es el número cuántico de un estado y *t* es el entero que indica la transición, escribí q(n, m), y reescribiendo la forma de Heisenberg de la condición cuántica de Bohr reconocí inmediatamente su significado formal. Implicaba que los dos productos matriciales de *p* por *q* no son idénticos. Estaba familiarizado con el hecho de que la multiplicación de matrices no es conmutativa; por consiguiente, no me sorprendió mucho este resultado. Una inspección más profunda mostró que la fórmula de Heisenberg daba solamente el valor de los elementos diagonales (m=n) de la matriz pq-qp; decía que todos eran iguales al valor h/2πi [...] Pero ¿qué pasaba con los otros elementos (m distinto de n)?
>
> En este punto comenzó mi trabajo constructivo. Repitiendo los cálculos de Heisenberg en notación matricial, pronto me convencí de que el único valor razonable de los términos no diagonales debía ser cero, y escribí la extraña ecuación
>
> $$p \cdot q - q \cdot p = (h/2\pi i) \cdot I$$
>
> donde I es la matriz unidad. Pero esto fue solo una suposición, y todos mis intentos de probarla fracasaron.

En estas andaba cuando tuvo que asistir a una reunión de la rama regional (Baja Sajonia) de la Sociedad Alemana de Física, que se celebraba en Hannover. Durante el viaje en tren, el 19 de julio, se encontró con Pauli, a quien contó sus problemas y al que pidió que le ayudase en sus esfuerzos. Este, fiel a su estilo, se negó, y le dijo: «Sí, ya sé que a usted le gustan los formalismos tediosos y complicados. Con su inútil matemática solamente va a estropear las ideas físicas de Heisenberg». En consecuencia, a su regreso a Gotinga, Born pidió a otro de sus colaboradores, Pascual Jordan (1902-1980), que le echase una mano.

Es probable que este sea uno de los participantes en la gran y larga empresa que es el desarrollo de la física cuántica que menos atención y reconocimientos haya recibido por parte de los historiadores. En este sentido, cabe recordar que no solo fueron importantes sus trabajos en la formalización de la mecánica cuántica matricial, sino que también realizó valiosas aportaciones a la teoría cuántica de campos. En buena medida, esta omisión se debe a que fue un temprano y dedicado miembro del partido nacionalsocialista, encabezado por Adolf Hitler, aunque fuera lo que Dieter Hoffmann y Mark Walker han denominado como «*der gute Nazi*» (Hoffmann y Walker 2007 y 2020). Semejante bondadosa calificación es atribuible al hecho de que, al contrario que otros científicos nazis, se opuso a la denominada *Deutsche Physik*, que rechazaba teorías «judías», como la relatividad de Einstein (ver recuadro). Por otra parte, durante la segunda guerra mundial, Jordan propuso un sistema científico de dimensión parecida a la industrial, no muy diferente a la *Big Science* que se desarrolló con posterioridad en Estados Unidos, pero con la característica de estar basada en un conjunto de institutos de investigación repartidos por una Europa bajo control de Alemania, ya que daba por sentado que esta resultaría vencedora en la guerra. Una *Big Science* nazificada. Sin embargo, las autoridades germanas no estuvieron interesadas en su plan. Tampoco le ayudó el hecho de que después de la segunda guerra mundial se dedicase a otros dominios de la física, como la geofísica, que relacionó con una peculiar visión de la cosmología e incluso de la biología.

La Deutsche Physik[21]

La *Deutsche Physik* fue un movimiento encabezado por dos notables físicos, Philipp Lenard (1862-1947; premio Nobel de Física de 1905 por sus estudios sobre los rayos catódicos) y Johannes Stark (1874-1957; premio Nobel de Física de 1919 por sus descubrimientos del desdoblamiento de las rayas espectrales bajo la influencia de un campo magnético y del efecto Doppler en los rayos canales). El caso del primero es representativo del mandarín académico germano, intensamente nacionalista y con-

21. Sobre este punto, al igual que algunos de los detalles que sostienen las consideraciones que siguen, véanse Beyerchen (1977) y Sánchez Ron (2022).

servador. La derrota en la primera guerra mundial le afectó profundamente y así se entiende, por ejemplo, la gran animadversión que comenzó a sentir por Einstein, que reunía casi todas las características que él odiaba: pacifista, internacionalista, progresista y famoso en todo el mundo. Por si fuera poco, la relatividad especial parecía repudiar el concepto de éter, al que Lenard estaba apegado con firmeza. Que Einstein además fuera judío no tuvo importancia en un primer momento, pero terminó por ser esencial para que este profesor de Heidelberg se uniera, durante la República de Weimar, a las filas del antisemitismo.

El caso de Stark no es muy diferente, aunque sí contiene algunos elementos específicos. Al contrario que Lenard, Stark estuvo muy interesado desde el principio en asuntos organizativos de su disciplina. Temía, por ejemplo, que la República de Weimar se hiciera con el control del sistema académico e identificaba a los físicos progresistas de Berlín (no todos eran «progresistas», desde luego) como el instrumento de tal injerencia, en especial a través de la Sociedad de Física Alemana. En consecuencia, creó en abril de 1920 una asociación bajo su mando: la Asociación Profesional de Profesores de Física de Educación Superior Alemanes. Sin embargo, la elección de Wilhelm Wien, otro oponente de los físicos berlineses y uno de los primeros aliados de Stark, para la presidencia de la Sociedad Alemana de Física, durante el congreso de la Sociedad de Naturalistas y Médicos Alemanes celebrado en Bad Nauheim en septiembre de 1920, desbarató las esperanzas y planes de Stark.

El fracaso de Lenard y Stark a la hora de conseguir el poder dentro de su disciplina y la frustración de verse sometidos a un régimen como la República de Weimar acentuaron la ideología conservadora de ambos. Así, cuando Hitler fue encarcelado brevemente el 1 de abril de 1924 por su participación en el fallido golpe de noviembre de 1923 en Múnich, ambos salieron de forma pública en su defensa con un texto publicado el 8 de mayo en el *Grossdeutsche Zeitung*. «Hemos tenido la satisfacción —comenzaba aquel artículo— de recibir un reconocimiento general como científicos y querríamos hablar aquí como tales. Siguiendo nuestros sentimientos más profundos, queremos hacer público, como científicos, nuestro reconocimiento a Hitler y a sus camaradas. Encontramos en ellos el mismo espíritu que nosotros mismos constantemente hemos buscado, dirigido hacia y expresado en nuestro propio trabajo para hacerlo más profundo y exitoso: el espíritu de total claridad, de honestidad hacia el mundo exterior, y al mismo tiempo de uniformidad interna; ese espíritu que odia cualquier actividad de compromiso porque no sea sincera. Pero ya hemos reconocido hace mucho tiempo y reverenciado este espíritu, para nosotros ejemplar, también en los grandes científicos del pasado: en Galileo, Kepler, Newton y Faraday. Lo admiramos y reverenciamos de la misma manera también en Hitler, Ludendorff, Pöhner y en sus camaradas. Reconocemos en ellos la más estrecha afinidad de sus ideas con las nuestras.»[22]

Este gesto de los premios Nobel no fue olvidado y cuando los nazis llegaron al Gobierno en 1933 los dos ambiciosos científicos se encontraron en una situación en apariencia inmejorable (Stark se había afiliado al partido el 1 de abril de 1930; Lenard no lo haría hasta 1937). Después de la retirada de Friedrich Paschen de la presidencia del Instituto Imperial de Física y Tecnología) y a pesar de la abierta oposición de los físicos consultados (von Laue, por ejemplo), Stark fue nombrado su sucesor el 1 de mayo de 1933. Por su parte, Lenard, aunque demasiado mayor como para acceder a puestos importantes dentro del Tercer Reich (ya estaba jubilado), recibió algunos honores por parte del nuevo régimen, entre ellos ser nombrado senador de la Sociedad Káiser Guillermo. Creyente ya a ultranza en las doctrinas raciales nazis, prosiguió sus ataques a Einstein, ahora en un medio más favorable. Pensaba, además, que era necesario depurar la física, dominada por el «pensamiento judío», para lo cual comenzó a preparar un texto con el que poder estudiar la «física aria». Así, en 1936 apareció su libro *Deutsche Physik.*

A pesar de sus prometedores comienzos (para los seguidores de estos científicos), ni la «física aria», instrumentada por Lenard, ni la partidista de Stark consiguieron hacerse con el poder

22. Reproducido (en inglés) en Hentschel, ed. (1996: 11).

de la disciplina, principalmente por dos razones. En primer lugar, por la torpeza política de ambos, que no supieron orientarse y conseguir los apoyos necesarios en la complicada jungla nacionalsocialista. Después, y peor aún, porque seleccionaron su objetivo entre los científicos que se habían quedado en Alemania y que se oponían a su burdo y resentido discurso ideológico. De este modo, escogieron nada más y nada menos que a Werner Heisenberg, junto a otros como Planck y von Laue. Si hubiesen apuntado hacia un blanco más fácil y las SS hubieran optado por el bando de esta «ciencia aria», entonces tal vez el futuro habría quedado hipotecado a su favor. Heisenberg sobre todo, pero también Jordan, se opusieron a aquel movimiento.

Repasemos brevemente la biografía de Jordan, un hombre complejo en varios sentidos. Así, por ejemplo, en una carta que Pauli envió el 26 de julio de 1934 al psiquiatra y psicoanalista Carl Jung, en la que también aludía a sus dificultades personales, decía de él (citada en Meier 1996: 25):

> En cuanto al autor, P. Jordan, le conozco personalmente. Es un físico teórico muy inteligente y de grandes dotes, que sin duda debe ser tomado en serio. Ignoro cuáles han sido los motivos que le han llevado a interesarse por los fenómenos telepáticos y otros relacionados. Sin embargo, su preocupación por los fenómenos psíquicos y por el inconsciente en general se debe seguramente a sus dificultades personales. Estas se manifiestan especialmente en el síntoma de una perturbación del habla (tartamudeo), que ha estado a punto de arruinar su carrera; también a una cierta dispersión de su actividad mental (él mismo ha llegado a decir que desde hace un tiempo «ya no le va tan bien» en su especialidad).

En 1921, se matriculó en la Escuela Politécnica de su ciudad natal, Hannover, con la intención de estudiar física. Sin embargo, no le gustó la enseñanza que se daba en esta disciplina y siguió mayoritariamente cursos de matemáticas. Al año siguiente, se trasladó a Gotinga, de nuevo con el objetivo de formarse en física, pero el horario de las lecciones de Robert Pohl (de 7 a 9 de la mañana) no favoreció este propósito. En consecuencia, frecuentó sobre todo las clases de matemáticas, en particular las de ecuaciones en derivadas parciales de Richard Courant y las que Hilbert solía dar sobre algún apartado de la física matemática. De hecho, Jordan ayudó a Courant a preparar el libro que este firmó junto a David Hilbert, *Methoden der mathematischen Physik* (*Métodos de la física matemática*), que, como se verá en el siguiente capítulo cuando se trate de la mecánica ondulatoria de Schrödinger, tanta importancia tuvo en el desarrollo de la cuántica. Es preciso recordar en este punto que, en Gotinga, Hilbert mostró gran interés por la física teórica. En el año académico 1922-1923, desarrolló un curso sobre «Fundamentos matemáticos», que incluía una explicación detallada de los métodos variacionales y su aplicación a la teoría atómica, así como de los desarrollos perturbativos en el contexto del modelo de Bohr-Sommerfeld, y en 1926-1927 impartió otro sobre «Métodos matemáticos de la mecánica cuántica». Sin duda, la cercanía y las enseñanzas de Hilbert debieron ser importantes tanto para Jordan como para Born.[23]

Un ayudante de Courant en esa época, Emil Artin, aconsejó a Jordan que se dedicase a la matemática en lugar de a la física, pero este, a través de Pohl, conoció a Born y su influencia le condujo a la teoría atómica. Completó su tesis doctoral, bajo la dirección de Born, en 1924 y al año siguiente pasó su prueba de habilitación Así, de una forma un tanto inesperada, el bien formado matemáticamente Pascual Jordan terminó por unir su nombre a los creadores de la mecánica cuántica matricial.

Jordan, en efecto, atendió la solicitud de ayuda de Born y pocos días después le suministró la solución (Born 1978: 218):

> Demostró que, aplicadas a las matrices p y q, las ecuaciones canónicas del movimiento conducían al resultado de que la derivada con respecto al tiempo de p·q-q·p se anulaba, por lo que la propia matriz debía ser diagonal. Entonces comenzamos a escribir un artículo que apareció en el Zeitschrift für Physik bajo el título «Zur Quantenmechanik». Enviamos una copia del manuscrito a Heisenberg, que entonces estaba en un viaje de vacaciones, después de haber pronunciado su conferencia en Cambridge. Nos llegó una respuesta entusiasta de él y decidimos completar el trabajo los tres juntos después de las vacaciones.

23. Más sobre estos puntos en Corry (2004).

En el artículo que compusieron y que llegó a la redacción de la revista el 27 de septiembre, los autores dejaron bien sentado de entrada la deuda que tenían con Heisenberg: «El enfoque teórico de Heisenberg —escribieron Born y Jordan (1925; van der Waerden, ed. 1967: 277-278)—, recientemente publicado en esta revista, que pretende establecer un nuevo formalismo cinemático y mecánico en conformidad con los requisitos de la teoría cuántica [...] El razonamiento físico que ha conducido a Heisenberg a este desarrollo ha sido descrito tan claramente por él que parece superfluo cualquier comentario adicional. Pero, como él mismo indica, en sus aspectos formales, matemáticos, su aproximación no se encuentra más que en sus estadios iniciales. Sus hipótesis han sido aplicadas solamente a ejemplos sencillos, no habiéndose convertido todavía en una teoría general. Habiendo estado en una posición ventajosa para familiarizarnos con sus ideas en su fase formativa, ahora pretendemos (ya que sus investigaciones han concluido) clarificar el contenido formal de su aproximación y presentar aquí algunos de nuestros resultados. Estos indican que es de hecho posible, comenzando con las premisas básicas dadas por Heisenberg, construir una teoría matemática acabada de la mecánica cuántica que muestra llamativas analogías con la mecánica clásica, preservando al mismo tiempo los rasgos característicos de los fenómenos cuánticos».

Entre los resultados concretos que presentaban (como en el caso de Heisenberg, todos para un grado de libertad y movimientos periódicos) estaban la demostración de la ecuación (20), de la conservación de la energía y de la condición de frecuencias de Bohr, todo ello en lenguaje matricial, al que dedicaban una extensa presentación. También aparece en ese artículo un intento de cuantización del campo electromagnético que consideraba sus componentes como matrices, tentativa debida a Jordan.[24]

En la anterior cita de Born, este señalaba que «decidimos completar el trabajo los tres juntos después de las vacaciones», es decir, Born, Heisenberg y Jordan. Esta colaboración tuvo lugar y dio como resultado lo que enseguida se conoció como el artículo de los «tres

24. Para más información sobre el artículo de Born y Jordan, véase Duncan y Janssen (2023: 44-46). El problema de la cuantización del campo electromagnético, en otras palabras, de la construcción de una «electrodinámica cuántica», tardaría todavía en resolverse.

hombres» (*Drei-Männer Arbeit*).[25] En él, la mecánica matricial tomó su forma más acabada (Born, Heisenberg y Jordan 1926). En la mejor tradición de Gotinga, contiene el aparato matemático completo que se convertiría en habitual en los textos de mecánica cuántica: autovalores (espectros discretos y continuos) y autovectores, transformaciones canónicas y formas cuadráticas de Hilbert con un número infinito de variables (en resumen, apartados de lo que ahora denominamos teoría de los «espacios de Hilbert»), así como relaciones generales de conmutación, teoría de perturbaciones, y aplicaciones físicas a sistemas con un grado de libertad o con un número arbitrario de ellos, tales como leyes de conservación del momento lineal y angular, fórmulas para la intensidad espectral, reglas de selección, efecto Zeeman y osciladores armónicos acoplados. Faltaba, eso sí, un problema muy importante: comprobar que la nueva mecánica funcionaba bien para el átomo de hidrógeno. Esta tarea fue llevada a cabo por Pauli (1926), quien empleó los mismos métodos que con tanta dureza había criticado antes (de hecho, su «reconversión» fue bastante rápida, ya que el artículo en el que presentó sus resultados llegó al *Zeitschrift für Physik* el 17 de enero de 1926): «Se demuestra —se lee en el resumen (Pauli 1926; van der Waerden, ed. 1967: 387)— que para un átomo con un único electrón los términos de la serie de Balmer se obtienen correctamente mediante la nueva mecánica cuántica, y que las dificultades (particularmente evidentes en el caso de campos cruzados) que aparecían en la anterior teoría, a través de la prohibición de singularidades en el movimiento, desaparecen en la nueva teoría. También se analiza desde el punto de vista de la nueva mecánica cuántica la influencia de campos eléctricos y magnéticos en el espectro del hidrógeno. Sin embargo, no se han tomado en cuenta las correcciones relativistas y el cálculo de las transiciones de probabilidad (intensidades) se omite por el momento en nuestras consideraciones».

4. Recepción de la mecánica cuántica de Heisenberg

Una vez llegados a este punto, cabe preguntarse por la recepción en el seno de la comunidad científica de la nueva mecánica cuántica. Esta es una cuestión compleja de dirimir, pero, en general, no andaría-

25. Este artículo llegó a la redacción de la revista el 16 de noviembre de 1925 y apareció publicado en el número del 4 de febrero de 1926.

mos desencaminados si afirmásemos que se formaron dos grupos: los «modernos», encabezados por hombres como Born, Bohr y Pauli, que la aceptaron, y los «continuistas», o tal vez mejor los «cuántico-clásicos», que la rechazaron.

La novedad de la teoría de Heisenberg y el hecho de que renunciara a cualquier tipo de «visualización», para basarse en su lugar en «observables», hicieron que algunos de los más destacados físicos la repudiasen. El propio Heisenberg era consciente de la dificultad de su teoría, como señaló en una carta a Einstein fechada el 16 de noviembre de 1925 (CPAE 2018: 199-200):

> No sé si las suposiciones básicas de la teoría no le resultan a usted atractivas desde el principio; pero a mí no me era factible una salida a esta acumulación de dificultades que existía en la teoría cuántica desde los últimos años, si en principio uno no reflexionaba precisamente sobre las magnitudes observables. También a mí me parecía muy mal que se perdiese completamente el comprender de manera intuitiva, y no me atreví durante algún tiempo a publicar este material. Pero conseguí calmar mi conciencia pensando que los átomos ciertamente no existirían si nuestros conceptos espacio-temporales no fueran tan siquiera solo aproximadamente correctos para distancias muy pequeñas. Obviamente, yo también me siento muy infeliz con el estado actual de la teoría porque todo está tan incompleto que no se logra una determinación precisa de las condiciones espacio-temporales que realmente gobiernan los átomos. Hasta el momento lo mejor de la teoría es probablemente la matemática realizada por Born y Jordan.

A Einstein, el formalismo matricial de Heisenberg le parecía inescrutable, como manifestó en una carta que envió el 25 de diciembre de 1925 a su íntimo amigo, el ingeniero Michele Angelo Besso, en la que le confesó que «la cosa más interesante suministrada últimamente por la teoría es la de Heisenberg-Born-Jordan de los estados cuánticos. Un verdadero cálculo de hechicería, donde aparecen determinantes infinitos (matrices) en lugar de las coordenadas cartesianas. Esto es eminentemente ingenioso y, a causa de su complicación, está suficientemente protegido contra toda demostración de falsedad» (CPAE 2018: 241; Speziali, ed. 1994: 228).

El paso del tiempo no atenuó los sentimientos de Einstein con respecto a la nueva mecánica cuántica de Heisenberg. El 7 de marzo de 1926 escribió a la esposa de Max Born, Hedwig (CPAE 2018: 366; Born 2005: 86-87): «Los conceptos de Heisenberg y Born nos han dejado a todos sin respiración, y han causado una profunda impresión en todos los orientados a la teoría. En lugar de sombría resignación, ha surgido en nosotros, gente de sangre espesa, una singular tensión». Muy poco después, el 13 de ese mismo mes, confesó a Hendrik Lorentz (CPAE 2018: 371): «He estado bastante ocupado con Heisenberg-Born. Con toda la admiración que siento por el intelecto detrás de estos artículos, mi instinto todavía se resiste a este tipo de concepción». Y el 28 de agosto hizo lo propio con su íntimo amigo Paul Ehrenfest (CPAE 2028: 575): «Estoy enfrentándome a la mecánica cuántica con admiración y desconfianza. No comprendo en absoluto los detalles de Dirac (efecto Compton)».

De tono parecido fueron los juicios emitidos por Max von Laue, otro miembro de la élite berlinesa, cuando se quejó a Schrödinger el 12 de octubre de 1926 del «monstruoso tratamiento» que Wolfgang Pauli había dado al problema del átomo de hidrógeno, mediante el método matricial de Heisenberg. Ante esa postura, no es sorprendente que, en sus cartas al siempre mordaz Wolfgang Pauli, Werner Heisenberg calificase a este grupo de físicos «clásicos» como los «caballeros del continuo».

Más ecuánime fue Peter Debye (al que es difícil de calificar como «moderno» o como «cuántico-clásico», aunque es probable que estuviera más cerca de estos que de aquellos). En la entrevista que le hizo Thomas Kuhn («Sources»), este le preguntó si se prestó atención al *Drei-Männer Arbeit*, a lo que él contestó: «Sí, sí. [Los físicos] le prestaron atención. Se tenía la sensación de por qué este complicado formalismo. Pero tan pronto como se puso en una ecuación diferencial, y se relacionó con la mecánica [...], entonces uno se sintió muy aliviado. Sentí que entonces comprendía las cosas. Mientras que con Heisenberg no las comprendía demasiado bien».

En Múnich, la sede de la escuela de Sommerfeld, uno de sus miembros, Gregor Wentzel, señaló a Thomas Kuhn («Sources») que el primero de los artículos de la mecánica de matrices de Heisenberg «fue recibido como una curiosa nueva aproximación» y que solo se confió realmente en ella «después de la recepción y asimilación de la mecánica ondulatoria».

Aunque se esforzaban por comprenderla, la formulación altamente matemática y abstracta de Heisenberg-Born-Jordan planteaba serios problemas a muchos físicos, en especial a aquellos que se habían formado e investigado en la física anterior. Así, Gustav Mie, catedrático en la Universidad de Friburgo, escribió a Einstein el 27 de abril de 1926 (CPAE 2028: 446-447):

> Querido colega,
>
> ¡Mis más sinceras gracias por enviarme todos sus artículos de los últimos años! De hecho, mucho de ello me es aún desconocido, y voy a dedicarme ahora a estudiarlos detenidamente. Durante las últimas semanas me he estado familiarizando con muchas partes de la teoría de Heisenberg, Born y Jordan, especialmente con respecto a la radiación de un cuerpo negro. Desgraciadamente tengo que reconocer que no es fácil para un muy acosado director de instituto mantenerse al día en todos los aspectos, y es solamente ahora que he leído cuidadosamente algunos de los viejos artículos. La belleza de la nueva mecánica cuántica me impresiona mucho, aunque inicialmente me costó un verdadero esfuerzo abrazar completamente el punto de vista de que uno debe abandonar el principio de causalidad y reemplazarlo con estadística desde el principio. Pero debo decir que tampoco ahora me he llegado a convencer de que no podremos, al menos en el previsible futuro, avanzar más de otra forma.

La opinión de Niels Bohr era muy diferente, como explicó al físico británico (yerno de Rutherford) Ralph H. Fowler el 26 de noviembre de 1925 (Stolzenburg, ed. 1984: 338):

> Por otra parte, no tengo mucho que contar, excepto que aquí hemos estado, por supuesto, extremadamente interesados en el maravilloso progreso relativo al desarrollo de la mecánica cuántica racional, debido al trabajo de Heisenberg. Seguramente ya ha oído usted mismo que Pauli acaba de lograr deducir la fórmula de Balmer de la nueva teoría. De Heisenberg he sabido que [Paul A. M.] Dirac en Cambridge [donde también daba clases Fowler], independientemente del trabajo de [Max] Born, ha realizado algunas importantes contribuciones a la formulación matemática de la mecánica cuántica. Le estaría muy agradecido si pudiera darme alguna información más precisa sobre su trabajo, o si él tuviera una copia disponible de su artículo que pudiera ser tan amable de prestarme. De hecho, últimamente he estado escribiendo una descripción general del estado actual de los problemas atómicos, que es la reelaboración de una

conferencia sobre la mecánica y teoría atómica que di este verano en el congreso matemático escandinavo en Copenhague.

Por su parte, Max Born se esforzaba por difundir la nueva mecánica, a la que él mismo tanto había contribuido. Es representativo en este sentido el curso que dictó entre el 14 de noviembre de 1925 y el 22 de enero de 1926 en el Instituto de Tecnología de Massachusetts (MIT) y que tituló *Problems of Atomic Dynamics* (Born 1926 c). En él, se ocupó de explicar con detalle tanto los contenidos del artículo de Heisenberg de 1925, como del suyo con Jordan (todavía en prensa), el del *Drei-Männer Arbeit* (aún no finalizado por completo) y el de Pauli sobre el átomo de hidrógeno. De hecho, durante su estancia en Massachusetts unió fuerzas con el matemático Norbert Wiener para desarrollar una teoría de procesos aperiódicos en función del cálculo general de operadores (Born y Wiener 1926), que se puede considerar una cuarta versión de la mecánica cuántica, después de las de Heisenberg, Schrödinger y Dirac. Cabe destacar que esta nueva física fue pronta y muy favorablemente recibida en Estados Unidos (aunque no solo, o principalmente, debido a la influencia del curso de Born), donde con el tiempo recibió algunas de sus ampliaciones más importantes.[26] Los físicos estadounidenses comenzaron entonces a familiarizarse con la mecánica cuántica, como ejemplifica el caso de John Slater (1967: 8), quien años después recordaba:

> Se dispuso de nueva información sobre los métodos matriciales cuando Max Born llegó para sus conferencias en el MIT en noviembre de 1925, fresco después de acabar de escribir el primer artículo con Jordan sobre la mecánica de matrices [...] e inmediatamente comencé a trabajar con él. Me pasó un preprint de un artículo reciente sobre el tema [...] y rápidamente se me ocurrió una idea, que trabajé durante su visita de varios meses. En mi estudio de la mecánica clásica, durante los últimos años como estudiante de grado, me había familiarizado con el poder de la expresión de los paréntesis de Poisson en la mecánica clásica, y pensé que esto podía incorporarse a la mecánica de matrices. Trabajé en esto, y antes de que Born se marchase en enero de 1926, había producido un artículo en el que demostraba la equivalencia del paréntesis de Poisson y el conmutador, y describía cómo se podía utilizar esto para obtener varios teoremas

26. Véase Sopka (1980).

mecánico-cuánticos. Fue aquel uno de esos casos en los que una idea surge casi simultáneamente en dos personas: antes de que tuviese la oportunidad de enviar mi artículo a publicación, el primero de los artículos de Dirac llegó a Cambridge... con los mismos resultados.

No fue solo en Massachusetts donde dio conferencias Born: también visitó el California Institute of Technology (Caltech), la Universidad de California en Berkeley y las Universidades de Wisconsin, Chicago y Columbia (Nueva York).

La lista de propuestas para los premios Nobel de Física da idea de la rapidez con que la nueva mecánica cuántica de Heisenberg fue aceptada (o respetada, como en el caso de Einstein). Encontramos que el nombre de Heisenberg apareció en ella con bastante rapidez (Crawford, Heilbron y Ullrich 1987): en 1928 fue propuesto por E. Meyer; en 1929 por E. Fermi, F. Kottler y H. Thirring; en 1930 por Y. Frenkel, H. Nagaoka, J. Perrin, M. Planck, P. Pringsheim y T. Svedberg; en 1931 por W. Lenz y N. Bohr y en 1932, el año que lo recibió (en solitario), por E. Hückel, W. Pauli, G. Wentzel, N. Bohr, D. Enskog, O. Klein y A. Einstein.

No obstante, «el malestar» continuó existiendo. Y ante los sentimientos de repulsa y frustración que suscitaron los trabajos de los mecánicos «matriciales» entre los famosos físicos berlineses y bávaros, se puede comprender el alivio que estos (y algunos más) experimentaron cuando Erwin Schrödinger presentó, menos de medio año después de la introducción del formalismo de matrices, una mecánica ondulatoria que prometía un retorno a la más familiar física de campos, entendiendo por tal «la esencia de todas aquellas teorías que describen los fenómenos físicos en forma causal mediante ecuaciones en derivadas parciales en el espacio y en el tiempo» (Thirring 1928: 429).

Es el momento, por consiguiente, de pasar a estudiar la contribución de Erwin Schrödinger.

2

La mecánica cuántica ondulatoria de Schrödinger

1. Erwin Schrödinger

En 1926, apenas unos meses después de que Heisenberg presentase su mecánica matricial, se encontró una nueva formulación de la cuántica. Era como si el destino hubiese querido castigar a esos físicos que con tanto ahínco habían perseguido esa meta. ¿Queríais una mecánica? ¡Pues ahí tenéis dos! En un primer momento, este desarrollo fue realmente una penitencia, puesto que el nuevo formalismo contenía, al menos en apariencia, elementos conceptuales radicalmente diferentes de los que caracterizaban al anterior.

Este suceso se debió a las contribuciones de un científico del que, en principio, no cabía esperar semejante aportación: Erwin Schrödinger (1887-1961), que tan solo apareció mencionado de manera ocasional en el tomo precedente. Veamos quién era.

Erwin Schrödinger nació en Viena y se formó como físico en la universidad de esta ciudad, en donde frecuentó sobre todo los cursos de física teórica de Fritz Hasenöhrl (1874-1915) y experimental de Franz Exner (1849-1926), del que posteriormente (en 1911) fue ayudante de laboratorio.[1] Sin embargo, la gran influencia sobre él fue

1. Sobre la relación de Schrödinger con Exner, véase Hanle (1979). En cuanto a la biografía de Schrödinger, la mejor referencia es Moore (1989), donde se pueden encontrar más detalles sobre su vida que los ofrecidos a continuación. También se debe consultar el tomo primero de Mehra y Rechenberg (1987).

Ludwig Boltzmann, cuya sombra todavía se hacía sentir sobre las cátedras vienesas. Así lo manifestó él mismo en un breve (y bastante inconexo) escrito autobiográfico, *Mein Leben* ([*Mi vida*]; Schrödinger 1988 b: 135):[2]

> Solo unos meses antes de mi entrada en la Universidad de Viena (la única en la que me he matriculado o inscrito) en el otoño de 1906, el gran Ludwig Boltzmann había encontrado en Duino su triste fin. En la lección de toma de posesión de su discípulo y sucesor en la cátedra, Fritz Hasenöhrl, que tuvo lugar sin celebraciones en el aula magna del antiguo edificio, situado en la Türkenstrasse, en el otoño de 1907, este nos explicó con palabras escuetas, claras, pero entusiastas, el pensamiento fundamental del trabajo que había ocupado la vida de Boltzmann. Dicha explicación me produjo una profunda impresión intelectual que no se ha separado ya nunca más de mi pensamiento. De hecho, a pesar de Planck y Einstein, nada me parece tan importante en la física como el saber de Boltzmann. Por otro lado, los trabajos de juventud de Einstein (anteriores a 1905) muestran hasta qué punto él también estaba fascinado ya que, dicho sea de paso, fue el único que (mediante la inversión de la $S=k\cdot \ln W$ de Boltzmann) dio un gran paso adelante.
>
> Ningún ser humano ha ejercido una influencia tan intensa sobre mí como Fritz Hasenöhrl (a excepción quizás de mi padre Rudolf) a lo largo de los muchos años de convivencia y conversaciones continuas acerca de todo lo que a él le interesaba, que era mucho.

En abril de 1910, Schrödinger se doctoró con una tesis titulada *Über die Leitung der Elektrizität auf der Oberfläche von Isolatoren an feuchter Luft* (*Sobre la conducción de la electricidad en la superficie de aislantes en aire húmedo*), un problema que le había sugerido Egon Ritter von Schweidler (1873-1948), un profesor asociado vinculado a la cátedra de Exner, habilitado con Stefan Meyer y Marian Smoluchowski, y cuyo campo de investigación preferente era la electricidad atmosférica. Coherente con los intereses de su director, la tesis de Schrödinger (1910), que condujo a su primera publicación, era en realidad una investigación experimental, rutinaria y sin contenido teórico: un conjunto de medidas eléctricas que mostraban el efecto del aire húmedo sobre la conductividad superficial de varios aislantes

2. Sobre la influencia de Boltzmann en Schrödinger, véase Flamm (1987).

(como la ebonita, el ámbar, el vidrio o la parafina).[3] De hecho, no fue aquel su único trabajo práctico: en diciembre de 1913 presentó otro a la Academia de Ciencias de Viena, sobre aspectos empíricos en la electricidad atmosférica provocados por el contenido de una variedad de radio, aunque es cierto que había sido precedido un año antes por un texto en el que estudiaba los aspectos teóricos del fenómeno. En cuanto al resto de sus investigaciones de aquellos años (1910-1914), estaban dedicadas mayoritariamente a temas de física pura clásica (con algún toque experimental). Así, analizó la teoría cinética del magnetismo —fue su primer artículo teórico, Schrödinger (1912)—, teoría cinética, dieléctricos, piezo y piroelectricidad, teoría de la dispersión eléctrica anómala… Hubo, no obstante, una importante excepción: un extenso artículo en colaboración con Fritz Kohlrausch sobre las radiaciones β y γ (Kohlrausch y Schrödinger 1914).

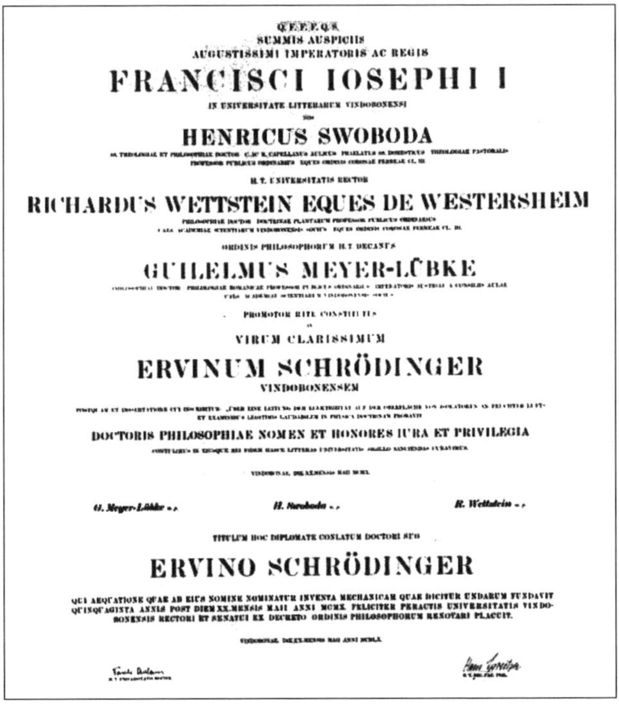
Q.F.F.F.Q.S.
SUMMIS AUSPICIIS
AUGUSTISSIMI IMPERATORIS AC REGIS
FRANCISCI IOSEPHI I
IN UNIVERSITATE LITTERARUM VINDOBONENSI
HENRICUS SWOBODA
H. T. UNIVERSITATIS RECTOR
RICHARDUS WETTSTEIN EQUES DE WESTERSHEIM
ORDINIS PHILOSOPHORUM H. T. DECANUS
GUILELMUS MEYER-LÜBKE
PROMOTOR RITE CONSTITUTUS
VIRUM CLARISSIMUM
ERVINUM SCHRÖDINGER
VINDOBONENSEM
DOCTORIS PHILOSOPHIAE NOMEN ET HONORES IURA ET PRIVILEGIA
TITULUM HOC DIPLOMATE CONLATUM DOCTORI SUO
ERVINO SCHRÖDINGER
QUI AEQUATIONE QUAE AB EIUS NOMINE NOMINATUR INVENTA MECHANICAM QUAE DICITUR UNDARUM FUNDAVIT QUINQUAGINTA ANNIS POST DIEM XX. MENSIS MAII ANNI MCMX FELICITER PERACTIS UNIVERSITATIS VINDOBONENSIS RECTORI ET SENATUI EX DECRETO ORDINIS PHILOSOPHORUM RENOVARI PLACUIT.

3. La lista de publicaciones de Schrödinger se encuentra, como Apéndice, en cada uno de los cuatro volúmenes de sus *Gesammelte Abhandlungen* (Schrödinger 1984), donde se reproducen todos los artículos que cito.

Durante la primera guerra mundial, sirvió como oficial de artillería. Fue en esos años cuando conoció la teoría de la relatividad general, «cuya comprensión me planteó grandes dificultades a pesar de que disponía de todo el tiempo que desease para abundar en ella» (Schrödinger 1988 b: 151). La teoría de la gravitación einsteiniana fue uno de los grandes amores científicos que le acompañaron toda su vida. De hecho, pronto publicó trabajos sobre ella: en noviembre de 1918, Schrödinger (1918 a) envió a *Physikalische Zeitschrift* un artículo en el que calculaba de manera explícita las dieciséis componentes del denominado «tensor» (en realidad no es tal) del campo gravitacional, $t^{\alpha}{}_{\beta}$, para el caso de la solución de Schwarzschild en el interior de una esfera de materia, haciendo notar su covariancia con respecto a transformaciones lineales de coordenadas y encontrando un sistema de coordenadas especial en el que $t^{\alpha}{}_{\beta}$ se anula en todos los puntos.[4]

Tras estudiar un sistema asimilable a un objeto estelar de los muchos que pueblan el cosmos, Schrödinger dirigió inmediatamente su atención al universo, a la cosmología relativista, que había sido creada por Einstein en el artículo «Kosmologische Betrachtungen zur allgemeinen Relativitätstheorie» («Consideraciones cosmológicas sobre la teoría general de la relatividad») y que había presentado a la Academia Prusiana de Ciencias el 8 de febrero de 1917, esto es, apenas nueve meses antes de la aparición del texto de Schrödinger. En este trabajo, Einstein introdujo la famosa constante cosmológica en las ecuaciones del campo gravitacional y presentó un modelo cósmico estático y homogéneo, que vino a denominarse «universo de Einstein».

Lo que hizo Schrödinger (1918 b) fue estudiar el caso de un cosmos esférico y finito, pero sin recurrir a la constante cosmológica. Calculó los objetos matemáticos correspondientes a esa geometría y utilizó luego las ecuaciones del campo para deducir la forma del tensor de energía-momento, que interpretó como correspondientes a un fluido compresible en reposo, de densidad y tensión interna constantes. Este segundo artículo relativista fue recibido en la revista *Physikalische Zeitschrift* apenas ocho días después del primero sobre el tema. No es sorprendente tal celeridad ya que, en realidad, ambos trabajos estaban bastante relacionados: uno se ocupaba de un siste-

4. Los trabajos de Schrödinger sobre relatividad se analizan en Sánchez Ron (1992).

ma concreto, otro del universo, pero la simetría era la misma y las técnicas y cálculos matemáticos eran muy parecidos.

Estos dos artículos de Schrödinger atrajeron la atención de Einstein (1918 a, b), que los comentó en sendas notas. En lo que se refiere al primero de ellos, se da la circunstancia de que Einstein (1918 c) había estudiado el mismo problema de manera independiente y, aunque estaba de acuerdo con varios de los puntos abordados por Schrödinger, hizo algunas matizaciones, en particular que para interacciones entre varias masas t_{α}^{β} no se anulaba en todas partes. Con respecto al segundo, Einstein descartó la solución encontrada por Schrödinger (que el creador de la relatividad afirmaba haber considerado antes), con el argumento de que implicaba una densidad de masa negativa.

Pese a estas críticas, se puede decir que Schrödinger había entrado con buen pie en un campo de investigación bastante restrictivo, al que por aquel entonces se dedicaban pocos físicos. Además, había atraído la atención de Einstein, lo que dio paso a una relación que, como veremos, se reforzaría con el tiempo, sobre todo a partir de 1925. Por consiguiente, no habría sido extraño que hubiese dedicado su carrera al estudio de la relatividad. No obstante, lejos de semejante dedicación, Schrödinger se centró a partir de entonces en la investigación de problemas relacionados con la física cuántica. De todas maneras, no parece que abandonase por completo el campo científico propiciado por la relatividad general, como demuestra la existencia de tres cuadernos de notas, titulados «Tensoranalytische Mechanik» («Mecánica analítica tensorial»), escritos con toda probabilidad entre la segunda mitad de 1918 y 1922. En ellos, se ocupaba con cierto detenimiento de la herramienta matemática utilizada en la teoría gravitacional einsteiniana, el cálculo tensorial, aunque se centraba sobre todo en la mecánica y en la óptica.[5]

En el segundo cuaderno, dedicado al cálculo tensorial, Schrödinger hacía referencia al libro *Raum-Zeit-Materie* (*Espacio-Tiempo-Materia*), que Herman Weyl había publicado en 1918 y que fue muy importante en el pensamiento relativista de aquel.[6] En esta obra, Weyl

5. Una copia de estos cuadernos (118 pp.) se encuentra en el archivo «Sources for History of Quantum Physics», microfilm n.º 39, sección 3.

6. El primer cuaderno está dedicado a desarrollar la mecánica analítica en la notación tensorial. El tercero trata de «Mecánica analítica tensorial y óptica en medios inhomogéneos».

generalizaba la geometría riemanniana, que había servido a Einstein para formular la relatividad general, con el propósito de incluir el campo electromagnético junto al gravitacional en el espacio-tiempo relativista, lo que equivalía a formular una teoría del campo unificado (recuérdese que por aquel entonces no se conocían más fuerzas que la gravitacional y la electromagnética). De hecho, Schrödinger dedicaría años más tarde intensos esfuerzos a la tarea de construir una teoría unificada.

A pesar de su belleza y generalidad matemática, la teoría de Weyl conducía a predicciones que entraban en conflicto con lo que se sabía del comportamiento de los átomos. Por ello, en un nuevo artículo, Schrödinger (1922) intentó, sin demasiado éxito, resolver el problema mediante los recursos de la teoría cuántica, en particular la noción de órbitas electrónicas introducidas por Bohr en el átomo de hidrógeno. Se trataba, por consiguiente, de una investigación más «cuántica» que «relativista», aunque en realidad también se la puede considerar parte de un programa de investigación subyacente orientado hacia la combinación, o «unificación», de ambas teorías; un proyecto que Schrödinger adoptó de manera explícita a partir de 1937, motivado por los trabajos de Arthur Eddington. Un aspecto interesante de este artículo es que, como han argumentado Raman y Forman (1969),[7] contiene elementos (que Schrödinger no supo interpretar en realidad) que se pueden relacionar, aunque de forma indirecta, con la noción de condiciones cuánticas que Louis de Broglie desarrolló entre uno y dos años después.

La teoría de Weyl partía de una métrica análoga a la de la relatividad general

$$ds^2 = g_{ij} dx^i dx^j$$

(se utiliza el convenio de Einstein de sumación de índices repetidos; en este caso los índices van de 0 a 3), pero con la condición suplementaria de que la norma de un cuadrivector l^i, $l_i l^i = l$, no permanece constante al transportar el vector de un punto P a otro P', sino que cumple

7. Véanse también los comentarios de Kragh (1979: 18-19) y de Moore (1989: 146-148).

$$l(P') = l(P) + dl \qquad (1)$$

donde (lo que Weyl denominó «factor de calibración», o *gauge*)

$$dl = -l d\phi = l\phi_i dx^i \qquad (2)$$

expresión de la que se deduce

$$l = l_o e^{-\int d\phi} \qquad (3)$$

Un hecho muy importante es que los ϕ_i satisfacían las mismas ecuaciones que los potenciales electromagnéticos (recordemos que lo que Weyl pretendía era encontrar una teoría unificada de las interacciones gravitacional y electromagnética), lo que llevaba a este último a identificar $d\phi$ con los cuatro (en la versión relativista especial) potenciales clásicos del campo electromagnético, $(V, -A^i/c)$, salvo un factor de proporcionalidad; en otras palabras

$$\phi_i dx^i = -\frac{e}{\gamma}\left[Vdt - \frac{1}{c}\left(A_x dx + A_y dy + A_z dz \right) \right] \qquad (4)$$

siendo γ una constante.

En su artículo, titulado «Sobre una peculiar propiedad de las órbitas cuantizadas de un solo electrón», Schrödinger (1922: 14) señalaba que «la propiedad de las órbitas que se anuncia en el título y que me parece tan peculiar es que las genuinas condiciones cuánticas, esto es, aquellas que bastan para determinar la energía y, por tanto, también el espectro, son precisamente las que también bastan para que el exponente del factor [en (3) con (4)] sea un múltiplo entero de h/γ (que es un número puro) para todos los períodos aproximados del sistema». En el caso del átomo de hidrógeno (donde solo hay un electrón) y para la aproximación electrostática ($A_i = 0$), el exponente en cuestión se convierte en el valor $-nh/\gamma$, donde n es un entero. En consecuencia, si el electrón transportase (en el sentido del transporte paralelo de la geometría diferencial riemanniana o weyliana) consigo un vector (como l^i) alrededor de la órbita, entonces cada vez que el electrón regresase a su posición original la norma (*Strecke*) se multiplicaría por una potencia entera de $e^{-h/\gamma}$. «Sería difícil creer —decía Schrödinger (1922: 14)— que este resultado es únicamente una consecuencia matemática accidental de las condiciones cuánticas sin mayor significado físico.» Cuál podía ser ese significado era algo que él desconocía, pero aun así concluía su artículo proponiendo dos posibles valores para la constante γ. Uno real, $\gamma=e^2/c$, y otro, para él más «obvio», imaginario, $\gamma=hi/2\pi$. Ahora bien, para este valor se obtiene una expresión

$$l = l_o \exp\left[\left(-2\pi i/h\right)\int e\phi_i dx^i\right] \qquad (5)$$

que es parecida a la de la amplitud de una onda. Ahí se quedó, pero pocos años más tarde se dio cuenta, como tendremos ocasión de comprobar, de que este resultado se podía relacionar con la explicación de de Broglie de las órbitas de Bohr en función de ondas «electrónicas», Mejor dicho, reparó en que sus resultados de 1922 contenían elementos conceptual y formalmente similares (aunque no idénticos) a los introducidos por de Broglie. El hecho de que semejante reconstrucción es más que plausible se demuestra mediante la carta que Fritz London le escribió, en tono ciertamente desenfadado, hacia diciembre de 1926 y de la que cito a continuación algunos pasajes:[8]

> Resulta que hace cuatro años [...] ya te habías dado cuenta de que en la n-ésima órbita la unidad de medida se «hincha» y «encoge» *n* veces, exactamente igual que en el caso de una onda estacionaria describiendo la posición de la carga. En consecuencia, demostraste que la teoría de Weyl llega a ser razonable (esto es, *conduce a una única determinación de la medida*) solo si se la combina con la teoría cuántica; y no se tiene otra opción si todo el universo de los átomos representa un proceso en un continuo, sin ningún fijo identificable. Sabías esto y no se lo dijiste a nadie. [...] ¿Confesarás ahora inmediatamente que, al igual que un sacerdote, tenías la verdad en tus manos y la mantuviste en secreto?

Obviamente, cabe dudar del sentido de haberme detenido en las consideraciones precedentes sin rematarlas con una demostración fisicomatemática detallada de la relación entre (5) y las expresiones a las que llegó de Broglie. Ahora bien, no tendría tampoco mucho sentido argumentar en un sentido u otro con base en una relación analítica desconocida entonces por el propio Schrödinger. Si merece la pena

8. Reproducida en versión completa (alemana) en Raman y Forman (1969: 304-305).

incluir esas reflexiones, es porque creo que ayudan a dilucidar el motivo por el que este último se interesó más tarde por los trabajos de de Broglie, hecho que le abrió el camino a la mecánica ondulatoria. Aparte de otros posibles elementos, vio en las ideas del físico francés conceptos que le resultaban familiares a raíz de su artículo de 1922.

Establecido esto, volvamos hacia atrás, a la carrera profesional de Schrödinger.

En 1918, y ya con un currículum apreciable, formado por diecisiete artículos (excluidos los de ese mismo año), en modo alguno triviales y que tocaban diversos campos, fue nombrado profesor extraordinario en Chernovtsy (ahora en Ucrania), «donde debía enseñar física teórica», recordó en su esbozo autobiográfico (Schrödinger 1988 b: 137), «si bien tenía la intención de dedicarme, en mi vida privada, más a la filosofía (hacía poco que había conocido con gran entusiasmo a Schopenhauer, y a través de él, la teoría unitaria de los *Upanisads*)». Este comentario es importante, ya que muestra una característica de la personalidad de Schrödinger que se debe tener en cuenta cuando se considera su carrera científica. Mientras que la mayoría de los investigadores implicados en el desarrollo de la física cuántica se dedicaron a esta tarea en cuerpo y alma, él tenía otros intereses que pugnaban con dureza con los puramente científicos. Es significativo en este sentido lo que escribió a Wien el 25 de agosto de 1926:[9] «Ya no deseo suponer con Born, que tal suceso aislado es "absolutamente azaroso", esto es, completamente indeterminado. En la actualidad no creo que se gane gran cosa con esta interpretación (por la que abogué vivamente hace cuatro años). [...] Rechazo *ab limine* el punto de vista de Bohr, por el cual una descripción espacio-temporal es imposible. *La física no consta solo de investigación atómica, la ciencia tan solo de física, y la vida únicamente de ciencia.* El objetivo de la investigación atómica es encuadrar nuestras experiencias referentes a ella en nuestro pensamiento habitual. Este pensamiento completamente usual se mueve, en lo que al mundo exterior se refiere, en el espacio y en el tiempo». Si a semejante «pluralidad de intereses» le sumamos la filosofía un tanto «esotérica» (si se prefiere, compleja y algo alejada del pensamiento occidental tradicional) que privilegiaba y a la que años más tarde, ya famoso, dedicó

9. Citado en Forman (1971, 1984: 144). Para no mutilarla y deformar su significado, incluyo en la cita detalles cuyo significado exige conocimientos que aún no he introducido, aunque no es difícil imaginarlo. Las cursivas son mías.

algún libro, podemos comprender que, aunque sus credenciales científicas eran significativas, él mismo se encontraba en una posición poco frecuente en la comunidad de físicos. «Schrödinger [era] un hombre marginal, un solitario, miembro de ninguna escuela», han afirmado Raman y Forman (1969: 297), mientras que Martin Klein (1964: 4) señalaba que no estaba dedicado por completo al campo de la cuántica y que se mantuvo al margen de sus conflictos internos. Ambas caracterizaciones encajan bien con la imagen que él tenía de sí mismo (Schrödinger 1935 a: 87-88): «En mi trabajo científico (y también en mi vida) nunca he seguido una línea principal, un programa que definiese durante mucho tiempo una dirección. Aunque solo puedo trabajar pobremente en colaboración, y desgraciadamente tampoco con discípulos, mi trabajo no es completamente independiente, ya que para interesarme en una cuestión, otros deben hacerlo también. Raramente es mi palabra la primera, a menudo más bien la segunda, y puede estar inspirada por el deseo de contradecir o corregir, aunque la consiguiente extensión puede resultar ser más importante que la corrección, que sirve únicamente como una conexión».

De todas maneras, el colapso del Imperio austrohúngaro impidió que llevase a cabo su plan de dedicarse más a la filosofía. En 1920, se trasladó a Jena como profesor no titular y ayudante de Wilhelm Wien en el laboratorio de física. No estuvo, sin embargo, mucho tiempo allí, tan solo cuatro meses, tras lo cual aceptó un puesto de profesor extraordinario en la Escuela Politécnica de Stuttgart. Aquí, comenzó a interesarse por la física cuántica, más concretamente por la «vieja teoría cuántica», y estudió el *Atombau* de Sommerfeld, que, recordemos, acababa de publicarse en 1919. Consecuencia de ese interés fue un artículo (Schrödinger 1921), fechado en «*Stuttgart, im Januar 1921*», en el que presentaba un modelo, basado en la teoría de Bohr-Sommerfeld, de las series *s* de los espectros de emisión de metales alcalinos, como el sodio, en el supuesto de que las órbitas elípticas de algunos electrones atravesaban capas atómicas diferentes. En realidad, se trataba de una aplicación a la espectroscopía cuántica de las habilidades de Schrödinger en el manejo de las ecuaciones de la mecánica clásica y celeste. La primera referencia de aquel texto (su primer «artículo cuántico») era el *Atombau und Spektrallinien* (*Estructura atómica y líneas espectrales*) de Sommerfeld.

Tampoco duró mucho su estancia en Stuttgart, ya que después de un semestre recibió tres ofertas para ser catedrático en Kiel, Breslavia y Viena, donde podría suceder a Friedrich Hasenöhrl. A pesar de que hubiera parecido lógico que eligiese relevar a su maestro, escogió la segunda opción por sus mejores condiciones. Una vez más, al poco de llegar la Universidad de Zúrich le hizo una propuesta para ocupar la cátedra que antes había pertenecido a Einstein, Peter Debye y Max von Laue. El 16 de septiembre de 1921 la aceptó formalmente. Tenía entonces treinta y cuatro años. Allí se encontró con algunos colegas que, como veremos, desempeñaron, de formas diferentes e indirectas, un cierto papel en la génesis de la mecánica cuántica ondulatoria: Debye, que había regresado a la ciudad suiza en 1920, aunque ahora a la Escuela Politécnica (la ETH), y Hermann Weyl (catedrático en esta última institución desde 1913), con quien mejor congenió Schrödinger.[10] Con el primero de ellos coincidía con cierta frecuencia en los seminarios de física que celebraban de manera conjunta la Universidad y la Escuela Politécnica.

2. La mecánica cuántica ondulatoria

Aunque Schrödinger se había iniciado en las investigaciones cuánticas entre 1921 y 1922 y sus contribuciones fueron meritorias, se encontraban lejos de rivalizar con las de Einstein, Bohr, Sommerfeld, Debye o Landé, por poner algunos ejemplos. No obstante, fue afortunado en dos puntos: sus intereses cuánticos se iniciaron en un momento oportuno, ya que enseguida, como se vio en la *HFC-1*, en 1923-1924, Louis de Broglie desarrolló y presentó sus ideas sobre la dualidad onda-corpúsculo y poco después aparecieron los artículos de Bose (1924) y Einstein (1924, 1925) sobre la nueva estadística cuántica. De hecho, el camino que llevó a Schrödinger hasta de Broglie pasó por esos últimos textos, en los que su autor utilizaba la estadística de Bose en los gases. Es obligado, en este sentido, citar un pasaje de una carta que Schrödinger escribió a Einstein el 23 de abril de 1926, cuando ya habían aparecido sus primeras contribuciones sobre la mecánica cuántica ondulatoria (Przibram, ed. 1967: 26): «Su reconocimiento y el de Planck son más valiosos para mí que el de medio mundo. Además,

10. Debye fue catedrático en la Universidad de Zúrich entre 1911 y 1912. En la Escuela Politécnica (ETH) lo fue entre 1920 y 1927. Weyl mantuvo su puesto en Zúrich hasta 1930, cuando se trasladó a Gotinga.

todo el asunto ciertamente no hubiese sido desarrollado todavía (quiero decir por mí), y quizás nunca, si la importancia de las ideas de de Broglie no hubiesen sido puestas delante de mi nariz por su segundo artículo sobre la degeneración de gases».

En absoluto es sorprendente que Schrödinger mostrase interés por las aportaciones en este campo. Recordemos que, influido por Hasenöhrl, nada le parecía «tan importante en la física como el saber de Boltzmann», el cual pertenecía, sobre todo, al dominio de la física estadística. De hecho, cuando se repasa la lista de sus publicaciones, se comprueba que una parte importante de ellas, desde 1912 (Schrödinger 1912), contenían consideraciones de este cariz, cuando no estaban dedicadas por completo a problemas de física estadística. No en vano, el primer volumen de *Gesammelte Abhandlungen* (*Trabajos reunidos*), que contiene 39 artículos, el primero de ellos de 1912 y el último de 1958, está dedicado a sus «Contribuciones a la mecánica estadística» (Schrödinger 1984).

Si además tenemos en cuenta el respeto que sentía por Einstein, es razonable que su atención se dirigiera a los dos artículos de este, que su autor leyó en la Academia Prusiana de Ciencias el 24 de septiembre de 1924 y el 8 de enero de 1925. Este último escrito, sobre todo, le planteó problemas sobre los métodos que se debían emplear para calcular de manera estadística la entropía de los gases estudiados.

La respuesta de Schrödinger (1925, 1926 a) a estos trabajos de Einstein se manifestó en dos textos: el primero lo firmó el 4 de septiembre de 1925 y el segundo el 15 de diciembre del mismo año, aunque apareció publicado en enero de 1926.[11] Sin entrar en demasiados detalles, interesa destacar sobre todo el último de ellos, en cuya primera sección (titulada «*Grundgedanke*» [«*Pensamientos fundamentales*»]), Schrödinger señalaba que la nueva estadística (la de Bose-Einstein), introducida *a priori* y sin ninguna explicación, ofendía la sensibilidad física, ya que aparecían fuerzas entre moléculas que no se identificaban de manera explícita. Con ello, hacía referencia a un artículo de Landé, publicado pocos meses antes, en el que este también había criticado el método de Bose y había señalado que «la casi ininteligible suposición [de Bose] se puede relacionar con la superposición de cuantos de luz, que representa el análogo teórico-cuántico

11. Estos artículos se analizan en Hanle (1979).

de la superposición de ondas clásica» (Landé 1925: 571). De este modo, Schrödinger llegó a Louis de Broglie.

Comprobemos ahora documentalmente que la secuencia temporal que considero es correcta, al igual que la vinculación de todo esto con de Broglie y, en última instancia, con la génesis de la mecánica cuántica ondulatoria.

El 3 de noviembre de 1925, Schrödinger escribió a Einstein (CPAE 2018: 182):

> Hace unos días leí con el mayor interés la ingeniosa tesis de Louis de Broglie, que finalmente he conseguido; con ella, la sección 8 de su segundo artículo sobre la degeneración [de gases] me ha resultado clara por vez primera.[12] Me parece que la interpretación de las reglas cuánticas de de Broglie está relacionada con mi nota en el Zeit. f. Physik 12, 13, 1922 [Schrödinger (1922)] donde se demostraba una peculiar propiedad del «factor de escala» a lo largo de cualquier cuasi-período. Por lo que puedo ver, el contenido matemático es el mismo, solo que el mío es mucho más formal, menos elegante, y de hecho no se demuestra en general. Naturalmente, la consideración de de Broglie en el marco de su teoría completa es en conjunto de mucho más valor que mi simple afirmación, con la que al principio no sabía qué hacer.

Algunos días después, el 16 de noviembre, se dirigió a Landé (citada en Raman y Forman 1969: 313): «Recientemente he estado dedicado profundamente a la ingeniosa tesis de Louis de Broglie. Es extraordinariamente estimulante, aunque no obstante hay algo en ella que es muy difícil de digerir. He intentado en vano hacerme una imagen de la onda de fase de un electrón en una órbita elíptica».

Reconoció de forma pública su deuda con de Broglie en el primero de los artículos que dedicó a la mecánica ondulatoria, que enseguida pasaré a comentar (Schrödinger 1926 b: 372-373):

> Deseo mencionar sobre todo que fui conducido a estas deliberaciones, en primer lugar, por los sugerentes artículos de M. Louis de Broglie [*Ann. de Physique* (10) 3, p. 22, 1925 (Thèses, París 1924)] y re-

12. El fenómeno de la «degeneración de gases» consiste en la violación del principio de equipartición, que se manifiesta a través de la disminución del calor específico del gas, en especial a bajas temperaturas.

flexionando acerca de la distribución espacial de esas «ondas de fase» [*Phasenwellen*], para las cuales él ha demostrado que siempre existe *un número entero*, medido sobre la trayectoria, presente en cada período o cuasi-período del electrón. La principal diferencia es que de Broglie piensa en función de ondas progresivas, mientras que, si interpretamos nuestras fórmulas como representando vibraciones, nosotros nos hemos visto conducidos a vibraciones propias estacionarias. He demostrado [*Physik Zeit* 27, p. 95, 1926] que la teoría de los gases de Einstein se puede basar en la consideración de tales vibraciones propias estacionarias, a las que se aplica la ley de dispersión de las ondas de fase de de Broglie. Las consideraciones precedentes sobre el átomo podrían haber sido representadas como una generalización de aquellas para el modelo del gas.

La historia, tal y como la he esbozado hasta el momento, es incompleta. Hay que incluir al menos a un personaje más, relacionado con la siguiente pregunta: ¿cómo supo Schrödinger de la tesis de Louis de Broglie? La persona en cuestión es Peter Debye.

Para clarificar esta faceta de la historia, recurriré a los recuerdos de Felix Bloch (1905-1983), estudiante en la época a la que me refiero en la Escuela Politécnica Federal (ETH) de Zúrich.[13] Según Bloch (1976; 1985: 319-320), los sucesos tuvieron lugar en el seminario que organizaban en conjunto los físicos de la ETH y de la Universidad de Zúrich:

> El coloquio, dirigido con firme autoridad por Debye, podía tener una audiencia de como mucho dos docenas de personas, en un día bueno.
>
> También se enseñaba física en la Universidad de Zúrich, en una Facultad más pequeña y algo menos ilustre que la de la ETH. La teoría estaba en manos de un cierto austríaco de nombre Schrödinger, y el coloquio se celebraba alternativamente en ambas instituciones. [...]
>
> En una ocasión, al final del coloquio, oí a Debye que decía a Schrödinger algo como: «Schrödinger, en cualquier caso usted no está traba-

13. Bloch, que con el tiempo y ya instalado en Estados Unidos obtuvo el premio Nobel de Física en 1952, compartido con Edward Purcell, por el desarrollo de nuevos métodos para medidas magnéticas nucleares, estudió en la ETH entre 1924 y 1927, año en el que se trasladó a Leipzig con Heisenberg, bajo cuya supervisión se doctoró en 1928.

jando ahora en ningún problema muy importante. ¿Por qué no nos cuenta en alguna ocasión algo acerca de la tesis de de Broglie, que parece haber atraído alguna atención?».

Así, en uno de los coloquios siguientes, Schrödinger dio una exposición maravillosamente clara de cómo de Broglie asociaba una onda con una partícula y cómo él podía obtener las reglas de cuantización de Niels Bohr y Sommerfeld exigiendo que se incluyese un número entero de ondas en una órbita estacionaria. Cuando había finalizado, Debye señaló de paso que él pensaba que ese modo de hablar era bastante infantil. Como estudiante de Sommerfeld había aprendido que, para tratar apropiadamente con ondas, uno debía tener una ecuación de onda. Sonó bastante trivial y no pareció que hiciese una gran impresión, pero Schrödinger evidentemente pensó después un poco más acerca de la idea.

Algunas semanas después dio otra conferencia en el coloquio, en la que comenzó diciendo: «Mi colega Debye sugirió que se debería tener una ecuación de onda; bien, yo he encontrado una».

Y entonces nos contó esencialmente lo que iba a ser, bajo el título «Cuantización como un problema de autovalores», el primer artículo de una serie publicada en el *Annalen der Physik*.

Ahora es el momento de pasar a comentar los principales artículos en los que Schrödinger (1926 b, c, d, f) creó la mecánica cuántica ondulatoria. Comenzaremos por el primero, por supuesto, el más importante: «Quantisierung als Eigenwertproblem» («Cuantización como un problema de autovalores»; Schrödinger 1926 b), recibido en la redacción de *Annalen der Physik* el 27 de enero de 1926.[14] «En este artículo —comienza— deseo considerar, primero, el caso más sencillo del átomo de hidrógeno (no relativista y sin perturbar), y demostrar que las habituales condiciones cuánticas se pueden reemplazar por otro postulado, en el que no se introduce la noción de "números enteros", meramente como tal. Más bien, cuando aparece la "entericidad" (la necesidad de utilizar números enteros), surge de la misma forma natural en que lo hace en el caso del número de

14. La serie de artículos en los que Schrödinger creó la mecánica cuántica ondulatoria, junto a aquellos en los que la aplicó a efectos como el Compton, o en el que demostró su equivalencia con la mecánica de matrices, se incluyen, en versión facsimilar, en el tercer volumen de sus *Gesammelte Abhandlungen* (Schrödinger 1984). También, en versión inglesa, en Schrödinger (1982).

nodos de una cuerda vibrante. La nueva concepción se puede generalizar, y afecta, creo, muy profundamente a la verdadera naturaleza de las reglas cuánticas.»

Su punto de partida era la versión de Hamilton-Jacobi de la mecánica;[15] es decir, utilizaba una ecuación de movimiento de la forma

$$H\left(q_k, \frac{\partial S}{\partial q_k}\right) = E \qquad (6)$$

donde *S* es la denominada función característica de Hamilton, q_k las coordenadas generalizadas y *E* la energía (esta es, de hecho y para una dimensión, la primera ecuación del artículo de Schrödinger). Según la teoría de Hamilton-Jacobi, los momentos generalizados, p_k, vienen dados por

$$p_k = \frac{\partial S}{\partial q_k}$$

Por otra parte, se sabe que, en el caso de una única partícula en un campo electrostático, la energía es

$$E = \frac{1}{2}\left(p_x{}^2 + p_y{}^2 + p_z{}^2\right) + V \qquad (7)$$

donde $V = -e^2/r$.[16] Trasladando esta expresión a los términos de Hamilton-Jacobi, se obtiene

$$\left(\frac{\partial S}{\partial x}\right)^2 + \left(\frac{\partial S}{\partial y}\right)^2 + \left(\frac{\partial S}{\partial z}\right)^2 = 2m\left(E - V\right) \qquad (8)$$

15. Elementos, más o menos desarrollados, del análisis que sigue se pueden encontrar en estudios que se centran en la génesis de la mecánica cuántica ondulatoria, como son los de Mehra y Rechenberg (1987) o Kragh (1979). Con respecto a esta última referencia, es preciso señalar que en ella aparecen muchos de los mismos detalles técnicos que yo desarrollo a continuación. Ahora bien, la referencia adecuada en este sentido (es obvio que Kragh también la ha seguido) es el tomo IV (el dedicado a la óptica) del curso de física teórica de Sommerfeld *Vorlesungen über theoretische Physik* [Conferencias sobre física teórica], cuyo primer volumen («Mechanik») apareció en 1943. Yo he utilizado la versión inglesa (Sommerfeld 1964: 207-210).

16. $r^2 = x^2 + y^2 + z^2$.

Quantisierung als Eigenwertproblem

(Erste Mitteilung)

(Annalen der Physik (4) Bd. 79. 1926)

§ 1. In dieser Mitteilung möchte ich zunächst an dem einfachsten Fall des (nichtrelativistischen und ungestörten) Wasserstoffatoms zeigen, daß die übliche Quantisierungsvorschrift sich durch eine andere Forderung ersetzen läßt, in der kein Wort von „ganzen Zahlen" mehr vorkommt. Vielmehr ergibt sich die Ganzzahligkeit auf dieselbe natürliche Art, wie etwa die Ganzzahligkeit der *Knotenzahl* einer schwingenden Saite. Die neue Auffassung ist verallgemeinerungsfähig und rührt, wie ich glaube, sehr tief an das wahre Wesen der Quantenvorschriften.

Die übliche Form der letzteren knüpft an die Hamiltonsche partielle Differentialgleichung an:

$$H\left(q, \frac{\partial S}{\partial q}\right) = E \,. \tag{1}$$

Es wird von dieser Gleichung eine Lösung gesucht, welche sich darstellt als *Summe* von Funktionen je einer einzigen der unabhängigen Variablen q.

Wir führen nun für S eine neue unbekannte ψ ein derart, daß ψ als ein *Produkt* von eingriffigen Funktionen der einzelnen Koordinaten erscheinen würde. D. h. wir setzen

$$S = K \lg \psi \,. \tag{2}$$

Die Konstante K muß aus dimensionellen Gründen eingeführt werden, sie hat die Dimension einer *Wirkung*. Damit erhält man

$$H\left(q, \frac{K}{\psi}\frac{\partial \psi}{\partial q}\right) = E \,. \tag{1'}$$

Wir suchen nun *nicht* eine Lösung der Gleichung (1'), sondern wir stellen folgende Forderung. Gleichung (1') läßt sich bei Vernachlässigung der Massenveränderlichkeit stets, bei Berücksichtigung derselben wenigstens dann, wenn es sich um das *Ein*elektronenproblem handelt, auf die Gestalt bringen: quadratische

Primera página del artículo de E. Schrödinger en el que desarrolló la mecánica ondulatoria (1926).

que también se puede escribir como

$$(\nabla S)^2 = 2m(E - V) \tag{9}$$

En su primer artículo, y sin ninguna explicación, Schrödinger reemplazaba *S* en (6) por la expresión (esta era la segunda ecuación que escribía)

$$S = K \cdot \ln \psi \tag{10}$$

donde *K* era una constante desconocida, con dimensiones de una acción, que se determinaba con posterioridad, cuando tomaba el valor $h/2\pi$, y ψ era «una nueva incógnita».

Ahora bien, ¿por qué recurría Schrödinger a esta transformación, a la ecuación (10)? Pese a que en su artículo no decía nada, basta con leer a Sommerfeld (1964: 209-210), o acudir a estudios como el de Kubli (1970), para hallar una reconstrucción más que plausible. En la óptica ondulatoria, la ecuación básica es:[17]

$$(\Delta + k^2)\psi = 0 \tag{11}$$

donde $k = 2\pi/\lambda = n$, siendo *n* el índice de refracción. Por otra parte, en la óptica geométrica la ecuación característica se escribía, según el astrónomo Heinrich Bruns (1895), como

$$(\nabla S)^2 = n^2 \tag{12}$$

(la denominada «ecuación eikonal»), donde *S* es constante para un sistema de superficies de onda, esto es, una superficie de fases constantes, teniéndose también

$$S = \int n \cdot ds \tag{13}$$

De hecho, la solución más sencilla de (12) es

$$S = n(\alpha x + \beta y + \gamma z) \tag{14}$$

con $\alpha^2 + \beta^2 + \gamma^2 = 1$

17. Utilizo la notación clásica: $\Delta = \partial^2/\partial x^2 + \partial^2/\partial y^2 + \partial^2/\partial z^2$. Evidentemente, $\Delta = \nabla^2$.

En 1911, Arnold Sommerfeld e Iris Runge (1911) desarrollaron con mayor precisión la relación entre la óptica geométrica y la ondulatoria y demostraron que en el caso límite, en el que $k \rightarrow \infty$, o, de manera equivalente, $\lambda \rightarrow 0$, la ecuación de la eikonal se obtenía como un límite de la de onda.[18]

Tomando como solución para (11) una onda plana, tal como

$$\psi = Ae^{ik(\alpha x + \beta y + \gamma z)} \tag{15}$$

y recordando la interpretación de S como una longitud óptica [ec. (14)], se puede escribir la ecuación anterior (siguiendo a Sommerfeld y Runge)[19] como

$$\psi = Ae^{i\frac{k}{n} \cdot S} \tag{16}$$

Calculando $\Delta\psi$ con (16) e insertando el resultado en (11) se obtiene una expresión que se reduce a la ecuación de la eikonal (12) para $k \rightarrow \infty$.

Lo que hizo Schrödinger fue seguir el proceso inverso, ya que intentaba construir una mecánica ondulatoria a partir de una formulación «geométrica», esto es, propia de la mecánica clásica. Para ello, debía emplear el recíproco de la expresión (16) en la ecuación de Hamilton-Jacobi (6) e interpretar la función de Hamilton *S* como la eikonal *S* de (12). En efecto, esto es lo que debió de hacer: notemos que al tomar el logaritmo neperiano de (16) se obtiene la expresión

$$\ln \psi = \frac{iAk}{n} \cdot S \tag{17}$$

18. Es interesante citar los siguientes párrafos del texto que Sommerfeld (1964: 229) dedicó a la mecánica: «La óptica de rayos es la mecánica de las partículas de luz; en medios ópticamente inhomogéneos las trayectorias de estas partículas no son rectas, sino que están determinadas por las ecuaciones diferenciales ordinarias de Hamilton, o por el principio de Hamilton, que es equivalente a ellas. Por otra parte, desde el punto de vista de la óptica ondulatoria, los rayos de luz vienen dados por las trayectorias ortogonales de un sistema de superficies de onda, o frentes de onda».

19. Es importante señalar que Sommerfeld (1964 a: 207) reconocía la deuda que en este punto tenían con Peter Debye, quien aparentemente le había sugerido la transformación (16).

que, obviamente, es equivalente (generalizando las constantes para poder aplicarla a una situación diferente) a (10).

Kragh (1979: 58) ha señalado que es posible que Debye desempeñase algún papel en el hecho de que Schrödinger utilizase «estratagemas» de este tipo (esto es, relacionadas con la ecuación de la eikonal) y que no sería improbable que hubiese dirigido la atención de su colega de Zúrich a los resultados del artículo de Sommerfeld y Runge, en los que, como he indicado antes, él mismo participó en cierta manera. Disponemos de un documento que, aunque no esclarece de forma definitiva lo que sucedió, sí arroja alguna luz suplementaria sobre este asunto: la entrevista (a la que ya he recurrido con anterioridad) que Kuhn realizó a Debye («Sources»). Durante la misma, este se refirió a la introducción de la mecánica cuántica ondulatoria:

> No fue realmente una gran sorpresa. Porque existe una conexión. Si se toma la mecánica hamiltoniana, entonces se tiene una ecuación que se parece a la ecuación de los rayos, que uno puede deducir de las ecuaciones diferenciales de Maxwell, mediante [un proceso] muy simple. [...] De manera que lo único que hay que hacer es lo opuesto. Esto era muy familiar para mí. Es el asunto eikonal. [...] Lo que hizo Schrödinger fue eso, lo opuesto, yendo de la eikonal dentro de la mecánica a las diferenciales. Pero solo quiero decir que no me sorprendió, no que yo tuviese influencia alguna sobre esto, que en modo alguno la tuve.

Volviendo al primer artículo de Schrödinger, tenemos que, si se sustituye (10) en (6), se llega a

$$H\left(q_k, \frac{K}{\psi} \cdot \frac{\partial \psi}{\partial q_k}\right) = E \qquad (18.a)$$

o, de (9)

$$(\nabla \psi)^2 - \frac{2m}{K^2}(E - V)\psi^2 = 0 \qquad (18.b)$$

Sin embargo, Schrödinger no consideraba esta como la ecuación fundamental, sino la resultante de integrarla; esto es, tomaba

$$\delta \iiint \left[(\nabla \psi)^2 - \frac{2m}{K^2} \cdot (E - V)\psi^2 \right] \cdot dxdydz = 0 \qquad (19)$$

como una integral variacional típica, de la que se obtiene

$$\nabla^2\psi + \frac{2m}{K^2}\cdot(E - V)\psi = 0 \tag{20.a}$$

es decir, la conocida como «ecuación de Schrödinger», aunque todavía con $V=-e^2/r$. De hecho, él la escribía (era la ecuación [5] de su artículo) como

$$\Delta\psi + \frac{2m}{K^2}\left(E + \frac{e^2}{r}\right)\psi = 0 \tag{20.b}$$

En este punto, pasaba a resolver (20) en coordenadas polares y señalaba que «el método es suficientemente conocido». De esta manera, obtenía los resultados que con posterioridad se hicieron familiares, generación tras generación, para los estudiantes de cursos iniciales de mecánica cuántica. Resultados como:

Pasar de (20.b) a (la ecuación [7] de su artículo)

$$\frac{d^2\chi}{dr^2} + \left(\frac{2}{r}\right)\frac{d\chi}{dr} + \left[\frac{2mE}{K^2} + \frac{2me^2}{K^2 r} - \frac{n(n+1)}{r^2}\right]\chi = 0 \tag{21}$$

con $n = 0, 1, 2, 3\ldots$ y χ una función de π

(2) En el caso de $E < 0$, la condición

$$\frac{me^2}{K\sqrt{-2mE}} = \text{un entero real} \tag{22}$$

se convertía en

$$-E_1 = \frac{me^4}{2K^2 l^2} \tag{23}$$

con $l = 1, 2, 3\ldots$

«Por consiguiente —escribió (Schrödinger 1926 b: 371)—, se obtiene la bien conocida fórmula de los niveles de energía de Bohr, que

362 *E. Schrödinger.*

Form von ψ und seinen ersten Ableitungen $= 0$. Wir suchen solche reelle im ganzen Konfigurationenraum eindeutige endliche und zweimal stetig differenzierbare Funktionen ψ, welche das über den ganzen Konfigurationenraum erstreckte Integral der eben genannten quadratischen Form [1]) zu einem *Extremum* machen. *Durch dieses Variationsproblem ersetzen wir die Quantenbedingungen.*

Wir werden für H zunächst die Hamiltonsche Funktion der Keplerbewegung nehmen und zeigen, daß die aufgestellte Forderung für *alle positiven*, aber nur für eine *diskrete Schar von negativen* E-Werten erfüllbar ist. D. h. das genannte Variationsproblem hat ein diskretes und ein kontinuierliches Eigenwertspektrum. Das diskrete Spektrum entspricht den Balmerschen Termen, das kontinuierliche den Energien der Hyperbelbahnen. Damit numerische Übereinstimmung bestehe, muß K den Wert $h/2\pi$ erhalten.

Da für die Aufstellung der Variationsgleichungen die Koordinatenwahl belanglos ist, wählen wir rechtwinkelige kartesische. Dann lautet (1') in unserem Fall (e, m sind Ladung und Masse des Elektrons):

$$(1'') \qquad \left(\frac{\partial\psi}{\partial x}\right)^2 + \left(\frac{\partial\psi}{\partial y}\right)^2 + \left(\frac{\partial\psi}{\partial z}\right)^2 - \frac{2m}{K^2}\left(E + \frac{e^2}{r}\right)\psi^2 = 0 \,.$$

$$r = \sqrt{x^2 + y^2 + z^2} \,.$$

Und unser Variationsproblem lautet

$$(3) \qquad \begin{cases} \delta J = \delta \iiint dx\,dy\,dz \left[\left(\frac{\partial\psi}{\partial x}\right)^2 + \left(\frac{\partial\psi}{\partial y}\right)^2 + \left(\frac{\partial\psi}{\partial z}\right)^2 - \right. \\ \left. \qquad - \frac{2m}{K^2}\left(E + \frac{e^2}{r}\right)\psi^2\right] = 0 \,, \end{cases}$$

das Integral erstreckt über den ganzen Raum. Man findet daraus in gewohnter Weise

$$(4) \qquad \begin{cases} \frac{1}{2}\delta J = \int df\,\delta\psi\,\frac{\partial\psi}{\partial n} - \iiint dx\,dy\,dz\,\delta\psi \left[\Delta\psi + \right. \\ \left. \qquad + \frac{2m}{K^2}\left(E + \frac{e^2}{r}\right)\psi\right] = 0 \,. \end{cases}$$

Es muß also erstens

$$(5) \qquad \Delta\psi + \frac{2m}{K^2}\left(E + \frac{e^2}{r}\right)\psi = 0$$

1) Es entgeht mir nicht, daß diese Formulierung nicht ganz eindeutig ist.

Segunda página del artículo de 1926 de E. Schrödinger, en donde aparece (ec. 5) la ecuación de ondas.

corresponde a los términos de Balmer, si damos a la constante K, introducida en (2) [nuestra ecuación (10)], mediante argumentos dimensionales, el valor

$$K = \frac{h}{2\pi}$$

con lo que resulta

$$-E_l = \frac{2\pi^2 me^4}{h^2 l^2}$$

Y añadió: «Nuestro *l* es el número cuántico principal. *n* + 1 es el análogo del número cuántico azimutal».

Establecido el resultado fundamental de que el nuevo formalismo recuperaba los resultados ya conocidos de la «vieja mecánica cuántica», Schrödinger (1926 b: 372) pasó a la cuestión, no menos fundamental, del significado de la función ψ, que había manejado:

> Naturalmente, se nos muestra con intensidad que debemos intentar ligar la función ψ con algún proceso de vibración en el átomo, que esté más próximo a la realidad que las órbitas electrónicas, cuya existencia real está siendo muy cuestionada en la actualidad. Inicialmente pretendía dar las nuevas condiciones cuánticas de una forma más intuitiva, pero finalmente las he expresado de la forma matemática anterior, más neutra, porque evidencian con mayor claridad lo que es esencial. Este aspecto esencial es, a mi parecer, el de que el postulado de «números enteros» ya no entra de manera misteriosa en las reglas cuánticas, sino que hemos dado un paso más allá en la identificación de su origen, encontrando que la «entericidad» tiene su origen en la finitud y unicidad de una cierta función espacial.

Los resultados de de Broglie venían en este punto a la mente, como reconoció Schrödinger, aunque señaló algunas disparidades: «La principal diferencia es que de Broglie piensa en ondas progresivas, mientras que nosotros nos vemos conducidos a vibraciones propias estacionarias si interpretamos nuestras fórmulas como representando vibraciones». A continuación, añadió que: «He demostrado recientemente que la teoría de los gases de Einstein se puede basar en consideraciones de vibraciones propias estacionarias, a las que se aplica la ley de dispersión de las ondas de fase de de Broglie».

Llegados a este punto, es muy importante resaltar que la historia de la génesis de la mecánica cuántica ondulatoria que he contado hasta el momento no está completa. Sí lo está por lo que se refiere al artículo publicado por Schrödinger, pero hay más. Preguntémonos, antes de explicar lo que falta, lo siguiente: ¿cómo es posible que este científico, devoto, como hemos visto, de la relatividad especial, que tuvo ocasión de comprobar el papel que desempeñaba esta en la formulación de de Broglie, desarrollase una teoría cuántica *no relativista*? Porque las ecuaciones que hemos introducido son de este tipo, con (20) a la cabeza. La respuesta es muy sencilla: Schrödinger (fiel a sus principios filosóficos) buscó en primer lugar *y encontró* una expresión relativista (que hoy se conoce como ecuación de Klein-Gordon), pero en última instancia decidió no incluirla porque no explicaba correctamente la estructura fina del espectro del hidrógeno, el mayor éxito, recordemos, de la teoría cuántico-relativista de Sommerfeld. Aun así, quedaban indicios en su artículo fundacional que demostraban que había trabajado en este problema (hacia diciembre de 1925; véase Kragh 1982, 1984): «También la aparentemente *nueva* e *independiente* introducción de la constante *h* en la condición de frecuencias, se clarifica, o más aún se evita, con la teoría relativista. Pero desgraciadamente en el establecimiento correcto de esta teoría se encuentra enseguida ciertas dificultades» (Schrödinger 1926 b: 374-375). Me ocuparé de forma más extensa de este tema en el siguiente tomo de la presente obra, cuando trate de la relatividad y la mecánica cuántica.

Volviendo a la teoría no relativista de Schrödinger, encontramos que el esbozo de interpretación que incluía en su artículo se convirtió de inmediato en uno de sus principales rasgos distintivos, que de entrada la diferenciaba de la formulación de Heisenberg, puesto que, al contrario que esta, la mecánica ondulatoria se podía visualizar. Además, en cuanto a aparato matemático, sus ecuaciones, alejadas del entonces poco conocido cálculo matricial, eran las familiares expresiones en derivadas parciales, las habituales integrales, la teoría de autofunciones y autovalores y de espacios funcionales de infinitas dimensiones, todo ello bien cubierto en el libro de Richard Courant y David Hilbert (1924), *Methoden der mathematischen Physik*, publicado a finales de 1924 en dos volúmenes.[20] Este último fue el responsable principal de los contenidos del texto, que desarrolló en sus cursos, a los que asistió Courant, quien se encargó de la redacción: desarrolló en 1903-1904 la teoría de ecuaciones integrales y la de autofunciones y autovalores, mientras que trató la de espacios funcionales de infinitas dimensiones (espacios de Hilbert) en 1905-1906.

Por su parte, los físicos cuánticos «matriciales» no estuvieron demasiado interesados en el libro. En la entrevista (sesión VIII) que Thomas Kuhn realizó a Heisenberg el 25 de febrero de 1963 para la Biblioteca Niels Bohr del American Institute of Physics, este recordó que se había relacionado con frecuencia con Courant y que era «probable que incluso me hubiera dado las pruebas del libro. Tan pronto como el libo se publicó, ciertamente intenté estudiarlo. Pero de todas maneras, el Courant-Hilbert tenía mucho que ver con las ecuaciones diferenciales, lo que estaba en la línea de Schrödinger, de manera que de entrada yo no estuve muy interesado en este lado del problema. Más tarde, por supuesto, lo estudié con frecuencia. Después de todo, estaba escrito en un lenguaje que era muy adecuado para los físicos. No era un lenguaje demasiado abstracto. Era algo que uno realmente podía comprender».

20. De hecho, Schrödinger recibió ayuda en los aspectos matemáticos de Hermann Weyl, antiguo alumno de Hilbert, que, recordemos, se encontraba entonces en Zúrich. Así, en una de las notas a pie de página, Schrödinger (1926 b: 363) le agradecía su colaboración en el tratamiento de una de las ecuaciones. En el mismo sentido, Sommerfeld (1949: 166) señaló, al comienzo de un capítulo dedicado a las autofunciones y autovalores en su tratado de *Partielle Differentialgleichungen der Physik* (1945): «Fue afortunado que [Schrödinger] tuviese la ayuda de su colega de Zúrich, Hermann Weyl, que había desempeñado, como el mejor discípulo, y luego sucesor de Hilbert en Gotinga, un papel esencial en el desarrollo de la teoría de las ecuaciones integrales».

3

Mecánica matricial versus ondulatoria y la interpretación estadística de Max Born

1. Bohr y Heisenberg contra Schrödinger

Aquellos a los que repugnaba renunciar a la máxima clásica «*natura non facit saltus*», los «caballeros del continuo» mencionados en el capítulo anterior, recibieron con entusiasmo las contribuciones e ideas de Erwin Schrödinger. Einstein estaba convencido de que este había «realizado un avance decisivo con su formulación de la condición cuántica, de la misma manera que estoy convencido de que el camino abierto por Heisenberg-Born es erróneo». Planck leyó los artículos de 1926 «igual que un niño curioso escucha con suspense la solución de un rompecabezas que le ha preocupado durante mucho tiempo, y también estoy encantado con la belleza que salta a la vista». Por su parte, Lorentz señaló que si «tuviese que escoger ahora entre su mecánica ondulatoria y la mecánica matricial, daría preferencia a la primera, debido a su mayor claridad intuitiva».[1]

De hecho, el entusiasmo de Planck llegó a tal punto que, próxima ya su jubilación, eligió a Schrödinger como su sucesor en la cátedra de Berlín y convenció de ello a las autoridades universitarias. Así, este tomó posesión el 1 de octubre de 1927 del puesto de catedrático y di-

1. Einstein a Schrödinger, 26 de abril de 1926; Planck a Schrödinger, 2 de abril de 1926; Lorentz a Schrödinger, 27 de mayo de 1926. Cartas incluidas en Przibram, ed. (1967: 28, 3, 44).

rector del Instituto de Física Teórica, al que sumó en febrero de 1929 el de miembro de la Academia Prusiana de Ciencias.

También en Múnich fueron bien recibidos sus trabajos, como recordó años después Walter Heitler (entrevista con John Heilbron dentro del proyecto «Sources for the History of Quantum Physics»): «En Múnich los artículos de Schrödinger fueron recibidos mejor [que los de Heisenberg, Born y Jordan]; en primer lugar porque eran tan claros; en segundo, porque se podían comprender muy bien; en tercero, porque tenían que ver con ecuaciones diferenciales, que constituían el tema favorito de Sommerfeld. Sommerfeld podía comprenderlas a primera vista, mientras que Heisenberg, Born y Jordan estaban utilizando métodos matemáticos de un tipo más abstracto, y que quizá no eran tan del gusto de Sommerfeld».

Sin embargo, pronto se descubrió que la interpretación de Schrödinger no se podía mantener, como se encargó de demostrar, en especial, Lorentz, quien en la carta a Schrödinger del 27 de mayo de 1926 demostró no solo que entendía a la perfección la idea física que subyacía en el artículo de aquel, sino también sus problemas (Przibram, ed. 1967: 47):

> Su conjetura de que la transformación que tendrá que experimentar nuestra dinámica será similar a la transición de la óptica de rayos a la óptica ondulatoria resulta muy tentadora, pero tengo algunas dudas al respecto.
>
> Si le he entendido correctamente, entonces una «partícula», un electrón, por ejemplo, sería comparable a un paquete de ondas que se mueve con la velocidad de grupo.
>
> Pero un paquete de ondas, a la larga nunca puede permanecer unido ni confinado a un pequeño volumen. La más pequeña dispersión en el medio lo disgregará en la dirección de propagación, e incluso sin esa dispersión se abrirá más y más en la dirección transversal. Debido a esta inevitable dispersión del paquete de ondas, no me parece que sea muy adecuado para representar cosas a las que queremos adscribir una existencia individual permanente.

Es decir, la dispersión del paquete de ondas hacía casi imposible sostener la comprensión de las partículas (electrones) como ondas. Ahora bien, los problemas que surgían con la interpretación física de Schrödinger de la mecánica ondulatoria no significaban que el formalismo fuese erróneo, tan solo que había que descartar esa lectura en particular. Que la formulación matemática era correcta fue confirmado por el descubrimiento, debido al propio Schrödinger, de la identidad formal de la mecánica ondulatoria y de la matricial. El artículo (Schrödinger 1926 d) en el que demostró esta equivalencia (se trataba, obviamente, de un resultado fundamental) llegó a la redacción de *Annalen der Physik* el 18 de marzo de 1926 y vio la luz en el número del 4 de mayo; era su tercera publicación en el campo.[2]

Para entender el procedimiento que siguió en este caso, al igual que su motivación, lo mejor es citar de forma extensa la «Introducción» con la que comenzaba su artículo:

> Considerando las extraordinarias diferencias entre los puntos de partida y los conceptos de la mecánica cuántica de Heisenberg y la teoría que ha sido denominada mecánica «ondulatoria» o «física» [...] es muy extraño que estas dos teorías coincidan *la una con la otra* con respecto a los hechos conocidos, donde se diferencian de la vieja teoría cuántica. Me refiero, en particular, a la peculiar «semi-entericidad». [...] Verdaderamente es muy sorprendente, porque los puntos de partida, presentaciones, métodos y, de hecho, todo el aparato matemático, parecen fundamentalmente diferentes. Sobre todo, en las dos teorías la desviación con respecto a la mecánica clásica parece tener lugar en direcciones diametralmente opuestas. En el trabajo de Heisenberg las variables continuas clásicas son reemplazadas por sistemas de magnitudes numéricas discretas (matrices), que dependen de un par de índices enteros, y que se definen mediante ecuaciones *algebraicas*. Los propios autores, describen la teoría como una «verdadera teoría del discontinuo». Por otra parte, la mecánica ondulatoria muestra justo la tendencia opuesta; representa un paso de la mecánica clásica de partículas hacia una *teoría continua*. En lugar de un proceso descrito en términos de un número finito de variables dependientes, que tienen lugar en un número finito de ecuaciones diferenciales totales, tenemos un proceso continuo *de tipo campo* en el espacio de configuración, gobernado por

2. En la segunda publicación (Schrödinger 1926 c; recibida el 23 de febrero), había ampliado el tratamiento del «substrato» proporcionado por la teoría de Hamilton y la analogía óptica y lo había aplicado a continuación a otros ejemplos que no eran el problema de Kepler, tales como osciladores de Planck o cuerpos en rotación con eje fijo, incluidas las moléculas diatómicas.

una única ecuación en derivadas parciales, deducida de un principio de acción.

Establecido el contexto, Schrödinger pasaba a explicar que, pese a las diferencias, «se puede hablar de la *identidad* de las dos teorías». «La teoría de Heisenberg —escribió— relaciona la solución de un problema en la mecánica cuántica con la solución de un sistema de un número infinito de ecuaciones algebraicas, en las que las incógnitas (matrices infinitas) están conectadas con las coordenadas clásicas de posición y momento del sistema mecánico, al igual que con funciones de ellas, y obedecen a peculiares *reglas de cálculo*. (La relación es esta: a *una* coordenada de posición, *una* coordenada de momento, o *una* función de estas coordenadas, siempre *una* matriz infinita.)»

A continuación, demostró que cada función de las coordenadas de posición y momento podía ser relacionada con una matriz, de tal manera que estas satisfacían, en cada caso, las reglas de cálculo de Born y Heisenberg. Es decir, establecía una relación general entre matrices y funciones, independientemente del sistema considerado:

> El sistema *especial* de ecuaciones algebraicas, que, en un caso *especial*, relaciona las *matrices* de las coordenadas de posición y momento con la *matriz* de la función de Hamilton, y que los autores [Born, Heisenberg y Jordan] denominan «ecuaciones de movimiento», se resolverá completamente asignando el papel auxiliar a un sistema ortogonal *definido*, a saber, al sistema de *autofunciones* de la ecuación en derivadas parciales que forma la base de mi mecánica ondulatoria. La solución natural del *problema de valores iniciales* de esta ecuación diferencial es *completamente equivalente* a la solución del problema algebraico de Heisenberg.

No fue el único en demostrar la equivalencia formal de las dos versiones de la mecánica cuántica (Wolfgang Pauli también lo hizo), pero sí en publicar el resultado. De hecho y como veremos, al contrario que Bohr y Heisenberg, Pauli se convirtió enseguida en un adepto de la teoría ondulatoria, como mencionaba el primero de ellos en una carta que envió al segundo el 10 de abril: «[Pauli] está fascinado con el reciente artículo de Schrödinger, y ha sido capaz de demostrar que el esquema de Schrödinger conduce a resultados que están de acuerdo con los que se obtienen con su mecánica cuántica». Por su parte, el propio Pauli confesó a Jordan el 12 de abril: «Creo que el artículo de Schrödinger "Quantisierung als Eigenwertproblem", que acaba de aparecer en el *Annalen der Physik* debe ser contado entre las más importantes publicaciones. Por favor, léelo con cuidado y con devoción». A continuación, incluía los principales detalles de su propia demostración de la equivalencia entre las dos formulaciones.[3]

En cuanto a las fechas, la situación no ofrece demasiadas complicaciones: esta última carta es del 12 de abril y el artículo llegó a *Annalen der Physik* el 18 de marzo de 1926. Es decir, en apariencia Schrödinger llegó antes que Pauli al resultado de la equivalencia de los dos formalismos. Sin embargo, el texto de aquel no fue publicado hasta el 4 mayo, de modo que, en principio, Pauli no debía tener conocimiento de él y no parece que lo tuviese. Cuando supo de su existencia, lo más probable es que decidiera no publicar sus propias conclusiones.

Mientras Schrödinger seguía con su frenético ritmo de publicaciones, cada una de las cuales añadía una mayor solidez y verisimilitud a su mecánica cuántica ondulatoria, los «caballeros del discontinuo», en especial Bohr y Heisenberg, reaccionaban con desagrado ante sus ideas continuistas. El 8 de junio, este último escribió a Pauli (Hermann, von Meyenn y Weisskopf, eds. 1979: 328): «Cuanto más pienso en la parte física de la teoría de Schrödinger, más abominable la encuentro. Lo que Schrödinger escribe acerca de la claridad [*Anschaulichkeit*], a duras penas tiene sentido; en otras palabras, pienso que es basura. El mayor resultado de su teoría es el cálculo de los elementos matriciales».

No obstante, por mucho que las contribuciones de Schrödinger fueran repudiadas por algunos, sus ideas no podían ser marginadas. De hecho, a partir de finales del verano de 1926, Schrödinger recibió numerosas invitaciones. Dos son especialmente interesantes: la que provenía de Arnold Sommerfeld en Múnich y la de Niels Bohr en Copenhague, a donde llegó a finales de septiembre. En su autobiografía, Heisenberg (1996: 140-145) se refirió a ambas:

3. Los pasajes que he utilizado de ambas cartas, la de Bohr a Heisenberg y la de Pauli a Jordan, se citan en Mehra y Rechenberg (1987: vol. 2: 656), donde se explica el método que utilizó Pauli para demostrar la equivalencia entre la mecánica de matrices y la ondulatoria. La carta a Jordan se reproduce en su totalidad en Hermann, von Meyenn y Weisskopf. eds. (1979: 315-320).

> Al finalizar el semestre del verano de 1926, Schrödinger fue invitado por Sommerfeld a dar varias conferencias sobre su teoría en el seminario de Múnich. [...] Así tuve la oportunidad de escucharle. Acudió también a la reunión de estudios el director del Instituto de Física Experimental de la Universidad de Múnich, Wilhelm Wien, quien mantenía una actitud extremadamente escéptica frente a la «atomística» de Sommerfeld.
>
> Schrödinger explicó primero los principios matemáticos de la mecánica ondulatoria, usando el modelo del átomo de hidrógeno, y todos nos sentimos entusiasmados al ver que un problema que Wolfgang Pauli solo había podido resolver, de manera muy complicada, con la ayuda de los métodos de la mecánica cuántica [de matrices], pudiera despacharse ahora, en forma elegante y sencilla, con métodos matemáticos convencionales. Pero Schrödinger, además, habló al final de su interpretación de la mecánica ondulatoria, a lo cual yo no podía asentir. En la discusión que siguió propuse mis objeciones; me referí especialmente a que con la concepción de Schrödinger ni siquiera podía entenderse la ley de radiación de Planck. Pero esta crítica mía no tuvo resultado alguno. Wilhelm Wien respondió con agudeza que él comprendía, por un lado, mi pesar de que se acabara ya con la mecánica cuántica [de matrices] y de que no se necesitara hablar más de contrasentidos, como los saltos de cuantos y otras cosas semejantes; pero esperaba, por otro lado, que las dificultades señaladas por mí serían, sin duda, solucionadas por Schrödinger en plazo breve. Schrödinger no estuvo tan seguro en su respuesta, pero también él pensaba que solo era cuestión de tiempo el poder aclarar en su exacto sentido los problemas planteados por mí. Ninguno de los demás se sintió impresionado por mis argumentos. Incluso Sommerfeld, que me trataba siempre con cariño, no pudo escapar a la fuerza convincente de la matemática de Schrödinger.

Aquella misma tarde, Heisenberg escribió una carta a Bohr para explicarle el desenlace de la reunión. Tal vez debido a ella, el danés invitó a Schrödinger a pasar una o dos semanas en Copenhague. Este aceptó y Heisenberg también fue, para asistir a los importantes debates que preveía. He aquí cómo los describió:

> Las discusiones entre Bohr y Schrödinger empezaron ya en la estación de Copenhague, y se alargaron cada día desde las primeras horas de la mañana hasta muy avanzada la noche. Schrödinger vivía en casa de los

Bohr, de forma que, por razones externas, apenas había ocasión para interrumpir el diálogo. Bohr era siempre singularmente respetuoso y afable en el trato con los demás. Sin embargo, en esta ocasión se comportó, a mi juicio, como un fanático empedernido, que no estaba dispuesto a hacer concesión alguna a su interlocutor o a permitir la más mínima falta de claridad.

Las discusiones se prolongaron, sin llegar a un acuerdo, con tal intensidad que «a los pocos días, Schrödinger se puso enfermo a consecuencia, tal vez, del enorme esfuerzo; tuvo que guardar cama por un resfriado con fiebre. La señora Bohr le cuidaba y le llevaba té y pasteles, pero Niels Bohr se sentaba al borde la cama y retornaba al tema con Schrödinger: "Usted tiene que comprender que...". No pudo llegarse a un auténtico entendimiento entonces, porque ninguna de las dos partes podía ofrecer una interpretación completa y acabada de la mecánica cuántica».

A su regreso a Zúrich, Schrödinger escribió a Wien (21 de octubre; carta citada en Moore 1989: 228) que «la aproximación de Bohr a los problemas atómicos [...] es realmente llamativa. Está completamente convencido de que cualquier comprensión en el sentido habitual de la palabra es imposible. Por consiguiente, la conversación casi inmediatamente se dirige hacia cuestiones filosóficas, y pronto uno no sabe si sostiene realmente la posición que él está atacando o si debe atacar la posición que él está defendiendo».

Es interesante ver cómo, por su parte, Bohr daba cuenta del intercambio que había mantenido con Schrödinger. Para ello, contamos con una carta que envió a Fowler el 26 de octubre (Kalckar, ed. 1985: 423-424):

Hemos disfrutado mucho con la visita de Schrödinger. Las discusiones se centraron gradualmente en el problema de la realidad física de los postulados de la teoría atómica. Todos estuvimos de acuerdo en que una teoría continua, en la forma indicada en su último artículo, conduce, en un cierto número de puntos, a expectativas fundamentalmente diferentes a las de la habitual teoría discontinua. El propio Schrödinger mantiene la esperanza de que su idea puede prescindir completamente de los estados estacionarios y de las transiciones, pero creo que al final conseguí convencerlo de que, para que este deseo se haga realidad, debe estar preparado a pagar un precio en lo que se refiere a la reformulación de conceptos fundamentales, un precio formidable comparado con los contemplados hasta ahora por aquellos que apoyan la idea de una teoría continuista de los fenómenos atómicos. Entiendo que Schrödinger ha estado trabajando bajo la impresión de que la característica esencial de la mecánica matricial era el reconocimiento final de la imposibilidad de adscribir una realidad física a un estado estacionario individual, pero creo que esto es confundir los medios con los fines de la teoría de Heisenberg. Precisamente ahora en la mecánica ondulatoria poseemos los medios para representar un estado estacionario individual, medios que sirven para todos los fines que sean consistentes con los postulados de la teoría cuántica. De hecho, esta es la verdadera razón de la superioridad que, en ciertos aspectos, exhibe la mecánica ondulatoria cuando se la compara con el método matricial, que en otros aspectos es tan maravillosamente adecuado para mostrar la auténtica correspondencia entre la teoría cuántica y las ideas clásicas.

2. La interpretación estadística de la función de onda de Max Born

A pesar de que los partidarios de la mecánica matricial no recibieron con agrado la idea de que la formulación ondulatoria representaba, en el fondo, la misma realidad física que el formalismo anterior, la teoría de Schrödinger terminó por imponerse con bastante rapidez, debido a que era mucho más fácil de manejar. Los antiguos proponentes del esquema alternativo acabaron también (la mayoría al menos), no solo «pasándose al bando contrario», sino contribuyendo a configurar su interpretación física, la cual sería muy diferente a lo que Schrödinger y los caballeros del continuo habrían deseado. Fue Max Born (1926 a) quien realizó la aportación más relevante (en última instancia, auténticamente decisiva) en este sentido, en el artículo ya mencionado en el capítulo 1, «Zur Quantenmechanik der Stossvorgänge. (Vorläufige Mitteiling)» («Sobre la teoría cuántica de las colisiones. [Comunicación preliminar]»), que llegó a la redacción de *Zeitschrift für Physik* el 25 de junio de 1926 y fue publicado en el número del 10 de julio.[4]

4. A esta «Comunicación preliminar» le siguió, poco menos de un mes después (llegó a *Zeitschrift für Physik* el 21 de julio), un artículo más detallado: Born (1926 b).

En la conferencia que pronunció Born (1971 b: 107-109) cuando recibió en 1954 (compartido con Walther Bothe) el premio Nobel de Física, «por su investigación fundamental en la mecánica cuántica, especialmente por su interpretación estadística de la función de onda», explicó cómo había llegado a este resultado. Citaré parte de esta intervención, aun a sabiendas de que constituye una explicación incompleta:[5]

> La mecánica ondulatoria ha gozado de un favor mucho mayor que la mecánica cuántica de Gotinga y Cambridge [la de Dirac]. Trabaja con una función ψ, que, al menos en el caso de *una* partícula, es fácil representarla en el espacio, y utiliza la herramienta matemática de las ecuaciones diferenciales parciales que todo físico conoce. Por otro lado, Schrödinger creía que su teoría ondulatoria hacía posible un retorno a la física clásica determinista; propuso [...] abandonar por completo el modelo de partículas y considerar a los electrones como una distribución continua de densidades $|\psi|^2$ (o de densidad eléctrica $e \cdot |\psi|^2$).
>
> A la vista de los hechos experimentales esta interpretación nos parecía, al grupo de Gotinga, inaceptable. En aquel tiempo ya era posible contar las partículas por medio del contador de destellos, o con la ayuda del contador Geiger, así como fotografiar sus trayectorias con la cámara de niebla de Wilson.

Por estos motivos, Born tenía «la impresión de que la función ψ no se podía interpretar por medio de electrones ligados. Por esto, ya desde finales de 1925, intenté ampliar el método matricial, que aparentemente solo abarcaba los procesos oscilatorios, para poder aplicarlo a procesos aperiódicos. Me encontraba a la sazón como invitado del Massachusetts Institute of Technology [...] y hallé un excelente colaborador en Norbert Wiener. En nuestro trabajo conjunto [Born y Wiener 1926] sustituimos la matriz por el concepto general de operador, haciendo posible de esta forma la descripción de procesos aperiódicos. Equivocamos, sin embargo, el camino. Encontrar la senda correcta quedaba reservado a Schrödinger e inmediatamente acepté su método, pues prometía conducir a una interpretación de la función ψ».

5. Para más detalles sobre el proceso que siguió Born, véase Mehra y Rechenberg (2000: parte 1, 36-48).

De nuevo, fue una idea de Einstein la que le guio: este «había intentado explicar la dualidad de partículas (los cuantos de luz o fotones) y ondas, considerando el cuadrado de la amplitud óptica de la onda como la densidad de probabilidad de la existencia de fotones» (Born se refería aquí a uno de los varios intentos que Einstein llevó a cabo para encontrar un marco que pudiese acoger de forma satisfactoria ondas y corpúsculos). En su segundo y más pormenorizado artículo, Born (1926 b: 804) dio más detalles sobre el planteamiento que tomó prestado: «[en un comentario] Einstein dijo aproximadamente [sobre la relación del campo ondulatorio con los cuantos de luz] que las ondas sirven únicamente para dirigir la trayectoria de los cuantos de luz corpusculares, y habló en este sentido de un "campo fantasma" [*Gespensterfeld*]. Este campo determina la probabilidad para el caso en el que un cuanto de luz, que transporta energía y momento, toma una trayectoria determinada; el campo, sin embargo, no está asociado con ninguna energía y momento».

Born consideró que esta idea «debía aplicarse sin más a la función ψ: $|\psi|^2$ debía representar la densidad de probabilidad de los electrones (u otras partículas). Resultaba fácil afirmar esto, pero ¿cómo podía demostrarse?». En este punto, detallaba el razonamiento que siguió:

> Los procesos de colisiones atómicas se prestaban a este propósito. Un haz de electrones procedente del infinito, representado por una onda incidente de intensidad conocida (esto es, $|\psi|^2$), choca con un obstáculo, por ejemplo, un átomo pesado. Lo mismo que la onda producida en el agua por un barco origina, al llegar a un poste, trenes de ondas secundarios en forma de círculos, la onda electrónica incidente se transforma en parte, al chocar con el átomo, en un tren de ondas esféricas secundarias, cuya amplitud de vibración, ψ, varía con la dirección. El cuadrado de la amplitud de esta onda esférica, a una distancia grande del centro de dispersión, determina entonces la probabilidad relativa de dispersión en función de la dirección. Si, además, el átomo dispersor puede ocupar diversos estados estacionarios, la ecuación de onda de Schrödinger suministra automáticamente la probabilidad de excitación de estos estados; el electrón se dispersa con pérdida de energía, es decir, inelásticamente. De esta manera pudieron explicarse teóricamente, con todo rigor, las leyes de choque obtenidas, en principio de forma experimental, por Franck y Hertz, las cuales constituyeron más tarde las bases de la teoría de Bohr. Poco después,

también Wentzel [1926] consiguió deducir, a partir de mi teoría, la célebre fórmula de dispersión de Rutherford para rayos α.

Volviendo ahora a la «Comunicación preliminar», cabe destacar que Born (1926 b; Wheeler y Zurek, eds. 1983: 52) empezó por poner límites a la mecánica de matrices, a la que él mismo tanto había aportado:

> La mecánica cuántica de Heisenberg ha sido aplicada hasta el momento exclusivamente al cálculo de estados estacionarios y amplitudes de vibración. [...] En este aspecto, el formalismo, desarrollado a lo largo de este tiempo, parece estar confirmado. Sin embargo, cuestiones de esta clase únicamente tratan un aspecto de la teoría cuántica. Aparte de aquellas, está también la igualmente importante cuestión de la naturaleza de las propias transiciones. En este punto las opiniones se encuentran divididas. Muchos suponen que el problema de las transiciones no está englobado en la mecánica cuántica en su forma presente, y que en este punto serán necesarios nuevos desarrollos conceptuales. Impresionado por el carácter cerrado de la naturaleza lógica de la mecánica cuántica, yo he llegado a la suposición de que esta teoría es completa y que el problema de las transiciones debe estar incluido en ella. Creo que ahora he logrado demostrarlo.

Para hacerlo, tuvo que recurrir a la teoría de Schrödinger: «De las diferentes formas de la teoría [cuántica], solamente la de Schrödinger ha demostrado ser adecuada para este proceso, y por esta misma razón debo considerarla como la formulación más profunda de las leyes cuánticas». Una declaración esta última que a buen seguro no agradó a Heisenberg, que la debió considerar una traición.

Así, basándose en la sugerencia de Einstein y en sus notables conocimientos de la óptica clásica (una de sus muchas habilidades), Born (1926 b; Wheeler y Zurek, eds. 1983: 54) llegó a la conclusión de que «la mecánica cuántica de Schrödinger [...] da una respuesta bastante definida a la pregunta del efecto de la colisión [de un electrón con un átomo]; pero no hay lugar para una descripción causal. No se obtiene respuesta para la pregunta, "¿cuál es el estado después de la colisión?", sino solamente para la de, "¿cuán probable es un resultado determinado de la colisión?" (en la que, naturalmente, la relación mecánico-cuántica para la energía debe verificarse)».

En este punto, Born, consciente del terreno resbaladizo que pisaba, absolutamente novedoso, añadió, con un claro sabor filosófico:

> Aquí, surge todo el problema del determinismo. Desde el punto de vista de nuestra mecánica cuántica no existe una magnitud que en una situación individual arbitraria fije causalmente el resultado de la colisión; pero tampoco experimentalmente tenemos hasta el momento ninguna razón para suponer que existan algunas propiedades internas del átomo que condicionen un resultado definido para la colisión. ¿Debemos esperar que en el futuro se descubran tales propiedades (del tipo de fases o movimientos atómicos internos), y determinarlas en casos individuales? ¿O debemos creer que el acuerdo entre teoría y experimento... constituye una armonía preestablecida, fundada en la no existencia de tales condiciones? Yo me siento inclinado a abandonar el determinismo en el mundo de los átomos. Pero esta es una cuestión filosófica, para la que no solo son los argumentos físicos decisivos.

Son raros los momentos, las oportunidades, que tiene un científico de trascender el mero ámbito de su disciplina, por muy importante que este sea, ocasiones en que la «razón técnica» se impone en gran medida. Newton, Darwin y Einstein fueron algunos de esos elegidos. El primero de ellos, al desvelar el profundo y problemático aspecto de las interacciones que relacionan los cuerpos y al preguntarse (y dar una respuesta en la que hoy ya no creemos) acerca de la naturaleza del espacio y del tiempo. Cuestiones que también exploró su hermano intelectual a través de, precisamente, el espacio y el tiempo, Albert Einstein, quien llegó a conclusiones muy diferentes. Darwin hizo lo propio al encontrar un mecanismo para el desarrollo y la transformación de las especies. Max Born, con su artículo de 1926, más, mucho más que con los de 1925, pudo reclamar su derecho a formar parte de ese selecto grupo. Los argumentos que en él ofreció a favor de la no aplicabilidad de la estricta causalidad clásica en el mundo atómico (cuestión de evidente alcance fundamental, tanto científico como filosófico) se mantienen, en su esencia, hasta la fecha. Sin embargo, todavía quedaba un largo camino, de análisis y discusiones, por recorrer. Un trayecto en el que otros (como Niels Bohr) tuvieron un mayor protagonismo, aunque, si lo miramos bien, tampoco añadieron en exceso a lo que, de manera tan escueta como brillante, manifestó Born en junio de 1926. Un recorrido, una discusión, que tuvo como preludio las conocidas frases que Einstein incluyó en una carta que escribió a Born pocos meses después, el 4 de diciembre de 1926 (CPAE 2018: 654; Born 2005: 88):[6] «La mecánica sin duda impone. Pero una voz interior me dice que todavía no es la cosa verdadera. La teoría nos aporta muchas cosas, pero apenas nos acerca al secreto del "viejo". De todas maneras, estoy convencido de que Él, al menos, no juega a los dados».

6. Al ser esta una afirmación muy famosa, es conveniente citar el original alemán: «*Die Quantenmechanik ist sechr achtung gebietend. Abe reine innere Stimme sagt mit, dass das doch nicht der whare Jakob ist. Jedenfalls bin ich überzeugt, das der nicht würfelt*». Como se ve, la traducción usual al castellano no es literal.

4

La mecánica cuántica de Paul Dirac

Además de las versiones de la mecánica cuántica que formularon en 1925 y 1926 Werner Heisenberg y Erwin Schrödinger respectivamente, hubo una tercera, entroncada con la del primero, aunque en cierto sentido más elegante desde el punto de vista matemático, con una base más abstracta: la que elaboró el físico británico Paul Adrien Maurice Dirac (1902-1984). Si nos atenemos a una cronología estricta, debería haberme ocupado de él y de su cuántica inmediatamente después de haberlo hecho de la teoría de Heisenberg y antes de considerar la de Schrödinger, ya que el primer artículo de Dirac (1925), con su nueva formulación, vio la luz en *Proceedings of the Royal Society* el 1 de diciembre de 1925 (se había recibido el 7 de noviembre), mientras que Schrödinger hizo pública su mecánica ondulatoria en un texto que llegó a *Annalen der Physik* el 27 de enero de 1926. No lo he hecho así porque, de algún modo y a pesar de que existe una cierta relación con el formalismo matricial, la versión de Dirac permaneció al margen de los debates que enfrentaron en un primer momento a las otras formulaciones.

Sin embargo, antes de entrar en la mecánica cuántica *à la* Dirac, veamos algo del personaje.

1. Dirac: la forja de una personalidad singular

Paul Dirac fue un hombre complejo y extraño, aunque sin duda interesante. Callado e introvertido, son multitud las anécdotas que se cuentan sobre él. Como aquella según la cual, tras una conferencia, uno de los asistentes se levantó y le dijo: «Profesor Dirac, no he entendido la ecuación que ha escrito allí, en ese lado de la pizarra». Silencio. Como Dirac continuase sin decir palabra, el moderador se atrevió a intervenir: «Profesor Dirac, ¿no va a contestar a esa pregunta?». A lo que él respondió: «No ha sido una pregunta. Ha sido una declaración». Era difícil entablar conversación con él, como atestigua otro suceso. En cierta ocasión, un visitante tuvo la que en principio podría considerarse buena fortuna, dada la notoriedad del personaje, de estar sentado a su lado en la cena de un colegio universitario de Cambridge. Deseoso de iniciar una charla, el comensal dijo: «Hace mucho viento hoy». Entonces Dirac se levantó, se dirigió a la puerta y abandonó el comedor, para horror de su interlocutor, que pensó que, de alguna manera, le había ofendido. Sin embargo, el científico tan solo había salido al patio exterior para ver qué tiempo hacía, tras lo cual, regresó a su puesto, se sentó y dijo a su vecino: «Sí».[1]

Anécdotas como las anteriores revelan una personalidad con una tendencia extremadamente marcada a encerrarse en sí misma, incapaz de apreciar el mundo de los demás (o de casi todos ellos), el ámbito cotidiano en el que se dan por sentadas unas ciertas suposiciones, o si se prefiere, convenciones sociales.[2] El universo diraciano solo respondía a la literalidad de lo expresado y era tan exacto como deshumanizado. O al menos lo fue durante una parte importante de su vida, ya que los años y la experiencia le hicieron algo menos ajeno al «mundo compartido».

La pregunta obvia es si existe alguna razón que ocasionase semejante personalidad, o que contribuyese a ella. La respuesta es afirmativa.

Nacido en Bristol, la infancia de Paul distó de ser feliz a causa del carácter de su padre, Charles Dirac (1866-1936). Así lo explicaba Graham Farmelo a partir de una conversación que el propio Dirac mantuvo en la primavera de 1980 con Kurt Hofer, su médico personal y colega en la Universidad Estatal de Florida, a la que el científi-

1. Esta anécdota se recoge en Peierls (1987: 44).

2. Existen dos magníficas biografías de Dirac: Kragh (1990) y Farmelo (2009). Véanse, asimismo, Mehra y Rechenberg (1982), Dalitz y Peierls (1986), Salam y Wigner, eds. (1972) y Kursunoglu y Wigner, eds. (1987).

co se había trasladado en 1972, después de jubilarse en Cambridge. Cito de la narración de Farmelo (2009: 4-6):

> Dirac describió sus raíces en villas rurales de Bordeaux, en el sudoeste de Francia, y cómo su familia había emigrado a finales del siglo XVIII al cantón suizo de Valais. Fue en Monthey, una de las localidades industriales del Valais donde nació su padre. Tan pronto como Dirac comenzó a hablar de su padre, se agitó y se volvió de espaldas a su esposa y a Hofer. [...] Después de referirse a sus ancestros con la precisión de un genealogista, Dirac llegó a la parte de su historia en la que su padre llegó a Bristol, se casó con su madre y formó una familia. [...]
>
> «Nunca conocí el amor y el afecto cuando fui niño», dijo Dirac, el habitualmente tono neutro de su voz teñido perceptiblemente de pena. Uno de sus principales pesares es que él, su hermano mayor y su hermana pequeña no tuvieron vida social, sino que pasaron la mayor parte del tiempo dentro de su casa: «nunca tuvimos visitantes». La familia estaba dominada, recordó Dirac, por su padre, un tirano que acosaba a su mujer un día tras otro e insistía en que sus tres hijos hablasen con él en su francés nativo, nunca en inglés. En las comidas la familia se dividía en dos: su madre y sus hermanos comían en la cocina y hablaban en inglés, mientras Dirac se sentaba en el comedor con su padre, hablando solo en francés. Esto hizo que cada comida fuese una penitencia para Dirac: no tenía talento para los idiomas y su padre era un maestro que no perdonaba. Siempre que Dirac se equivocaba (ya fuera por una mala pronunciación, un género asignado erróneamente a un nombre, o un subjuntivo chapucero), su padre imponía como regla negarle su siguiente petición. Esto causó al joven Dirac una terrible angustia. Padeció de problemas digestivos y a menudo se sentía enfermo cuando comía, pero su padre le prohibía dejar la mesa si había cometido algún error lingüístico. A Dirac no le quedaba entonces más remedio que continuar sentado y vomitar. Esto no sucedía ocasionalmente, sino una y otra vez, durante años.

Después de un doloroso silencio, Dirac añadió: «Como me di cuenta de que no podía expresarme en francés, era mejor quedarme en silencio».[3]

3. Una anécdota, que refleja bien sus sentimientos, es la siguiente (Dalitz y Peierls 1986: 144): «Paul llegó a ser capaz de hablar francés correctamente y con

Charles Dirac, en efecto, era suizo y solo consiguió la nacionalidad británica en 1919; hasta entonces, también sus hijos fueron oficialmente suizos. La madre de Paul se llamaba Florence Hannah Dirac (1878-1941), Holten de soltera. Nacida en Cornualles, era hija de un capitán de barco, pero trabajaba como bibliotecaria en la Biblioteca Central de Bristol. Los hermanos del futuro físico fueron Béatrice Isabelle Marguerite (1906-1991) y Reginald Charles Félix (1900-1925). Este no pudo soportar aquella vida y se suicidó cuando ya empezaba a poder liberarse de ella.[4]

La historia es estremecedora, pero permite comprender rasgos importantes de la personalidad de Dirac, en particular su renuencia a hablar más de lo que consideraba estrictamente necesario, algo que dependía del juicio de su poderosa mente lógica. Con el paso de los años, su comportamiento social mejoró, llegó a establecer relaciones amistosas con colegas y ganó gradualmente confianza gracias al reconocimiento que recibían sus contribuciones científicas. Sin embargo, la «economía lingüística» nunca le abandonó.

2. Estudios en Bristol

Paul cursó la enseñanza secundaria en la Merchant Venturers' School de Bristol, donde su padre era profesor y cuyo plan de estudios esta-

---

fluidez (pronunció conferencias en este idioma en más de una ocasión en París), pero su padre destruyó la relación entre él y su hijo y Paul no llegó a asociar ningún placer con la utilización del idioma francés. Esta situación da especial significado a una vieja historia acerca de Dirac, cuando compartió su cabina con un francés en un trayecto a través del Atlántico en un barco inglés. Aquel francés tenía gran dificultad con la lengua inglesa y debía luchar incesantemente para comunicarse con su compañero de cabina. El último día de su viaje, de repente su compañero se dio cuenta de que Dirac podía comprender el francés, y le preguntó, "¿Por qué no me dijo que podía hablar francés?", a lo que Dirac respondió, "No me lo preguntó"».

4. En la entrevista que, como parte del proyecto de «Historias orales» del American Institute of Physics (AIP), le hicieron Thomas Kuhn y Eugene Wigner el 1 de abril de 1962, ante la pregunta de este último de cuál pudo haber sido la causa del suicidio de su hermano, Dirac respondió: «Supongo que estaba muy deprimido. Aquel tipo de vida, sin ningún contacto social debió haber sido muy deprimente para él, como lo fue para mí. Y tener un hermano pequeño que era más brillante que él también debió haberle deprimido mucho.». El texto de esta entrevista se puede consultar en la página web del AIP.

ba centrado en materias prácticas, que permitieran a los alumnos encontrar empleo. No faltaban asignaturas como inglés, matemáticas, ciencias (excepto biología), geografía e historia (nada de latín, griego o música), pero lo que distinguía a la escuela era la enseñanza de habilidades técnicas, como el trabajo del metal o la madera, dibujo técnico o fabricación de calzado. En sus laboratorios, el joven Dirac, que destacó en casi todas las disciplinas (salvo historia y alemán), aprendió no solo a convertir piezas metálicas en productos sencillos, sino también algo más relevante para su futuro: a reforzar su sentido de la geometría. En efecto, era capaz de levantar planos de objetos complicados, visualizar estos desde ángulos diferentes y representarse su movimiento desde un punto de vista geométrico.

Sus años en la Merchant Venturers' School coincidieron con la primera guerra mundial (comenzó sus estudios en esa institución en septiembre de 1914). Sin embargo, aquella tragedia le favoreció, puesto que muchos de los alumnos de mayor edad tuvieron que abandonar las aulas para servir en el ejército. De este modo, Dirac y otros estudiantes brillantes más jóvenes pudieron avanzar con rapidez en su formación, al ocupar los huecos que dejaban en niveles superiores aquellos que fueron al frente. Así, en la clase de su primer curso había 37 matriculados, pero cuando terminó, en julio de 1918, cuatro meses después del final de la guerra, eran solo 11.

Al igual que sucedió con muchos otros jóvenes que alcanzaron posteriormente gran distinción, no faltaron profesores que advirtieron (sin duda, no fue el caso de Albert Einstein) el genio de Dirac, quien sobresalió en física, química y matemáticas. En especial, eran notorias sus habilidades en esta última disciplina: después de comprobar que era capaz de resolver, no en casa, sino de camino hacia ella, algunos problemas singulares que le había puesto uno de sus profesores, Arthur Pickering, este le sugirió que se dedicase a estudiar la geometría no euclidiana que había desarrollado en el siglo XIX Bernhard Riemann. Su padre también se dio cuenta de las capacidades de su hijo. En palabras de Graham Farmelo (2009: 26):

> Charles Dirac comprendió mejor que nadie que su hijo pequeño poseía una mente excepcionalmente fina, asociada a un formidable poder de concentración. Imponiéndole un riguroso régimen educativo en casa, Charles produjo un hijo adicto al trabajo, a su propia imagen, como es de suponer deseaba. De lo que Charles no pareció darse cuenta, como

> otros sí hicieron, fue del extraño comportamiento de Paul. No hay duda de que los compañeros del joven Dirac lo consideraban raro. [...] Incluso entonces, su único interés era la ciencia y la matemática. Los juegos no le atraían, y cuando se veía obligado a tomar parte en ellos, su participación parece haber sido superflua. [...] Su aprecio por la literatura también era extremadamente limitado. Nunca comprendió el atractivo de la poesía, aunque leyó novelas escritas para atraer a los jóvenes, incluyendo historias de aventuras y cuentos de grandes batallas, analizando cada texto con el cuidado de un crítico literario.

La imagen que uno se forja a través de estas narraciones es, sin duda, compatible con el hombre introvertido y excéntrico del que tantas anécdotas se cuentan. Obligado a vivir desde niño en un mundo cerrado y recluido, continuó habitando en él, en mayor o menor medida, independientemente de que su profesión, distinción y logros le introdujeran en un universo social por fuerza más amplio. Su gran capacidad para el pensamiento matemático no hizo sino contribuir a semejante carácter introspectivo. Si hay una disciplina asociada al ámbito interno, esa es la matemática. El hecho de que el cosmos, los fenómenos físicos que tienen lugar en él, parezca obedecer a leyes matemáticas constituye una circunstancia, en principio, ajena a su propia naturaleza.

Habida cuenta de sus dotes, habría sido lógico suponer que, al llegar el momento de decidirse por la continuación de su formación, Paul Dirac hubiera escogido una carrera de ciencias, preferentemente matemáticas o física. Sin embargo, al finalizar en 1918 sus estudios en la Merchant Venturers School, se matriculó en la Escuela de Ingeniería de Bristol, con el propósito de convertirse en ingeniero eléctrico. ¿Por qué? Quizá porque le parecía lo más sencillo. Su hermano Reginald había estudiado en esta última institución y licenciarse como técnico en materias de electricidad era una opción más segura en lo que a posibilidades laborales se refiere. Además, no hay que olvidar la orientación práctica de su escuela anterior, que de hecho compartía edificio con la facultad de ingeniería. Incluso algunos de los profesores eran los mismos, otro «valor» añadido para el, en algunos aspectos, pasivo carácter de Dirac.

Su elección no significó en modo alguno una pérdida de tiempo, como él mismo reconoció en una conferencia que pronunció en la Escuela Internacional de Física de Verano «Enrico Fermi» (Varenna, Italia), dedicada a la historia de la física del siglo XX, celebrada en agosto de 1972 (Dirac 1977: 112-113):

> Quiero intentar explicar el efecto que esta educación en ingeniería tuvo en mí. No hice ningún uso de las aplicaciones concretas de este trabajo, pero en gran medida cambió toda mi visión. Con anterioridad yo estaba interesado únicamente en las ecuaciones exactas. Me parecía que si uno trabajaba con aproximaciones existía una intolerable fealdad en su propio trabajo y deseaba intensamente conservar la belleza matemática. La educación que recibí en ingeniería me enseñó a tolerar las aproximaciones y fui capaz de ver que incluso teorías basadas en aproximaciones podían contener en ocasiones una considerable belleza. Un problema como el de preparar el devanado en el rotor de una dinamo implicaba una cierta matemática. Era una matemática de números enteros, pero había bastante belleza en ella. [...]
>
> Pienso que si no hubiese dispuesto de esta educación ingenieril no habría tenido ningún éxito en el tipo de trabajo que hice luego, porque era realmente necesario abandonar el punto de vista de que uno debe tratar solo con ecuaciones exactas y de que uno debe ocuparse únicamente de los resultados que pueden deducirse de manera lógica de las leyes exactas conocidas que uno acepta y en las que implícitamente tiene fe. Los ingenieros solamente se interesaban en tener ecuaciones que pudiesen ser útiles para describir la naturaleza. No les importaba mucho cómo se obtenían esas ecuaciones. Una vez que las conseguían se dedicaban a utilizarlas con sus reglas de cálculo y a obtener los resultados que son necesarios para sus trabajos.
>
> Y esto me condujo a la idea de que, por supuesto, este era el mejor punto de vista que había que tener. Queríamos una descripción de la Naturaleza. Queríamos encontrar ecuaciones que describiesen la Naturaleza y lo mejor que habitualmente podíamos esperar eran ecuaciones aproximadas, lo que significaba que teníamos que reconciliarnos con la idea de la ausencia de una lógica estricta y limitarnos a obtener ecuaciones que tuvieran éxito en la descripción de la Naturaleza.

Dirac culminó sus estudios universitarios con éxito y se graduó con magníficas notas en 1921. Inmediatamente, ese verano, realizó prácticas en una empresa de ingeniería de Rugby, Thomson-Houston, pero el trabajo no le gustó y el informe que recibió sobre su desempeño no fue favorable, lo que sin duda contribuyó a que no pudiese encontrar empleo. En estas se hallaba cuando la Facultad de Matemáticas de Bristol, gracias sobre todo a la intervención de uno de sus miembros, Ronald Hassé, que sabía de las habilidades matemáticas del joven y que, de hecho, había esperado que hubiera elegido estudiar ciencias exactas en lugar de ingeniería, le ofreció cursar una de sus carreras sin tener que pagar la matrícula. Además, le convalidarían el primer año, con lo que solo tendría que seguir los dos restantes. Paul aceptó y obtuvo el correspondiente título en 1923. En su presentación autobiográfica de Varenna, Dirac (1977: 113) también se refirió a aquel período de su vida:

> Después de terminar mi curso de ingeniería, continué dos años más en la Universidad de Bristol estudiando matemáticas. Durante aquella educación matemática la persona que más me influyó fue [Peter] Fraser, un matemático que nunca realizó investigación alguna, nunca publicó nada, pero que era un maestro maravilloso, capaz de inspirar en sus alumnos una verdadera excitación con las ideas básicas de matemáticas [...]
>
> Hubo dos cosas que aprendí de Fraser. Una de ellas fue la matemática rigurosa. Hasta entonces, yo había estado utilizando únicamente las matemáticas no rigurosas con la que estaban satisfechos los ingenieros. Ellos solo querían obtener resultados prácticos. No se preocupaban con la definición exacta de un límite, o de cómo sumar una serie, y cosas por el estilo. Pero Fraser enseñaba que a veces era necesario disponer de ideas lógicas estrictas para tratar con tales asuntos.
>
> Sin embargo, en mi trabajo posterior continué utilizando la mayor parte del tiempo la matemática no rigurosa de los ingenieros, y creo que ustedes encontrarán que la mayor parte de mis escritos posteriores implican matemáticas no rigurosas. Cuando introduzco una función, no me paro a pensar si es continua o diferenciable, ni establezco todas las demás condiciones que un matemático puro requiere antes de efectuar alguna manifestación sobre ella. Simplemente, adopto el punto de vista de que esta es la clase de función en la que está interesado un físico.[5]

Vemos así que, aunque Dirac aprendió a valorar la matemática exacta, de la que, por supuesto, también se sirvió a lo largo de su

5. La otra cosa que aprendió de Fraser fue a valorar la geometría proyectiva. No obstante, no me ocuparé aquí de este punto.

carrera, no dejó de apreciar la utilidad de consideraciones menos precisas cuando se trataba de problemas físicos. Como pronto veremos, la «función delta» constituye un ejemplo paradigmático en este sentido. No obstante, antes de pasar a este punto quiero mencionar que Paul completó sus segundos estudios también con las notas más altas, a pesar de lo cual no pudo obtener el título correspondiente, ya que los estatutos de la Universidad de Bristol impedían otorgar dos grados a un mismo alumno.

2.a. La «función» δ *de Dirac*

La manifestación más conocida de la formación de Dirac en ingeniería y de sus ideas sobre la utilidad de la matemática no rigurosa en la física es su famosa «función δ(x)», cuyo valor es siempre cero, excepto en el punto $x = 0$, donde se hace infinito, y cuya integral sobre todo el rango de los números reales es igual a 1. Este ente matemático fue, y continúa siendo, muy útil para la teoría cuántica, a pesar de que su denominación, el término «función», no responde a los requisitos que deben cumplir tales objetos. Sin embargo, dio origen a un nuevo campo en el dominio de las ciencias exactas, el de las «distribuciones», en el que sobresalió el francés Laurent Schwartz (1945), quien formalizó el concepto en 1945.[6] Dirac manifestó que fue su formación como ingeniero la que le condujo a esta idea (citado en Farmelo 2009: 113): «Creo que probablemente fue esa clase de educación la que me dio primero la idea de la función delta, porque cuando se piensa en una carga en las estructuras de ingeniería a veces nos encontramos con que tenemos una carga concentrada en un punto. Esencialmente da igual si se tiene una carga concentrada o una distribuida, pero se utilizan ecuaciones algo diferentes en cada caso. Básicamente, solo fue para unificar estas dos cosas lo que me condujo a la función delta».

No obstante, es preciso señalar que esta construcción tiene una historia previa a Dirac. Fue introducida con anterioridad por Joseph Fourier (1768-1830) en su *Théorie analytique de la chaleur* (1822), como parte de su demostración de la convergencia de lo que se conoce como «serie de Fourier». En 1882, Robert Kirchhoff, a quien ya nos hemos encontrado en el primer tomo, también la utilizó en el

6. Véase Schwartz (1950-1951, 1972).

contexto de la solución general de la ecuación de onda. Por último, y sin duda más relevante en el caso que nos ocupa, está el idiosincrásico inglés Oliver Heaviside (1850-1925), investigador de la electricidad en la estela de Maxwell, quien la utilizó al tratar la respuesta de un circuito ante la inserción repentina de un conmutador (por ejemplo, la tecla de un telégrafo), algo que él representaba mediante una función $H(t)$, definida como $H(t) = 0$, para $t < 0$, y $H(t) = 1$, para $t \geq 0$.[7] Es muy probable que, como parte de su formación en ingeniería, Dirac llegase a conocer, incluso a estudiar, este tipo de «función», introducida por Heaviside.

La primera aparición de la función delta en un trabajo de Dirac se encuentra en uno sobre mecánica cuántica titulado «La interpretación física de la dinámica cuántica», publicado en 1927. Allí, escribió (Dirac 1927 a: 625):

> Uno no puede ir muy lejos en el desarrollo de la teoría de matrices con rangos continuos de filas y columnas sin necesitar una notación para esa función de un número-c [un número clásico], x, que es igual a cero excepto cuando x es muy pequeño, y cuya integral a lo largo de un rango que contiene el punto x = 0 es igual a la unidad. Emplearemos el símbolo δ(x) para representar esta función; eso es, δ(x) se define por
>
> $$\delta(\mathrm{x}) = 0, \text{ cuando } \mathrm{x} \neq 0$$
>
> $$\int_{-\infty}^{\infty} \mathrm{dx} \cdot \delta(x) = 1$$
>
> Estrictamente, por supuesto, δ(x) no es propiamente una función de x, pero puede ser considerada como el límite de una cierta secuencia de funciones. En cualquier caso, podemos utilizar δ(x) como si fuese una función propia para prácticamente todos los propósitos de la mecánica cuántica, sin obtener resultados incorrectos. También se pueden utilizar los coeficientes diferenciales de δ(x), a saber, δ'(x), δ''(x)..., que son todavía más discontinuos y menos «propios» que la propia δ(x).

Continuaba con el detalle de otras propiedades de $\delta(x)$.

7. Véanse los comentarios sobre la naturaleza de esta «función» en Heaviside (1899: 54-55). Sobre la función delta, véase Lützen (1982, 2003: 479-481).

3. Dirac en Cambridge

Antes de finalizar sus cursos de ingeniería, Dirac intentó continuar sus estudios en la Universidad de Cambridge, por entonces el centro británico más prestigioso en lo que a ciencia se refería. De hecho, fue su padre, que había advertido sus habilidades, quien le envió a esa ciudad, a ver si podía conseguir una beca. A comienzos de febrero de 1921, Charles Dirac escribió al St. John's College de Cambridge, con toda probabilidad aconsejado por Ronald Hassé, él mismo un antiguo graduado de esta institución, para preguntar por ayudas disponibles «en la ciencia mecánica o en matemáticas». El colegio universitario le ofreció alguna posibilidad y Paul viajó hasta su sede en junio, para realizar el correspondiente examen. Lo hizo bien, pero la asignación que le otorgaron, setenta libras, estaba muy lejos del mínimo de doscientas necesarias para mantenerse un año en Cambridge. Por su parte, la municipalidad de Bristol rechazó contribuir a esta cantidad, con la excusa de que Charles y Paul habían obtenido la nacionalidad británica apenas dos años antes y, por tanto, no podían optar a semejante subvención. Afortunadamente, un tiempo después, en 1923, una vez que hubo completado sus estudios de Matemáticas, el Departamento de Investigación Científica e Industrial de Reino Unido, un producto de la primera guerra mundial, le concedió una beca con la que, ahora sí, pudo ir al St. John's College.[8]

En la entrevista citada anteriormente (nota 4), Dirac recordaba: «Creo que fui primero a ver a Cunningham. Había visto a Cunningham antes, cuando había ido a examinarme [en 1921]. Esperaba que Cunningham fuese mi supervisor. Él trabajaba en la teoría electrodinámica y yo pensaba que ese era un tema interesante. Pero Cunningham no pudo aceptarme. Y no sé realmente por qué me asignaron a Fowler, que estaba interesado en mecánica estadística, de la que yo pensaba que era un tema relativamente desagradable».

Ebenezer Cunningham (1881-1977) era miembro de St. John's desde 1911. Allí estudió y allí pasó el resto de su carrera. Era un producto típico de la Universidad de Cambridge, de la que recibió, además, varias distinciones: se graduó en 1902 como *Senior Wrangler* (el

8. El Departamento de Investigación Científica e Industrial fue creado formalmente en diciembre de 1916. Para más información sobre este organismo, véase Sánchez Ron (2007: 506) y las referencias que se dan en esta obra.

estudiante con las calificaciones más altas de su promoción) y dos años después obtuvo el premio Smith, dos logros muy valorados, no solo a orillas del Cam, sino en todo Reino Unido. En la historia de la física británica, Cunningham es recordado más que nada por su papel en la introducción en el país de la relatividad especial. Fue autor de uno de los dos primeros libros dedicados en exclusiva a la teoría de Einstein: *The Principle of Relativity* (Cunningham 1914).[9] Para Dirac, que se había entusiasmado con este tema a raíz del anuncio, en noviembre de 1919, de la confirmación de una de las tres deducciones que se derivaban de manera inmediata de la teoría de la relatividad general (la curvatura de los rayos de luz en presencia de un campo gravitacional) y que, además, había seguido con fervor el curso que Charles Broad, catedrático de Filosofía en Bristol, había dictado en el otoño de 1920, Cunningham era una magnífica opción. Sin embargo, tuvo suerte en que este no le aceptase, ya que en 1923 sus intereses científicos estaban lejos, muy lejos, de la investigación en física puntera.[10] No obstante, en un primer momento Dirac no pensó así. En sus recuerdos de Varenna (Dirac 1977: 115) declaró:

> Mi supervisor fue R. H. Fowler, otro hombre que tuvo una gran influencia en mí. Al principio me sentí ligeramente desilusionado cuando se designó a Fowler como mi supervisor. La razón de ello era que mi interés principal radicaba en el aspecto geométrico y, en especial, en la relatividad. Y Fowler no estaba interesado en la relatividad. Estaba Cunningham, que era un experto en la teoría especial de la relatividad. Había escrito un libro sobre ella en 1910 [sic]. Pero no quería aceptar ningún estudiante de investigación más, de manera que me pasaron a Fowler.
>
> Pronto me di cuenta de que aquella sombra de desilusión que había experimentado en primer lugar no estaba justificada. Fowler me intro-

9. El segundo texto apareció el mismo año: *The Theory of Relativity*, de Ludwik Silberstein. Sobre Cunningham y la introducción de la relatividad especial en Gran Bretaña, véase Sánchez Ron (1987 a, 2025).

10. En la entrevista que John Heilbron realizó a Cunningham en Cambridge el 19 de junio de 1963, el propio Cunningham reconoció sus limitaciones en la época en que Dirac llegó: «Dirac se hizo rápidamente un nombre aquí. Pero sentí que [tanto él como Cockcroft, al que también dio clases] se habían alejado de mí. Yo me había perdido. De hecho, estaba bastante inmerso en algunos problemas administrativos del College y aquello, más la interrupción de la guerra, me dejó atrás». Transcripción de la entrevista en «Historias orales», American Institute of Physics.

dujo a un campo de interés bastante novedoso, a saber, el átomo de Rutherford, Bohr y Sommerfeld. Hasta entonces no había oído nada sobre la teoría de Bohr. Me abrió los ojos. Me sorprendió mucho que se pudiera hacer uso de las ecuaciones de la electrodinámica clásica en el caso del átomo. Yo había considerado siempre a los átomos como cosas muy hipotéticas, y aquí había personas que de hecho estaban tratando con ecuaciones que tenían que ver con la estructura del átomo.

4. Ralph Howard Fowler

Ralph Howard Fowler (1889-1944), al igual que Cunningham, aunque con las diferencias propias de las varias décadas que les separaban, era un producto de Cambridge, vinculado en este caso al Trinity College. Ya graduado, se centró en un primer momento en la matemática pura, especialidad en la que consiguió, en octubre de 1914, una beca de investigación. Sin embargo, no pudo beneficiarse de ella hasta después de terminada la primera guerra mundial. Finalizada la contienda y reanudada su residencia en Cambridge, se acercó de manera progresiva a la física matemática, aproximación que se reforzó con la llegada a la ciudad inglesa en 1919, como director del Laboratorio Cavendish, de Ernest Rutherford, con el que congenió enseguida. «Rutherford, robusto y tosco», escribió Edward Milne (1945: 68) en el obituario que preparó sobre Fowler para la Royal Society, «atraía a Fowler, y la sorprendente versatilidad y el poder de este de verse absorbido en los problemas que le planteaban otros, atraía a Rutherford.» De hecho, la relación entre ambos se consolidó de forma muy íntima: el 6 de diciembre de 1921 Fowler se casó con la hija del neozelandés, Eileen Mary (su única descendiente). A la versatilidad que mencionaba Milne también se refirió Arthur Eve (1939: 288), biógrafo de Rutherford, en los siguientes términos: «Fowler fue un hombre de grandes poderes matemáticos, con una firme apreciación de lo que podía ser correcto o erróneo en física, un maestro en recapitular toda la evidencia experimental y extraer después una conclusión adecuada».

En 1920, Fowler fue nombrado profesor de matemáticas en el Trinity College, puesto que le abrió las puertas a la supervisión de estudiantes, como sucedió con Dirac, y en 1925 fue elegido miembro de la Royal Society. Esto le permitía un rápido acceso a la publicación de artículos en *Proceedings of the Royal Society*, circunstancia de la que, como veremos, se benefició Dirac. Por último, en 1932, fue designado profesor Plummer de Física Teórica, una cátedra de nueva creación. En 1938 tuvo que dejar Cambridge para dirigir el Laboratorio Nacional de Física de Reino Unido, cargo en el que sucedió a William Lawrence Bragg, quien tras el fallecimiento de Rutherford pasó a ser el nuevo director del Laboratorio Cavendish.

La transición de Fowler de la matemática pura a la mecánica cuántica se hizo plena realidad en un artículo en el que aplicó una extensión del teorema integral de Fourier a los cuantos (Fowler 1921). A este trabajo, le siguió una serie de escritos centrados en la física estadística y en la teoría cinética de los gases, alguno de ellos (1922) en colaboración con Charles Galton Darwin. En 1923, junto con Edward Milne, dio a la imprenta un texto que influyó mucho en la astrofísica teórica (Fowler y Milne 1923) y tres años después salió a la luz el que fuera su texto más importante (Fowler 1926). En este, demostró que la materia que forma las estrellas enanas blancas debía consistir en lo que denominó «estado degenerado», esto es, en un gas que obedece a la estadística desarrollada, de manera independiente, por Enrico Fermi y Paul Dirac, de la que me ocuparé más adelante.

Como vemos, el joven fue afortunado con la adjudicación de Ralph Fowler como supervisor. Este, aparte de su estrecho vínculo con Rutherford, o acaso a consecuencia de ello, estableció también una intensa relación con Niels Bohr (recordemos lo que significó para este su estancia en Mánchester, en el instituto dirigido por el neozelandés) y viajó con frecuencia a Copenhague, lo que es tanto como decir que estaba bien informado de las últimas novedades en el desarrollo de la física cuántica.[11] No olvidemos que Dirac también siguió dos cursos que su tutor dio en el otoño de 1924 y en la primavera de 1925 respectivamente, ambos dedicados a la física cuántica, en los que abordó cuestiones como la ley de radiación de Planck, la teoría del átomo de hidrógeno elaborada por Bohr, los sistemas periódicos múltiples y el principio de correspondencia.

11. «Fowler iba a menudo a Copenhague —recordó Dirac (1977: 116)—, y conocía cuál era la situación allí y, por supuesto, me mantenía informado sobre ella. De hecho, Fowler pasó el invierno de 1925, tres meses, en Copenhague.»

5. La mecánica cuántica *à la* Dirac

En Cambridge, además de conocer el trabajo de Fowler, Dirac supo lo que hacían los experimentalistas del Cavendish, entre los cuales se encontraban Ernest Rutherford, James Chadwick, Charles Ellis, Patrick Blackett, Piotr Kapitza, John Cockroft y Francis Aston. «Aprendí a apreciar algunas cosas de los problemas de los experimentalistas», señaló en sus notas autobiográficas (Dirac 1977: 116). Asimismo, pudo asistir a las conferencias de Bohr, pero, «aunque me impresionó mucho lo que Bohr dijo, sus argumentos eran principalmente de naturaleza cualitativa y yo no era capaz de encontrar los hechos detrás de ellos. Lo que yo quería eran proposiciones que pudieran ser expresadas en términos de ecuaciones, y el trabajo de Bohr muy pocas veces suministraba tales proposiciones. [...] Ciertamente, no influyó directamente en mí, porque no estimulaba a pensar en nuevas ecuaciones» (Dirac 1977: 116). Las presentaciones a las que se refería tuvieron lugar en mayo de 1925 y, aunque no le influyeran demasiado, el tema que abordó en ellas el físico danés, «Problemas en la teoría cuántica», sin duda le aportó informaciones valiosas.

Para adentrarse en las complejidades de la física cuántica, Dirac dispuso también de una herramienta preciosa: la versión al inglés del famoso texto de Arnold Sommerfeld (1919) *Atombau und Spektrallinien*, la biblia de los espectroscopistas y de la teoría cuántica, tal y como se conocía entonces.[12] La traducción se publicó en 1923, justo cuando el joven Paul llegó a Cambridge. En sus propias palabras (Dirac 1977: 118): «[Leí] el libro de Sommerfeld, *Atomic Structure and Spectral Lines*. Existía una traducción al inglés, algo bastante afortunado porque por entonces no sabía demasiado alemán; el libro proporcionaba la base para obtener los conocimientos necesarios de la teoría atómica a fin de poder trabajar en ella». En particular, le resultó interesante uno de los apéndices incluidos en la obra, el que trataba de la versión de Hamilton de la dinámica que, según se indicaba, suministraba la base matemática para comprender el primer apartado («Introducción a la teoría de los cuantos. Osciladores y

12. Me ocupé de este libro en la primera parte de esta historia de la física cuántica; más información en Eckert (2013).

rotadores») del capítulo IV («El espectro del hidrógeno»).[13] Con semejante punto de partida, se dedicó a estudiar la formulación hamiltoniana, incluida la teoría de las transformaciones avanzadas relacionada con ella.

Conocimientos como los anteriores le sirvieron muy bien más adelante (fueron, de hecho, imprescindibles). Sin embargo, antes de llegar a ese punto, Dirac publicó una serie de trabajos «menores» titulados «Disociación bajo un gradiente de temperatura» (*Proceedings of the Cambridge Philosophical Society*, 1924), «Nota sobre la dinámica relativista de una partícula» (*Philosophical Magazine*, 1924), «Nota sobre el principio Doppler y la condición de frecuencia de Bohr» (*Proceedings of the Cambridge Philosophical Society*, 1924), «Las condiciones para el equilibrio estadístico entre átomos, electrones y radiación» (*Proceedings of the Royal Society of London*, 1924), «La invariancia adiabática de las integrales cuánticas» (*Proceedings of the Royal Society of London*, 1925) y «El efecto de la difusión Compton mediante electrones libres en una atmosfera estelar» (*Monthly Notices of the Royal Astronomical Society*, 1925).[14]

Para que se produjese semejante logro, fueron esenciales su estancia en Cambridge y su relación con Fowler. En este punto, es obligado referirse también a otro de los científicos que trabajaban entonces en esa ciudad universitaria, el físico ruso Piotr Kapitza (1894-1984), mencionado brevemente con anterioridad.

Graduado en 1919 por el Instituto Politécnico de Petrogrado (San Petersburgo), dirigido por Abram Ioffe, Kapitza llegó a Cambridge como doctorando en el Laboratorio Cavendish en 1921 (obtuvo el título de doctor en 1923 y en 1925 fue nombrado miembro investigador del Trinity College). En el Cavendish fue ayudante de investigación en magnetismo y desarrolló técnicas para lograr campos magnéticos de muy elevada intensidad. Este avance condujo al establecimiento de unas instalaciones diseñadas específicamente para él, el Laboratorio Mond, que el primer ministro británico Stanley Baldwin, quien por entonces era rector de la universidad, inauguró de manera oficial en

13. El apéndice se titulaba «Prueba de la invariancia de las ecuaciones de Hamilton para cambios arbitrarios de coordenadas» (Sommerfeld 1923: 541-547).

14. Todos estos artículos se encuentran reproducidos en Dalitz, ed. (1995), el único volumen que ha aparecido de los *Collected Papers* de Dirac (abarca el período entre 1924 y 1948).

febrero de 1933. Precisamente por sus éxitos científicos, en 1934, con ocasión de una de sus habituales visitas a Rusia durante los veranos, el gobierno de Stalin le impidió regresar a Inglaterra y tuvo que desarrollar el resto de su carrera en la Unión Soviética.

Aparte de sus trabajos de investigación, Kapitza se implicó en Cambridge en lo que podríamos denominar «actividades científicas extracurriculares» y creó un foro de debate sobre física, el «Club Kapitza», que se reunía todas las semanas, los martes, después de cenar, por lo general en el Trinity College. Las sesiones de este grupo se iniciaron el 17 de octubre de 1922 con una charla del propio Kapitza, con la que inauguró una larga lista de intervenciones de eminentes científicos (por ejemplo, D. R. Hartree, J. E. Lennard-Jonnes, Gilbert N. Lewis, Patrick Blackett, Paul Ehrenfest, John Cockcroft, James Franck o Niels Bohr).[15] El 28 de julio de 1925, el conferenciante invitado fue Werner Heisenberg. Su charla, titulada «Term Zoology and Zeeman Botany» («Zoología de términos y botánica de Zeeman»), estuvo dedicada a resumir los resultados teóricos que había obtenido para la explicación de las líneas espectroscópicas y, en particular, del efecto Zeeman anómalo. No habló allí de la formulación de la cuántica (la mecánica de matrices) que acababa de desarrollar en junio, mientras combatía en la isla de Heligoland (en el mar del Norte) la alergia que padecía.

Por entonces, Dirac ya llevaba dos años en Cambridge, así que es una cuestión interesante saber si asistió o no a la presentación de Heisenberg. En este punto, nos encontramos un ejemplo de lo poco fiable que es la memoria. En la entrevista que Kuhn y Wigner hicieron a Dirac en 1962, este manifestó: «Heisenberg realizó este viaje a Cambridge en, creo, junio, o pudo haber sido julio de 1925. Pronunció una conferencia en el Club Kapitza, pero yo no era miembro del club y no asistí. No sabía entonces de la conferencia. La primera vez que supe de ella fue cuando Fowler me envió una copia de las pruebas del artículo de Heisenberg y me preguntó qué pensaba de él».

Sin embargo, los recuerdos de Heisenberg (1974: 68) eran muy distintos. En una conferencia que pronunció ante estudiantes de Gotinga el 13 de julio de 1946, dijo:

15. Se conserva el equivalente a un cuaderno de bitácora, el *Minute Book*, en el que el conferenciante invitado solía escribir un resumen de su charla, antes de añadir su firma. Una copia se halla en el archivo «Sources for the History of Quantum Physics» (véase Kuhn, Heilbron, Forman y Allen [1967]).

> En el verano de 1925 marché a Inglaterra, a Cambridge, y expuse en un *college*, en el despacho del físico ruso Kapitza, una relación de mis trabajos ante un reducido grupo de teóricos. Entre los asistentes se hallaba un joven superdotado de apenas veintitrés años, Dirac, que se dedicó al estudio de mis cuestiones y a los pocos meses consiguió tener terminada, gracias a su extraordinaria capacidad matemática, una teoría cuántica completa sobre la envoltura del átomo. Su manera de pensar era muy distinta a la mía, sus métodos matemáticos más elegantes y diferentes de los de Gotinga, pero al final vino a coincidir, en lo fundamental, con los resultados obtenidos anteriormente en Gotinga por Born, Jordan y por mí.

Lo cierto es que Dirac se había convertido en miembro del Club Kapitza en 1924 y que el 4 de agosto, una semana después de la ponencia de Heisenberg, él mismo intervino con una charla sobre «Las deducciones de Bose y L. de Broglie de la ley de Planck». Es muy posible, por consiguiente, que sí asistiera a la presentación del alemán. Sin embargo, y según señaló él mismo en la cita extraída de su entrevista, no supo entonces nada de la mecánica cuántica matricial que Heisenberg acababa de desarrollar, ya que este no se refirió a ella. Es fácilmente comprensible que no lo hiciera, puesto que preparaba su exposición en el artículo (Heisenberg 1925) que se recibió en la redacción de *Zeitschrift für Physik* el 29 de julio. Cuando el texto estaba en pruebas, Heisenberg envió una copia a Fowler y, como también afirmó Dirac en la misma cita, aquel se la pasó para ver qué opinaba. En el volumen editado en 1995, con los trabajos que Dirac publicó entre 1924 y 1948, se reproduce la primera página de las galeradas del artículo de Heisenberg, en la que se ve una nota manuscrita de Fowler (Dalitz, ed. 1995: 62): «¿Qué piensa de esto? Me gustaría saberlo. R. H. F». En la página siguiente, aparece una anotación, también a mano, de Dirac, en la que escribió:[16]

> Este fue el primer trabajo sobre la mecánica cuántica que llegó a Inglaterra. Eran las pruebas del primer artículo de Heisenberg sobre la mecánica cuántica.

16. Las pruebas y la nota de Dirac (que no está datada) forman parte de la Colección Dirac depositada en la Biblioteca Científica P. A. M. Dirac de la Universidad Estatal de Florida, en Tallahassee (Florida), institución en la que Dirac se instaló después de jubilarse como catedrático Lucasiano de Cambridge.

Heisenberg las envió a R. H. Fowler en agosto de 1925. Fowler me las envió a mí a principios de septiembre, después de escribir una nota en la cabecera de la primera página. Fue estudiando estas pruebas cuando comencé [a trabajar] en la mecánica cuántica.
P. A. M. Dirac.

Continuando con lo relatado por Dirac en la entrevista que le hicieron Kuhn y Wigner: «Fowler tenía algunas dudas sobre el artículo y quería saber cuál sería mi reacción ante él. Cuando lo leí por primera vez no aprecié su valor. Pensé que no había mucho en él y lo dejé de lado durante una semana o algo así. Cuando volví a él después, de repente se me hizo claro lo que contenía. Y trabajé intensivamente a partir de septiembre de 1925. Creo que pasaron unas pocas semanas antes de que llegase a la idea de los paréntesis de Poisson».

En la conferencia de Varenna, que he utilizado con anterioridad, encontramos algunos detalles más del momento en que «se le hizo claro» lo que había en el artículo, aún no publicado, de Heisenberg (Dirac 1977: 121-122):

> Me di cuenta enseguida de que la no conmutación era realmente el rasgo más importante de la nueva teoría. Lo que preocupaba tanto a Heisenberg era, en realidad, el principal nuevo rasgo de la teoría y lo que uno debía entender. Por supuesto, para tratar de entender esto yo disponía de la forma hamiltoniana de la dinámica, que conocía.
>
> Fue durante uno de mis paseos dominicales, en octubre de 1925, mientras estaba pensando detenidamente, a pesar de mi intención de relajarme, en ese $u \cdot v - v \cdot u$, cuando me vinieron a la mente los corchetes de Poisson. Recordé algo que había leído antes acerca de estas extrañas magnitudes en uno de los libros avanzados de dinámica y, de lo que podía recordar, existía una estrecha similitud entre un corchete de Poisson de dos magnitudes, u y v, y el conmutador $u \cdot v - v \cdot u$.

Dirac no estaba seguro de que en realidad existiese tal analogía, ni tampoco recordaba bien «lo que eran los corchetes de Poisson», así que tuvo que esperar a que el lunes abriese la biblioteca, puesto que no encontró nada en sus apuntes. Cuando pudo acceder a los volúmenes de la Universidad de Cambridge, fue a buscar en un texto clásico de mecánica analítica: *A Treatise on the Analytical Dynamics of Particles and Rigid Bodies*, de Edmund Whittaker, catedrático de

Matemáticas en Edimburgo. Allí encontró una sección, la número 130, titulada «*Poisson's bracket-expressions*» (Whittaker 1937: 299).[17] «La idea de conectar los corchetes de Poisson con los conmutadores —señaló Dirac (1977: 123)— constituyó el comienzo de mi trabajo en la nueva mecánica cuántica.»

Recordemos, antes de continuar, que el corchete de Poisson de dos magnitudes *f* y *g*, [*f*, *g*], se define de la manera siguiente

$$[f,g]=\sum_i \frac{\partial f}{\partial q_i}\frac{\partial g}{\partial p_i}-\frac{\partial f}{\partial p_i}\frac{\partial g}{\partial q_i}$$

donde q y p son, respectivamente, las coordenadas y los momentos generalizados, la sumatoria es sobre todos los grados de libertad y $\partial/\partial q_i$ es la derivada parcial con respecto a la variable q_i.

En el libro en el que Dirac presentó su formulación de la mecánica cuántica (del que me ocuparé más adelante), más concretamente en la cuarta edición, Dirac (1958: 84; 1967: 94-95) explicó con detalle el papel que los corchetes de Poisson desempeñaban en ella:[18]

> *Corchetes de Poisson.*
>
> Hasta aquí nuestra labor ha consistido en construir un esquema matemático general que relaciona los estados y los observables en mecánica cuántica. Uno de los rasgos más característicos de este esquema es que en él, los observables y las variables dinámicas son magnitudes que, en general, no disfrutan de la propiedad conmutativa de la multiplicación. Ahora será necesario establecer ecuaciones que nos den el valor de $f{\cdot}g - g{\cdot}f$ para observables o variables dinámicas f y g cualesquiera, y que sustituyan a la propiedad conmutativa de la multiplicación. Hasta

17. La primera edición del libro de Whittaker data de 1904; la segunda apareció en 1917 y después se publicaron una tercera en 1927 y una cuarta en 1937. El ejemplar que yo he consulado corresponde a esta última; Dirac debió consultar bien la primera o la segunda edición. Poisson introdujo estos corchetes en 1809 (Poisson 1809).

18. Utilizo la traducción que existe al español y que corresponde a la cuarta edición inglesa (1958), en la que, al igual que en la tercera (1947), los corchetes de Poisson se introducen en el capítulo IV («The quantum conditions»). En la versión de 1935 aparecían en el apartado V (bajo el mismo título que en el caso anterior), mientras que en la primera, de 1930, lo hacían en el VI («Equations of motion and quantum conditions»). Más adelante, me ocuparé de las diferentes ediciones del libro de Dirac.

que no conozcamos dichas ecuaciones no tendremos un esquema mecánico completo que pueda sustituir a la mecánica clásica. Estas nuevas ecuaciones reciben el nombre de *condiciones cuánticas* o *relaciones de conmutación.*

El problema de hallar condiciones cuánticas no tiene un carácter tan general como los que hemos considerado hasta ahora. Se trata de un problema que se nos presenta de manera particular cada vez que estudiamos un sistema dinámico concreto. Sin embargo, existe un método muy general para obtener condiciones cuánticas que se puede aplicar a una gran cantidad de sistemas dinámicos. Es el método de *analogía clásica*, que constituye el objeto de este capítulo. Los sistemas dinámicos a los que no se pueda aplicar dicho método deberemos estudiarlos individualmente y en cada caso tendríamos que hacer consideraciones especiales.

La validez de la analogía clásica en el desarrollo de la mecánica cuántica proviene del hecho de que la mecánica clásica da una descripción correcta de los sistemas dinámicos en ciertas condiciones, a saber, cuando las partículas y los cuerpos que constituyen el sistema son suficientemente grandes para que la alteración que acompaña a la observación sea despreciable. Por tanto, la mecánica clásica tiene que ser un caso límite de la cuántica y, en consecuencia, debemos esperar que a conceptos importantes en mecánica clásica correspondan conceptos importantes en mecánica cuántica, y que tras un análisis de la naturaleza general de la analogía entre la mecánica clásica y la cuántica ha de ser posible deducir leyes y teoremas de esta última que sean simples generalizaciones de resultados bien conocidos en la teoría clásica. En particular, podremos obtener las condiciones cuánticas como simples generalizaciones de la ley clásica según la cual todas las variables dinámicas conmutan.

Sea un sistema dinámico constituido por un conjunto de partículas en interacción. Para estudiar dicho sistema, podríamos tomar como variables dinámicas independientes las coordenadas cartesianas de cada partícula y las correspondientes componentes cartesianas de las velocidades. Pero es preferible utilizar las componentes del momento en lugar de las de la velocidad. Llamaremos q_r a las coordenadas (r toma todos los valores desde 1 hasta tres veces el número total de partículas) y p_r a las correspondientes componentes del momento. Se dice que las q_r y las p_r son *coordenadas canónicas conjugadas.*

El método de las ecuaciones de movimiento de Lagrange permite introducir coordenadas q_r y momentos p_r de un modo más general, que también se puede aplicar a sistemas que no estén compuestos por partículas (por ejemplo, un sistema que contenga cuerpos rígidos). A dichas q_r y p_r más generales también se les llama coordenadas canónicas conjugadas. Toda variable dinámica se puede expresar como función de un conjunto de coordenadas canónicas cualesquiera.

En la teoría general es importante el concepto de *corchete de Poisson*.

El primer artículo que Dirac publicó sobre la mecánica cuántica se recibió en la redacción londinense de *Proceedings of the Royal Society* el 7 de noviembre de 1925. Se titulaba «The fundamental equations of quantum mechanics» y apareció en el número del 1 de diciembre (Dirac 1925), lo que constituye una inusitada rapidez, sin duda de acuerdo con las indicaciones de Fowler (quien presentó el texto a la Royal Society), que reconoció la importancia del trabajo. Merece la pena reproducir la «Introducción» (Dirac 1925: 642):

> Es bien sabido que los hechos experimentales de la física atómica necesitan apartarse de la teoría clásica de la electrodinámica para la descripción de los fenómenos atómicos. En la teoría de Bohr, esta desviación toma la forma de la suposición especial de la existencia de estados estacionarios en un átomo, en los que no se produce radiación, y de ciertas reglas, llamadas condiciones cuánticas, que fijan los estados estacionarios y las frecuencias de la radiación emitida durante las transiciones entre ellos. Estas suposiciones son ajenas a la teoría clásica, pero han tenido mucho éxito en la interpretación de una región restringida de los fenómenos atómicos. La única forma en la que se utiliza la teoría clásica es mediante la suposición de que las leyes clásicas son válidas para describir el movimiento en los estados estacionarios, aunque fallan completamente durante las transiciones, y la suposición, denominada el Principio de Correspondencia, de que la teoría clásica suministra los resultados correctos en el caso límite, cuando la acción por ciclo del sistema es grande comparada con la constante de Planck, *h*, y en otros ciertos casos.
>
> En un artículo reciente, Heisenberg [1925] ha presentado una nueva teoría, que sugiere que no son las ecuaciones de la mecánica clásica las que fallan, sino que lo que hay que modificar son las operaciones matemáticas mediante las cuales se deducen los resultados físicos. Por consiguiente, podemos utilizar en la nueva teoría *toda* la información suministrada por la teoría clásica.

Era, pues, una cuestión de reemplazar el álgebra que se utilizaba en la teoría clásica por una nueva, no conmutativa. A tal tarea dedicaba Dirac la segunda sección de su artículo, apropiadamente titulada «Álgebra cuántica». Con base en el enfoque que Heisenberg había dado a su mecánica, esto es, en las series de Fourier, Dirac llegaba a la principal diferencia entre el álgebra clásica y la cuántica: esta no era conmutativa y aquella sí.[19] Esta propiedad se erigió en guía heurística para el autor del texto: «Ahora somos capaces —escribió (Dirac 1925: 645)— de llevar cada una de las ecuaciones de movimiento del sistema [tal y como aparecen en la física clásica] a la teoría cuántica, siempre y cuando podamos decidir el orden correcto en cada uno de los productos [que aparezcan]. Cualquier ecuación que se deduzca de las ecuaciones de movimiento mediante procesos algebraicos que no incluyan el intercambio de los factores de un producto, puede también ser considerada válida en la teoría cuántica, y diferenciada e integrada con respecto al tiempo».

Como en cualquier teoría física, las coordenadas y las velocidades (o los momentos), o de forma más general, las coordenadas generalizadas, q_i, y sus correspondientes momentos lineales, p_i, ocupaban también en la mecánica cuántica un lugar central (pensemos, por ejemplo, en que la función de onda depende de las coordenadas de posición y del tiempo). Por ello, Dirac se ocupó de las «condiciones cuánticas» (su terminología) que se les aplicaban. Las relaciones clásicas

$$[q_i, q_j] = 0, [p_i, p_j] = 0 \tag{1}$$

se mantenían en la física cuántica, pero no así el corchete de Poisson entre p y q, que en la física clásica era

$$[q_i, p_j] = \delta_{ij}$$

Donde δ es la denominada «delta de Kronecker», definida como $\delta_{ij}=1$, si $i=j$, y $\delta_{ij}=0$, si $i \neq j$.

Aplicando el principio de correspondencia, Dirac escribía esta última ecuación para la física cuántica como

$$[q_i, p_j] = i \cdot (h/2\pi) \cdot \delta_{ij} \tag{2}$$

19. Ya nos encontramos con esta propiedad en la cita en que Dirac presentaba los corchetes de Poisson.

donde *i*, fuera de los subíndices, es el número complejo definido como la raíz cuadrada de −1.

Inmediatamente después de presentar las, como las denominó más tarde, «condiciones cuánticas fundamentales», Dirac (1925: 649) se esforzaba en justificarlas de manera más completa:

> Si el único argumento para creer que las ecuaciones (1) y (2) son consistentes entre sí y con las ecuaciones del movimiento fuese que se sabe que son consistentes con el límite cuando $h \to 0$, la propuesta no sería muy sólida, porque se puede ser capaz de deducir de ellas la inconsistencia de que $h=0$, lo que no constituiría una inconsistencia en el límite. Sin embargo, existe evidencia mucho más firme que esta, debido al hecho de que las operaciones clásicas obedecen las mismas leyes que las cuánticas, de manera que si, aplicando las operaciones cuánticas, se puede obtener una inconsistencia, aplicando las operaciones clásicas de la misma manera también se debe deducir una inconsistencia. Si una serie de operaciones clásicas conduce a la ecuación 0=0, la correspondiente serie de operaciones cuánticas también debe conducir a la ecuación 0=0 y no a $h=0$, ya que no hay manera de obtener una magnitud que no desaparece mediante una operación cuántica con variables cuánticas de forma que la correspondiente operación clásica dé una magnitud que se anula. La posibilidad mencionada antes de deducir con operaciones cuánticas la inconsistencia $h = 0$ no puede, por consiguiente, darse. *La correspondencia entre las teorías cuántica y clásica se encuentra no tanto en que coincidan en el límite cuando* $h \to 0$*, como en el hecho de que las operaciones matemáticas de las dos teorías obedecen en muchos casos las mismas leyes.*

Como vemos, para Dirac fue esencial el «principio de correspondencia» que Niels Bohr había introducido, en especial, a partir de 1920. Esto es, la idea de que, de alguna manera, la teoría cuántica debía contener, en el límite, a la clásica. No obstante, existían, *tenían que existir*, situaciones que diferenciasen los escenarios propios de cada una de ellas. A esto se refería Dirac (1958: 88; 1967: 99) cuando escribió: «Un P. B. [*Poisson bracket*, esto es, corchete de Poisson] en mecánica cuántica es una noción puramente algebraica y, en consecuencia, es un concepto más importante que en la teoría clásica, donde solo se puede definir con relación a un conjunto de coordenadas canónicas. Por este motivo, las coordenadas canónicas son menos importantes en mecánica cuántica que en la clásica; de hecho, se puede tener un sistema cuántico para el que no existan coordenadas canónicas y en el que, sin embargo, sigan teniendo sentido los P. B. Tal sistema no tendría imagen clásica, y por lo tanto no podríamos obtener sus condiciones cuánticas por el método que hemos indicado».

Para obtener la ecuación del movimiento fundamental, Dirac recordaba que, si H denotaba el hamiltoniano del sistema y q_i y p_i las coordenadas y los momentos generalizados, entonces, de acuerdo con la mecánica analítica, la versión clásica de dicha expresión se podía escribir como:

$$\frac{\mathrm{d}pi}{\mathrm{d}t} = [p_i, \mathrm{H}] \qquad \frac{\mathrm{d}qi}{\mathrm{d}t} = [q_i, \mathrm{H}] \tag{3}$$

Aplicando el principio de correspondencia, concluía que «estas ecuaciones serán válidas en la teoría cuántica para sistemas en los que el orden de los factores de los productos que aparezcan en las ecuaciones del movimiento no sea importante», aunque también podrían «tomarse como correctas en sistemas en los que este orden sea importante si se puede decidir sobre el orden de los factores en H» (Dirac 1925: 651). En otras palabras, en la mecánica cuántica la ecuación fundamental de movimiento era, para cualquier variable X (no confundir con la coordenada):

$$\frac{dX}{dt} = [X, H]$$

Sin embargo, teniendo en cuenta que en la física cuántica el corchete de Poisson se definía de manera algo diferente, según se indica en (2), el resultado final no clásico era en realidad:

$$\frac{dX}{dt} = \frac{2\pi}{ih}[X, H]$$

Por otra parte, se tenía, en el caso de que A·H–H·A=0, siendo A una variable cuántica, que A era una constante del movimiento, un resultado que incluía la ley de conservación de la energía. En ese caso, X=H, y en consecuencia [X, X]=0, de donde se deduce inmediatamente que:

$$\frac{dH}{dt} = 0$$

y, por consiguiente, H=constante.

Establecido este esquema general, Dirac lo empleaba en el caso particular de estados estacionarios y deducía resultados (como la relación de frecuencias de Bohr, $E_m - E_n = h \cdot \nu$) que en la «vieja teoría cuántica» simplemente se postulaban. Por último, concluía (Dirac 1925: 653) que, «aunque hasta ahora únicamente hemos considerado sistemas múltiplemente periódicos, no existe razón alguna por la que las ecuaciones fundamentales (1) y (2) no se puedan aplicar también a sistemas que no sean múltiplemente periódicos». Aplicaba luego estas expresiones para estudiar el átomo de hidrógeno.

6. Física y matemáticas

De lo visto sobre el modo en que llegó Dirac a su formulación de la mecánica cuántica, se deduce que en semejante proceso desempeñó un cierto papel lo que podríamos denominar «sentido estético matemático». Ahora bien, ¿qué quiere decir esta frase? Existen varios textos en los que Dirac trató de explicarlo. Uno de ellos es un artículo publicado en 1939 bajo el significativo título de «La relación entre matemáticas y física». Se puede leer en él (Dirac 1939 a: 122-123):

> En su estudio de los fenómenos naturales, el físico tiene dos métodos para progresar: (1) el método del experimento y la observación, y (2) el método del razonamiento matemático. El primero es simplemente recoger datos seleccionados; el segundo le permite a uno inferir resultados sobre experimentos que no se han realizado. No existe ninguna razón por la que el segundo método deba ser posible, pero en la práctica hemos encontrado que funciona y que lo hace con notable éxito. Esto debe adjudicarse a alguna *cualidad matemática de la Naturaleza*, una cualidad que el observador ocasional de la Naturaleza no sospecharía, pero que sin embargo desempeña un papel importante en el esquema de la Naturaleza. [...]
>
> La idea dominante en esta aplicación de la matemática a la física es que las ecuaciones que representan las leyes del movimiento *deberían tener una forma simple*. Todo el éxito de este esquema se debe al hecho de que parece que las ecuaciones de forma simple funcionan. En conse-

cuencia, el físico dispone del *principio de simplicidad*, que puede utilizar como instrumento de investigación.

Sin embargo, continuaba, «el descubrimiento de la teoría de la relatividad hizo necesario modificar el principio de simplicidad. [...] Lo que hace tan aceptable la teoría de la relatividad a los físicos, a pesar de ir en contra del principio de simplicidad, es su gran *belleza matemática*. Esta es una cualidad que no se puede definir, no más que se puede definir la belleza en el arte, pero que las personas que estudian matemáticas no tienen normalmente dificultad en reconocer». Después de explicar las formas en que la relatividad introducía esa «belleza matemática», afirmaba (Dirac 1939 a: 123-124): «Vemos ahora que debemos cambiar el principio de simplicidad por un *principio de belleza matemática*. En sus esfuerzos por expresar las leyes fundamentales de la Naturaleza en forma matemática, el investigador debería perseguir sobre todo la belleza matemática».

No solo era en la relatividad donde Dirac encontraba y justificaba ese valor estético, sino que también lo hacía en la física cuántica. «Existe —escribía— una extrema analogía formal entre la mecánica cuántica y la vieja mecánica. De hecho, es sorprendente cuán adaptable es la vieja mecánica a la generalización del álgebra no conmutativa [a la que está sujeta la versión cuántica]. Todos los elegantes rasgos de la vieja mecánica se pueden llevar a la nueva mecánica, donde reaparece con una belleza reforzada. [...] La matemática pura y la física están acercándose más de lo que nunca lo habían hecho, aunque sus métodos continúan siendo diferentes. Se puede describir la situación diciendo que el matemático realiza un juego en el que él mismo inventa las reglas, mientras que las reglas del juego en el que participa el físico las suministra la Naturaleza. Pero según transcurre el tiempo, se hace cada vez más evidente que las reglas que el matemático encuentra interesantes son las mismas que ha escogido la Naturaleza. Es difícil predecir cuál será el resultado de todo esto. Posiblemente, los dos modos se unificarán en última instancia, toda rama de la matemática pura tendrá entonces su aplicación física, siendo su importancia en la física proporcional a su interés en la matemática.»

Se trataba de ideas radicales en extremo, que pocos físicos compartían. El más notable de quienes terminaron por hacerlo fue Albert Einstein, que acabó convencido del poder de las matemáticas para el descubrimiento de las leyes de la física cuando, en torno a 1920, no encontró más guía heurística que las ciencias exactas para proseguir su búsqueda de una teoría de campos que unificase en un mismo marco (geométrico) gravitación y electromagnetismo, la cual creía que podía conducir a una alternativa causal para la mecánica cuántica. La manifestación más clara de sus opiniones al respecto tuvo lugar durante la conferencia Herbert Spencer que pronunció en Oxford el 10 de junio de 1933 (Einstein 1933, 1981: 245-246):[20]

> Si es verdad que la base axiomática de la física teórica no puede ser extraída de la experiencia y debe ser inventada con libertad, ¿podemos esperar que alguna vez hallemos el camino correcto? [...] Sin ninguna vacilación responderé que, según mi opinión, existe un camino correcto y que nosotros somos capaces de hallarlo.
>
> Hasta el momento presente nuestra experiencia nos autoriza a creer que la naturaleza es la realización de las ideas matemáticas más simples que se pueda concebir. Estoy convencido de que, por medio de construcciones matemáticas, podemos descubrir los conceptos y las leyes que se conectan entre sí, que son los elementos que proporcionan la clave para la comprensión de los fenómenos naturales. La experiencia puede sugerir los conceptos matemáticos apropiados, pero estos, sin duda alguna, no pueden ser deducidos de ella. Por supuesto que la experiencia retiene su cualidad de criterio último de la utilidad física de una construcción matemática. Pero el principio creativo reside en la matemática. Por tanto, en cierto sentido, considero que el pensamiento puro puede captar la realidad, tal como los antiguos habían soñado.

Una variante de las ideas que sostenían tanto Dirac como Einstein la encontramos en Arnold Sommerfeld, quien también pensaba que existía una armonía preestablecida entre matemáticas y física. Ahora bien, este último opinaba que los procesos tradicionales de la investigación científica permitían desvelar semejante consonancia y que no se debía dejar en segundo plano a la experimentación. Creía que la cuántica proporcionaba un buen ejemplo de ello, como señaló en el «Prefacio» a su gran clásico *Atombau und Spektrallinien* (Sommerfeld 1919, 1923: viii):

20. Para más detalles sobre esta faceta del pensamiento de Einstein, véase Sánchez Ron (2015 a: 368-370).

> Después del descubrimiento del análisis espectral, nadie educado en la física podía dudar de que el problema del átomo se resolvería cuando los físicos hubiesen aprendido a comprender el lenguaje de los espectros. Tan variada fue la enorme cantidad de material acumulado en sesenta años de investigaciones espectroscópicas que al principio parecía imposible que se pudiese desentrañar. Un avance casi más grande resultó de siete años de espectroscopía Röntgen, en tanto que ha atacado el problema del átomo en su misma raíz, iluminando su interior. Lo que ahora estamos oyendo del lenguaje de los espectros es una verdadera «música de las esferas» dentro del átomo, cuerdas de relaciones entre [números] enteros, un orden y armonía que se hace cada vez más perfecta a pesar de su diversidad.

En otras palabras, Sommerfeld expresaba su creencia de que, gracias a los esfuerzos de los espectroscopistas, había sido posible desvelar la armonía existente entre matemáticas y física. Sin embargo, esto no significaba que ese investigador no admirase a quienes eran capaces de encontrar leyes científicas guiados, sobre todo, por una heurística matemática. Así, en la conferencia James Scott que pronunció el 1 de mayo de 1933 en la Royal Society de Edimburgo, manifestó (Sommerfeld 1968: IV, 611): «Vemos cada vez más que la formulación matemática más general simultáneamente es la más fructífera. Un ejemplo muy moderno es la ecuación relativista de Dirac para el espín del electrón».

Retornando a este, lo que está claro es que su idea de la relación especial existente entre matemáticas y física le funcionó, no solo en su formulación de 1925 de la mecánica cuántica, sino, con claridad, en al menos otra ocasión más: cuando desarrolló su teoría relativista del electrón, de la que trataré en el capítulo 6.[21]

7. Dirac, 1926

Al año siguiente de la aparición del artículo fundacional de su versión de la mecánica cuántica, Dirac hizo otras cinco publicaciones importantes, cuatro de ellas completadas, en rápida sucesión, entre enero y julio de 1926. En la primera, «Mecánica cuántica y una investigación preliminar del átomo de hidrógeno», introdujo las nocio-

21. Una referencia clásica sobre la «armonía» que existe entre física y matemáticas es Wigner (1960).

nes de «número-c» y «número-q», que definía de la manera siguiente (Dirac 1926 a: 562):

> El hecho de que las variables utilizadas para describir un sistema dinámico no satisfagan la ley de conmutación significa, por supuesto, que no son números en el sentido de la palabra utilizada previamente en matemáticas. Para distinguir los dos tipos de números, llamaremos a las variables cuánticas números-q y a los números de la matemática clásica que satisfacen la ley conmutativa, números-c, mientras que la palabra número sin más se utilizará para denotar bien un número-q o un número-c. Cuando xy=yx, diremos que x conmuta con y.

En la conferencia de Varenna, que ya he utilizado, Dirac (1977: 129) se refirió al momento en que introdujo estas dos clases de números:

> La situación a la que había sido conducido era que estaba tratando con estas nuevas variables, las variables cuánticas, y me parecían unas magnitudes físicas muy misteriosas, e inventé una nueva palabra para describirlas. Las llamé números-q, y a las variables ordinarias de las matemáticas las llamé números-c, para distinguirlas. La letra *q* se refiere a cuanto [*quantum*], o acaso a *queer* [extraño], y la letra *c* a clásico o, tal vez, a conmutación [*commmuting*]. Entonces procedí a construir una teoría de estos números-q; los números-c podían ser considerados simplemente como un caso especial de números-q, con la propiedad de que conmutaban con todo.
>
> Ahora bien, no sabía nada sobre la naturaleza real de los números-q. Pensaba que las matrices de Heisenberg no eran nada más que un ejemplo de números-q; tal vez, los números-q eran en realidad algo más general. Todo lo que sabía sobre los números-q era que obedecían un álgebra que satisfacía los axiomas ordinarios exceptuando el axioma de la conmutatividad de la multiplicación.
>
> Me dediqué a desarrollar una teoría en la que me sentí libre para hacer cualquier suposición que quisiera, a menos que condujese inmediatamente a una inconsistencia. No me preocupé en absoluto por encontrar la naturaleza matemática precisa para los números-q, o por ningún tipo de precisión al tratar con ellos.
>
> Creo que aquí pueden ver los efectos de una educación en ingeniería. Lo único que quería era obtener resultados rápidamente, resultados en los que, pensaba, se podía tener alguna confianza, incluso aunque no se dedu-

jeran de una lógica estricta, y estaba utilizando las matemáticas de los ingenieros, en lugar de la matemática rigurosa que me había enseñado Fraser.

La introducción de los números-q ilustra bien el método de Dirac. Su uso le permitía desarrollar la teoría de una forma muy general, mediante ecuaciones que involucraban estos elementos simbólicos y que resolvía con sencillas operaciones del mismo tipo. Sin embargo, sus resultados no podían relacionarse sin más con los datos experimentales. Para esto, necesitaba vincular los números-q con los números-c, algo que realizaba de diferente manera según el tipo de problema considerado.

En el segundo artículo, «La eliminación de nodos en mecánica cuántica» (Dirac 1926 b), aplicaba el formalismo que había desarrollado «al problema de un número de electrones [trataba primero el caso de un electrón, luego el de un par y por último el de más de dos] que se mueve en un campo de fuerzas aproximadamente central» y demostraba que «la teoría proporciona los valores de contorno correctos para el *j* [momento angular total] resultante de dos momentos angulares cuyas *k* son dadas, y también proporciona la fórmula *g* correcta para los niveles de energía de un átomo en un campo magnético débil, suponiendo la habitual anomalía magnética en el centro del átomo. La teoría proporciona también los resultados de Kronig para las intensidades relativas de las líneas de un multiplete y sus componentes en un campo magnético débil» (Dirac 1926 b: 305).

El tercer artículo, «Mecánica cuántica relativista con una aplicación a la dispersión [*scattering*] Compton», tenía como propósito «extender la mecánica cuántica a sistemas en los que el hamiltoniano incluye explícitamente el tiempo, y a la mecánica relativista» (Dirac 1926 c: 407). En realidad, se trataba de dos aspectos del mismo problema: hacer compatible su formulación de la mecánica cuántica con los requisitos de la relatividad especial. Construir, en otras palabras, una mecánica cuántica relativista, algo que para él era muy importante. Recordemos en este sentido que el segundo trabajo que publicó al año siguiente de llegar a Cambridge fue una «Nota sobre la dinámica relativista de una partícula» (Dirac 1924), presentada a la *Philosophical Magazine* por el gran defensor e introductor de la relatividad en Reino Unido, Arthur Eddington.

El procedimiento que Dirac siguió en este tercer texto de 1926 era, en sus propias palabras (Dirac 1926 c: 407): «El principio de relatividad exige que el tiempo sea tratado en pie de igualdad con las otras variables, y por consiguiente debe ser un número-q. En la teoría clásica se sabe que se puede resolver el problema considerando el tiempo *t* como una coordenada extra del sistema, con la energía W con signo negativo (o tal vez una magnitud ligeramente diferente) como momento conjugado». Para conseguir esto, tuvo que modificar la definición de los corchetes de Poisson e introducir derivadas parciales con respecto al tiempo. Tras un desarrollo complejo, lograba resultados bastante concordantes con los datos obtenidos en experimentos, como el del efecto Compton.

En un pasaje en el que Mehra y Rechenberg (1982: 214) señalaban las diferencias que separaban a Dirac del enfoque de Heisenberg, de los físicos de Gotinga y de otros, entre los que destacaba Pauli, hacían hincapié en la importancia que para el primero tenía la introducción de las condiciones exigidas por la relatividad especial:

> Una cuestión importante es cómo los métodos y resultados [de Dirac] se relacionaban con los de los físicos de Gotinga y sus amigos, aunque después de noviembre de 1925 ambos lados estuvieron cada vez más informados acerca de sus respectivos progresos. Claramente, los dos esquemas, la mecánica de matrices de Gotinga y el álgebra de números-q de Cambridge, trabajaban de manera muy diferente cuando se aplicaban a problemas de la mecánica atómica, y en muchos casos los fines e intenciones de las personas implicadas no eran los mismos. Por ejemplo, Heisenberg, y su amigo Pauli en particular, consideraban a la teoría matricial (ciertamente, al principio) solo como una teoría *posible* para describir el extraño comportamiento cinemático y mecánico de los sistemas atómicos; creían que los métodos matriciales estaban sujetos a prueba y error. Por consiguiente, probaban su validez aplicándola a casos selectos, tales como el átomo de hidrógeno o a átomos complejos en un campo magnético. Esperaban que los resultados de estas aplicaciones, o bien confirmarían el esquema matemático, o indicarían una modificación necesaria. Dirac, por el contrario, no compartía esta actitud, que estaba enraizada de alguna manera en el enfoque de «correspondencia» de años anteriores. Él estaba interesado sobre todo en establecer desde el principio una teoría fundamental, completa y final, una teoría que describiera todos los fenómenos atómicos observados, siempre que los detalles apropiados de los sistemas atómicos se tomasen en consideración. Por consiguiente, al escoger ejemplos para confirmar su teoría no se ocupó de situaciones difíciles,

tales como el átomo de hidrógeno en campos eléctricos y magnéticos cruzados; lo que más bien investigó fue hasta qué punto, por ejemplo, los rasgos generales, las propiedades periódicas de los átomos, se reproducían mediante el álgebra cuántica. Esta fue también la razón por la que, inmediatamente después de que hubiese obtenido sus resultados iniciales, pasó a discutir la extensión relativista de la nueva teoría. Dirac no tenía duda de que si la mecánica cuántica era una teoría fundamental (y él solamente estaba interesado en establecer una teoría fundamental) entonces tenía que ser adaptada a los requisitos de la relatividad.

Como veremos en otros apartados de este libro, los esfuerzos de Dirac en «la dirección relativista» dieron frutos importantes, entre ellos la formulación en 1928 de una ecuación de este tipo para el electrón.

Antes de que apareciese publicado el cuarto de los artículos a los que hice referencia con anterioridad, en mayo de 1926 Dirac presentó su tesis doctoral en el St. John's College de Cambridge. Se titulaba, simplemente, *Quantum Mechanics*.[22] Es relevante citar de su «Prefacio» (Dirac 1926 d):

> La teoría moderna de la mecánica cuántica fue introducida por Heisenberg en un artículo en el Zeits. f. Phys. vol. 33, p. 879 (1925). La disertación que sigue es un desarrollo de esta teoría desde un punto de vista ligeramente diferente al del artículo de Heisenberg. La teoría ha sido desarrollada, independientemente del punto de vista original de Heisenberg, por Born y Jordan (Zeits. f. Phys. vol. 34, p. 858, 1925); Born, Heisenberg y Jordan (Zeits. f. Phys. vol. 35, p. 557, 1926) y Pauli (Zeits. f. Phys. vol. 36, p. 336, 1926). Las condiciones cuánticas generales han sido obtenidas independientemente por Born, Heisenberg y Jordan, por Kramers (Physica vol. 5, p. 369, 1925) y por el presente autor. Las frecuencias de las líneas de Balmer del hidrógeno han sido obtenidas independientemente por Pauli y el presente autor.

En más de un sentido, este texto fue algo así como un borrador del libro que publicó cuatro años después, *The Principles of Quantum Mechanics*, del que me ocuparé más adelante.

22. La primera página, índice, prefacio, introducción y sumario se reproducen en Dalitz, ed. (1995: 160-165).

En el cuarto artículo, «Sobre el álgebra cuántica» (Dirac 1926 e), abordaba un problema que limitaba las aplicaciones del álgebra de números-q: la ausencia de una definición general, y de la especificación de las propiedades, de una función cuyas variables fuesen entidades de ese tipo. Al resolver esta dificultad, disponía de los elementos básicos para continuar con el desarrollo de su teoría.

El quinto trabajo publicado en 1926 merece que se le dedique un apartado específico.

8. La estadística de Fermi-Dirac

En el primer volumen de esta historia de la física cuántica apareció la «nueva forma de contar cuantos» que Satyendra Nath Bose y Albert Einstein introdujeron en 1924. Cualquier estudiante que haya seguido un curso de mecánica cuántica sabe que, además de esta «estadística de Bose-Einstein» (que obedecen las partículas que, como los fotones, poseen espín entero), existe otra, la «de Fermi-Dirac», que deben cumplir las que tienen espín semientero. Sin embargo, así es como lo entendemos ahora, puesto que la forma en que se introdujo este segundo tipo de estadística fue, como no es infrecuente que suceda, diferente.

En primer lugar, empecemos por quien la introdujo, otro de los grandes protagonistas de la física de la primera mitad del siglo XX, el italiano Enrico Fermi (1901-1954), del que volveré a tratar en el tercer tomo de esta obra.[23] De él, escribió Hans Bethe desde Roma, en una carta del 23 de abril de 1931 (Lee 2007 a: 86) al físico de origen alemán Rudolf Peierls, al que prestaré atención posteriormente en este mismo volumen y más aún en el siguiente:

> Pero el *Clou* [la principal atracción del espectáculo] de Roma definitivamente es Fermi, que pienso que no ha sido suficientemente valorado en el mundo de la física. Su habilidad para concretar cualquier problema es increíble; puede decir inmediatamente si un artículo tiene sentido o no, incluso si acaba de verlo por primera vez, y su juicio de la literatura teórica y experimental (!) es virtualmente infalible.

23. Sobre Fermi, véanse Segrè (1982), Bruzzaniti (2016) y David Schwartz (2017). En estas referencias también se trata de la estadística de Fermi-Dirac.

Nacido en Roma, Fermi realizó sus estudios universitarios en la Escuela Normal Superior de Pisa, un centro en el que había matriculados cuarenta alumnos, divididos en dos grupos: veinte dedicados a las humanidades y el resto a las matemáticas y a la ciencia. Fermi ingresó en 1918, después de superar un exigente examen. Dos años más tarde, finalizados los cursos preparatorios, cambió su condición de alumno, pues fue admitido en el laboratorio de física y solo tuvo que asistir a clases avanzadas especializadas y preparar su tesis doctoral. Lo habitual era que esta se presentara al término del cuarto año y él cumplió este requisito puntualmente.

Obtenido el doctorado, regresó a su ciudad natal, donde pronto consiguió el reconocimiento del físico Orso Mario Corbino (1876-1937). Este, además de ser catedrático en la Universidad de Roma y dirigir allí un Instituto de Física, era por aquel entonces un político influyente, actividad a la que se había dedicado sobre todo después de la primera guerra mundial: en 1920 fue nombrado senador; en 1921, ministro de Instrucción Pública y en 1923, ya con Mussolini como jefe del Gobierno, ministro de Economía Nacional. Con la ayuda de Corbino, Fermi consiguió una beca a finales de 1922, con la que pasó el invierno de 1923 en el Instituto de Física de Gotinga, que dirigía Max Born. Sin embargo, aquella estancia no fue demasiado satisfactoria, pues no consiguió congeniar ni con Born ni con los miembros de su círculo, y regresó a Roma. No obstante, su fracaso en la ciudad alemana lo fue más en el plano social que en el de su propio desarrollo científico. Así, uno de los trabajos que produjo durante su visita, que versaba sobre el teorema ergódico (Fermi 1923), terminó por llamar la atención de Paul Ehrenfest, el sucesor de Hendrik Antoon Lorentz en Leiden. Como señaló Emilio Segrè (1982: 58), aquel «pidió a su antiguo discípulo, George Uhlenbeck, que localizara a Fermi. Así comenzó una amistad entre este y Uhlenbek que duraría toda la vida. Poco después, mediante la recomendación del profesor Volterra, Fermi obtuvo una beca por tres meses del International Education Board (IEB), una obra filantrópica de Rockefeller, para estudiar en la Universidad de Leiden».

Fue también en Gotinga donde Fermi comenzó el camino que le llevó en última instancia a la formulación de la estadística que lleva su nombre y el de Dirac. El primer paso se concretó en un artículo que escribió en Roma en enero de 1924 y que publicó en italiano en la revista de física *Il Nuovo Cimento*. Se titulaba «Consideraciones sobre la cuantización de sistemas que contienen elementos idénticos» (Fermi 1924). Es posible relacionar algunos comentarios que aparecen en este trabajo con el intercambio de coordenadas de partículas idénticas en la función de onda de un sistema, tal y como fue formulada poco después en la nueva mecánica cuántica ondulatoria. Veamos en este sentido algo de lo que escribió allí, en referencia a las reglas que Arnold Sommerfeld había establecido para determinar órbitas atómicas (Fermi 1924, 1965: 125):

> Este fracaso [de las reglas de Sommerfeld al ser aplicadas a sistemas con un cierto grado de complejidad] se adscribe habitualmente al hecho de que sistemas más complejos no admiten la separación de variables, y a que el método de perturbaciones, que se ideó para para extender las reglas de Sommerfeld a esos sistemas, por alguna razón no es válido para calcular las órbitas. Mi propósito en este trabajo es demostrar que existen razones para creer que el fracaso se debe más bien al hecho de que las reglas de Sommerfeld no sirven para calcular las órbitas estáticas de aquellos sistemas que contienen elementos idénticos, independientemente de que admitan la separación de variables o no (en el caso del átomo de helio, por ejemplo, los dos electrones son indistinguibles).

Para apoyar su idea, Fermi utilizó un ejemplo que se podía comprender con facilidad, un rasgo frecuente en su manera de entender la esencia de un problema, para proponer a continuación una formulación teórica. Consideraba el caso de tres electrones que se movían a lo largo de un anillo y que ocupaban los vértices de un triángulo equilátero inscrito en él, configuración de la que extraía las siguientes conclusiones (Fermi 1924, 1965: 125):

> Si se pudiesen distinguir los electrones, su movimiento a lo largo del anillo [su órbita atómica] sería periódico con periodo 2π, pero como son indistinguibles, el periodo es $2\pi/3$. Si p es el momento del anillo, de acuerdo con la primera hipótesis $2\pi p$ sería múltiplo de h, pero según la segunda hipótesis $2\pi p/3$ sería un entero múltiplo de h, de manera que, en el segundo caso, el valor mínimo de p es tres veces mayor que en el primer caso.

Sin embargo, no pudo ir mucho más allá. Le faltaba, como luego comprendió, el principio de exclusión que Wolfgang Pauli introdujo en 1925, hecho que vimos en el primer tomo de esta historia de la física cuántica. En cuanto Fermi supo de él, se dio cuenta de las implicaciones que se podían derivar para los problemas de física estadística sobre los que trabajaba. Enseguida escribió un artículo al respecto, que según su costumbre publicó primero en italiano, bajo el título «Sulla quantizzazione del gas perfetto monoatomico» y en forma de comunicación —que presentó Corbino a la Accademia dei Lincei (Fermi 1926 a)—, y posteriormente en una versión más completa en alemán (Fermi 1926 b), que envió a *Zeitschrift für Physik* en marzo (vio la luz en mayo). La cuestión que estudiaba era la entropía de un gas monoatómico ideal, para el que existían varias propuestas de ecuación de estado obtenidas, de manera independiente, por Hugo Tetrode en 1912, Otto Sackur en 1913 y, ese mismo año, Otto Stern. No obstante, estas no eran totalmente satisfactorias. Fermi desarrolló una formulación cuántica a partir de la suposición de que el gas ideal estaba compuesto por partículas que obedecían el principio de exclusión de Pauli. En sus propias palabras (Fermi 1926 a, 1965: 181): «El propósito de este artículo es describir un método para cuantizar el gas ideal, que creemos es lo más independiente posible de hipótesis injustificadas sobre el comportamiento estadístico de las moléculas del gas».

Aunque no suele hacerse referencia a él, hubo otro artículo, posterior a este trabajo pero anterior al de Dirac, que presentó también esa nueva estadística. Su autor fue Werner Heisenberg (1926), quien lo envió en junio a *Zeitschrift für Physik*. Todo indica que desconocía el primer texto de Fermi, pese a que este había aparecido en esa misma revista en mayo. Rudolf Peierls (1972: 118) explicó con acierto lo que hizo Heisenberg:

> Heisenberg consideró la mecánica cuántica de un sistema que contenía dos partículas idénticas y demostró que los estados se dividían en dos tipos, estados completamente simétricos y completamente anti-simétricos. No se podía producir ninguna transición de un tipo al otro mediante una perturbación que mantuviese la identidad de las partículas. Demostró que los estados anti-simétricos corresponden a estados permitidos por el principio de exclusión, y utilizó los resultados para una discusión detallada de los estados *orto* y *para* del átomo de helio.
>
> Es interesante observar que, mientras que los argumentos principales de este artículo de Heisenberg se formulaban de manera natural en tér-

minos de la mecánica de matrices, las últimas secciones expresaban la situación en base a la mecánica ondulatoria. Esto ilustra la rapidez con que se difundían los conceptos entonces, ya que el primer artículo de Schrödinger solamente había aparecido en marzo, y el artículo que conectaba la mecánica de matrices y la ondulatoria en mayo. Heisenberg no se ocupó de las implicaciones de los resultados para la ecuación de estado de un gas.

Este resumen también demuestra que, a pesar de su fuerte resistencia inicial a la formulación de Schrödinger, Heisenberg no estaba completamente cerrado a incluirla en sus consideraciones.

El quinto artículo de Dirac de 1926, al que hice mención en el apartado anterior, se recibió en la redacción de *Proceedings of the Royal Society* el 26 de agosto y se titulaba «Sobre la teoría de la mecánica cuántica». La parte relevante se halla en la sección tercera («Sistemas que contienen varias partículas idénticas»), que se resumía en la introducción de la siguiente manera (Dirac 1926 f: 662):

> En la sección 3 se considera el problema de un sistema que contiene varias partículas idénticas, tal como un átomo con varios electrones. Si las posiciones de dos de los electrones son intercambiables, el nuevo estado del átomo es físicamente indistinguible del original. En tal caso, uno esperaría que únicamente funciones simétricas de las coordenadas de todos los electrones pudiesen ser representadas por matrices. Se encuentra que esto nos permite obtener dos soluciones del problema que satisfacen todas las condiciones necesarias, y la teoría es incapaz de decidir cuál es la correcta. Una de las soluciones conduce al principio de Pauli de que no puede existir más de un electrón en una órbita dada, y la otra, cuando se aplica al problema análogo del gas ideal, conduce a la estadística de Bose-Einstein.

Cuando se analiza esta sección, encontramos que Dirac utilizaba de entrada la mecánica de matrices de Heisenberg, de la que escribía (Dirac 1926 f: 666-667): «Se supone que los elementos de las matrices que representan las variables dinámicas determinan las frecuencias e intensidades de los componentes de la radiación emitida». A continuación, procedía a analizar lo que sucedía en el caso de que un sistema contuviese dos o más partículas idénticas. Tras esto, pasaba a considerar funciones de onda, esto es, a la formulación de la mecánica ondulatoria, y concluía que (Dirac 1926 f: 669-670): «Una autofunción [*eigenfunction*] antisimétrica se anula idénticamente cuando dos de los electrones se hallan en la misma órbita. Esto significa que en la solución del problema con autofunciones antisimétricas no pueden existir estados estacionarios con dos o más electrones en la misma órbita, que es justamente el principio de exclusión de Pauli. Por otra parte, la solución con autofunciones simétricas permite cualquier número de electrones en la misma órbita, de manera que esta solución no puede ser la correcta para el problema de electrones en un átomo».

Para ver con más claridad en qué consiste este resultado, tomemos el caso más simple: dos partículas cuyas posiciones vienen determinadas por x_1 y x_2. La función de onda del sistema será $\psi(x_1, x_2)$. Dirac advirtió que esta posee una de las dos propiedades:

$$\psi(x_1, x_2) = \psi(x_2, x_1) \qquad \text{o} \qquad \psi(x_1, x_2) = -\psi(x_2, x_1)$$

esto es, es simétrica o antisimétrica bajo el intercambio de las dos partículas.

Es evidente que en este último caso $\psi(x_1, x_2)$ se debe anular cuando las dos partículas ocupan el mismo lugar; esto es, si $x_1 = x_2$. Semejante propiedad sugirió a Dirac que la antisimetría de la función de onda se debería utilizar para describir objetos que obedecen el principio de exclusión de Pauli.

Fue esta versión la que terminó por imponerse en la formulación canónica de la mecánica cuántica. Ahora bien, todavía no estaba clara la relación que esta estadística tenía con el recién descubierto espín de las partículas. Como se apunta en la cita que he utilizado, Dirac aplicó en su artículo las propiedades de simetría a un gas ideal. Demostró con ello que, si se utilizaban solo funciones de onda simétricas, se obtenían los resultados de Einstein para el gas ideal de Bose, incluida la más tarde denominada «condensación de Bose-Einstein». Sin embargo, si se empleaban funciones de onda antisimétricas, se llegaba a un fluido que obedecía a una nueva estadística (la que él desarrollaba en su artículo), y que poseía propiedades diferentes: degeneración (una especie de presión que aparece para evitar que dos partículas ocupen el mismo lugar, lo que sucede, por ejemplo, en una enana blanca), pero no condensación. Es lo que se denomina «gas de Fermi».

Con relación a esto, Dirac (1926 f: 672) explicaba:

> La solución con autofunciones simétricas debe ser la correcta cuando se aplica a cuantos de luz, ya que se sabe que la mecánica estadística de Bose-Einstein conduce a la ley de Planck para la radiación de un cuerpo negro. Sin embargo, la solución con autofunciones antisimétricas probablemente es la correcta para un gas de moléculas, ya que se sabe que es la correcta para los electrones en un átomo, y uno esperaría que las moléculas se pareciesen más a los electrones que a los cuantos de luz.

Años más tarde, se descubrió que la conjetura de Dirac era demasiado limitada y que hay que distinguir dos familias de partículas: (1) las que poseen espín entero: 0, h, $2h$…, que obedecen a la estadística de Bose-Einstein; y (2) las que tienen espín semientero: $1/2\ h$, $3/2\ h$…, que cumplen con la estadística de Fermi-Dirac. Fue Wolfgang Pauli (1940) quien demostró de manera rigurosa la conexión entre espín y estadística.

En una nota a pie de página, añadida en pruebas, Dirac explicaba que «el Prof. Born me ha informado de que, de manera independiente, Heisenberg ha obtenido resultados equivalentes a estos». A continuación, incluía la referencia de Heisenberg (1926). En cambio, de Fermi no se aportaba mención alguna, detalle que justificó que este le escribiese una carta el 25 de octubre de 1926, en la que decía:[24]

> En su interesante artículo, «On the theory of quantum mechanics» (Proc. Roy. Soc. 112, 661, 1926), usted ha presentado una teoría del gas ideal basada en el principio de exclusión de Pauli. Ahora bien, una teoría del gas ideal que es prácticamente igual a la suya fue publicada por mí a comienzos de 1926 (Zs. F. Phys., 36, p. 902; Lincei Rend., febrero 1926). Como supongo que no ha visto mi artículo, le llamo la atención sobre él.

En su conferencia de Varenna, Dirac (1977: 133-134) se refirió a este suceso de la manera siguiente:

> Poco después de la publicación [de su artículo; Dirac 1926 f], recibí una carta de Fermi señalándome que esta estadística no era realmente

24. Reproducida en Kragh (1990: 36).

nueva; él la había propuesto algún tiempo antes. Me daba la referencia de dónde había publicado este trabajo. Busqué la referencia y encontré que era de hecho como Fermi había dicho en su carta. Había considerado la estadística que tenía la característica de que no podría haber más de una partícula en cualquier estado.

Cuando leí el artículo de Fermi, recordé que lo había visto antes, pero lo había olvidado completamente. [...] Cuando leí ese artículo de Fermi no vi cómo podría ser importante para cualquiera de los problemas básicos de la mecánica cuántica; era un trabajo bastante aislado. Había resbalado por completo de mi mente, y cuando escribí mi trabajo sobre las funciones de onda antisimétricas no lo recordaba en absoluto.

Escribí entonces una carta de disculpa a Fermi. Pensé que Fermi tenía razones para estar enfadado conmigo y que debería calmarlo. Fermi debe haberme perdonado, porque nunca más me escribió otra carta sobre este asunto y cuando años después me encontré con él, fue muy cordial. Nunca discutimos sobre quién era el autor de la estadística. Ahora, la estadística se relaciona a menudo con nuestros dos nombres. Pero los documentos publicados muestran con bastante claridad que fue propuesta primero por Fermi, y que mi trabajo posterior demostró cómo podía ser acomodada en la mecánica cuántica, y de hecho es una consecuencia de la mecánica cuántica cuando se introduce la suposición adicional de que las funciones de onda tienen que ser antisimétricas.

Coherentemente con su apreciación de la contribución de Fermi, fue Dirac quien introdujo la denominación de fermión para las partículas que obedecen a la estadística que lleva el nombre de ambos. Lo hizo en una conferencia que pronunció en el Palacio del Descubrimiento de París el 6 de diciembre de 1945. En el texto publicado, se lee (Dirac 1948 a: 8; Dalitz, ed. 1995: 1252):

Para las partículas con estados antisimétricos, nunca se pueden tener dos partículas en el mismo estado. Esta condición conduce a una nueva mecánica estadística para el conjunto de estas partículas. Esta nueva mecánica estadística ha sido descubierta por Fermi. Es cómodo tener una nueva palabra para describir a las partículas que obedecen a esta estadística. Voy a llamar *fermiones* a las partículas que obedecen a la estadística de Fermi y para las cuales no se pueden tener nunca dos partículas en el mismo estado.

También en esa ocasión (de hecho, justo después del párrafo anterior) introdujo el término bosón:

> Pero hay otras partículas para las que existen únicamente estados simétricos; y estas otras partículas también poseen una mecánica estadística especial. En esta nueva mecánica estadística, la probabilidad de tener dos partículas en el mismo estado es mayor que en la mecánica estadística ordinaria. Esta nueva mecánica estadística fue descubierta por Bose. De manera que voy a llamar a las partículas que obedecen a esta estadística *bosones*.

Después añadió: «La experiencia ha demostrado que todas las partículas atómicas son o fermiones o bosones. Según la teoría, es posible que haya partículas que no sean ni del uno ni del otro tipo, pero nunca se han observado semejantes partículas. Es una ley de la naturaleza que todas las partículas sean o bosones o fermiones. Los electrones, los positrones, los protones y los neutrones son fermiones. Los fotones y las nuevas partículas de Yukawa que se llaman *mesones* son bosones».

No obstante, existe un detalle que oscurece un tanto la manera en que Dirac recibió y presentó la contribución de Fermi. Este aparece en su gran libro, *The Principles of Quantum Mechanics* (1930), del que me ocuparé con cierto detalle en la sección 10. Como explicaré allí, Dirac modificó el contenido del texto en las sucesivas ediciones. Cuando se analiza la primera de ellas (1930), encontramos una parte, la XI, dedicada a «Sistemas que contienen varias partículas parecidas». Comenzaba esta con un apartado sobre «Estados simétricos y antisimétricos», pero ni en él ni en el resto del capítulo, o del volumen se menciona al físico italiano. Tampoco se hace referencia al propio artículo de Dirac. El tratamiento está centrado, básicamente, en el principio de exclusión de Pauli. Sí aparecía bajo el epígrafe siguiente («Teoría de la radiación») la estadística de Bose-Einstein, junto a sus aplicaciones. No he podido consultar la segunda edición (1935), pero la cuarta (1958) solo difiere de la anterior (1947) en la sección dedicada a la electrodinámica cuántica. En la última versión, en el capítulo IX («Sistemas que contienen varias partículas idénticas»), se puede leer (Dirac 1958: 210; 1967: 224): «Ello da lugar a una estadística especial, que fue estudiada por primera vez por Fermi, y así llamaremos *fermiones* a las partículas que solo pueden ocupar estados antisimétricos».

Todavía hubo un participante más en esta especie de saga de la nueva estadística, alguien que, sin embargo, permaneció en la sombra por una sencilla pero determinante razón: no llegó a publicar sus resultados. La persona en cuestión era Pascual Jordan, ayudante de Born en Gotinga y uno de los firmantes del famoso *Dreimaennerarbeit* (Born, Heisenberg y Jordan 1926), del que me ocupé en el primer capítulo.

En noviembre de 1925, poco después de concluido este último artículo Jordan redactó un trabajo sobre «la estadística de Pauli», que parecía contener la estadística de Fermi-Dirac. Como Born era, además de su jefe en Gotinga, el editor de *Zeitschrift für Physik*, que era donde Jordan quería que apareciese su texto, este le entregó el manuscrito. No obstante, Born iba a comenzar entonces un largo viaje a Estados Unidos, invitado para dar un curso en el Instituto de Tecnología de Massachusetts, y el original terminó, junto a otros papeles, en el fondo de una de sus maletas, donde fue descubierto tras el regreso a Alemania, seis meses después. Por entonces, los artículos de Fermi y Dirac ya se habían publicado.[25] De no haber sido así, tal vez en lugar de fermiones se hablaría de *jordanones*.

9. La teoría de las transformaciones: London, Jordan y Dirac

> Una contribución esencial a la interpretación de la mecánica cuántica, que precedió a la interpretación de Copenhague, es la teoría estadística de las transformaciones que se originó con Dirac y Jordan.
>
> Arnold Sommerfeld y Friedrich Bopp (1951: 90)

En septiembre de 1926, una vez completado su artículo «sobre la teoría de la mecánica cuántica» y conforme al consejo de Fowler, Dirac viajó a Copenhague para pasar un tiempo en el Instituto de Física de Niels Bohr, donde coincidió con Heisenberg, Pauli, Ehrenfest, Friedrich Hund, Oskar Klein y, por supuesto, el propio Bohr.

25. Véase Born (1975: 301).

Allí, desarrolló un planteamiento que le satisfizo especialmente: la teoría de las transformaciones.

Pese a la independencia de su versión teórica de la cuántica, en sus artículos fundacionales Dirac daba primacía a la mecánica de matrices de Heisenberg, que se convertía de este modo en un punto de partida en el desarrollo de no pocos de los elementos que aquel introducía. En referencia a una carta que Heisenberg le había enviado el 26 de mayo de 1926, en la que le preguntaba si había «considerado en qué medida el tratamiento que ha realizado Schrödinger del átomo de hidrógeno está relacionado con la mecánica cuántica», Dirac (1977: 131) manifestó:

> Mi respuesta fue que no había considerado la teoría de Schrödinger. Al principio fui algo hostil a ella. La razón es que pensaba que ya teníamos una mecánica cuántica perfectamente buena, sobre la que creía que podía ser desarrollada para tratar todos los problemas de la teoría atómica. ¿Por qué tendríamos que retroceder a una etapa pre-Heisenberg, cuando no teníamos una mecánica cuántica, y tratar de construir una nueva? [...] Definitivamente, al principio era hostil hacia las ideas de Schrödinger, lo que persistió durante cierto tiempo.

Dirac cambió de opinión cuando Heisenberg le explicó con detalle, en una carta, la conexión existente entre la mecánica ondulatoria y la matricial. «Gracias a ello, vi que la teoría de Schrödinger no exigía olvidar nada de lo que habíamos aprendido de la mecánica de matrices; muy al contrario, la teoría de Schrödinger suplementaba la mecánica de matrices y proporcionaba desarrollos matemáticos muy poderosos que se ajustaban perfectamente con las ideas de la mecánica de matrices» (Dirac 1977: 133). De hecho, Dirac aprendió a valorar el estilo científico de Schrödinger, hasta el punto en que llegó a manifestar que era el físico con el que se sentía más identificado de todos los que había conocido. «Pienso que la razón de esto es que Schrödinger y yo apreciamos mucho la belleza matemática, y que esta apreciación de la belleza matemática dominó todo nuestro trabajo» (Dirac 1977: 136).

Enfrentado con la existencia de dos versiones de la cuántica, Dirac se planteó encontrar una forma de relacionar ambas de manera mucho más general que las demostraciones de equivalencia que habían logrado Schrödinger y Pauli. El resultado fue lo que denominó «*transformation theory*» ('teoría de las transformaciones'), un formalismo unificado de la mecánica cuántica que presentó en un artículo recibido en la redacción de *Proceedings of the Royal Society* el 2 de diciembre de 1926 y publicado el 1 de enero de 1927 (este trabajo ya nos apareció al tratar de la función δ). Se titulaba «La interpretación física de la dinámica cuántica» (Dirac 1927 a).

Cuando más adelante trate del ya citado libro de Dirac *The Principles of Quantum Mechanics*, explicaré la forma en que presentaba en este la teoría de las transformaciones, pero ahora me voy a referir a una exposición mucho más breve y sencilla: la que apareció en *The Structure of Line Spectra*, un texto de Linus Pauling y Samuel Goudsmit publicado poco tiempo después del artículo, ese mismo año, y que fue utilizado en la década de 1930 por Edwin Kemble en su curso de Física 16A de la Universidad de Harvard. La sección 3c del volumen estaba dedicada a «La teoría de las transformaciones de Dirac». La reproduzco en su totalidad (Pauling y Goudsmit 1930: 10):

> Dirac ha desarrollado una mecánica cuántica general, que incluye la mecánica de matrices y la mecánica ondulatoria y que proporciona una correlación satisfactoria entre los símbolos implicados en los cálculos y los resultados de la observación experimental.[26]
>
> En la teoría de las transformaciones de Dirac, una magnitud mecánica, a la que se ha dado un valor numérico fijo, se representa por una matriz diagonal (un matriz cuyos elementos son todos cero, salvo los elementos diagonales). En correspondencia con esta matriz diagonal, existen otras matrices que representan otras magnitudes mecánicas. Los elementos diagonales de estas matrices dan los valores *medios* que se obtendrían midiendo las correspondientes magnitudes. La teoría de las transformaciones proporciona ecuaciones que permiten la transformación de un esquema matricial en el que una magnitud es una matriz diagonal, a un esquema en el que otra magnitud es una matriz diagonal. La más importante de estas ecuaciones es la que involucra la transformación de una matriz diagonal, que representa la energía, a esas matrices que representan las coordenadas del sistema; esa ecuación es la ecuación de onda de Schrödinger. Los valores de energía de Schrödinger son exactamente los valores que puede asumir la energía del sistema, bajo

26. Aquí se introducía una nota a pie de página que remitía a las siguientes referencias: Dirac (1927 a, 1927 b).

condiciones en las que la energía está completamente fijada por la medida. A cada valor del parámetro de la energía le corresponde una función de transformación ψ, solución de la ecuación de transformación o ecuación de onda, y el producto de ψ por su complejo conjugado ψ* da la probabilidad de que las coordenadas, al ser medidas, tengan valores numéricos dados.

En el contexto de la teoría de las transformaciones, la mecánica cuántica matricial y la ondulatoria eran, respectivamente, la «representación de Heisenberg» y la «representación de Schrödinger».

Sin embargo, Dirac no fue el único que propuso una formulación de este tipo. También lo hicieron el físico y matemático húngaro Kornel (Cornelius) Lanczos, Pascual Jordan y Fritz London.[27] De hecho, en su texto de enero de 1927, Dirac (1927 a: 624) mencionaba al primero de ellos: «Esta teoría —señalaba— puede considerarse como el desarrollo de la teoría de campos de Lanczos».

El artículo de este, que más tarde centró una buena parte de sus investigaciones en relatividad general y en las teorías del campo unificado (fue durante algún tiempo ayudante de Einstein), llevaba por título «Sobre una representación teórica de campos de la nueva mecánica cuántica» y llegó a la redacción de *Zeitschrift für Physik* el 22 de diciembre de 1925. Es interesante reproducir uno de sus párrafos iniciales (Lanczos 1926: 812-813), en el que encontramos puntos relacionados con las posibles interpretaciones que se podían dar a la formulación, así como con la familiaridad de los físicos con las herramientas matemáticas disponibles:[28]

En lo que sigue se hará evidente que se puede encontrar una relación bella y extraordinariamente simple entre la teoría de Heisenberg-Born-Jordan y la teoría de las ecuaciones integrales. Veremos que todos los resul-

27. Más información acerca de las versiones de Jordan y Dirac en Mehra y Rechenberg (2000) y Duncan y Janssen (2009).

28. Sobre el trabajo de Lanczos, véanse van der Waerden (1973) y Jammer (1989: 274). Van der Waerden cita una carta de Pauli a Jordan del 12 de abril de 1926 en la que manifestaba conocer estas propuestas, aunque, escribía, «en conjunto, creo que el enfoque de Lanczos no tiene mucho valor», a lo que van der Waerden respondía señalando que «tuvo más valor de lo que sospecharon sus contemporáneos». La totalidad de los artículos publicados por Lanczos, no sus libros, se reproducen, con valiosos comentarios, en Lanczos (1998).

tados de la teoría se pueden formular también en el lenguaje de ecuaciones integrales, y que con él se alcanza una forma que parece ser más natural para el físico, para quien las herramientas del análisis matemático parecen ser más evidentes que las de la representación matricial. Al mismo tiempo, la descripción de los hechos tiene que ver con las ideas de continuo y discreto, que se desarrollaron a la par con igual validez porque existe una única correspondencia entre los dos puntos de vista. Pero en lo que se refiere a la interpretación de los hechos, esto es, a la naturaleza real de los cuantos, es posible que la formulación integral sea incluso superior a la formulación matricial, ya que tiene la ventaja de estar directamente relacionada con el concepto de campo, o incluso construirse a partir de él, mientras que la idea de discreto se encuentra evidentemente lejos del concepto de campo.

Por su parte, Jordan (1926) consideraba la teoría de las transformaciones en el contexto más abstracto de un espacio de Hilbert y mencionaba la existencia de «un tratamiento muy claro y transparente» de este problema. Él había tenido conocimiento del mismo cuando ya había finalizado su propio artículo, a través de un manuscrito que le había enviado su autor, Fritz London, quien desde octubre de 1925 era ayudante de P. P. Ewald en la Escuela Politécnica de Stuttgart, trabajo que fue publicado poco después (London 1926).[29] En esta contribución, el autor sustituía las matrices por operadores. Bert Schroer (2007: 50) señaló con razón que «como resultado de su muy influyente libro de texto, cuya primera edición apareció en 1930, la mayor parte de los físicos están más familiarizados con la versión de Dirac [de la teoría de las transformaciones]. Aunque el tratamiento de London siguió siendo menos conocido, el elogio de Jordan es algo más que una alabanza al estilo de la educación de la época. El artículo de London introdujo por primera vez el marco moderno del espacio de operadores de Hilbert, y lo hizo varios años antes de que von Neumann publicase su famoso trabajo sobre la estructura matemática y conceptual de la teoría cuántica». La obra de John von Neumann es, por supuesto, *Mathematische Grundlagen der Quantenmechanik* («Fundamentos matemáticos de la mecánica cuántica», von Neumann 1932), del que me ocuparé en el capítulo 7.

29. El trabajo de London sobre la teoría de las transformaciones se estudia en su biografía, escrita por Kostas Gavroglu (1995: 28-31).

10. *The Principles of Quantum Mechanics*

Como ya adelanté en la sección anterior, en 1930 Dirac publicó *The Principles of Quantum Mechanics*, que se convirtió en libro de texto para muchos de los que deseaban aprender la nueva mecánica. Su origen se remonta a las clases que su supervisor en Cambridge, Ralph Fowler, le encargó cuando era todavía un doctorando.[30] Fue en el tercer trimestre de 1926 cuando Dirac impartió aquel curso, el primero que se dio sobre mecánica cuántica en una universidad británica y al que asistieron, entre otros, Nevill Mott, Alan H. Wilson, Douglas Hartree, William McCrea y Robert Oppenheimer. A este curso le siguió al año siguiente otro, ya regular, en torno al mismo tema, que Dirac continuó dando hasta la década de 1960 y cuyo contenido formó la base de *The Principles*.

La idea de la publicación procedió de James Gerald Crowther (1899-1983), un periodista especializado en ciencia que había estudiado matemáticas y física en Cambridge.[31] En 1924, para mantener a su familia (esposa e hija), comenzó a trabajar para Oxford University Press (en adelante OUP) como representante de libros técnicos. Ese mismo año, también empezó a escribir artículos sobre temas científicos, lo que condujo a que la editorial le asignara la tarea de encargar nuevos textos académicos, en paralelo al desarrollo de su actividad periodística. En 1928, por ejemplo, *The Manchester Guardian* lo contrató como corresponsal científico, puesto que mantuvo hasta después de la segunda guerra mundial. Gracias a su experiencia en Cambridge, Crowther estableció una estrecha relación con investigadores del Laboratorio Cavendish, incluidos Ernest Rutherford y Piotr Kapitza, y actuó durante algún tiempo como portavoz oficioso del centro. De hecho, escribió una historia de este: *The Cavendish Laboratory, 1874-1974* (1974). Crowther propuso a OUP que crease una nueva colección de textos de física, que, aceptada la idea, se tituló «International Series of Monographs on Physics» y cuya dirección se encargó a Fowler y Kapitza. El volumen inaugural de la serie, que apareció en Clarendon Press, una rama

30. Sobre el libro de Dirac, véase Kragh (2017) y Brown (2006).

31. En su tesis doctoral, Oliver Hill-Andrews (2015) ha estudiado varios aspectos de la biografía de Crowther, que formó parte del activo grupo de intelectuales británicos comunistas.

de OUP, fue *The Principles of Quantum Mechanics*. Entre los primeros títulos de esta importante colección (que continúa en la actualidad) figuran algunos tan relevantes como los de George Gamow, *Constitution of Atomic Nuclei and Radioactivity* (1931), John H. van Vleck, *The Theory of Electric and Magnetic Susceptibilities* (1932), y Richard C. Tolman, *Relativity, Thermodynamics and Cosmology* (1934).

En el ámbito de la cuántica, el libro de Dirac supone un ejemplo de esos textos que, según Thomas Kuhn, constituyen una revolución científica. «La *Física* de Aristóteles, el *Almagesto* de Ptolomeo, los *Principia* y la *Óptica* de Newton, la *Electricidad* de Franklin, la *Química* de Lavoisier y la *Geología* de Lyell —se lee en *La estructura de las revoluciones científicas* (Kuhn 1962, 1971: 33)—, estas y muchas otras obras sirvieron implícitamente, durante cierto tiempo, para definir los problemas y métodos legítimos de un campo de investigación para generaciones sucesivas de científicos.» Lo mismo se puede afirmar de esta obra, aunque surgieran otras (ninguna de los «padres fundadores de la teoría») que compitieron con ella a la hora de servir como libro de texto. En palabras de Abdus Salam y Eugene Wigner (1972: ix): «La posteridad calificará a Dirac como uno de los grandes físicos de todos los tiempos. La presente generación lo valora como uno de sus grandes maestros; enseñanzas que llegaron tanto a través de sus lúcidas conferencias como de su libro, *The Principles of Quantum Mechanics*. Este texto exhibe una claridad y espíritu similar al de los *Principia* que escribió su predecesor [Newton] en la Cátedra Lucasiana de Cambridge».

A pesar de su fuerte naturaleza idiosincrásica, *The Principles of Quantum Mechanics* tuvo un gran éxito y se estableció como el texto canónico del campo. No obstante, como explicaré más adelante, su lectura y comprensión no siempre resultaban fáciles, ni para alumnos ni para algunos científicos. No fue este el caso del físico y matemático indio Mehrotra Harish-Chandra (1987: 34-36), quien años después recordaba que mientras era estudiante en la Universidad de Allahabad en la India encontró en la biblioteca un ejemplar de la primera edición del texto de Dirac: «Quedé inmediatamente fascinado. La exposición era tan lúcida y elegante que me hizo creer que había entendido la mayor parte de su contenido y me provocó un intenso deseo de dedicar mi vida a la física teórica». No es sorprendente que cuando se trasladó a Cambridge para realizar un doctorado se convirtiese en estudiante de investigación de Dirac, quien le propuso como tema de tesis que calculase la representación unitaria irreductible del grupo de Lorentz, investigación con la que se doctoró en 1947.[32]

Dirac actualizó el libro en varias ocasiones: se publicaron cuatro ediciones (1930, 1935, 1947, 1958) y se reimprimió en 1967 (con muy pequeños cambios con respecto a 1958, por lo que no se puede considerar una nueva versión), 1971, 1974, 1984 y 1993. De la primera edición se vendieron dos mil ejemplares. Pronto se tradujo a otros idiomas: al alemán muy poco después de su aparición, en el mismo 1930 (ya se había alcanzado un acuerdo en este sentido antes de que OUP diese el título a la imprenta); al francés en 1931; al ruso en 1932 y al japonés en 1936, traducción hecha de manera conjunta por los distinguidos físicos Yoshio Nishina, Hidehiko Tamaki, Minoru Kobayashi y Sin-Itiro Tomonaga.[33] La versión al español se publicó en 1967, *Principios de mecánica cuántica* (Dirac 1967), a partir de la cuarta edición inglesa.

El análisis de las distintas ediciones del texto de Dirac proporciona valiosas pistas sobre la evolución de sus opiniones y conocimientos de la física cuántica.[34] La presentación de la teoría en 1930 era demasiado abstracta, como ya sugiere el prólogo (lo reproduzco más adelante) que se incluyó en las sucesivas tiradas. De hecho, fue considerada excesivamente austera, ya que daba preferencia a los aspectos matemáticos frente a los físicos. Prácticamente, salvo la primera sección («Principio de superposición»), toda la exposición de Dirac hasta el apartado VI («Ecuaciones de movimiento y condiciones cuánticas») se refiere a la estructura y propiedades del formalismo matemático que daba cobijo a su versión de la mecánica cuántica, aunque no olvidaba introducir también, en mucho menor grado, las formulaciones de Heisenberg y Schrödinger. De especial importancia para él eran «la representación de estados y observables» (capítulo IV) y «la teoría de las transformaciones» (capítulo V). En el primero

32. A partir de entonces, los trabajos de Harish-Chandra fueron básicamente matemáticos. Permaneció en Cambridge hasta el otoño de 1950, cuando aceptó un puesto en la Universidad de Columbia en Nueva York. Allí estuvo hasta 1963, año en el que pasó al Institute for Advanced Study de Princeton como miembro permanente. Sobre su relación con Dirac, véase Harish-Chandra (1987).

33. La segunda edición del libro de Dirac también se vertió al ruso. Se publicó en 1937, traducida por C. Angluski y al cuidado, como editor, de Matvéi Bronstein.

34. Más detalles en Dalitz, ed. (1995: 453-470).

de estos apartados, comenzaba señalando que «en los dos capítulos anteriores, hemos considerado ciertos símbolos abstractos que designan estados u observables, pero no hemos especificado su naturaleza exacta, sino que, por hipótesis, obedecían a ciertas leyes determinadas. Aquí voy a examinar las *representaciones* de esos símbolos abstractos; es decir, los sistemas de números que tienen exactamente las propiedades de los símbolos que representan. Cuando se encuentra semejante representación y cuando se ha comprendido la naturaleza exacta de la correspondencia entre ella y los símbolos abstractos introducidos, se pueden obtener todas las propiedades de estos sin más que introducir en el cálculo los sistemas de números que los representan y a los que se aplican de manera natural todos los métodos ordinarios del análisis. De esta forma, evidentemente no se pueden obtener otras relaciones entre los símbolos abstractos que las que se podrían deducir directamente del álgebra simbólica de estas magnitudes sin tener que recurrir a su representación». A continuación, introducía aspectos como la descomposición de la función de onda en autoestados (a los que denominaba «funciones de onda fundamentales de la representación introducida»), la relación de esto con la noción de «observable» (que había aparecido en el apartado II, definido como un elemento «análogo, en cierta manera, al valor que toma una variable clásica para un valor particular del tiempo»), un tipo concreto de representaciones, las «ortogonales»; y las propiedades de la función delta. Cualquier consideración física brillaba por su ausencia.

En cuanto al capítulo V, «La teoría de las transformaciones», comenzaba de la manera siguiente:

> En el capítulo anterior, hemos introducido la noción de representación de símbolos abstractos y la hemos tratado desde un punto de vista general, puramente matemático, siendo de alguna manera los elementos representativos las componentes de los símbolos considerados, referidos a un sistema general de coordenadas. Ahora vamos a concentrar nuestra atención en ciertas representaciones particulares; esto es, en conjuntos de componentes tomadas con relación a sistemas de coordenadas particulares, escogidas y especificadas de manera bien determinada. Incidentalmente, constataremos que los elementos representativos considerados tendrán a menudo interpretaciones físicas inmediatas.

Entre los que publicaron reseñas de la edición inicial del libro de Dirac se encontraban Heisenberg y Pauli. El primero de ellos se ocupó en su nota tanto de la versión original en inglés como de la traducción (por W. Bloch y publicada por S. Hirzel, Berlín-Leipzig) al alemán y en ella alababa el tratamiento de la teoría de perturbaciones y de los problemas de colisiones. Reconocía que, «en conjunto, el libro proporciona una sobresaliente visión de la parte de la mecánica cuántica cuyo originador es el propio Dirac». Sin embargo, añadía que «en varios puntos, el reseñador tiene la impresión de que Dirac presenta la mecánica cuántica, especialmente su contenido físico, acaso algo "más simbólicamente" de lo que es necesario. Sin embargo, esta situación es característica del método con el que Dirac ha obtenido esos grandes éxitos y el físico disfrutará siendo capaz de familiarizarse con este método».[35] Por su parte, Pauli también incluía las ediciones inglesa y alemana en su reseña, que era en general muy positiva: en su conclusión afirmaba que «los conocedores pueden encontrar en este libro, además de los principios fundamentales de la actual mecánica cuántica, todos los métodos y resultados importantes en forma completamente fiable, y será pronto un trabajo estándar esencial para todos los que trabajan en este campo».[36] Al igual que Heisenberg, señalaba que el «método simbólico» empleado tenía serios inconvenientes, en tanto que el lector no podía saber si era posible realizar medidas con facilidad de los observables generales. No obstante, reconocía que, a pesar de ello y «aparte de cuestiones de este tipo, el método simbólico merece una posición legítima e importante en el estado actual de la teoría, debido a su elegancia y generalidad». En cuanto a que no siempre se seguía un rigor matemático completo, «esto será considerado por el lector orientado hacia la física más como una ventaja que como una carencia, ya que la lucidez de la exposición es manifiesta».

Sin embargo, ni Heisenberg ni Pauli eran unos lectores cualesquiera. No pocas personas consideraron que *The Principles of Quantum Mechanics* constituía un texto difícil, en particular para los estudiantes, pero también para muchos físicos establecidos. Dirac se dio cuenta de ello y en 1935 publicó una segunda edición con profundas

35. Citado en Brown (2006: 389). La reseña se publicó en *Metallwirtschaft 9*, 988 (1930).

36. La reseña de Pauli se publicó en *Die Naturwissenschaften 19*, 188 (1931).

modificaciones. En el «Prefacio» a esta nueva versión (firmado el 27 de noviembre de 1934, desde el Institute for Advanced Study de Princeton) se lee: «El libro ha sido reescrito en su mayor parte. He tratado de dar, reformando cuidadosamente el método de presentación, el desarrollo de la teoría en una forma bastante menos abstracta, sin hacer ningún sacrificio en la exactitud de la expresión o en el carácter lógico del desarrollo. Esto debería hacer que el trabajo fuese adecuado para un círculo de lectores más amplio, aunque el lector al que le guste la abstracción por sí misma, posiblemente pueda preferir el estilo de la primera edición».

Asimismo, aparecieron otros tipos de cambios. El principal, acaso, consistió en hacer el texto más coherente con el estilo de la relatividad especial, no solo porque la invariancia de Lorentz de esta teoría era claramente un requisito para cualquier planteamiento físico, sino también porque su ecuación relativista del electrón (de la que me ocuparé en otro capítulo) era ya aceptada y utilizada. De hecho, añadió el positrón a esta segunda edición. Otra adición importante era el capítulo XII, titulado «Teoría de campos», en el que abordaba la cuantización del campo electromagnético. En conjunto, esta nueva versión era un 20 por ciento más extensa que la primera.

En la tercera edición (1947) introdujo una nueva notación vectorial, los *kets*, representados por el símbolo | > y que definía como «vectores que se asocian a los estados de un sistema en mecánica cuántica, tanto si forman parte de un espacio con un número finito de dimensiones, como de un espacio de infinitas dimensiones» (Dirac 1958: 16; 1967: 28).[37] Con ellos, formulaba «la hipótesis de que *a cada estado de un sistema dinámico en un instante particular le corresponde un ket, siendo la correspondencia tal que si un estado está definido como superposición de otros dos, su correspondiente ket puede expresarse linealmente en función de los kets correspondientes a dichos estados y recíprocamente*» (Dirac 1958: 16; 1967: 28-29).

Junto a los *kets*, introducía un segundo conjunto de vectores, los *bras*, denotados por < |, «que los matemáticos —señalaba— denomi-

37. Cumplían, asimismo, la propiedad de que podían multiplicarse por números complejos y sumarse entre sí para dar nuevos *kets*. También obedecían a operaciones lineales más generales, como la integración dentro de un cierto intervalo, y el resultado eran nuevos *kets*. Sobre estos vectores, véanse Jauch (1972) y D'Agostino (2002). Josef-Maria Jauch (1914-1974) fue un estudiante de Pauli.

nan vectores *duales*» (Dirac 1958: 18-19; 1967: 30-31). La multiplicación de un *bra* por un *ket*, < | >, es asimilable a un producto escalar, que expresa de manera abstracta la relación entre las filas y las columnas de una matriz. Es obvio que la terminología derivaba de la voz inglesa *bracket*, 'corchete'.

Estrictamente hablando, esta notación la presentó en un artículo que publicó en 1939, «Una nueva notación para la mecánica cuántica». Es instructivo citar sus primeros párrafos (Dirac 1939 b: 416):

> En las teorías matemáticas la cuestión de la notación, aunque no de importancia primaria, es, sin embargo, merecedora de ser considerada cuidadosamente, ya que una buena notación puede ser de gran ayuda en el desarrollo de una teoría, haciendo más fácil escribir aquellas magnitudes o combinaciones de magnitudes que son importantes, y haciendo difícil o imposible escribir las que no son importantes. El convenio de sumas en el análisis tensorial es un ejemplo que ilustra lo especialmente apropiada que puede ser una notación.
>
> La notación utilizada actualmente en la mecánica cuántica es bastante adecuada para sus propósitos, pero tiene algunos inconvenientes. Hay que tratar con vectores en el espacio de Hilbert, que representan los estados de un sistema dinámico, y con operadores lineales, que representan las variables dinámicas, y a veces se hacen cálculos utilizando directamente vectores y operadores lineales, tratándolos como magnitudes abstractas que se pueden combinar algebraicamente según ciertas reglas, mientras que otras veces se trabaja con coordenadas (o *representativos*, como se les denomina) de estas magnitudes. Se utilizan dos notaciones distintas para los dos estilos de cálculos, algo que no encaja bien de manera natural y que da lugar a un desagradable salto en el flujo de los propios pensamientos cuando se pasa del uno al otro. En la presente nota se establece una nueva notación que proporciona, en un único esquema, una forma neta y concisa de escribir tanto las propias magnitudes abstractas como sus coordenadas, lo que conduce a una unificación de ideas.

A continuación, introducía la notación de *bras* y *kets*, aunque sin utilizar todavía estos nombres, sino solo los símbolos <| y | >.

Junto a esta novedad, aparecían en la tercera edición otros dos añadidos importantes, que Dirac anunciaba en el «Prefacio» de la manera siguiente:

(i) Una nueva presentación de la teoría de sistemas con partículas idénticas, basada en el tratamiento de Fock de la teoría de la radiación, adaptada a la presente notación. Este tratamiento es más sencillo y más potente que el dado en ediciones anteriores de este libro.

(ii) Un nuevo desarrollo de la electrodinámica cuántica, incluyendo la teoría del campo de Wentzel. La teoría del electrón interaccionando con el campo electromagnético se lleva tan lejos como es posible actualmente, sin entrar en un terreno especulativo.

En cuanto a la cuarta edición de 1958, la principal modificación tuvo que ver con el capítulo sobre la electrodinámica cuántica, que reescribió, habida cuenta de los importantes desarrollos que habían tenido lugar desde la aparición de la versión anterior del texto.

La traducción al ruso, debida a Matvéi Bronstein, que añadió algunas notas a pie de página, tiene un interés adicional porque, a petición del físico teórico Dmitri Ivanenko (1904-1994), que consideraba que el libro decía poco sobre aplicaciones de la nueva mecánica, Dirac incluyó un capítulo suplementario en el que trataba de varios métodos aproximativos para la determinación de la función de onda y la energía en el estado estacionario de un sistema cuántico de muchos cuerpos, procedimientos como los desarrollados por Vladimir Fock y Douglas Hartree, la denominada aproximación de Hartree-Fock. Además, Ivanenko agregó varios apéndices y un extenso prefacio en el que alababa el texto y lo comparaba con otros volúmenes sobre el mismo tema. Todo ello con la autorización de Dirac.

Merece la pena citar parte del prefacio de Ivanenko:[38]

> El volumen suplementario de Sommerfeld, *Wellenmechanischer Ergänzungsband*, es una colección de soluciones de una serie de problemas particulares; el libro de de Broglie, *Introduction à l'Étude de la Mécanique Ondulatoire*, solo es una introducción, dedicada a la transición de la mecánica clásica a la cuántica; el de Born y Jordan, *Elementare Quantenmechanik*, es una exposición deliberadamente restringida al material que puede ser sometido a análisis por métodos especiales (la ecuación de Schrödinger no aparece en el libro); por último, *Einführung in die Wellenmechanik*, de [Yakov] Frenkel, [traducido al inglés y publicado en 1932 como *Wave Mechanics: Elementary Theory* por Clarendon Press]

38. Reproducido en Dalitz, ed. (1995: 473-474).

es el libro más accesible para leer, pero no da, como hacen todos los demás, una exposición del *sistema* de la mecánica cuántica. Esta es la exposición que da el libro de Dirac, ciertamente en la mejor forma, libre de todo provincialismo, esto es, el uso de un método estrecho, selección de problemas cercanos al autor, etc.

En nuestra opinión, el libro cuya naturaleza es más próxima, que es el de Weyl, *Gruppentheorie und Quantenmechanik* (altamente considerado por Dirac), es significativamente inferior al libro de Dirac, debido tanto al superfluo formalismo matemático como al estilo de exposición.[39]

Antes de cerrar esta sección, me detendré en el mencionado traductor del libro de Dirac, Matvéi Petrovich Bronstein (1906-1938), cuya historia merece ser recordada. Fue un físico soviético pionero en gravedad cuántica (Bronstein 1936), autor asimismo de notables trabajos en astrofísica, cosmología, electrodinámica cuántica y semiconductores. Por desgracia, también fue una de las muchas víctimas de la denominada «Gran Purga». Arrestado el 1 de agosto de 1937 en Kiev, cuando pasaba unos días en casa de sus padres, y conducido a Leningrado, donde fue juzgado, en febrero de 1938 su esposa recibió el veredicto que confirmaba su condena «a diez años de trabajos forzados sin derecho a escribir o recibir cartas y siendo todas sus pertenencias confiscadas». Dos décadas después, su viuda supo que había sido ejecutado el mismo día de la sentencia, el 18 de febrero de 1938.[40] En una reseña del texto de Dirac y de *Gruppentheorie und Quantenmechanik* (*Teoría de grupos y mecánica cuántica*) de Hermann Weyl, publicada en 1931 en la revista *Uspekhi Fizicheskikh Nauk*, Bronstein afirmaba que el libro del primero era «de lejos, la mejor exposición de la mecánica cuántica que ha aparecido hasta ahora». Sin embargo, pensaba que distaba mucho de ser ideal, porque no prestaba suficiente atención al principio de incertidumbre y subestimaba la naturaleza radical de los cambios que se producirían con la aparición de una teoría cuántica relativista. Tales deficiencias eran, señalaba, «menos obvias que sus indiscutibles méritos, el principal de los

39. Ivanenko también mencionaba «una breve introducción» del físico austríaco Arthur E. Haas, *Materiewellen und Quantenmechanik* («Ondas de materia y mecánica cuántica», 1928), de la que existía una traducción al ruso.

40. Sobre Bronstein, véase Gorelik y Frenkel (1994).

cuales era la simplicidad de la presentación». Añadía a continuación que Dirac «había desacreditado un mito sobre que la física contemporánea era una jungla de fórmulas matemáticas; a lo largo de todo el libro, el lector nunca chocará con un academicismo impostor y una estúpida pedantería». Opinaba, asimismo, que los capítulos dedicados a las aplicaciones específicas de la teoría podían utilizarse como libro de texto. En una carta que envió a Fock el 11 de abril de 1937, explicaba algunas circunstancias en torno a la publicación de la versión rusa de la obra: «Hoy he ordenado que se envíe el libro de Dirac a la editorial. Desgraciadamente, en esta ocasión he perdido la batalla que estaba lidiando por este libro con los sinvergüenzas de la editorial. Primero, insistían en que se eliminara de la primera página el nombre de Dymus [Ivanenko]; para equilibrar las cosas, eliminé también mi propio nombre de esa página, aunque lo conservé como editor. Tengo todo el derecho de hacer eso, ya que corregí lo que Dymus había hecho. En segundo lugar, lo precedieron con una pieza indecente, explicando que Dirac es un villano» (citado en Gorelik y Frenkel 1994: 60). Ivanenko había sido arrestado en 1936 y enviado a Tomsk, en cuya universidad enseñó entre 1936 y 1938.

Prólogo a la primera edición de *The Principles of Quantum Mechanics*

Los métodos de trabajo de la física teórica han sufrido un profundo cambio en el presente siglo. La tradición clásica consideraba el mundo como la asociación de objetos observables (partículas, fluidos, campos, etc.) que se mueven según leyes de fuerzas fijas, pudiéndose, pues, formar una imagen mental de todo el esquema en el espacio y el tiempo. Ello conducía a una física cuyo método consistía en hacer hipótesis sobre el mecanismo y las fuerzas que relacionan dichos objetos observables, que explicaran su comportamiento de la forma más sencilla posible. En los últimos tiempos se ha ido haciendo cada vez más evidente que la naturaleza actúa en un plano distinto. Sus leyes fundamentales no rigen el mundo directamente tal como este aparece en nuestra imagen mental, sino que actúan sobre un substrato del que no podemos formarnos ninguna imagen mental sin cometer desatinos. La formulación de dichas leyes exige el empleo de las matemáticas de las transformaciones. Los elementos importantes del mundo físico aparecen como los invariantes de dichas transformaciones (o más en general los casi-invariantes, o magnitudes que se transforman de modo sencillo). Las cosas que conocemos de modo inmediato son las relaciones de estos casi-invariantes con un cierto sistema de referencia, que generalmente elegimos de forma que se introduzcan simplificaciones particulares sin importancia desde el punto de vista de la teoría general.

El auge de la teoría de las transformaciones, aplicada primero a la relatividad y después a la teoría cuántica, constituye el fundamento de los nuevos métodos de la física teórica. Otra característica del desarrollo de la teoría es la obtención de ecuaciones que sean invariantes frente a transformaciones cada vez más generales. Este método de proceder es muy satisfactorio desde el punto de vista filosófico, pues reconoce el verdadero papel del observador, permitiendo englobar las reglas que se deducen de sus observaciones particulares en un esquema único, y mostrando que la naturaleza no se comporta de modo arbitrario; pero a cambio dificulta la comprensión para el estudioso de la física. Las nuevas teorías, si se consideran independientemente de su estructura matemática, están constituidas por conceptos que no pueden expresarse mediante términos o elementos conocidos previamente por el estudiante, y que ni siquiera pueden explicitarse adecuadamente con palabras. Al igual que los conceptos fundamentales (como, por ejemplo, proximidad, identidad) que cada uno ha de aprender desde que nace, los nuevos conceptos de la física solo pueden dominarse familiarizándose con sus propiedades y usos.

Desde el punto de vista matemático, la comprensión de las nuevas teorías no presenta ninguna dificultad, ya que las matemáticas necesarias (por lo menos las que se necesitan para el desarrollo de la física hasta nuestros días) no son esencialmente distintas de las que se empleaban anteriormente. Las matemáticas son el instrumento especialmente indicado para tratar conceptos abstractos de cualquier clase, y en este campo su poder no tiene límites. Por esta razón todo libro sobre la nueva física, que no sea puramente una descripción de trabajos experimentales, ha de ser esencialmente matemático. Sin embargo, las matemáticas no son más que un instrumento y deberíamos aprender a apropiarnos de las ideas físicas sin referencia a su forma matemática. En este libro hemos procurado poner en primer plano el aspecto físico, comenzando por un capítulo enteramente físico y procurando examinar en lo posible el significado físico que encierra el formalismo en los capítulos siguientes. Se necesita gran cantidad de conocimientos teóricos para poder resolver problemas de valor práctico, pero este hecho es una consecuencia inevitable del importante papel que tiene la teoría de transformaciones y que está destinada a acentuarse en la física teórica del futuro.

Respecto al formalismo matemático en que puede presentarse la teoría, el autor ha de decidirse desde el principio entre dos métodos. Uno es el método simbólico, que considera directamente y de forma abstracta las magnitudes de importancia fundamental (invariantes, etc., de las transformaciones) y el otro se basa en el empleo de coordenadas o representaciones y trata con conjuntos de números que corresponden a dichas magnitudes. Por regla general, siempre se ha utilizado el segundo método para presentar la mecánica cuántica (de hecho, se ha utilizado prácticamente siempre a excepción del libro de Weyl titulado *Gruppentheorie und Quantenmechanik*). Dicho método se conoce con los nombres de «mecánica ondulatoria» y «mecánica de matrices», según a cuál de los elementos físicos, estados o variables dinámicas del sistema, se le conceda mayor importancia. Tiene la ventaja de que las matemáticas que exige son más familiares para el estudiante medio y además es el método histórico.

Sin embargo, el método simbólico parece atacar con más profundidad la naturaleza de las cosas. Nos permite expresar las leyes físicas de una forma clara y concisa, y probablemente se irá utilizando cada vez más en el futuro a medida que vaya siendo mejor conocido y se vayan desarrollando las matemáticas especiales que emplea. Por esta razón hemos elegido el método simbólico, introduciendo solo después las representaciones como ayuda para los cálculos prácticos. Ello ha exigido romper completamente con la línea de desarrollo histórica, pero nos permite el acceso a las nuevas ideas de la forma más directa posible.

P. A. M. D.
St. John's College, Cambridge
29 de mayo de 1930

11. Recepción de la mecánica cuántica de Dirac

La novedad de las soluciones que Paul Dirac dio a los problemas de la física cuántica y su estilo, absolutamente único, hacen razonable preguntarse por la recepción de sus trabajos entre la comunidad internacional de físicos, que llevaba ya tiempo esforzándose por avanzar en el complejo territorio cuántico, un tema que ya comencé a abordar en la sección precedente a propósito de las reseñas de *The Principles of Quantum Mechanics* publicadas por Heisenberg y Pauli.

Hubo quienes apreciaron enseguida sus aportaciones. En las memorias que muchos años después redactó Max Born (1978: 226), este señalaba que, poco después de que Dirac publicase sus primeros artículos, recibió separatas de ellos: «Contenían prácticamente las mismas cosas [que Heisenberg, Jordan y él habían hecho] pero en forma diferente. Esa fue (lo recuerdo bien) una de las mayores sorpresas de mi vida científica. Porque el nombre de Dirac me era completamente desconocido, el autor parecía ser un joven, y sin embargo todo era perfecto a su manera y admirable. Más tarde comprendí cómo había sucedido. En el verano de aquel año, Heisenberg había dado una conferencia en Cambridge, en la que Dirac escuchó las nuevas ideas; las digirió en un período de tiempo increíblemente corto y produjo aquellos sorprendentes artículos».

Sin embargo, no parece que la reacción de Born fuese general en el mundo de habla germana, o al menos esto es lo que se deduce de lo que manifestó Eugene Wigner (1992: 88):

No a todos los físicos les gustaba el trabajo de Dirac. Algunos buscaban en vano en él una base matemática. Otros se quejaban de que carecía del claro y hermoso rigor de la buena escritura científica. Otros se esforzaban por seguir el trabajo de Dirac. Escribía sus artículos en inglés, mientras que la mayoría de sus lectores preferían el alemán. Sus artículos empleaban pocas palabras inglesas, pero, para quien apenas hablaba inglés, incluso unas pocas docenas de palabras en inglés constituían una molestia en un artículo sobre un asunto complejo. La barrera del idioma, combinada con el novedoso punto de vista de Dirac, hacía que sus artículos fuesen difíciles de leer.

De manera que al principio el trabajo de Dirac fue menos admirado que el de Heisenberg. La gente decía: «¿Sabes? Hay un extraño joven inglés que resuelve estas cosas en su propio lenguaje. Puede, incluso, que sea un genio. Pero ¿qué tiene él que ofrecer al honesto alemán?». Esta era la actitud común hacia Paul Dirac. Algunos incluso murmuraban que evitaba el duro trabajo de la física mediante trucos ingeniosos.

Encontramos otra manifestación de la reacción de Wigner en la entrevista que Thomas S. Kuhn le hizo en noviembre de 1963, dentro del proyecto «Sources for the History of Quantum Physics». Ante la pregunta de «si alguno de los que usted conocía intentó trabajar con números-q», Wigner respondió: «No. Todos pensábamos, "¡Oh!, este Dirac es un joven genio que sabe muchísimo y que es muy brillante y que también sabe cosas de las que nosotros sabemos poco, como los paréntesis de Poisson", pero creíamos que era poco habitual y era muy difícil de aprender».

Podría pensarse que lo relatado en estas citas era la reacción de un científico inmerso en el mundo germano (Wigner era húngaro) ante los logros de un inglés, pero que seguramente en Reino Unido debió ser diferente. Es cierto, lo hemos visto, que Dirac contó con la ayuda de Fowler, pero no todos los físicos fueron tan receptivos como él. Es significativo que en el discurso que pronunció James Jeans (1934) como presidente de la British Association for the Advancement of Science en la inauguración del congreso 104 de dicha institución, celebrado entre el 5 y el 12 de septiembre de 1934 en Aberdeen, titulado «La nueva imagen del mundo de la física moderna» y en el que, como es natural, se refirió a la física cuántica, Jeans no mencionó ni una sola vez a Dirac, mientras que sí lo hizo con Planck, Bohr, Heisenberg, Schrödinger, Einstein, de Broglie, Pauli, Rutherford, Soddy e incluso G. P. Thomson. Como mínimo, podemos pensar que a «la vieja guardia» de los físicos británicos, de la que ciertamente formaba parte el presidente de la Asociación, los trabajos de Dirac le parecían demasiado esotéricos. No olvidemos que Jeans no era ajeno a la física cuántica: fue, recordemos, el autor del influyente *Report on Radiation and the Quantum-Theory*, publicado por la Sociedad de Física de Londres (primera edición de 1914, segunda de 1924).

Al igual que en el caso de la mecánica de matrices de Heisenberg, Einstein no recibió bien la formulación de Dirac. En una carta que envió a Sommerfeld el 21 de agosto de 1926 decía (CPAE 2018: 563): «Entre los nuevos intentos de obtener una formulación más profunda de las leyes cuánticas, la que me atrae más es la de Schrödinger. ¡Si solo se pudieran trasplantar los campos de onda introducidos allí del espacio de coordenadas *n*-dimensional a uno de tres o cuatro dimensiones! Las teorías de Heisenberg-Dirac me producen ciertamente admiración, pero no me huelen a realidad».

5

El principio de incertidumbre y la interpretación de Copenhague

En 1927, Werner Heisenberg volvió a remover los cimientos de la física con una nueva publicación, una especialmente importante y célebre, que trascendió el dominio científico para arraigar en la cultura general y, por supuesto, en el ámbito filosófico. Me refiero al artículo que contiene el famoso «principio de incertidumbre» (o de «indeterminación»).

1. Heisenberg en Copenhague: discusiones con Bohr

Terminaba el tercer capítulo con la interpretación que Max Born dio a la función de onda en la que Erwin Schrödinger basaba su versión de la cuántica, la mecánica ondulatoria. También en ese apartado comenté la visita que este último realizó a Copenhague en octubre de 1926 y las intensas discusiones que mantuvo allí con Bohr y Heisenberg. Este se hallaba en la capital danesa desde comienzos de mayo de ese año, como «lector» en la universidad y ayudante de Bohr, con un permiso temporal de Gotinga, ya que no quería cortar relaciones con su país de origen. De hecho, estaba a la espera de una buena oferta como catedrático en alguna universidad alemana.[1]

1. Permaneció en Copenhague hasta junio de 1927. Recordemos que antes había estado allí entre septiembre de 1924 y abril de 1925.

En Copenhague, y más aún después de las discusiones que habían tenido con Schrödinger durante su estancia, Bohr y Heisenberg no dejaron de debatir con ahínco acerca de la interpretación de aspectos básicos de la nueva física cuántica. En la autobiografía que escribió Heisenberg (1969, 1996: 145-146), se refirió a aquellas conversaciones:

> En los meses siguientes, la interpretación física de la mecánica cuántica constituyó el tema central de los coloquios que mantuvimos Bohr y yo. Mi habitación estaba situada entonces en el piso más alto del edificio del Instituto, en un pequeño ático bellamente decorado, con paredes inclinadas, desde el que se podía divisar la arboleda que hay en la entrada del parque Fälled. Bohr venía con frecuencia a mi cuarto, ya muy entrada la noche, y discutíamos todos los experimentos mentales posibles para ver si en realidad habíamos entendido de manera completa la teoría. Pronto se vio que Bohr y yo buscábamos la solución a las dificultades en direcciones algo distintas. Bohr pretendía yuxtaponer de manera equiparada las dos representaciones intuitivas, la imagen de partículas y la imagen de onda, con lo que intentaba formular que estas representaciones se excluyen, sí, recíprocamente, pero que ambas juntas y solo juntas hacían posible una descripción completa del acontecer atómico. No me agradaba, lo confieso, esta manera de pensar. Yo quería partir del hecho de que la mecánica cuántica, en su forma entonces conocida, imponía, sin duda, una interpretación física determinante para algunas magnitudes que en ella aparecían (por ejemplo, para los valores medios de la energía, el momento eléctrico, el impulso, para los valores medios de las variaciones, etc.), y que, por tanto, era totalmente probable que no había ya margen de libertad respecto a la interpretación física. Más bien se debía llegar a la interpretación general correcta por medio de una limpia conclusión lógica a partir de la interpretación más especial ya existente. Por esto me molestó bastante (es verdad que sin razón) un trabajo sobresaliente de Born, en Gotinga, en el que había tratado los procesos de colisiones según los métodos de Schrödinger, y había propuesto la hipótesis de que el cuadrado de la función de onda de Schrödinger es una medida de la probabilidad de hallar un electrón en la posición determinada. La tesis de Born me parecía absolutamente exacta, pero me desagradaba, porque parecía envolver un cierto margen de libertad en la interpretación.

Entre los experimentos posibles que Bohr y Heisenberg consideraron, había uno que les planteaba serios problemas: el de la trayectoria de un electrón a través de una cámara de niebla.[2] Recurriendo de nuevo a las memorias de Heisenberg (1996: 146):

> A pesar de todo, ninguno de los dos podíamos comprender cómo un fenómeno tan sencillo como la trayectoria de un electrón a través de la cámara de niebla pudiera armonizarse con el formalismo matemático de la mecánica cuántica o de la mecánica ondulatoria. En la mecánica cuántica no aparecía en modo alguno el concepto de trayectoria, y en la mecánica ondulatoria podía darse, ciertamente, un rayo material estrictamente dirigido; pero este rayo debía extenderse poco a poco sobre ámbitos espaciales que eran muy superiores al diámetro de un electrón. La situación experimental ofrecía, sin duda, un cariz muy diferente.

2. El principio de incertidumbre

La intensidad de los intercambios entre los dos científicos alcanzó tal grado que, agotado, Bohr decidió en febrero de 1927 viajar a Noruega para descansar y esquiar. Esto resultó afortunado para Heisenberg, que ya pudo pensar a solas. En sus propias palabras (Heisenberg 1996: 147-148):

> Concentré entonces mis esfuerzos completamente en la cuestión de cómo puede representarse matemáticamente en la mecánica cuántica la trayectoria de un electrón en la cámara de niebla. Cuando una de las primeras tardes tropecé en mi análisis con dificultades insuperables, comprendí con claridad meridiana que posiblemente habíamos planteado la cuestión de manera equivocada. Pero ¿qué podría haber de equivocado en el planteamiento? La trayectoria del electrón en la cámara de niebla era un hecho, ya que se la podía observar. El esquema matemático de la mecánica cuántica era un hecho también, y demasiado convincente para permitirnos cambios ahora. Por tanto, se podía establecer

2. De la cámara de niebla se trata en el primer volumen de esta historia de la física cuántica. Recordemos que es un instrumento que explota la formación por condensación de gotas de agua alrededor de los iones de un gas. De esta forma, es posible observar y fotografiar las trayectorias de las radiaciones-partículas ionizantes.

(contra todas las apariencias exteriores) la conexión. Tal vez fue aquel día, hacia la medianoche, cuando súbitamente recordé mi conversación con Einstein, y me acordé de su afirmación: «Solo la teoría decide sobre lo que puede observarse». Vi con claridad inmediata que la llave para abrir la puerta tan largo tiempo cerrada debía buscarla por esa vía. Por ello fui a dar un paseo nocturno por el parque Fälled para meditar las consecuencias de la afirmación de Einstein. Nosotros habíamos dicho siempre con cierta superficialidad: la trayectoria del electrón puede observarse en la cámara de niebla. Pero tal vez era menos lo que realmente observábamos. Quizá solo se podía percibir una sucesión discreta de lugares, imprecisamente determinados, del electrón. De hecho, se ven solo gotitas aisladas de agua en la cámara, las cuales, ciertamente, son mucho más extensas que un electrón. La auténtica pregunta debería, por tanto, formularse así: ¿se puede representar, dentro de la mecánica cuántica, una situación en la cual aproximadamente (es decir, con una cierta imprecisión) se encuentre un electrón en un lugar dado, y también aproximadamente (es decir, de nuevo con una cierta imprecisión) posea una velocidad dada, y se pueden hacer estas imprecisiones tan pequeñas de forma que no se encuentren dificultades con el experimento? Un breve cálculo después de volver al Instituto me confirmó que se pueden representar matemáticamente tales situaciones, y que, para las imprecisiones, valen aquellas relaciones que han sido designadas más tarde como relaciones de incertidumbre en la mecánica.

La expresión matemática a la que se refería no es otra que:

$$\Delta x \cdot \Delta p \geq \hbar$$

donde Δ representa la incertidumbre de la medida, *x* la posición, *p* el momento lineal (el producto de la masa por la velocidad), $\hbar$ la constate de Planck y $\hbar = h/2\pi$. «Con esto —continuaba Heisenberg (1996: 148)—, quedaba por fin establecida, así me parecía a mí, la unión entre las observaciones de la cámara de niebla y la matemática de la mecánica cuántica. De todos modos, había que demostrar ahora que a partir de cualquier experimento solo pueden surgir situaciones compatibles con aquellas relaciones de incertidumbre. Pero esto me parecía de antemano aceptable, ya que los procesos durante el experimento y la observación tienen que obedecer por igual a las leyes de la mecánica cuántica. Por tanto, si presuponemos tales leyes, no podían derivarse del experimento algunas situaciones que no se ajustasen a la mecánica cuántica. "Porque solo la teoría decide sobre lo que puede observarse." Me propuse calcular esto a fondo y de forma pormenorizada durante los siguientes días con algunos experimentos sencillos.»

Uno de estos involucraba un microscopio. La idea era ver si sería posible, al menos en teoría, construir un aparato con una potencia de resolución tan elevada que se pudieran observar directamente las órbitas atómicas. Heisenberg se dio cuenta de que tal instrumento no podría trabajar con luz visible, pero sí, quizá, con rayos gamma, cuya longitud de onda es mucho más pequeña, del orden de 10^{-11} metros frente a los 10^{-9} metros del espectro visible. Básicamente, el planteamiento era el siguiente: para medir la posición de, digamos, un electrón, se emplea un fotón de rayos gamma,[3] el cual desvía a su objetivo. Como la longitud de onda, λ, está relacionada con el momento de la radiación, p_γ, mediante la igualdad de de Broglie, $\lambda = h/p_\gamma$, entonces la precisión, Δx, con la que se puede medir la posición, x, del electrón es, esencialmente, λ; por consiguiente, $\Delta x \sim \lambda$. Como en el proceso de dispersión (*scattering*) el momento de la partícula observada cambia, si antes de la medida se conociese x de manera exacta, la incertidumbre de p sería ahora del orden de la del momento del fotón, esto es: $\Delta p \sim p_\gamma$. Por consiguiente, como resultado de la medición, el producto de las ambas magnitudes sería:

$$\Delta x \cdot \Delta p \sim h$$

Heisenberg no esperó a que Bohr regresase de sus vacaciones para enviar el trabajo que escribió, en el que informaba de los resultados que había obtenido.[4] Este hecho no es trivial. Al fin y al cabo, formalmente era ayudante de Bohr y se podía suponer que este debía tener la oportunidad de revisar el texto, más aún si tenemos en cuenta que su origen era deudor de las discusiones que ambos científicos habían mantenido. Estrictamente hablando, la cronología de los hechos es la siguiente: el 23 de febrero, Heisenberg envió a Wolfgang Pauli, con el que estaba muy unido y cuya opinión respetaba mucho,

3. Aquí sigo la presentación incluida en Brandt (2009: 179).

4. Para más detalles de lo que sigue, véanse Kalckar, ed. (1985) y Cassidy (1992).

un largo borrador de catorce páginas en el que exponía las principales ideas que luego formarían su artículo.[5] Por desgracia, la contestación de Pauli se ha perdido, al igual que una nota de Bohr a Heisenberg en la que le agradecía su misiva del 10 de marzo. En esa carta, este último mencionaba que había resumido sus ideas en el manuscrito enviado a Pauli y que había pedido a este que se lo devolviera, para poderlo discutir con Bohr cuando regresase. Sin embargo, cuando este volvió el 18 de marzo, se encontró con que Heisenberg ya había enviado su artículo a *Zeitschrift für Physik*. Como en la revista se indicaba que había sido recibido el 23 de marzo, es obvio que Heisenberg lo envió cuando la llegada de Bohr era inminente. Podía, por tanto, haber esperado y no es aventurado conjeturar que no lo hizo porque no quería estar sujeto al lento y complejo proceso al que el danés sometía sus pensamientos y análisis. El estilo socrático de este, discursivo y reflexivo hasta la saciedad, que todos sus ayudantes han destacado, podía no ser de su agrado, aunque no lo manifestasen: la oportunidad de trabajar codo a codo con «el gran hombre», de ver cómo funcionaba su cerebro, constituía una oportunidad demasiado buena como para desaprovecharla. En el caso que nos ocupa, a pesar de la deuda intelectual que Heisenberg tenía con Bohr, el joven alemán decidió no esperar porque no quería retrasar la publicación de una contribución que, con razón, consideraba muy importante. Ni retrasarla, ni dar pie a que sufriese cambios.

Así, el artículo «Über den anschaulichen Inhalt der quantentheoretischen Kinematik und Mechanik» («Sobre el contenido evidente de la cinemática y mecánica de la teoría cuántica») apareció en el volumen 43 de *Zeitschrift für Physik*. El «Resumen» con el que comenzaba ofrece una magnífica idea de su contenido (Heisenberg 1927: 172):[6]

> En primer lugar se definen los términos *velocidad*, *energía*, etc. (por ejemplo, para un electrón) que continúan siendo válidos en mecánica cuántica. Se demuestra que solamente se pueden determinar simultáneamente magnitudes canónicamente conjugadas con una incertidumbre

5. Esta carta se reproduce en Hermann, von Meyenn y Weisskopf, eds. (1979: 376-381).

6. Existe una traducción al inglés de este artículo en Wheeler y Zureck, eds. (1983: 62-84).

característica (§ 1). Esta incertidumbre es la base real para la aparición de las relaciones estadísticas en mecánica cuántica. Se da su formulación matemática mediante la teoría de las transformaciones de Dirac-Jordan (§ 2). Comenzando con los principios básicos así obtenidos, se demuestra cómo se pueden comprender mediante la mecánica cuántica los procesos microscópicos (§ 3). Para ilustrar la teoría, se discuten unos cuantos *gedankenexperiments* [experimentos mentales] especiales (§ 4).

Una parte importante del texto estaba dedicada a reflexiones sobre las limitaciones que la mecánica cuántica imponía a los conceptos de posición y velocidad, para lo cual Heisenberg se apoyaba en experimentos con un microscopio de rayos gamma, del que deducía la conclusión, antes apuntada, de que «cuanto con más precisión se determine la posición, menos preciso será el conocimiento del momento, y viceversa» (Heisenberg 1927: 175). E inmediatamente añadía: «En esta circunstancia vemos una interpretación directa de la ecuación $p \cdot q - q \cdot p = - i \cdot \hbar$», afirmación que sustentaba recurriendo al efecto Compton, que le permitía deducir la relación

$$p \cdot q \sim h$$

esto es,

$$\Delta x \cdot \Delta p \sim h$$

«Como se demostrará más adelante, esta relación —explicaba— es una consecuencia matemática directa de la regla $pq - qp = - i \cdot \hbar$.» Asimismo, recurriendo a otra ecuación básica entre la energía y el tiempo, $E \cdot t - t \cdot E = - i \cdot \hbar$, obtenía la otra relación de incertidumbre clásica

$$E \cdot t \sim h$$

esto es,

$$\Delta E \cdot \Delta t \sim h$$

Justo al final del artículo, Heisenberg (1927: 197) extraía una conclusión con implicaciones filosóficas de largo alcance:

Si se supone que la interpretación de la mecánica cuántica ya es correcta en sus puntos esenciales, es aceptable esbozar brevemente las consecuencias del principio. No hemos supuesto que la teoría cuántica (en oposición a la teoría clásica) sea una teoría esencialmente estadística en el sentido de que únicamente se pueden extraer conclusiones estadísticas a partir de datos iniciales precisos. Los bien conocidos experimentos de Geiger y Bothe, por ejemplo, contradicen directamente esta suposición. Más bien, en todos los casos en los que en la teoría clásica existen relaciones entre magnitudes que son todas realmente medibles de manera exacta, las correspondientes relaciones exactas también se mantienen en la teoría cuántica (leyes de conservación del momento y la energía). Pero lo que es incorrecto en la formulación fuerte de la ley causal «Si conocemos exactamente el presente, podemos predecir el futuro», no es la conclusión, sino la premisa. No podemos conocer, por cuestiones de principio, el presente en todos sus detalles. [...] Como el carácter estadístico de la teoría cuántica está tan íntimamente ligado a todas las percepciones, uno se puede ver conducido a la presunción de que detrás del universo estadístico de la percepción se esconde un mundo «real» regido por la causalidad. Pero tales especulaciones nos parecen (y hacemos hincapié en esto) inútiles y sin sentido. La física tiene que limitarse a la descripción formal de las relaciones entre observaciones. Se puede expresar mejor la verdadera situación de la siguiente manera: dado que todos los experimentos están sujetos a las leyes de la mecánica cuántica, y por consiguiente a la ecuación [$p \cdot q \sim h$], se sigue que la mecánica cuántica establece el fracaso final de la causalidad.

Todavía añadió Heisenberg (1927: 197-198) algo más, una «Adición a las pruebas». Es interesante reproducirla:

Después de terminar el artículo precedente, investigaciones más recientes de Bohr han conducido a un punto de vista que permite profundizar y precisar sustancialmente el análisis de las correlaciones mecánico-cuánticas tratadas en este artículo. En relación con esto, Bohr ha llamado mi atención a que he pasado por alto puntos esenciales en varias de las discusiones de este artículo. Sobre todo, el que la incertidumbre de nuestras observaciones no surge exclusivamente porque se produzcan discontinuidades, sino que está ligada directamente a la exigencia de que adjudiquemos la misma validez a experimentos muy diferentes que se ajustan, por un lado, a la teoría corpuscular y, por otro, a la teoría ondulatoria. En el caso en que se utilizara un microscopio de rayos gamma, por ejemplo, habría que tener en cuenta la necesaria divergencia de un haz de rayos. Esto tiene como una de sus consecuencias que, en la observación de la posición del electrón, la dirección del retroceso Compton solamente se conoce con una extensión que conduce directamente a [$p \cdot q \sim h$]. Además, no se hace suficiente hincapié en que la teoría del efecto Compton se aplica únicamente, estrictamente hablando, a electrones libres. El cuidado que, en consecuencia, es necesario tener al emplear la relación de incertidumbre es, como ha explicado el profesor Bohr, esencial, entre otras cosas, para un tratamiento adecuado de la transición de la micro a la macromecánica. Finalmente, el tratamiento de la fluorescencia resonante no es completamente correcto porque la conexión entre la fase de la luz y la del movimiento electrónico no es tan sencilla como se suponía. Debo un gran agradecimiento al profesor Bohr por compartir conmigo, en una fase tan temprana, los resultados de sus más recientes investigaciones (que aparecerán pronto en un artículo sobre la estructura conceptual de la teoría cuántica) y por discutirlas conmigo.

Esta nota final revela que Bohr ya estaba inmerso en una tarea a la que dedicaría, a partir de entonces, una parte muy importante de su tiempo: la interpretación de la mecánica cuántica. No obstante, ya no pudo contar para este cometido con los intercambios directos con Heisenberg, ya que este abandonó Copenhague en el verano de 1927, para tomar posesión de una cátedra en Leipzig. No hay duda de que, a pesar de los inconvenientes que pudo tener aquella intensa relación (uno tiende a pensar más en el joven alemán, que tuvo que resistir la dominante presencia del danés), fue muy provechosa para ambos. Fructífera en lo científico y gratificante en lo personal, como se puede comprobar en un párrafo de la carta que Bohr envió a Heisenberg a finales de diciembre de 1928, para felicitarle las Navidades:[7]

Querido Heisenberg,

Debería haber respondido a tu amable carta hace tiempo; pero no dejaré que se acabe el año sin agradecerte el gran placer que nos diste a todos con tu visita. Raramente me he sentido en más sincera armonía con cualquier otro ser humano, y todavía me regocijo cuando recuerdo nuestros paseos y discusiones, y no menos con la memoria de la noche

7. Citada en Kalckar, ed. (1985: 24).

> cuando juntos escuchamos la bella conferencia de Høffding sobre Sócrates.

Por desgracia, aquellos amables recuerdos se oscurecieron durante la segunda guerra mundial, cuando Heisenberg visitó, como una especie de delegado *de facto* de relaciones culturales alemán, a Bohr en un Copenhague dominado por los compatriotas de aquel, esto es, por el ejército a las órdenes de Adolf Hitler.

3. El colapso de la función de onda

Un elemento central de la denominada «interpretación de Copenhague» de la mecánica cuántica, de la que me ocuparé más adelante, es «el colapso de la función de onda», el hecho de que antes de efectuar una observación «la realidad» está representada por una función de onda que es suma del conjunto de autofunciones del sistema y que al realizar una medida la función de onda «colapsa», con una cierta probabilidad (que proporciona la teoría), en una de esas autofunciones. Habida cuenta de la importancia del concepto de «colapso», tanto para la interpretación (o para *una* de las posibilidadess) de la cuántica como por sus profundas implicaciones de carácter ontológico, es relevante preguntarse por el momento en que apareció esta noción. La respuesta es que lo hizo en el artículo de Heisenberg de 1927, más en concreto en la sección 3, titulada «La transición de la micro a la macromecánica», aunque ciertamente la presentación no era demasiado clara, en especial si se compara con la que terminó por imponerse. En el texto se encuentran frases como (Heisenberg 1927: 185-186): «Creo que se puede formular satisfactoriamente el origen de la "órbita" clásica de la siguiente manera: la "órbita" se hace realidad solamente cuando la observamos» y «la segunda determinación de la posición selecciona un determinado *q* [posición] de entre todas las posibilidades y limita las opciones para todas las medidas subsiguientes».[8]

No obstante, con anterioridad a la publicación del trabajo de Heisenberg (recordemos que este llegó a la redacción de *Zeitschrift für*

8. «*Die "Bahn" entsteht erst dadurch, daß wir sie beobachten*» y «*Die zweite Ortsbestimmung wählt aus der Fülle der Möglichkeiten eine bestimmte "q" aus und beschränkt für alle folgenden Bestimmungen die Möglichkeiten*», en el original.

Physik el 23 de marzo), Max Born había firmado otro artículo, que apareció en el número de la revista inglesa *Nature* del 5 de marzo, en el que daba explicaciones que, en retrospectiva, pueden entenderse en el sentido de un «colapso de la función de onda», aunque no utilizaba esta expresión. De hecho, si adjudico a Heisenberg la prioridad, algo nebulosa, en lo que se refiere a la introducción del concepto es por expresiones como las anteriormente citadas. Veamos, en cualquier caso, lo que escribió Born (1927, 1970: 10):

> Un conocimiento de ψ nos permite seguir el curso de un proceso físico en la medida que determina la mecánica cuántica: no en un sentido causal, sino en un sentido estadístico, todo proceso consiste en procesos elementales que estamos acostumbrados a llamar transiciones o saltos; el propio salto desafía todo intento de visualización y solamente se puede asegurar su resultado. Este resultado es que, después del salto, el sistema se halla en un estado cuántico diferente. La función ψ determina estas transiciones de la siguiente manera: cada estado del sistema corresponde a una solución particular característica, una autofunción de la ecuación diferencial; por ejemplo, al estado normal le corresponde la función ψ_1, al siguiente estado la función ψ_2, etc. Por sencillez asumimos que el sistema estaba originalmente en el estado normal; después de que tuviese lugar un proceso elemental la solución se ha transformado en una con la forma
>
> $$\psi = c_1 \cdot \psi_1 + c_2 \cdot \psi_2 + c_3 \cdot \psi_3 \ldots$$
>
> que representa una superposición de un número de autofunciones con amplitudes definidas c_1, c_2, c_3... Entonces, el cuadrado de las amplitudes c_1^2, c_2^2, c_3^2..., da la probabilidad de que, después del salto, el sistema esté en el estado 1, 2, 3. Por consiguiente, c_1^2 es la probabilidad de que, a pesar de la perturbación, el estado permanezca en el estado normal, c_2^2 la probabilidad de que haya saltado al segundo, y así sucesivamente. Estas probabilidades están, por tanto, determinadas dinámicamente. Pero esto, de hecho, hace que el sistema no esté determinado, al menos no por las leyes que conocemos actualmente.

Una muestra de las dudas que surgieron antes de que se produjese la consolidación del concepto de «colapso de la función de onda» se encuentra en las actas del quinto Congreso de Física Solvay, una publicación de la que trataré con extensión algo más adelante, y que corresponden a la reunión celebrada en Bruselas entre el 24 y el 29 de octubre de 1927, esto es, poco después de la publicación de los artículos de Heisenberg y Born que acabamos de analizar.

En la «Discusión general de las nuevas ideas presentadas», Max Born manifestó lo siguiente (Électrons et fotons 1928: 250-251):

> M. Born.- M. Einstein ha considerado el siguiente problema: una preparación radiactiva emite partículas α en todas las direcciones; estas se hacen visibles por el método de la [cámara] de niebla de Wilson. Ahora, si se asocia a cada proceso de emisión una onda esférica, ¿cómo podemos comprender que la traza de cada partícula α se muestre como una línea (o casi) recta? En otras palabras, ¿cómo puede reconciliarse el carácter corpuscular del fenómeno con la representación mediante ondas?
>
> Para hacerlo, se debe recurrir a la noción de «reducción del paquete de probabilidad» desarrollado por Heisenberg. La descripción de la emisión mediante una onda esférica solamente es válida en tanto que no se observa la ionización; una vez que la ionización se muestra, con la aparición de las gotitas de niebla, para describir lo que pasa a continuación se debe «reducir» el paquete de ondas a las vecindades inmediatas de esas gotitas. Se obtiene de esta manera un paquete de ondas en forma de rayo, que corresponde al carácter corpuscular del fenómeno.
>
> M. Pauli me ha preguntado si no es posible describir el proceso sin la reducción del paquete de ondas, recurriendo a un espacio pluridimensional, cuyo número de dimensiones es el triple del número de todas las partículas presentes (partículas α y átomos golpeados por la radiación).
>
> Esto es, efectivamente, posible y acaso pueda representarse de manera más intuitiva mediante una simplificación conveniente, pero ello no nos lleva más lejos en lo que se refiere a las cuestiones esenciales.

A continuación, presentaba un posible ejemplo de «tratamiento pluridimensional de problemas parecidos».

En la misma discusión del congreso Solvay en la que intervino Born, Paul Dirac se refirió también al colapso de la función de onda, pero con un planteamiento diferente, o mejor dicho, con una formulación distinta (Électrons et fotons 1928: 262):

> [Según la mecánica cuántica] el estado del mundo en un instante cualquiera está descrito por una función de onda ψ, que normalmente varía siguiendo una ley causal de manera que su valor inicial determina su

valor en cualquier instante posterior. Sin embargo, puede suceder que, en un cierto instante, t_1, ψ se pueda desarrollar en serie, de la forma

$$\psi = \sum_n c_n \cdot \psi_n$$

donde ψ_n son funciones de onda de una naturaleza tal que no pueden interferir entre ellas en un instante posterior a t_1. Si este es el caso, el estado del mundo en instantes posteriores a t_1 estará descrito, no por ψ, sino por una de las ψ_n. Se puede decir que *la naturaleza elige cuál de las* ψ_n *conviene*, ya que la única información que suministra la teoría es que la probabilidad de cualquiera de las ψ_n a seleccionar es de $|c_n|^2$.[9]

En resumen, encontramos que: 1) Born mencionaba de forma explícita la «reducción del paquete de probabilidad desarrollado por Heisenberg» y la «reducción del paquete de ondas»; 2) tanto Born como Pauli consideraban la posibilidad de prescindir del colapso de la función de onda; y 3) Dirac estimaba que este fenómeno no era sino «una elección de la naturaleza», lo que en realidad equivale a decir, simplemente, que se produce tal acontecimiento.

Ahora, retornemos a las ideas de Niels Bohr sobre la interpretación de la mecánica cuántica, que presentó públicamente en el congreso que se celebró entre el 11 y el 19 de septiembre de 1927 para conmemorar el centenario de la muerte de Alessandro Volta (1745-1827). La mayor parte de la convención se desarrolló en Como, continuó luego en Pavía y finalizó en Roma. En esa primera ciudad, a orillas del lago, se reunieron 61 científicos de catorce países, entre los que se encontraban doce premios Nobel: Niels Bohr, James Frank, Max von Laue, Max Planck, Francis W. Aston, William Lawrence Bragg, Ernest Rutherford, Guglielmo Marconi, Hendrik A. Lorentz, Pieter Zeeman, Arthur H. Compton, y Robert Millikan; y cinco científicos que lo obtendrían más adelante: Max Born, Werner Heisenberg, Enrico Fermi, Wolfgang Pauli y Emilio Segrè. Autorizada la reunión por Benito Mussolini, *il duce*, que fue nombrado junto a Marconi presidente del congreso, no se reparó en gastos: el presupuesto fue de 7.291.568 liras, una suma equivalente al 13 por ciento del gasto total del Estado italiano en universidades o lo mismo que recibió el grupo de Fermi en Roma a lo largo de veinte años.

9. Cursivas añadidas.

4. El congreso en Como en honor de Volta (1927)

El físico español Blas Cabrera, catedrático de Electricidad y Magnetismo de la Universidad Central de Madrid y director del Laboratorio de Investigaciones Físicas de la Junta para Ampliación de Estudios e Investigaciones Científicas, de lejos el mejor centro de física experimental existente entonces en España, asistió a aquel simposio y dejó constancia de ello en una nota que publicó en los *Anales de la Sociedad Española de Física y Química*. Extraigo de esta publicación algunos pasajes (Cabrera 1927: 385):

> Este congreso, convocado en homenaje a Volta, en el centenario de su muerte, quedará en la historia de la ciencia como una de las más brillantes reuniones de este género, y seguramente tendrá una saludable influencia en el porvenir. La invitación del Comité italiano, que presidió Quirino Majorana, encontró eco cordial en todo el mundo científico, desde los Estados Unidos al Japón, y desde el norte de Europa hasta la India, pues más de cuarenta naciones se hallaban representadas por sus físicos de mayor nombradía. Entre ellos figuraban no menos de once premios Nobel.
>
> La organización del congreso acredita la capacidad del Comité y mereció el aplauso unánime y repetido de todos los presentes. Inaugurado el día 11 de septiembre, sus trabajos se dividieron en cinco grupos, por la naturaleza de las materias objeto de las comunicaciones presentadas.

A continuación, Cabrera explicaba cuáles habían sido los grupos y quiénes intervinieron en ellos. Es relevante detallarlos, ya que ofrecen un buen panorama de la situación de la física en ese momento. Abrió el primero de ellos (dedicado a «Investigaciones referentes a la estructura de la materia») Ernest Rutherford, con una conferencia sobre «La estructura de los átomos radiactivos y el origen de los rayos alfa». Después intervinieron James Franck, con «La relación entre los espectros de bandas y los enlaces químicos»; Francis Aston, que dio «a conocer su nuevo espectrómetro de masa»; Walther Gerlach, que analizó «la susceptibilidad magnética de los gases en relación con la cuantización del espacio»; Blas Cabrera, con los «resultados obtenidos con Duperier para la susceptibilidad magnética de las familias del paladio y el platino»; Otto Stern, que disertó sobre «experimentos realizados con rayos moleculares»; H. D. M. Bose, acerca de la «teoría del paramagnetismo»; William L. Bragg, con la «difracción de las ondas electromagnéticas por un cristal»; Adolf Smekal, sobre «análisis de rayos X para establecer la estructura de los cristales reales»; Irving Langmuir, que trató de «descargas eléctricas en los gases a baja presión»; Maurice de Broglie, que se ocupó de la «absorción de rayos X», y Arthur H. Compton, que presentó la «acción de la radiación sobre los electrones».

El segundo grupo estuvo dedicado a la «electricidad aplicada». Intervinieron en él: K. W. Wagner («Teoría de los conductores en cadena y su aplicación a los filtros»); Paul Boucherot («Posibilidad de utilizar el frío de las capas profundas del mar para mejorar las condiciones de habitabilidad de la zona tórrida»); Richard Tolman («Experimentos sobre la relación entre la electricidad y el movimiento de la materia»); P. Janet («Construcción de máquinas de corriente continua sin sectores»); Aimé Cotton («Construcción del gran electroimán de Bellevue»); Robert W. Wood («Efectos físicos y biológicos producidos por ondas elásticas de muy alta frecuencia»); Quirino Majorana («Telefonía por ondas ultravioletas») y Marcel Brillouin («Electricidad atmosférica»).

El tercero se centró en la «teoría de los fenómenos eléctricos». Lo inauguró Hendrik A. Lorentz, «señalando las dificultades que ofrece el problema del electrón-peonza de Goudsmit y Uhlenbeck desde el punto de vista de la mecánica clásica. Para este fin, Lorentz considera el electrón como una distribución uniforme de carga entre dos esferas concéntricas, dotadas de rigidez y elasticidad» (Cabrera 1927: 389), al que siguieron Max Planck («Potenciales en las disoluciones diluidas»); Orso Corbino («Teoría de la pila»); Edwin Hall («Efecto Volta»); J. [Yakov] Frenkel («Una nueva forma de la teoría de los metales»); Eduard Grüneisen («Partes metálicas y no metálicas de la resistencia térmica»); Paul Ehrenhaft («Física de la materia ultramicroscópica»); E. Perucca («Relación entre el efecto triboeléctrico y el efecto Volta») y P. Lazareff («Teoría de la visión incolora»).

El cuarto grupo, según la caracterización de Cabrera, fue de «comunicaciones, se refiere a la óptica». Participaron Robert Millikan, que «dio cuenta de sus últimos experimentos sobre los llamados rayos cósmicos, tratando de fijar su intensidad, intervalo de longitudes de onda y origen» (Cabrera 1927: 389), así como La Rosa y Giovanni Giorgi («Teoría balística de la luz»); J. C. McLennan («Espectro de la aurora boreal»); Owen W. Richardson («Espectro de bandas del hidrógeno»); Friedrich Paschen («Procedimiento para excitar el espectro sin que los átomos se hallen sometidos a campos intensos»); William Duane («Experimentos para establecer el carácter de la radiación X general»); Meg Nad Saha («Nueva explicación de los espectros complicados»); Pieter Zeeman («Exposición sistemática de nuestros conocimientos acerca de la radiación de los átomos en un campo magnético») y A. Amurio («Determinación de la constante solar»).

En cuanto al quinto grupo, «relativo a las teoría de la estructura de la materia y la radiación, comprendió una memoria de Arnold Sommerfeld acerca de la conductibilidad eléctrica de los metales y el efecto de Volta, según se deduce de la estadística de Fermi; un nuevo teorema relativo a los invariantes adiabáticos, de Levi-Civita; un resumen de los últimos resultados logrados acerca de la teoría dipolar de los dieléctricos, por Debye, y el estudio de la influencia de la temperatura sobre las interferencias de los rayos X, por Laue. Además, Eddington se ocupó de las condiciones eléctricas de una estrella; Gianfranceschi hizo algunas consideraciones sobre la significación física de la teoría de los cuantos, y Stranco sobre la ecuación de los estados variables de Schrödinger» (Cabrera 1927: 390).

«Cada una de las comunicaciones —continuaba Blas Cabrera— fue objeto de observaciones, que algunas veces condujeron a discusiones de alto interés; y por último, la sesión final de Como se destinó íntegra a una magistral conferencia del profesor Bohr, relativa al estado actual de la teoría de los cuantos, a la que siguió una discusión general en que tomaron parte Bohr, Kramers, Heisenberg, Fermi y Pauli.»[10]

Sin embargo, la conferencia de Bohr es recordada sobre todo porque en ella presentó en público el «principio de complementariedad», en una conferencia que pronunció el 16 de septiembre, durante la sesión de clausura de la parte del congreso celebrada en Como.

10. La clausura del congreso se llevó a cabo en la Universidad de Pavía, en la misma cátedra desde la que enseñó Volta. Lorentz resumió los principales puntos de vista sostenidos durante las sesiones en las que se trataron puntos de física teórica, mientras que Majorana hizo lo propio con respecto a la rama experimental. Dos días después se celebró una última sesión solemne en el Capitolio de Roma, donde Marconi pronunció un discurso sobre la vida de Volta.

5. El «principio de complementariedad» de Niels Bohr

El «principio de complementariedad» desempeñó un papel importante en la forma en que Niels Bohr lidió con una característica fundamental de la mecánica cuántica: la dualidad onda-corpúsculo. Sin embargo, antes de entrar en detalles y como preludio, señalaré que con esta propuesta Bohr defendió la idea de que, aunque los comportamientos corpuscular y ondulatorio se excluyen mutuamente, la única manera de evitar las paradojas lógicas planteadas por dicha dualidad, definidos sus elementos clásicamente, es insistir en la descripción de las observaciones en términos clásicos. Es cierto. Para el físico newtoniano, si dos descripciones se excluyen entre sí, entonces al menos una de ellas es incorrecta. En cambio, según Bohr, para el cuántico, el que un objeto muestre una naturaleza corpuscular u ondulatoria depende de la disposición experimental adoptada para observarlo. Es decir, no negará que estos dos aspectos sean excluyentes entre sí, pero afirmará que ambos son necesarios para la comprensión completa de las propiedades del objeto. De ahí la noción de «complementariedad».

Esta idea de Bohr entraba en conflicto directo con la que sostenía Heisenberg, para quien había que abandonar por completo los conceptos clásicos, incapaces de representar la realidad cuántica. «Bohr quiere escribir un artículo general sobre la "base conceptual" de la teoría cuántica —explicaba Heisenberg a Pauli en una carta del 16 de mayo de 1927 (Hermann, von Meyenn y Weisskopf, eds. 1979: 395)—, desde el punto de vista de que "existen ondas y partículas", cuando uno comienza así entonces, por supuesto, se puede hacer todo consistente. [...] Hay diferencias esenciales entre Bohr y yo acerca de la palabra "visualizable" [*anschaulich*].»

En la entrevista (sesión VIII) que Thomas Kuhn realizó a Heisenberg el 25 de febrero de 1963 para la Biblioteca Niels Bohr del American Institute of Physics, este intentó explicar su punto de vista, su, digamos, filosofía, que era muy diferente a la de Bohr, para quien «los esquemas matemáticos no eran algo primario. Bohr no era un hombre de mente matemática, sino que pensaba en la conexión en la física. Era, yo diría, Faraday pero no Maxwell». De su propio pensamiento, Heisenberg dijo:

> El punto principal era que Bohr quería tomar este dualismo entre ondas y corpúsculos como el punto central del problema, y decir: «esto es el

centro de toda la historia, y tenemos que comenzar por un lado de la historia para poder comprenderla». Yo, de alguna manera, diría: «bien, tenemos un esquema matemático consistente, y este esquema matemático nos dice todo lo que se puede observar. No hay nada en la naturaleza que no pueda describir este esquema matemático». Era una manera diferente de mirar al problema porque Bohr no querría decir que la naturaleza imita un esquema matemático, mientras que yo diría, «bien, ondas y corpúsculos son, ciertamente, una forma con la que podemos hablar y llegamos a estos conceptos desde la física clásica». La física clásica nos ha enseñado a hablar sobre partículas y ondas, pero como la física clásica no es correcta ahí, ¿por qué tenemos que apegarnos tanto a estos conceptos? ¿Por qué no decir simplemente que no podemos utilizar estos conceptos con gran precisión, que tenemos las relaciones de indeterminación y por consiguiente tenemos que abandonar estos conceptos en alguna medida? Como vamos más allá del dominio de la teoría clásica, tenemos que darnos cuenta de que nuestras palabras no son adecuadas. No captan realmente la realidad física y por tanto un esquema matemático nuevo es tan bueno como cualquier otra cosa porque entonces el nuevo esquema matemático nos dice lo que puede estar allí y lo que no puede estar. De alguna forma, la naturaleza sigue el esquema.

Ahora sí, pasemos a la historia del principio de correspondencia y a la conferencia del físico danés en Como.

Aunque en el archivo Bohr de Copenhague se conservan varias notas y borradores, reproducidos en Kalckar, ed. (1985), no ha sobrevivido el texto (si es que lo hubo) de su ponencia. La versión publicada en las actas del congreso corresponde a una fecha bastante posterior, julio de 1928 (Bohr 1928 a). Estrictamente hablando, la primera aparición del término «complementaridad» de la que se tiene constancia fue anterior y se encuentra en un manuscrito de su puño y letra, datado el 10 de julio de 1927, cuyo contenido es fragmentario. En la primera página, se puede leer (Kalckar, ed. 1985: 61):

[De hecho], la teoría muestra una dualidad cuando uno considera, por una parte, el principio de superposición y, por otra, la conservación de la energía y el momento.

> Aspectos complementarios de la experiencia que no se puede unir en una imagen espaciotemporal basada en las teorías clásicas.

Fiel a su costumbre de volver una y otra vez sobre los trabajos que había elaborado (a partir de un cierto momento, cuando se convirtió en el respetado, y también poderoso, director de un Instituto de Física en Copenhague, con la ayuda y colaboración de algún investigador joven), Bohr realizó varias reelaboraciones del texto de su conferencia en Como, la que se publicó en las actas del congreso. Particularmente importante fue la que publicó en inglés en *Nature* el 14 de abril de 1928, con el mismo título que la presentación italiana: «The quantum postulate and the recent development of atomic theory» (Bohr 1928 b), y en alemán en *Die Naturwissenschaften* (Bohr 1928 c). En esos artículos, la idea de complementariedad aparecía por primera vez en el siguiente pasaje (1928 b: 580):

> La propia naturaleza de la teoría cuántica nos fuerza a considerar la coordinación espaciotemporal [con lo que quería decir: el comportamiento corpuscular] y la petición de causalidad [esto es: el ondulatorio], cuya unión caracteriza las teorías clásicas, como rasgos complementarios pero exclusivos de la descripción, simbolizando, respectivamente, la idealización de la observación y definición.

Se da la circunstancia de que *Nature* precedió este artículo de Bohr con una especie de nota editorial, que ocupaba toda una página. Titulada «New Problems in Quantum Theory», la mayor parte de este añadido recordaba hechos bien conocidos sobre el origen y el desarrollo de la física cuántica y finalizaba con unos comentarios sobre la dualidad onda-corpúsculo:

> El extraño conflicto que se ha librado entre la teoría ondulatoria de la luz y la hipótesis cuántica de la luz ha dado lugar a un notable dilema. Pero ahora tenemos un dilema paralelo, porque una partícula material manifiesta algunos de los atributos del movimiento ondulatorio. ¿Se pueden reconciliar esos aparentemente contradictorios puntos de vista? Según Bohr, estas imágenes deben ser consideradas no como contradictorias sino como complementarias. La radiación en el espacio libre no está abierta a observación, y es una mera abstracción. De igual manera, una partícula material aislada nunca puede ser observada y también

es una abstracción. Es únicamente a través de su interacción con otros sistemas como se pueden definir y observar las propiedades de estas abstracciones.

Debe confesarse que la nueva mecánica cuántica está lejos de satisfacer los requisitos del lego que busca revestir sus conceptos en un lenguaje figurativo. De hecho, sus creadores probablemente sostienen que semejante representación simbólica es imposible. Es muy de desear que esta no sea la última palabra en el tema, y que todavía se pueda tener éxito en expresar el postulado cuántico en forma pinturesca [*picturesque*].

En una carta que dirigió a Bohr el 16 de junio de 1928, el siempre mordaz Wolfgang Pauli decía sobre el comentario de *Nature* (Hermann, von Meyenn y Weisskopf, eds. 1979: 463):

Al leer de nuevo su carta, también pienso en su artículo. Honestamente, no me he reído tanto tiempo como al leer el ridículo comentario con el que la Redacción de *Nature* han precedido su artículo. Después de un superfluo repaso histórico, en breves frases, del desarrollo de la teoría cuántica en años recientes, en el que no se menciona el nombre de de Broglie, sigue un oscuro paráfrasis del siguiente estilo: «Nosotros, físicos británicos, estaríamos extremadamente felices si en el futuro los puntos de vista que se defienden en el siguiente artículo resultaran no ser ciertos. Sin embargo, como Mr. Bohr es un hombre agradable, semejante placer no sería amable. Como, además, es un físico famoso y a menudo acierta más que falla, solamente queda una pequeña probabilidad de que se cumplan nuestras esperanzas». En cualquier caso, esto es como *yo* leo el comentario de *Nature*, y pienso para mí: «Sancta simplicitas».

Otra de esas reelaboraciones de Bohr, que según su estilo volvía una y otra vez a algunos de sus escritos, apareció en el segundo capítulo (denominado «El postulado atómico y el desarrollo reciente de la teoría atómica») de un libro editado en 1934 con el título *Atomic Theory and the Description of Nature* (Bohr 1934), que estaba compuesto por cuatro artículos publicados previamente, entre 1925 y 1929, en diversas revistas científicas. En la «Introducción» al volumen, fechada en 1929, Bohr daba explicaciones que merecen ser citadas (Bohr 1934; 1988: 59):

> El segundo artículo reproduce, en una forma elaborada, una conferencia dada en un congreso internacional de físicos que tuvo lugar en Como en septiembre de 1927, en conmemoración del centenario de la muerte de Volta. En ese momento, los métodos de la mecánica cuántica habían logrado un alto grado de perfección y se habían mostrado fecundos en un gran número de aplicaciones. En cambio, había surgido una seria divergencia de opiniones respecto a la interpretación física de estos métodos, lo que había dado lugar a muchas discusiones. En especial, el éxito considerable de la mecánica ondulatoria de Schrödinger había hecho renacer la esperanza en numerosos físicos de lograr una descripción de los fenómenos atómicos adoptando las ideas directrices de las teorías de la física clásica, sin introducir ese rasgo de «irracionalidad» que hasta entonces había caracterizado las aplicaciones de la teoría cuántica. En contra de esta opinión mantuve, en esta conferencia, que el postulado fundamental de la indivisibilidad del cuanto de acción es en sí mismo y desde el punto de vista clásico un elemento irracional que nos obliga inevitablemente a renunciar a una descripción causal en el espacio y en el tiempo y que nos compele, en razón de la conexión entre los fenómenos y su observación, a un modo de descripción *complementaria*, en el sentido de que en ella toda aplicación de los conceptos clásicos excluye el uso simultáneo de otros conceptos clásicos igualmente necesarios en otras circunstancias para la elucidación de los fenómenos. Mostré cómo este aspecto se presentaba de inmediato al considerar la naturaleza de la luz y de la materia.

La complementariedad que Bohr introducía no era solo una forma de resolver el problema que presentaba la descripción de la radiación para «una mente clásica», debido a la coexistencia de dos interpretaciones de su naturaleza: una ondulatoria, acorde con el electromagnetismo, y otra corpuscular, según la teoría de la propagación de la luz. No se trataba solo de fotones, como señalaba Bohr (1934; 1988: 60) en la «Introducción» que estoy citando: «Por lo que se refiere a la materia, la reciente confirmación de la representación ondulatoria de de Broglie por las célebres experiencias sobre la reflexión de los electrones por los cristales metálicos, nos colocaba ante un dilema por completo similar, dado que no era cuestión de que se abandonase la idea de individualidad de las partículas eléctricas elementales, base esencial del reciente desarrollo de toda la teoría atómica». Ambas descripciones eran *complementarias* a la hora de dar cuenta de la realidad.

Es importante señalar que los argumentos de Bohr dependían en gran medida del principio de incertidumbre de Heisenberg. «El fin principal del artículo —explicaba (Bohr 1934; 1988: 60)— es demostrar que este aspecto de la complementariedad es fundamental para una interpretación consistente de los métodos de la teoría cuántica. Heisenberg acababa de contribuir de manera decisiva a esta discusión al señalar la estrecha conexión que existe entre la limitación del rango de aplicación de los conceptos mecánicos y el hecho de que toda medida que permita seguir los movimientos de las partículas elementales interfiere inevitablemente el curso de los fenómenos, introduciendo así un elemento de incertidumbre determinado por la magnitud del cuanto de acción. Esta indeterminación presenta, verdaderamente, un particular carácter complementario que impide todo uso simultáneo de los conceptos de espacio y de tiempo y de las leyes de conservación de la energía y de la cantidad de movimiento, característico de la descripción causal de la mecánica.» Un poco más adelante, aparecía una frase que Bohr repitió numerosas veces: «*La magnitud finita del cuanto de acción impide hacer una distinción neta entre el fenómeno y el instrumento de observación*, distinción que subyace al concepto ordinario de observación y que por lo tanto está en la base de las ideas clásicas del movimiento».

Si consultamos, no la «Introducción», sino el propio artículo (capítulo II), en el que volvió a elaborar las ideas que había presentado en Como, nos encontramos con pasajes como el siguiente (Bohr 1934; 1988: 100):

> Es preciso considerar una modificación radical de la relación entre la descripción en el espacio y en el tiempo y el principio de causalidad, que simbolizan respectivamente las posibilidades ideales de observación y de definición, y cuya unión es característica de las teorías clásicas: a partir de la esencia misma de la teoría cuántica debemos contentarnos con concebirlas como aspectos complementarios, pero que se excluyen mutuamente, de nuestra representación de los resultados experimentales. De la misma manera que la teoría de la relatividad nos ha enseñado que la conveniencia de hacer una clara distinción entre el espacio y el tiempo, impuesta por nuestros sentidos, se apoya únicamente en el hecho de que las velocidades relativas habituales son muy pequeñas comparadas con la velocidad de la luz, la teoría cuántica nos enseña que si nuestro modo de intuición a la vez causal y espaciotemporal está bien adaptado a su fin, eso

no se debe más que al pequeño valor del cuanto de acción comparado con las acciones que intervienen en nuestras percepciones ordinarias. En realidad, para tener en cuenta el postulado cuántico en la descripción de los fenómenos atómicos, debemos desarrollar una «teoría de la complementariedad», cuya consistencia solo puede ser juzgada confrontando las posibilidades de definición y las posibilidades de observación.

Por último, en la conclusión del capítulo del libro, manifestaba (Bohr 1934; 1988: 132):

> Nos encontramos así, de verdad, en el camino seguido por Einstein: adaptar gradualmente nuestras formas de intuición derivadas de las percepciones sensoriales a un conocimiento cada vez más profundo de las leyes de la Naturaleza. El principal obstáculo con el que nos encontramos en este camino proviene ante todo del hecho de que cada palaba de nuestro lenguaje depende de estas formas de intuición. En la teoría cuántica tropezamos con este inconveniente desde el mismo momento en que nos enfrentamos con el problema del ineluctable aspecto de irracionalidad que distingue al postulado cuántico. Confío, no obstante, en que la idea de complementariedad sea adecuada para caracterizar la situación, que mantiene una profunda analogía con la dificultad general de formación de los conceptos humanos, dificultad que es inherente a la distinción entre sujeto y objeto.

No debe pasar desapercibido el comentario final de «que la idea de complementariedad [es] adecuada para caracterizar la situación, [ya] que mantiene una profunda analogía con la dificultad general de formación de los conceptos humanos». Una vez que desarrolló esta noción, Bohr se esforzó en repetidas ocasiones por intentar trasladarla, entendida como instrumento de indagación epistemológica, a otros campos, en particular a la psicología, a la biología y a las ciencias antropológicas. La primera iniciativa en este sentido fue la conferencia que pronunció el 15 de agosto de 1932 en la inauguración del Congreso Internacional de Fototerapia, celebrado en Copenhague. Titulada «Luz y vida», su intervención se publicó en varios lugares e idiomas (inglés, danés y alemán).[11] En su ponencia, después

11. Para las diferentes versiones, véase el volumen 10 de los *Collected Papers* de Bohr, dedicado a la «Complementariedad más allá de la física» (Favrholdt, ed. 1999: 28).

de explicar la forma en que la mecánica cuántica modificaba aspectos fundamentales de la observación, Bohr (1933; 1964: 10) señalaba que «esta revisión de los fundamentos de la mecánica, que incluso alcanza al propio concepto de interpretación física, no solo es esencial para hacerse perfecto cargo de la situación existente en la teoría atómica, sino que crea también una nueva perspectiva para el estudio de los problemas vitales en su relación con la física». Reconocía la importancia de la física atómica a la hora de conocer mejor los fenómenos biológicos (por ejemplo, en las plantas o para el estudio del ojo), pero recalcaba que (Bohr 1933; 1964: 12) «las circunstancias en la investigación biológica y física no son directamente comparables, ya que la necesidad de mantener vivo el objeto de estudio impone a la primera una limitación que no existe en la segunda. Así, mataríamos con seguridad a un animal si intentásemos llevar a cabo la investigación de sus órganos hasta el punto de poder determinar el papel desempeñado en las funciones vitales por los átomos aislados. De ello resulta que en todo experimento sobre organismos vivos quedará forzosamente una incertidumbre en cuanto a las condiciones físicas a las que se encuentran sujetos, y ello sugiere que la mínima libertad que hemos de dejar al organismo bastará para permitirle, por así decirlo, el ocultarnos sus íntimos secretos. Desde este punto de vista, la existencia de la vida ha de considerarse en biología como un hecho elemental, lo mismo que en física atómica la existencia del cuanto de acción ha de aceptarse como un hecho básico que no puede deducirse de la mecánica clásica».[12]

Otro tanto hizo con relación a la psicología, como puso de manifiesto en la conferencia que pronunció durante el Congreso Internacional de Ciencias Antropológicas y Etnológicas, que se celebró en Copenhague en 1938 (Bohr 1939; 1964: 33-34):

> Estoy seguro de que muchos de ustedes habrán reconocido la estrecha analogía existente entre la situación que se presenta en el análisis de los fenómenos atómicos y los rasgos característicos del problema de la observación en psicología. Sin duda, cabe decir que la tendencia de la moderna psicología se define como una reacción contra todo intento de descomponer la experiencia psicológica en elementos susceptibles de reunirse des-

12. Se pueden encontrar más detalles sobre la aplicación del principio de complementariedad a la biología en Roll-Hansen (2000).

pués, del mismo modo que los resultados de una medida en física clásica. En la introspección es evidentemente imposible distinguir con precisión los fenómenos mismos de su percepción por la consciencia, y aunque digamos a menudo que llevamos nuestra atención hacia tal aspecto particular de una experiencia psicológica, un examen más riguroso demostrará que se trata de situaciones que se excluyen mutuamente.

Sobre la antropología (Bohr 1939; 1964: 37):

Cuando estudiamos culturas distintas de la propia nos encontramos con un problema particular de observación que, considerado íntimamente, muestra muchos rasgos comunes con los problemas atómicos o psicológicos, en los que la interacción entre objetos e instrumentos de medida, o la inseparabilidad entre el contenido objetivo y el sujeto observante, impide toda aplicación inmediata de los convenios de lenguaje adaptados a nuestra experiencia diaria. Especialmente en el estudio de las culturas de los pueblos primitivos, los etnólogos no solo conocen el peligro de corrupción de tales culturas por sus inevitables contactos, sino que ellos mismos aprenden a menudo hasta qué punto este estudio reacciona sobre su propia actitud ante la vida.

No obstante, y a pesar de sus esfuerzos, no puede decirse que Bohr tuviese demasiado éxito, o que ejerciese alguna influencia, en la aplicación de su «principio de complementariedad» más allá de la física.

6. Los Consejos Solvay y las heridas abiertas por la primera guerra mundial

En el anterior tomo de esta historia de la física cuántica introduje los Consejos Solvay. Consideré con detalle el primero de ellos, el que tuvo lugar en Bruselas entre el 30 de octubre y el 3 de noviembre de 1911 dedicado a «La teoría de la radiación y los cuanta». Así mismo, mencioné que el segundo (27-31 de octubre de 1913) se centró en «La estructura de la materia», pero que la primera guerra mundial interrumpió la secuencia temporal prevista. El tercero, dedicado a «Átomos y electrones», se celebró en 1921 (1-6 de abril), pero no se invitó a ningún alemán ni austríaco: las huellas y los rencores de la conflagración estaban aún muy vivos. En realidad, hubo dos excepciones: Paul Ehrenfest, que era austríaco, pero que había permanecido durante todo el conflicto en Leiden, donde ocupaba la antigua cátedra de H. A. Lorentz, y Albert Einstein. El primero de ellos asistió al encuentro, no así el segundo. En las actas de la reunión se lee simplemente (Atomes et électrons 1923: vi): «Los profesores W.-H. Bragg, de Londres, miembro del Comité Científico del Instituto, así como los profesores N. Bohr, de Copenhague, A. Einstein, de Berlín, y J.-H. Jeans, de Dorking, invitados a participar como miembros a las reuniones del Consejo, se han visto impedidos de viajar a Bruselas». Disponemos, sin embargo, de más información.

El 9 de junio de 1920, Hendrik Lorentz, presidente del Comité Científico del Instituto de Física Solvay, escribió a Einstein con la invitación formal:[13]

> Querido colega,
>
> Después de haberle informado brevemente de palabra sobre el tema, tengo ahora el placer de invitarle, en nombre del comité científico del «Instituto Internacional de Física Solvay», a la «Conferencia de Física» que tendrá lugar en Bruselas la próxima primavera, y pedirle que prepare un informe sobre el efecto predicho por usted, y observado junto a [Wander J. de] Haas (corrientes moleculares de Ampère), y sus consecuencias.[14] Si quisiera participar de nuevo en este pequeño congreso nos estaría haciendo un gran favor.
>
> La reunión comenzará el 1 de abril y durará casi toda la semana. Como tema general hemos escogido la teoría del electrón y sus aplicaciones más importantes, emisiones atómicas y fenómenos de radiación (no radiación de un cuerpo negro); y es nuestra intención promover un intercambio de ideas, específicamente sobre los conceptos fundamentales, ideas generales y cuestiones todavía abiertas. En consecuencia, querríamos limitar la discusión, p. ej., sobre la teoría de Bohr, a los funda-

13. Reproducida en CPAE (2006: 302-303).

14. El Comité Científico estaba compuesto por, además de Lorentz (Leiden), Edmond van Aubel (Gante), W. H. Bragg (Londres), Marcel Brillouin (París), Marie Curie (París), Kamerlingh Onnes (Leiden), Martin Knudsen (Copenhague), Augusto Righi (Bolonia) y Ernest Rutherford (Cambridge). Los trabajos sobre corrientes moleculares de Ampère a los que se refería son los de Einstein y Haas (1915 a, b) y Einstein (1915, 1916).

mentos y casos más sencillos, sin profundizar demasiado en los detalles de las estructuras atómicas complejas.

La división del material, indicando los caballeros a los que vamos a pedir que preparen informes es:

1. Temas generales de la teoría de los electrones. Consecuencia de la teoría y dificultades. *Lorentz.*

2ª. Estructura de los átomos. Constitución del núcleo. Isótopos. *Rutherford.*

2ᵇ. Algunas cosas sobre la teoría cuántica. Específicamente, su regla fotoeléctrica. *De Broglie.*

3. Teoría de Bohr. Disposición de los electrones dentro del átomo. *Bohr.*

4ª. Electrones y magnetismo. Efectos giroscópicos. *Einstein.*

4ᵇ. Intentos de explicar el para y el diamagnetismo. Magnetismo a bajas temperaturas. *Kammerlingh Onnes* o *Langevin.*

Vamos a invitar a la conferencia a los siguientes físicos:

Barkla, Bohr, De Broglie, Ehrenfest, Einstein, De Haas, Jeans, Langevin, Larmor, Millikan, Perrin, Richardson, J. J. Thomson, Weiss, Zeeman; adicionalmente, bien Siegbahn o Vegard; estoy preguntando a Bohr para que decida sobre esto.

Por consiguiente, con los miembros del comité científico, son 25 los participantes; no queremos superar este número a fin de que la reunión sea de una naturaleza tan íntima como sea posible.

Me gustaría mucho saber que podemos contar con usted. Si este fuese el caso, me tomaría la libertad de volver a tratar, en las próximas semanas, sobre la disposición y propósitos de los informes.

Como vemos, entre los posibles participantes, solo Ehrenfest y Einstein eran naturales de las naciones que habían perdido la guerra. Pese a esta circunstancia, el 15 de junio Einstein envió una carta a Lorentz aceptando la invitación (CPAE 2006: 312):

Altamente estimado colega,

Ya en Haarlem le dije que estaría encantado de aceptar la invitación al congreso Solvay. También estaré feliz de encargarme del informe. Es, en particular, un deseo mío de todo corazón ver a nuestros amigos franceses después de tantos y tan difíciles tiempos, y estrechar sus manos. También me alegra que todavía sea posible, incluso hoy, ser tratado como una persona de mente internacional, sin ser compartimentalizado en uno de los dos grandes cajones.

La carta constituye con claridad una manifestación de los sentimientos internacionalistas y pacifistas de Einstein. Sin embargo, este no pudo mantener su promesa de asistir a la reunión de Bruselas. La fama mundial que consiguió tras el anuncio, el 6 de noviembre de 1919, de la confirmación de una de las predicciones (la curvatura de los rayos de luz en presencia de un campo gravitacional) de la teoría general de la relatividad, le impuso, aunque no siempre le agradasen, algunas obligaciones. Una de estas fue acompañar a Chaim Weizmann, presidente de la Organización Mundial Sionista, notable químico de la Universidad de Mánchester y futuro primer presidente del Estado de Israel (fue elegido el 16 de febrero de 1949), en su visita a Estados Unidos para recaudar fondos destinados a la Universidad Hebrea. El 11 de febrero de 1921, Einstein escribió a Lorentz para informarle sobre la nueva situación (CPAE 2009: 95):

> Constituyó para mí una indescriptible alegría haber sido invitado a la conferencia de Bruselas, a sugerencia suya. Y ahora, desgraciadamente, debo informarle que no estoy en posición de aparecer. Pero estoy convencido de que usted aprobará mi decisión. Los sionistas están planeando establecer una universidad en Jerusalén. Con este fin, se supone que las reuniones constituyentes cruciales tendrán lugar en Estados Unidos en marzo. Los responsables se han unido para convencerme de que vaya a esas reuniones, porque creen que a través de mi participación personal será más fácil que los judíos ricos de Estados Unidos estén dispuestos a realizar donaciones. Por muy fantástico que esto pueda sonar, creo que estas personas no están equivocadas. Como la empresa es muy querida a mi corazón, y como judío también siento el deber de contribuir a su éxito con la mejor de mis habilidades, he aceptado. Le pido que, por favor, diga a Mr. Solvay y a nuestros colegas que solamente con gran dolor he decidido renunciar a participar en este congreso Solvay y que deseo de todo corazón buen éxito al acontecimiento.

Al obrar de esta manera, Einstein fue criticado por algunos de sus colegas de la misma etnia y nacionalidad. Fritz Haber, el gran químico-físico, ferviente patriota alemán, judío y buen amigo de Einstein, escribió a este el 9 de marzo de 1921, después de saber que había aceptado viajar a Estados Unidos y que había renunciado a asistir al congreso Solvay, «al que había sido invitado como único representante de nuestro país» (CPAE 2009: 125):

> Si viaja a América en un momento en el que el nuevo presidente está retrasando las consultas sobre la ley mediante la cual se declare la paz entre Estados Unidos y Alemania, si viaja con amigos ingleses del sionismo en un momento en el que las sanciones están exponiendo con más crudeza que nunca el contraste entre Inglaterra y nosotros, entonces usted está proclamando públicamente ante todo el mundo que no quiere ser sino un suizo, que por casualidad tiene su residencia en Alemania. Le ruego que considere si realmente quiere este anuncio ahora. Este es un tiempo en el que pertenecer a Alemania es un acto de martirio. ¿Realmente quiere usted hacer en este momento tal demostración de alienación personal? [...]
>
> Los ingleses y los belgas quieren despojar el nombre Albert Einstein del carácter alemán que hasta ahora ha estado asociado a él. Si permite que hagan esto, los judíos alemanes tendrán que sufrir por ello.

La respuesta de Einstein no se hizo esperar. En una carta fechada el mismo día que la de Haber (lo que nos da idea de la rapidez del servicio postal alemán, aunque ambos viviesen en la misma ciudad, Berlín), decía, entre otras cosas (CPAE 2009: 127-129):

> Ninguna persona razonable puede acusarme de deslealtad con mis amigos alemanes. He declinado muchas ofertas atractivas de cátedras en Suiza, Holanda, Noruega e Inglaterra, incluso sin pensar en aceptar alguna. Hice esto, por cierto, no por apego a Alemania sino a mis queridos amigos alemanes, entre los que usted es uno de los más excepcionales y bien intencionados [...]
>
> Habría ido con alegría a la conferencia Solvay. Y decliné esa visita con gran dolor de corazón. Nernst estaba furioso, por cierto, cuando supo que yo había sido invitado y que pretendía ir. Usted lamenta (igualmente por razones nacionalistas) que tuviese que declinar. ¿No le recuerda esto a uno la antigua y divertida fábula del padre, el niño y el burro?[15]

En cuanto al cuarto congreso Solvay, celebrado entre el 24 y el 29 de abril de 1924 y cuyo tema fue «Conductividad eléctrica de los metales y problemas relacionados», no hubo participación alemana. Recordemos en este sentido que en enero de 1923 tropas francesas y

15. Esta es una alusión a la fábula de Esopo titulada «El hombre, el niño y el burro», cuya moraleja es que, si intentas satisfacer a todos, no satisfaces a ninguno.

belgas habían ocupado el Ruhr. Aquella acción tuvo consecuencias importantes incluso para los más internacionalistas, como era el caso de Einstein. Un buen ejemplo de estas repercusiones es lo que sucedió con la Comisión Internacional de Cooperación Intelectual, establecida en enero de 1922 dentro del marco de la Sociedad de las Naciones, la gran organización supranacional ideada por el presidente estadounidense Wilson, que comenzó a funcionar en 1920. La comisión fue creada «para examinar las cuestiones relacionadas con la cooperación intelectual y para desarrollar las relaciones en el orden internacional», estaba compuesta por doce miembros, personalidades eminentes de las ciencias, las letras y las artes, y era presidida por el filósofo francés Henri Bergson (que dimitió a finales de 1925 y fue sucedido por Hendrik Lorentz a partir de la reunión de enero de 1926). Entre sus primeros integrantes figuraron Einstein, Marie Curie y George Hale, además del ingeniero español Leonardo Torres Quevedo (Lorentz se incorporó en julio de 1923).

Einstein aceptó formar parte de la Comisión en mayo de 1922 pero, poco después, cambió de opinión y dimitió. En su escrito de renuncia señalaba que, a pesar de que él mismo no había sido objeto de críticas hostiles por parte de los intelectuales alemanes, «la situación aquí es tal que un judío haría bien restringiendo su participación en asuntos políticos. Además, debo decir que no tengo ningún deseo de representar a personas que, sin duda, no me elegirían como su representante, y con las que yo mismo estoy en desacuerdo» (Nathan y Norden, eds. 1968: 59). No obstante, ante la insistencia de, sobre todo, Marie Curie y Gilbert Murray, Einstein retiró su dimisión, aunque no asistió a la primera reunión del Comité, celebrada el 1 de agosto de 1922. Sin embargo, en marzo de 1923, dos meses después de la ocupación del Ruhr, volvió a dimitir. En la carta que envió, manifestaba que se había «convencido de que la Sociedad de Naciones no tenía ni la fuerza, ni la buena voluntad necesarias para cumplir su misión, y que un pacifista [como él] no debe mantener ninguna relación con ella» (Schroeder-Gudehus 1978: 178-179). Aunque los términos de esta misiva causaron una irritación generalizada, el 21 de junio de 1924 se le propuso de nuevo que se uniese a la Comisión, a lo que accedió cuatro días después.[16]

16. Abandonó de manera definitiva la Comisión Internacional de Cooperación Intelectual en 1930.

Retornando al cuarto congreso Solvay, encontramos que Einstein, de hecho, fue invitado. El 12 de mayo de 1923, Lorentz le escribió (en francés y no en alemán, como solía hacer) en su calidad de presidente del Comité Científico del Instituto Internacional de Física Solvay y le anunció que la Comisión Administrativa del Instituto le convocaría, «cuando llegase el momento» (Kox, ed. 2008: 553-554). El 16 de agosto, Einstein respondió a esta carta y manifestó que no participaría en la reunión debido a la exclusión de los científicos alemanes. Al mismo tiempo, solicitaba que, por favor, Lorentz se asegurase de que no se le enviara una invitación formal (Kox, ed. 2008: 557).[17] Bohr también rechazó el ofrecimiento, parece que por motivos similares.

Erwin Schrödinger, el creador de la mecánica ondulatoria, que era austríaco pero que por entonces ocupaba una cátedra en la Universidad de Zúrich, fue también invitado, no a presentar un informe, sino como mero observador. Moore (1989: 157), su mejor biógrafo, afirma que asistió, pero el hecho es que no aparece en la fotografía oficial de la reunión.

Otro punto que conviene mencionar es que la exclusión de los investigadores alemanes de los encuentros mundiales no se limitó a la física, sino que también se produjo en otra disciplina en la que ocupaban una posición de liderazgo: la matemática, que tenía una mayor tradición de reuniones universales que la física. El «instrumento» para ello fueron los Congresos Internacionales de Matemáticos, que se celebraron desde el principio cada cuatro años. El primero fue en Zúrich en 1897 y luego vinieron los de París (1900), Heidelberg (1904), Roma (1908) y Cambridge (1912), momento en que fueron suspendidos de manera temporal debido a la primera guerra mundial.[18] Se reanudaron en 1920 en Estrasburgo, ciudad que había vuelto a pasar a manos francesas como resultado de los términos de la victoria aliada (en 1871 había sido cedida a Alemania en los tratados resultantes de otra guerra, la franco-prusiana). En esta última reunión, se excluyó a los matemáticos de las potencias centrales (los de países neutrales solo fueron admitidos después de recibir el voto favorable de dos

17. Véanse las explicaciones que Lorentz le daba en otra carta del 15 de septiembre, en la que decía que, en principio, los alemanes no estaban excluidos (Kox, ed. 2008: 558-559). El hecho, sin embargo, es que no se invitó a ninguno.

18. Para la historia de los Congresos Internacionales de Matemáticos, véanse Albers, Alexanderson y Reid (1987) y Curbera (2009).

tercios del Comité Ejecutivo). En Toronto (1924), continuaron excluidos los alemanes, mientras que en Bolonia (1928) se les invitó y, aunque algunos rechazaron ir, finalmente enviaron una delegación de más de sesenta integrantes, encabezada por David Hilbert. En aquella ocasión, este propuso otro de sus famosos dilemas (recordemos que en el congreso de París de 1900 había presentado su célebre lista de 23 problemas matemáticos sin resolver), el llamado *Entscheidungsproblem*, o «problema de la decisión»: demostrar la existencia de un algoritmo para decidir si una proposición matemática es consecuencia lógica de otras.

7. El V Consejo Solvay

El quinto Consejo Solvay (junto con el primero, el más famoso de todos) se celebró entre el 24 y el 29 de octubre de 1927.[19] Fue en este encuentro cuando volvieron a participar los científicos de las potencias centrales. El movimiento en favor de su readmisión se vio favorecido por los acontecimientos políticos. En primer lugar, por los acuerdos a los que se llegó en la reunión celebrada en Locarno (Suiza) del 5 al 16 de octubre de 1925, en la que participaron diplomáticos de Bélgica, Checoslovaquia, Francia, Alemania, Reino Unido, Italia y Polonia, puntos que se refrendaron en Londres el 1 de diciembre del mismo año. Allí, Francia, Bélgica y Alemania renunciaron a modificar mediante la violencia las fronteras que los separaban y que el Tratado de Versalles había establecido. A ello hay que sumar que, en octubre de 1926, la República de Weimar fue admitida en la Sociedad de las Naciones, el organismo internacional creado el 28 de junio de 1919.

Ante las perspectivas que esto abría, Lorentz se entrevistó el 2 de abril de 1926 con el rey Alberto de Bélgica. He aquí los términos en los que el científico holandés relató al día siguiente su entrevista con el monarca:[20] «Su Majestad ha expresado la opinión de que, siete años después de la guerra, los sentimientos que ha provocado deben

19. He utilizado las actas de este congreso publicadas por la Comisión Administrativa del Instituto Internacional de Física Solvay (Électrons et photons 1928), pero existe una traducción reciente al inglés y, por tanto, mucho más accesible, que además incluye un excelente estudio introductorio (Bacciagaluppi y Valentini 2009).

20. Citado en Pelseneer (s. f.).

dulcificarse poco a poco; que para el futuro es absolutamente necesario un mejor entendimiento con los pueblos y que la ciencia puede contribuir a lograrlo. También ha señalado que visto todo lo que los alemanes han hecho en física, sería muy difícil continuar sin ellos».

En efecto, su ausencia en el consejo del año siguiente habría desvirtuado por completo la reunión, ya que el tema a debatir era «Electrones y fotones», difícilmente abordable sin recurrir a la nueva mecánica cuántica, desarrollada, en buena medida, gracias a los trabajos de los físicos alemanes y austríacos. Los participantes en la conferencia, como «miembros», fueron (Électrons et photons 1928: vii-viii): Hendrik Antoon Lorentz, que presidió el encuentro, Niels Bohr, Max Born, William L. Bragg, Léon Brillouin, Louis de Broglie, Arthur Holly Compton, Marie Curie, Peter Debye, Paul Adrian Maurice Dirac, Théophile de Donder, Paul Ehrenfest, Albert Einstein, Ralph Howard Fowler, Charles Eugène Guye, Werner Heisenberg, Émile Henriot, Édouard Herzen, Martin Knudsen, Hendrik Anthony Kramers, Paul Langevin, Irving Langmuir, Wolfgang Pauli, Auguste Piccard, Max Planck, Owen Willans Richardson, Erwin Schrödinger, Jules-Émile Verschffelt, como secretario, y Charles Thomson Rees Wilson. De Donder, Henriot y Piccard, profesores de la Universidad de Bruselas, participaron como invitados del Comité Científico, y Herzen, de la Escuela de Estudios Superiores de esa misma ciudad, lo hizo en representación de la familia Solvay. Sorprendentemente, este fue el primer congreso de este tipo al que asistió Niels Bohr.

Arnold Sommerfeld, que había estado presente en los simposios de 1911 y 1913, al igual que en el de Como en honor a Volta, y que sin duda reunía todas las condiciones para haber sido invitado, no lo fue. Es cierto que no había firmado el tristemente célebre «Manifiesto de los 93», que se mencionó en el primer tomo, a diferencia de colegas suyos, como Max Planck (que se arrepintió públicamente más tarde) o Walther Nernst, tal vez porque no se lo pidieron. Sea como fuere, el caso es que poco después Sommerfeld fue uno de los más de dos mil profesores de universidades alemanas que se pronunciaron en defensa del «militarismo prusiano» al que se referían sus enemigos. «El espíritu del Ejército alemán —manifestaban— no es diferente al del pueblo alemán, porque los dos son uno, y nosotros pertenecemos también a él [...] Este espíritu está vivo no solo en Prusia, sino que es el mismo en todos los estados del Reich alemán. Es el mismo en la guerra que en la paz.»

Cuando en noviembre de 1919 Lorentz expresó públicamente a Ernest Solvay su «simpatía por el tan sufrido pueblo belga, representado tan admirablemente por él», Sommerfeld se irritó profundamente. «¿No debería Lorentz ser más escrupuloso con la verdad, en el asunto de incitar sentimientos antialemanes y probelgas?», escribió a Wien. Cuando este, deseoso de eliminar «la injustificada influencia de los autores ingleses», propuso que los físicos alemanes solamente enviasen sus trabajos a revistas de esa nacionalidad si los científicos británicos acordaban hacer lo propio en publicaciones germanas, Sommerfeld apoyó la propuesta (citado en Eckert 2013: 195).

No fue hasta el siguiente congreso, celebrado en 1930 y dedicado al magnetismo, que Sommerfeld volvió a participar en estas selectas reuniones.

Los informes que se presentaron en el quinto encuentro fueron preparados por: William Lawrence Bragg, «La intensidad de la reflexión de los rayos X»; Arthur H. Compton, «Discordancias entre la experiencia y la teoría electromagnética de la radiación»; Louis de Broglie, «La nueva dinámica de los cuantos»; Max Born y Werner Heisenberg, «La mecánica de los cuantos»; y Erwin Schrödinger, «La mecánica de ondas». En las actas que se hicieron públicas (en francés), se añadió la traducción del artículo de Niels Bohr que se había dado a la imprenta (ya lo vimos) en *Nature* (Bohr 1928 b) y en *Die Naturwissenschaften* (Bohr 1928 c). Este texto apareció después de celebrado el congreso, pero poco antes de que se publicasen las actas, llevaba por título «El postulado de los cuantos y el nuevo desarrollo de la atomística» y en gran medida contenía la reelaboración de su conferencia en Como. Bohr fue quien solicitó su inclusión, «para reemplazar la exposición de sus ideas que hizo durante el curso de la discusión general» (Électrons et photons 1928: 215).

De entre todas las intervenciones de este congreso (habida cuenta de que ya hice referencia a los comentarios sobre el colapso de la función de onda realizados durante la reunión), la que más novedades contenía con respecto a lo expuesto aquí era la de Louis de Broglie. Para situarla en un contexto adecuado, utilizaré la «Visión de conjunto de mis trabajos científicos», que él mismo escribió para un volumen editado en homenaje suyo bajo el título *Louis de Broglie, physicien et penseur* (1953). Tras referirse a la mecánica ondulatoria de Schrödinger, de Broglie (1953: 464) escribía:

Después, en la primavera de 1927, vinieron los magníficos experimentos sobre la difracción de electrones por los cristales, debidos a los señores Davisson y Germer, y más tarde los del señor G. P. Thomson (hoy sir George Thomson). Estos experimentos aportaron una confirmación total de mis ideas y sirvieron para que me encargasen, a comienzos del verano, la redacción de un informe para el Congreso de Física Solvay, que debía reunirse en Bruselas en el siguiente mes de octubre, para discutir las nuevas formas de la Física cuántica.

De Broglie hacía referencia aquí a un artículo de George Paget Thomson, pero este se publicó en 1928, después de que se hubiese celebrado el congreso. Por lo tanto, más que el experimento del físico británico, lo que debió ser decisivo a la hora de seleccionarlo para presentar un informe en Bruselas fueron los resultados obtenidos por Clinton Joseph Davisson y Lester Halbert Germer (1927), que también se mencionaban, junto a otros, en la presentación y que apoyaban la idea de ondas asociadas a corpúsculos.

Una medida del reconocimiento que recibió de Broglie por sus trabajos es que en 1929 se le concedió el premio Nobel de Física, «por su descubrimiento de la naturaleza ondulatoria de los electrones», antes, por consiguiente, que Heisenberg, al que se otorgó el de 1932, y que Schrödinger y Dirac, que lo recibieron en 1933.

Sin embargo, antes de pasar a la teoría que el investigador francés presentó en Bruselas, y aunque esto signifique violentar por un momento la secuencia temporal, me ocuparé de los resultados logrados por G. P. Thomson.

8. G. P. Thomson y la naturaleza ondulatoria de los electrones

En el primer tomo de esta historia de la física cuántica ya traté del trabajo de Davisson y Germer (1927). También mencioné, aunque con mayor brevedad, la aportación de George Paget Thomson (1927, 1928). Explicaré ahora aquí con más detalle la contribución de este científico británico, quien, por cierto, había crecido en un entorno en el que la física ocupaba un lugar central: era hijo de J. J. Thomson, quien, como expliqué en el volumen anterior, en 1897, siendo director del Laboratorio Cavendish, identificó el electrón como un componente universal de la materia. Graduado en Cambridge en 1913, G. P. Thomson (1892-1975) se inició en la investigación bajo la dirección de su padre hasta que estalló la guerra en 1914. No es sorprendente que se dedicase al mismo tema del que por entonces se ocupaba su progenitor: los denominados «rayos positivos» (a veces llamados también «rayos canales»), que se originaban cuando se producía una descarga desde el ánodo de un tubo que contenía un gas a baja presión. J. J. Thomson, mediante un procedimiento similar al que le había permitido medir el cociente entre la carga y la masa de los componentes (electrones) de los rayos (catódicos) emitidos por el cátodo de un aparato parecido, había concluido que los rayos canales estaban formados por iones positivos del gas contenido en el tubo.

Finalizada la guerra, durante la que se ocupó de problemas de aerodinámica, G. P. Thomson estuvo tres años en Cambridge, como miembro asociado y profesor del colegio universitario Corpus Christi, y reanudó sus investigaciones. En septiembre de 1922, con un currículum que incluía varios artículos en *Philosophical Magazine* y en *Proceedings of the Royal Society* y un libro sobre aerodinámica (*Applied Aerodynamics*; 1920), sucedió a Charles Niven en la cátedra de Filosofía Natural (el antiguo nombre de la física) de la Universidad de Aberdeen (Escocia). Fue allí donde más adelante realizó el trabajo que confirmó las ideas de Louis de Broglie.[21]

El experimento en cuestión consistió en hacer incidir electrones (rayos catódicos) en láminas delgadas de oro, aluminio, platino y otros metales. Las imágenes obtenidas tras atravesar las partículas cargadas estos materiales, registradas en placas fotográficas, mostraban las características propias de los patrones de interferencia ondulatorios, lo que demostraba que los electrones se comportaban no como corpúsculos, sino como ondas. En el fondo, era un fenómeno similar al observado en la difracción de rayos X (recordemos que en 1912 Walter Friedrich y Paul Knipping, conforme a la propuesta de Max von Laue, hicieron incidir rayos X sobre un cristal, con lo que demostraron que esta radiación estaba compuesta de ondas y no de partículas). Los resultados del experimento de G. P. Thomson se publicaron primero, 1927, en *Nature*, como una «Carta al editor», y luego, 1928, en *Proceedings of the Royal Society*.

21. Para más detalles, tanto acerca de la biografía de G. P. Thomson como de sus investigaciones, véase Navarro (2012).

Al año siguiente a la aparición de su trascendental artículo, entre octubre y diciembre de 1929, dictó un curso en la Universidad de Cornell, que fue publicado posteriormente en forma de libro: *The Wave Mechanics of Free Electrons*. En él, Thomson (1930: 8-9) daba algunos detalles de su trabajo:

> De hecho, se han realizado con éxito experimentos en esta dirección por el Dr. Davisson y el Dr. Germer en este país, y por mí mismo y otros en Escocia. En mis propios experimentos, un estrecho haz de electrones rápidos, rayos catódicos en realidad, pasaban a través de una película metálica muy fina. El metal difundía los electrones y, como el metal está constituido por un conjunto de diminutos cristales, la difusión tiene lugar sobre todo en ciertas direcciones privilegiadas, al igual que sucede con los rayos X. En consecuencia, si el electrón incide sobre una placa fotográfica colocada en algún lugar detrás de la película delgada deberíamos esperar que se produjese una disposición similar a la que se produce con rayos X de la misma longitud de onda. Esto es, de hecho, lo que sucede. He obtenido estos patrones de difracción en un considerable número de metales. En todos los casos, los patrones coinciden exactamente con lo que se esperaría si se considerasen como el resultado de la difracción de ondas por la estructura cristalina conocida del metal concreto utilizado. En general, las imágenes están formadas de anillos concéntricos, exactamente igual que las familiares fotografías de la difracción de rayos X de Debye-Scherrer por polvos. Del tamaño de los anillos es posible deducir la longitud de onda de las ondas que los producen y en todos los casos he encontrado un acuerdo absoluto con la expresión teórica debida a de Brogle, $\lambda = h/mv$ [...]
>
> Si se acepta que los experimentos demuestran que los electrones se comportan como si fuesen guiados por un tren de ondas, se estará de acuerdo en que la idea de de Broglie introduce una notoria simplificación. Ambos, electrones y cuantos de luz, están en pie de igualdad como partículas guiadas por ondas. Las dificultades que aparecían en la física en los primeros años de este siglo se debían a la ignorancia de este carácter dual. Por alguna razón nos habíamos acogido al aspecto ondulatorio de la luz y al aspecto de partícula de los electrones, y los enfrentábamos excluyendo el punto de vista complementario. [...]
>
> Este aspecto dual de las cosas, como ondas y partículas debe ser muy fundamental en el mundo. Hay poca duda de que los protones también lo mostrarían, aunque por el momento la demostración experimental no

ha sido posible [...] Una razón para considerar la dualidad como realmente fundamental es que es válida para cosas tan diferentes como electrones y cuantos.

Más adelante en esa misma primera lección, Thomson (1930: 11-12) exponía unas ideas que se deben entender en el marco de la tradición británica, por entonces ya anticuada y obsoleta en gran medida (mucho más, habida cuenta de lo indicado por la teoría especial de la relatividad), que consistía en una cierta querencia a mantener el concepto de éter:

> Una cuestión que surge inevitablemente es: ¿cuál es el medio que transmite las ondas del electrón? Siento decir que no puedo ofrecer una respuesta satisfactoria. Por primera vez, la física se enfrenta con ondas en el espacio vacío que no se ajustan a las series habituales de vibraciones del éter. Todas las vibraciones del éter difieren únicamente en la longitud de onda; si se da la longitud de onda, queda fijada el tipo de «luz». Las ondas del electrón poseen longitudes de onda diferentes dependiendo de la velocidad del electrón, pero normalmente están en una región de longitudes de onda de la que ya se han apropiado los rayos X. Uno debe suponer la existencia de algún otro medio, o al menos que el éter ordinario se ve, de alguna manera, profundamente modificado por la presencia del electrón. Es posible que sean ondas en un «sub-éter». Pero no es una idea especialmente atractiva tener dos éteres llenando el espacio, especialmente en tanto que las ondas de protones (si existen) exigirían un tercer éter. El espacio se está atestando.

De hecho, un representante distinguido de esa tradición que he mencionado fue el padre de George, J. J. Thomson, y cabe suponer que este transmitió a su hijo la querencia hacia el éter durante su formación como científico. Un claro ejemplo de la admisión de dicho concepto se encuentra en el siguiente pasaje, extraído de la conferencia inaugural que pronunció el director del Laboratorio Cavendish en el congreso de la British Association for the Advancement of Science, celebrado en Winnipeg en 1909 (Thomson 1910: 15):

> El éter no es una creación fantástica del filósofo especulativo; es tan esencial para nosotros como el aire que respiramos. Puesto que debemos recordar que nosotros no vivimos en esta Tierra solo de nuestros recur-

sos; dependemos cada minuto de lo que recibimos del Sol, y los regalos del Sol nos llegan por el éter. Es al Sol al que debemos no solamente la noche y el día, el tiempo primaveral y las cosechas, sino que es la energía del Sol, almacenada en el carbón, en las caídas de agua, en la comida, quien realiza prácticamente todo el trabajo del mundo [...] El estudio de esta sustancia que todo lo penetra es, acaso, el más fascinante e importante deber del físico.

9. La teoría de la doble solución de Louis de Broglie

Para entender el origen y la idea central de la teoría que propuso de Broglie (que la materia exhibe propiedades tanto ondulatorias como corpusculares) como explicación a los resultados obtenidos por Davisson, Germer y Thomson, lo mejor es recurrir de nuevo al libro *Louis de Broglie, physicien et penseur*, en el que de Broglie (1953: 465) manifestaba: «Convencido de que los fotones tienen una existencia tan real como los corpúsculos materiales, me dejé guiar por las enseñanzas suministradas por el dualismo fotón-onda luminosa, método del que me había valido con éxito en mis investigaciones precedentes. Una serie de notas publicadas entre 1925 y 1927 permiten seguir la progresión de mis ideas sobre este tema durante ese período. Esta progresión me condujo a una interpretación bastante sutil, a la que había dado el nombre de "teoría de la doble solución", que expuse con detalle en un artículo en el *Journal de Physique* [de Broglie 1927] completado en un punto importante en una última nota (I; 37)».

En la teoría avanzada por el científico francés, tanto la función de onda (que obedece a la ecuación de Schrödinger) como los corpúsculos poseen «realidad física». El estado de un sistema cerrado compuesto por n partículas viene descrito en cada instante, por un lado, por la función de onda ψ en un espacio de $f = 3n$ dimensiones, $\psi(q_1 \ldots, q_f)$, y por otro, por las coordenadas de posición, *reales*, $z_1, \ldots, z_f$, de las partículas. Las magnitudes físicas que definen el sistema son, por consiguiente

$$(q_1 \ldots, q_f; t) \qquad \text{y} \qquad z_1(\mathrm{t}), \ldots, z_f(\mathrm{t})$$

La relación entre estas dos partes distintas de la «realidad» venía dada por:

1) La ecuación de Schrödinger

$$-\frac{ih}{2\pi}\frac{\partial\psi}{\partial t}+H\psi=0$$

donde H es el operador hamiltoniano definido sobre $(q_1\ldots, q_f)$.

2) La trayectoria de las partículas, que son las líneas de corriente del «campo ψ», y su velocidad en cada punto, definida por el cociente entre las expresiones de la mecánica ondulatoria para las densidades de corriente y de carga.

En *Louis de Broglie, physicien et penseur*, Wolfgang Pauli (1953: 35), uno de los participantes en el congreso Solvay, se refirió a la presencia del físico francés en Bruselas y a la teoría de la doble solución en los siguientes términos: «Tuve el placer de discutir esta teoría con de Broglie en el congreso Solvay de 1927. Poco después, de Broglie la abandonó en favor de la interpretación complementaria de la mecánica cuántica de Heisenberg y Bohr; las razones se exponen con detalle en su *Introduction à l'Étude de la mécanique ondulatoire* (1929). Últimamente, D. Bohm [1952] ha vuelto a esta teoría de la onda piloto que en su opinión "no ha sido desarrollada hasta su fin lógico". El propio de Broglie [1951] repitió con prontitud las razones por las que continúa no encontrando satisfactoria esta teoría particular». En efecto, esta propuesta fue recuperada años más tarde, en especial por el físico estadounidense David Bohm.

En la «Discusión del informe de M. de Broglie» durante el quinto congreso Solvay (Électrons et photons 1928: 133-141), en la que participaron, además del propio expositor de la idea, Lorentz, Born, Brillouin, Pauli, Schrödinger, Kramers y Ehrenfest, no se manifestaron serias objeciones a la teoría de la doble solución. Léon Brillouin fue quien la defendió con más firmeza (Électrons et photons 1928: 134): «No me parece que se pueda hacer ninguna objeción seria al punto de vista de L. de Broglie. M. Born puede dudar de la existencia real de las trayectorias calculadas por L. de Broglie y afirmar que no se podrá observarlas jamás, pero no puede demostrar que esas trayectorias no existan. No existe ninguna contradicción entre el punto de vista de L. de Broglie y el de otros autores, ya que en su informe L. de Broglie nos muestra que sus fórmulas coinciden exactamente con las de Gordon, admitidas actualmente por todos los físicos».

El propio de Broglie volvió a sus orígenes años después. Presentó sus nuevas (viejas) ideas en un libro que publicó en 1956: *Une tenta-*

tive d'interprétation causale et non lináire de la Mécanique Ondulatoire (La théorie de la double solution) (de Broglie 1956). Cito con amplitud, por su interés, el «Prefacio» de la obra:

Se dice a veces que cuando un hombre envejece vuelve a las preocupaciones de su juventud. Acaso es por esto, que, desde hace unos cuatro años, me he hecho la siguiente pregunta: ¿pueden no ser más precisos y fundamentales los conceptos que guiaron mi investigación desde 1922 hasta 1928, que los que han prevalecido desde entonces?

Ya tan temprano como en 1923 había visto claramente que la propagación de una onda debe estar asociada al movimiento de toda partícula, pero la onda continua (del tipo familiar de la óptica clásica, a la que yo me había visto conducido a considerar y que se convirtió en la ψ de la mecánica ondulatoria ordinaria) no me parecía que describiera adecuadamente la realidad física; solo su *fase*, relacionada directamente con el movimiento de la partícula, me parecía de importancia fundamental, y esto es por lo que denominé a la onda que asocié con la partícula «la onda-fase», un nombre que hoy está completamente olvidado, pero que en su momento consideré completamente justificado. Sin embargo, como el trabajo de otros científicos condujeron a más progresos en la mecánica ondulatoria, se hizo diariamente más evidente que la onda ψ, con su amplitud continua, únicamente podría usarse en predicciones estadísticas. Y así, poco a poco, se produjo una corriente creciente hacia la «puramente probabilística» interpretación, de la que Born, Bohr y Heisenberg eran los principales defensores. Me vi sorprendido por este desarrollo, que no me parecía cumplir el fin «explicativo» de la física teórica; y esto es lo que me condujo, hacia 1925-1927, a creer que todos los problemas de la mecánica ondulatoria exigían un conjunto de dos soluciones acopladas de la ecuación de onda: una, la onda ψ, definida en fase, pero que, debido al carácter continuo de su amplitud, tenía solamente un carácter estadístico y subjetivo; la otra, una onda u con la misma fase que la onda ψ pero con una amplitud con valores muy grandes alrededor de un punto en el espacio y que, precisamente por su singularidad espacial (una singularidad, además, que puede no serlo en el estricto sentido matemático), puede utilizarse para describir la partícula objetivamente. De esta manera obtuve, de acuerdo con los conceptos de Einstein, lo que siempre había creído deseable: una imagen de la partícula en la que aparece en el centro de un fenómeno ondulatorio extendido al que la partícula está asociada de forma íntima. Y, gracias al paralelismo teórico postulado entre las ondas u

y ψ, me parecía que la onda ψ conservaba todas las propiedades estadísticas que correctamente le habían sido atribuidas.

Tal era la idea que había tomado forma en mi mente, y su curiosa sutileza todavía hoy me asombra. La denominé «teoría de la doble solución», y fue *aquella* idea la que trasladé a mi pensamiento real en toda su complejidad. Pero, en orden a facilitar su explicación, le di a veces una forma simplificada, mucho menos profunda que mi manera de pensar, que había llamado «la teoría de la onda piloto», en la que la partícula, supuestamente dada *a priori*, se consideraba que era pilotada por la onda ψ continua. Desanimado por la bastante poco favorable recepción dada a mis ideas por la mayoría de los físicos teóricos, que estaban fuertemente atraídos por la elegancia formal y rigor aparente de la interpretación puramente probabilística, yo también me adherí a esa interpretación y durante más de veinte años admití su corrección.

Pero, como he dicho, desde 1951 de nuevo he estado pensando si, después de todo, mi primera idea no sería la correcta. Más reflexiones sobre este muy difícil problema me han conducido a refinar ciertos puntos de la teoría original de la doble solución y, de hecho, a modificar esa teoría en ciertos otros puntos, sobre todo introduciendo una hipótesis que hoy considero indispensable; a saber, que la ecuación de la propagación de la onda *u* es, básicamente, no lineal y, por consiguiente, diferente de la admitida para la onda ψ, incluso aunque las dos ecuaciones pueden ser consideradas idénticas *en casi todas las partes*.

Pasaba a continuación a presentar su nueva teoría.

Schrödinger sobre la dualidad onda-corpúsculo

El 12 de febrero de 1945, Erwin Schrödinger envió una carta al psicólogo y filósofo escocés Kenneth James Williams Craik (1914-1945), primer director de la Unidad de Psicología Aplicada, establecida por el Consejo de Investigaciones Médicas en Cambridge en 1944.[22] En ella, aparecen las ideas del creador de la mecánica cuántica ondulatoria sobre la dualidad onda-corpúsculo, incluidos unos interesantes comentarios acerca de los

22. Craik murió prematuramente al chocar su bicicleta con un automóvil.

experimentos de G. P. Thomson, en los que hacía hincapié en lo muy parecidos que eran estos resultados con los obtenidos en la difracción de rayos X, así como en su propio rechazo a la teoría de la doble solución de de Broglie. A continuación, reproduzco la misiva en su totalidad:[23]

Querido Profesor Craik:

Muchas gracias por su carta del 3 de febrero. Permítame responder primero a su segundo punto (de hecho, no creo que tenga que decir mucho sobre la primera parte de su carta). Estoy completamente de acuerdo con usted en que no debemos considerar cerrada la cuestión de la determinación o indeterminación física, y que sería muy «mala ciencia» dejar que un prejuicio en este punto impidiese posibles líneas futuras de desarrollo. Pero las dificultades que encontramos son mucho mayores de lo que piensa, y la situación no era que nosotros aceptásemos frívolamente la indeterminación como una explicación barata, sino más bien que teníamos que desembarazarnos del inveterado punto de vista de que en última instancia todo tiene que ser considerado como determinista, una opinión que parece un prejuicio mucho más peligroso.

La dificultad surge de lo que habitualmente se denomina el aspecto de partícula y el aspecto de onda. Hasta 1905 el *Weltbild* (imagen del mundo) de los físicos incluía partículas (átomos, electrones...) y ondas (luz, rayos X, ondas de radio). En los siguientes 20 o 25 años, sucedieron *dos* cosas. La *primera*, un cierto número de magníficos experimentos confirmaron las ideas de los físicos y las eliminaron del rango de meras hipótesis. Stern y Gerlach pudieron (mediante un ingenioso mecanismo rotatorio) analizar un haz atómico de acuerdo con su velocidad y confirmar la ley de distribución de Maxwell. C. T. R. Wilson consiguió hacer visible al ojo desnudo la trayectoria de un átomo o electrón que se movía con gran velocidad. P. A. S. Blackett tomó fotografías estereoscópicas de la trayectoria de pares de átomos que colisionaban, confirmando la validez (para estas colisiones) de las leyes mecánicas de una mesa de billar (Proc. Roy. Soc. A, 103,

23. Consulté esta carta, por lo que sé inédita, en el archivo «Sources for the History of Quantum Physics», en la Sociedad Filosófica Estadounidense de Filadelfia.

p. 62, 1923; mire las maravillosas fotografías opuestas a las pp. 78 y 79). Por otra parte, el descubrimiento de Laue de la difracción de rayos X mediante cristales demostró (como se había hecho mucho antes con las ondas de luz) que eran ondas, que se comportan exactamente igual que las ondas en un lago que pasan a través de una fila de polos distribuidos con regularidad. Se podrían mencionar otros ejemplos, pero estos son, creo, los principales.

La segunda (y mucho más inesperada), evidencias cada vez más numerosas, e igual de netas, que llegaron a demostrar que corrientes de partículas (o lo que hasta entonces, con igual de evidencias numerosas, había sido denominado así) *también* mostraban los mismos fenómenos que las «ondas en un lago». De hecho, los famosos patrones de interferencia de G. P. Thomson, obtenidos con una corriente de electrones que pasaban a través de un cristal, son exactamente iguales a los que uno obtiene con rayos X, de tal manera que dudo que incluso un experto pudiese decir, con seguridad, cuando se le mostrase una fotografía [de las interferencias], si esta se había obtenido con rayos X o con rayos β [electrones]. Recuerdo que cuando Thomson me enseñó su fotografía en 1928, mi primera pregunta fue: «¿Está usted seguro de que no son rayos X secundarios los que la producen?». A lo que él sonrió, mostrándome una fotografía en la que el patrón secundario en cuestión ¡era desviado nítidamente por un imán! Pero esto es solamente la mitad de la segunda historia porque, al mismo tiempo, se vio que lo que antes había sido denominado, con cada vez más evidencias, un haz de ondas, mostraba *también* fenómenos de partículas; p. ej, rayos X y rayos γ que se podían «contar» con un contador Geiger, exactamente igual que se puede hacer con rayos α (átomos de He) y rayos β (electrones).

Por tanto, ¿qué debemos pensar sobre esto? Un punto de vista dualista (como el que ha sido intentado, especialmente por De Broglie, el descubridor teórico de las «ondas de materia») definitivamente no funciona; quiero decir, la sugerente idea de que existe, en cada uno de estos fenómenos, ondas + partículas (digamos, las partículas formando «crestas de ondas» en las ondas) no conduce a consecuencias aceptables, por lo que debe ser rechazada.

Por otra parte, *la misma cosa* no puede ser una partícula y una onda. Los dos conceptos son verdaderamente irreconciliables.

Esto ha conducido al punto de vista actual (acaso muy provisional), no extremadamente satisfactorio.

Las ondas son una imagen *mental*, adecuada para predecir la apariencia *observacional* de una partícula (o de un suceso producido por una partícula) en un cierto elemento de volumen del espacio, dentro de un pequeño intervalo de tiempo dado, una predicción que se hace con probabilidad, no con certidumbre; sin embargo, la propia onda (la imagen mental) está sujeta a (es decir, es tratada matemáticamente con la ayuda de) una ecuación de onda, que la determina rigurosamente, «determinísticamente», en cualquier tiempo posterior al estado inicial.

Usted puede preguntar: ¿por qué entonces la onda no determina la apariencia observacional de una partícula con *certidumbre*? Bien, no, esto no puede ser; esta es justamente la discrepancia irreconciliable entre la «imagen de onda» y la «imagen de partícula». Un frente de onda es una cosa suave, continua, homogénea a lo largo de toda la superficie de la onda —y únicamente considerándola de esta manera obtenemos el patrón de interferencia correcto (esto es, franjas de interferencia), que, mediante «luz» y «sombra» indica los lugares donde las partículas inciden frecuentemente o raras veces— según lo observado. Pero lo que observamos son *definitivamente* partículas; quiero decir, destellos discontinuos, que aparecen a intervalos de tiempo irregulares y con distribución espacial irregular, que solamente con el promedio de muchas partículas se corresponde con la distribución de intensidad (lo que he llamado «luz» y «sombra») de la onda calculada.

Bien, esta es la historia, tal como se cuenta ahora. En lo que mí se refiere, espero que alguna vez tengamos una mejor que contar. Por consiguiente, no me gusta que los físicos, jóvenes o viejos, se enamoren de esta. Pero, por el momento, la necesitamos, no tenemos otra mejor. Y, por ahora, tenemos que tomar en serio a la incertidumbre, porque, con seguridad, con ella se obtienen las imágenes mentales que estamos utilizando ahora; sería definitivamente una equivocación equiparar esas imágenes con el determinismo, y difícilmente se puede anticipar un descubrimiento futuro que dé una imagen mejor.

10. Discusiones entre Einstein y Bohr en Bruselas

El quinto congreso Solvay también es recordado, sobre todo en algunos casos, por las discusiones que en él mantuvieron Albert Einstein y Niels Bohr. Sin embargo, cuando se repasan las actas de la reunión no aparece huella alguna de esos debates. Más aun, al revisar la lista de las comunicaciones presentadas, se observa que ninguno de los dos tuvo conferencias asignadas. Las controversias entre ambos surgieron en los turnos de pregunta y en los comentarios posteriores a las ponencias, así como en encuentros fuera de las sesiones. Heisenberg (1974: 61-62), que asistió al simposio, dio su versión de los intercambios que tuvieron lugar entre esos dos gigantes de la física:

> Allí se reunieron Planck, Einstein, Lorentz, Bohr, De Broglie, Born, Schrödinger y (de la generación joven) Kramers, Pauli y Dirac. La discusión pronto se centró en un duelo polémico entre Einstein y Bohr al tratarse el problema de si la teoría cuántica en su forma nueva podía considerarse como solución definitiva de las dificultades discutidas durante varios decenios. La mayoría de nosotros estábamos sentados a la mesa del desayuno en el comedor del hotel. Einstein empezó a describirnos un experimento hipotético en el que, a su modo de ver, se evidenciaban las contradicciones internas de la concepción de Copenhague. Einstein, Bohr y yo fuimos luego desde el hotel al edificio donde se celebraban las conferencias. Yo escuchaba la animada discusión entre dos hombres de tan distintas posturas, y a veces hacía algún comentario entre tanto formulismo matemático. Durante la sesión, y en especial durante el descanso, nos dedicamos los más jóvenes, en particular Pauli y yo, a analizar el experimento de Einstein; y a la hora del almuerzo surgió de nuevo la ocasión de discutir entre Bohr y los colegas de Copenhague. Casi siempre Bohr, al final de la tarde, había acabado el análisis completo del experimento hipotético y a la cena se lo presentaba a Einstein.[24] Este no tenía nada que oponer, como experto, a los análisis, pero en el fondo no se sentía convencido. Ehrenfest, un holandés amigo de Bohr, le dijo: «Einstein, me avergüenzo de ti; te estás portando con la teoría cuántica como lo hacían contigo los enemigos de la teoría de la relatividad al oponerse a ella». El último día, Einstein nos llevó, a la hora del desayuno, el famoso experimento (hecho público en la conferencia de Bohr, en

24. Fueron varios los experimentos que Einstein propuso a lo largo del congreso.

el 70 aniversario del nacimiento de Einstein), en el que se debe determinar el color del cuantum de luz mediante el peso de la fuente de la luz, antes y después de la emisión del cuantum. Como entraba en juego la gravedad, hubo que incorporar al análisis la teoría de la gravitación, así como la teoría general de la relatividad. Fue un gran triunfo para Bohr poder demostrar, por la tarde, precisamente mediante la utilización de las fórmulas de Einstein de la teoría general de la relatividad, que también en este experimento se cumplían las relaciones de indeterminación, y que el argumento de Einstein carecía de base. Con esto quedó a salvo la interpretación dada por los de Copenhague a la teoría cuántica.

Especialmente interesante es una carta que Paul Ehrenfest escribió a Goudsmit, Uhlenbeck y Dieke el 3 de noviembre de 1927, esto es, la semana siguiente a la clausura del congreso Solvay:[25]

> ¡Bruselas-Solvay estuvo bien! Lorentz, Planck, Einstein, Bohr, Heisenberg, Kramers, Brillouin, Bragg, Compton, Langmuir, Schrödinger, de Broglie, Curie, Wilson, Richardson, Knudsen, Debye y yo.
>
> BOHR destacando completamente sobre todos los demás. Al principio sin ser comprendido en absoluto (Born también estaba allí), después, paso a paso, derrotando a todos.
>
> Por supuesto, de nuevo, la horrorosa terminología de encantamiento de Bohr. Imposible resumirla para cualquier otro. (El pobre Lorentz como intérprete entre los británicos y los franceses, que eran absolutamente incapaces de entenderse entre sí. Resumiendo lo que decía Bohr. Y Bohr respondiendo con educada desesperación.) (Todas las noches, a la 1 a. m., Bohr venía a mi habitación simplemente para decirme UNA SOLA PALABRA (hasta las 3 a. m.). Me resultó maravilloso estar presente durante las conversaciones entre Bohr y Einstein. Era como una partida de ajedrez. Einstein todo el tiempo con nuevos ejemplos. En cierto sentido, una especie de *Perpetuum Mobile* del segundo tipo para romper las RELACIONES DE INCERTIDUMBRE. Saliendo de nubes de humo filosófico, Bohr buscando constantemente las herramientas para destrozar un ejemplo tras otro. Einstein, como una caja de sorpresas: apareciendo fresco todas las mañanas. Oh, aquello no tuvo precio. Pero estoy, casi sin reserva, a favor de Bohr y contra

25. Reproducida en Kalckar, ed. (1985: 37-38, 415-418). Aquí reproduzco solo una parte de ella.

Einstein. Su actitud con respecto a Bohr es ahora exactamente la misma que la actitud contra él de los defensores de la simultaneidad absoluta.

Apenas existen anotaciones de estos debates, más allá de los anteriores recuerdos de Heisenberg o de los comentarios de Ehrenfest. Como señalaba el primero de ellos, Bohr (1949) publicó su propia reconstrucción en el volumen dirigido por Paul Arthur Schilpp con ocasión del setenta aniversario de Einstein. «En las reuniones Solvay —señalaba Bohr (1949: 211-212)—, Einstein había sido, desde el principio, una de las figuras más prominentes, y varios de nosotros llegamos al Consejo ansiosos de conocer sus reacciones ante los últimos progresos realizados, que, a nuestro parecer, arrojaban mucha luz sobre los problemas que él mismo desde un principio se había planteado tan ingeniosamente. Durante esas discusiones [...] Einstein expresó profunda preocupación sobre hasta qué punto se abandonaba en mecánica cuántica la descripción causal en el espacio y el tiempo.»

Para dejar clara su posición, Einstein recurrió a varios experimentos mentales. Uno de ellos consistía en una partícula (electrón o fotón) que pasaba a través de un agujero o de una rendija estrecha practicada en un diafragma colocado a una cierta distancia de una placa fotográfica. Debido a la difracción de la onda ligada al movimiento de la partícula, debería ser imposible predecir con certeza el punto en que el corpúsculo llegaría a la placa y tan solo se podría anticipar la probabilidad de que se encontrase en una región dada de ella. «La dificultad aparente en esta descripción —recordaba Bohr (1949: 212-213)—, que Einstein percibió tan sagazmente, está en el hecho de que, si en el experimento el electrón es registrado en un punto A de la placa, queda descartado observar jamás un efecto de este electrón en otro punto B, aunque las leyes de la propagación ordinaria de las ondas no dejan lugar para una correlación entre los dos sucesos.» Sin embargo, como en los demás casos planteados por Einstein, Bohr fue capaz de explicarlos dentro del contexto de la mecánica cuántica.

«Nuestras discusiones sobre la actitud a tomar frente a una situación completamente nueva en cuanto al análisis y síntesis de la experiencia rozaban, naturalmente, en muchos aspectos el pensamiento filosófico —explicó Bohr (1949: 218) algo más adelante—, pero, a pesar de todas las discrepancias de enfoque y opinión, animaba las discusiones un espíritu sumamente humorístico. Por su parte, Einstein nos preguntaba irónicamente si podíamos creer realmente que la Providencia había recurrido al juego de dados ("... *ob der liebe Gott würfelt*"), a lo que yo repliqué indicando que era necesaria gran cautela, como aconsejaban ya los pensadores antiguos, al asignar a la Providencia atributos que se enuncian en el lenguaje habitual.» Añadió que, sin embargo, «las dudas y críticas de Einstein proporcionaron a todos un incentivo sumamente valioso para revisar los diversos aspectos de la situación concerniente a la descripción de los fenómenos atómicos. Para mí, fue un grato estímulo tratar de aclarar aún más el papel desempeñado por los instrumentos de medida y, con objeto de dar un gran relieve al carácter de exclusión mutua de las condiciones experimentales bajo las cuales aparecen los fenómenos complementarios, traté de diseñar en aquellos días varios aparatos de forma pseudorrealista».

Ya nos apareció antes, aunque de manera muy breve, la cuestión de «las condiciones experimentales bajo las cuales aparecen los fenómenos complementarios», como se lee en la anterior cita. Como este es un punto importante en la interpretación de la mecánica cuántica a la que finalmente llegaron Werner Heisenberg y Niels Bohr, es oportuno incidir algo más en sus ideas en este sentido. Veamos un ejemplo, sacado de las muchas páginas que Bohr (1958: 310; 1970 a: 5-6) dedicó a explicar este asunto:

> Por «experimento» debemos entender solo un procedimiento respecto al cual podamos comunicar a otras personas lo que hemos hecho y lo que hemos aprendido.
>
> En los montajes experimentales de laboratorio, el cumplimiento de tales condiciones queda asegurado utilizando como instrumentos de medida cuerpos rígidos lo suficientemente masivos como para permitir una descripción clásica de sus posiciones relativas y velocidades. Relacionado con esto, también es esencial recordar que toda información inequívoca referente a objetos atómicos se obtiene a partir de marcas permanentes (tales como una mancha sobre una placa fotográfica, producida por el impacto de un electrón) dejadas sobre los cuerpos que definen las condiciones experimentales. Lejos de entrañar cualquier complejidad especial, los efectos de amplificación irreversible en los que se basa el registro de la presencia de objetos atómicos nos recuerdan más bien la esencial irreversibilidad inherente al propio concepto de observación. La descripción de los fenómenos atómicos tiene a este respecto un carác-

> ter perfectamente objetivo, en el sentido de que no es necesario hacer referencia explícita a ningún observador individual y que, por tanto, con el debido respeto a las exigencias relativistas, no hay ninguna ambigüedad en la comunicación de las informaciones.
>
> Por lo que se refiere a estos aspectos, el problema de la observación en física cuántica en nada difiere del tratamiento que le da la física clásica. El único rasgo esencialmente nuevo en el análisis de los fenómenos cuánticos es, sin embargo, la introducción de una *distinción fundamental entre el aparato de medida y los objetos investigados*, lo que aparece como consecuencia directa de la necesidad de explicar las funciones de los instrumentos de medida en términos puramente clásicos, excluyendo en principio toda consideración respecto al cuanto de acción. Por su parte, los rasgos cuánticos del fenómeno aparecen en la información que se deriva de las observaciones de los objetos atómicos. Mientras que en el campo de la física clásica cabe despreciar la interacción entre objeto y aparato, o en todo caso puede compensarse, en física cuántica ocurre que esta interacción forma parte inseparable del fenómeno. De acuerdo con esto, la explicación inequívoca de los fenómenos cuánticos debe incluir, en principio, una descripción de todos los detalles pertinentes del montaje experimental.

En otras palabras, la mecánica cuántica tiene una característica peculiar, surgida de la interferencia del observador (y sus instrumentos de medida) con el objeto físico investigado. Que el resultado obtenido dependa de la elección de una configuración experimental determinada (de la situación empírica), entra en conflicto evidente con el punto de vista según el cual el universo «está ahí», con independencia de cualquier acto de observación.

Volviendo a la reconstrucción que Bohr hizo de las discusiones con Einstein, encontramos que este, en el volumen *Albert Einstein: Philosopher-Scientist*, (1949 a, b: 666), reiteró en su respuesta que «estaba firmemente convencido de que el carácter esencialmente estadístico de la teoría cuántica contemporánea se debe únicamente al hecho de que esta teoría opera con una descripción incompleta de los sistemas físicos». Era evidente que Einstein no se daba por vencido, como quedó claro (lo veremos en el capítulo 8) unos años más tarde.

11. La interpretación de Copenhague de la mecánica cuántica

El término «interpretación de Copenhague» tardó en implantarse. El primero que lo utilizó fue Heisenberg en 1955, en un ensayo titulado «The development of the interpretation of the Quantum Theory» (Heisenberg 1955). Este escrito apareció en una obra en homenaje a Bohr editada por Wolfgang Pauli *Niels Bohr and the Development of Physics* (Pauli, ed. 1955), así como en el tercer capítulo del libro *Physics and Philosophy. The Revolution in Modern Science* (Heisenberg 1958), que a su vez fue fruto de las Conferencias Gifford que pronunció el autor del trabajo en la Universidad de St. Andrews (Escocia) en el invierno de 1955. El apartado en cuestión se encontraba bajo el epígrafe «The Copenhagen Interpretation of Quantum Theory» y en él se puede leer (Heisenberg 1958: 46-47):

> En la física clásica, en una investigación cuidadosa también se debería considerar el error de la observación. Como resultado, habría que obtener una distribución de probabilidad para los valores iniciales de las coordenadas y velocidades y, por consiguiente, algo muy parecido a la función de probabilidad en mecánica cuántica. En la física clásica solamente falta la necesaria incertidumbre debida a las relaciones de indeterminación.
>
> En la teoría cuántica, cuando se ha determinado de la observación la función de probabilidad en el instante inicial, se puede calcular a partir de las leyes de la teoría cuántica la función de probabilidad en cualquier instante posterior y, en consecuencia, determinar la probabilidad de una medida dando un valor específico de la cantidad medida.[26] Podemos, por ejemplo, predecir la probabilidad de encontrar el electrón en un momento posterior en un punto dado de una cámara de niebla. Sin embargo, debe hacerse hincapié en que la función de probabilidad no representa en sí misma un curso de sucesos según progresa el tiempo. Representa una tendencia para sucesos y nuestro conocimiento de ellos. La función de probabilidad solo se puede conectar con la realidad si se cumple una condición esencial: si se realiza una nueva medida para determinar una cierta propiedad del sistema. Solamente entonces la fun-

26. Mediante la ecuación de Schrödinger, que determina la evolución continua de la función de onda.

ción de probabilidad nos permite calcular el resultado probable de la nueva medida. El resultado de la medida se presentará de nuevo en términos de la física clásica.

Por consiguiente, la interpretación teórica de un experimento requiere de tres pasos diferentes: (1) convertir la situación experimental inicial en una función de probabilidad; (2) seguir esta función en el curso del tiempo; (3) realizar una nueva medida del sistema, cuyo resultado entonces puede ser calculado a partir de la función de probabilidad. Para el primer paso es una condición necesaria que se cumplan las relaciones de indeterminación. El segundo paso no se puede describir en términos de los conceptos clásicos; no existe una descripción de lo que le sucede al sistema entre la observación inicial y la medida siguiente. Solo es el tercer paso cuando pasamos de nuevo de los «posible» a lo «actual».

El hecho de que Heisenberg utilizase esta expresión ha llevado a otorgar a Niels Bohr un papel más importante del que realmente tuvo en la formulación de tal interpretación. Don Howard (2004: 669) ha señalado que «lo que se denomina interpretación de Copenhague solamente corresponde en parte a las ideas de Bohr, que se pueden denominar interpretación de complementariedad. Aún más importante, la interpretación de complementariedad de Bohr no hace mención al colapso de la función de onda, o a cualquiera de las idiotices que se siguen de ella, tales como el papel privilegiado de la consciencia subjetiva del observador. De ninguna manera fue Bohr un positivista. Mucho de lo que se toma como la interpretación de Copenhague se encuentra en los escritos de Heisenberg, pero no en Bohr. De hecho, Bohr y Heisenberg estuvieron en desacuerdo durante décadas sobre aspectos importantes y profundos. La idea de que existe un punto de vista de Copenhague unitario fue una invención de la posguerra de la que Heisenberg fue el principal responsable».

En realidad, como se verá en el capítulo 7, fue John von Neumann quien dio una formulación más exacta, al menos en apariencia, de lo que más tarde se denominó «interpretación de Copenhague». En ese apartado me ocuparé también, aunque no con toda la extensión que se le puede dar al tema, de la compleja cuestión de la interpretación de la mecánica cuántica. Ahí se podrá entender, por ejemplo, el comentario de Howard de «las idiotices que se siguen de ella». En cuanto a la importancia que este aspecto ha tenido, y continúa teniendo, no poco se debe a la existencia del centro que se creó para Bohr en Copenhague, una institución que ya apareció en el primer volumen de esta obra y que abrió sus puertas en 1921 con el nombre de «Universitetets Institut for Teoretisk Fysik», rebautizado a partir de 1965 como Instituto Niels Bohr. Este establecimiento se convirtió en una especie de meca que visitaban con frecuencia y por períodos de duración variable muchos de los jóvenes físicos (también algunos químicos, como, por ejemplo, Linus Pauling) que deseaban profundizar en sus conocimientos de la mecánica cuántica.

Algunas estancias se prolongaron en el tiempo, como la del holandés H. A. Kramers, que permaneció en el Instituto, con un puesto fijo, entre septiembre de 1916 y mayo de 1926, cuando regresó a su patria para tomar posesión de una cátedra de Física Teórica en la Universidad de Utrecht. A su vez, dejó esta en 1934 para ocupar la que había quedado vacante en Leiden (la antigua de Lorentz), a raíz del suicidio de Ehrenfest.

Entre 1921 y 1930, acudieron al Instituto 63 físicos de diecisiete nacionalidades (catorce de Estados Unidos, diez de Alemania, siete de Japón, seis de Holanda, otros tantos de Reino Unido, cuatro de Noruega y Suecia, tres de la Unión Soviética y uno de Austria, Bélgica, Canadá, China, Hungría, India, Polonia, Rumanía y Suiza). Ya hemos mencionado las importantes visitas de Heisenberg y de Schrödinger, pero en esa «caravana internacional» figuran prácticamente todos los nombres importantes en la génesis de la física cuántica: Casimir, Dirac, Ehrenfest, Fowler, Franck, Gamow, Goudsmit, Heitler, Hevesy, Hund, Jordan, Klein, Kramers, Kronig, Landau, Landé, Mott, Nishina, Nordheim, Pauli, Pauling, Rabi, Rosenfeld, Rubinowicz, Slater, Uhlenbeck y Urey. Abundan los testimonios de la influencia que tuvieron esas estancias en quienes las realizaron. Así, el 28 de noviembre de 1933, poco después de recibir el premio Nobel, el solitario e independiente Paul Dirac escribió a Bohr (Robertson 1979: 153-154): «Creo que mis ideas más profundas se han visto muy favorablemente influidas por las conversaciones que he tenido con usted, mucho más que con cualquier otro. Incluso aunque esta influencia no se ha manifestado muy claramente en mis escritos, gobierna el plan de todos mis intentos de investigación».

Nevill Mott (1905-1996), premio Nobel de Física y uno de los grandes pioneros de la física del estado sólido, proporciona otro magnífico ejemplo. En su autobiografía, Mott (1986: 25-27) recordaba lo importante que había sido para él la visita al Instituto de Bohr en el otoño de 1928, con una beca del Departamento de Investigación Científica e Industrial de Gran Bretaña, que consiguió gracias a su mentor R. H. Fowler. Citaba varias cartas que envió desde Copenhague a su madre y que reflejan el espíritu que animaba al «círculo de Bohr» en la ciudad danesa. En la primera, del 10 de septiembre, decía:

> Estuve bastante emocionado la tarde del sábado. Mucha gente estaba allí: la señora Bohr, y los dos niños mayores, pasando deliciosas comidas y bebidas. Pauli sentado en una silla y balanceando su grueso cuerpo y contando humorísticas historias judías. Gamow hablando de Rusia. Y Bohr yendo de un lado a otro en tertulia privada uno después de otro, mirando, ansioso y temeroso, preguntando acerca del trabajo de cada uno, resplandeciente cuando habla del gran problema, todavía por resolver, que hay que discutir cuando venga aquí Heisenberg. Es el problema, tal vez, de interconexión entre la Relatividad y la Teoría Cuántica, que se contradicen bastante entre ellas.

Otra de estas cartas, del 6 de octubre, sirve para comprender el ambiente del Instituto y algunos aspectos de la manera en que Bohr interaccionaba con los físicos que en él se hallaban:

> Ayer, a las 4 en punto, Bohr dijo, «venga a mi casa y discutiremos un poco sobre el trabajo que acaba de hacer, y algo de un trabajo similar de otro». Bohr vive enfrente del Instituto. A las 6 era la hora de la cena, y Bohr dijo que me quedara, y que cenara con él y su esposa, y hablamos de escultura. Y luego, después de la cena, continuamos hablando, y cada vez más era Bohr quien hablaba y menos yo. Y alrededor de las 9 habíamos llegado tan lejos como parecía posible con el problema sin más cálculos, y así Bohr comenzó a hablar sobre la Filosofía de la Teoría Cuántica y de cómo todo estaba ligado con la imposibilidad de que el hombre se conozca a sí mismo, y de que no es capaz de conocer completamente el mundo exterior porque él mismo es una parte del mundo exterior. Y entonces, vuelta a la Teoría Cuántica y de nuevo a los problemas más sobresalientes. Y alrededor de las 11 nos dimos las buenas noches.
>
> Es increíblemente agradable de su parte, ¿verdad?, prestar atención individual a estudiantes.

Tiene un cerebro. Cuando tiene una nueva idea (la tuvo esta mañana) va al Instituto y se la cuenta a la primera persona que encuentra, hoy ese fui yo.

[...]

Me gusta la vida de aquí, en la que la mitad del trabajo de uno es discutir. Creo que este es el gran punto de Copenhague, aunque probablemente es también el mismo en Alemania. Solo Bohr conoce *todo* lo que se está haciendo y tiene la maravillosa habilidad de encontrar el sentido detrás de las matemáticas.

Bohr es el tipo de persona que puede decirle a uno que lo que dice no tiene sentido, sin herirle. No creo que uno pueda decir más con esto, ¿verdad?

Y tiene a sus estudiantes, solo, por la tarde para hablar, y entonces camina a su casa con ellos, contándoles cómo descubrió su teoría de los espectros.

Y entonces acaso es la 1 a. m.

Todos, o al menos la mayoría, de esos científicos visitantes propagaron las ideas de Bohr y de Heisenberg a lo largo y ancho del mundo. En este sentido, la interpretación de Copenhague, no exenta de puntos oscuros ni de alternativas, fue una de las principales. No obstante, pocos fueron tan activos en defenderla y en transmitir «el espíritu de Copenhague» como Léon Rosenfeld, todo un «apóstol» en este aspecto. Entre las muchas manifestaciones que realizó sobre estos temas, en las que es evidente su admiración por el director del Instituto, he seleccionado una que aparece en uno de los dos capítulos con los que Rosenfeld (1967: 115-116) contribuyó al libro colectivo en homenaje a Bohr, *Niels Bohr. His Life and Work as Seen by His Friends and Colleagues* (Rozental, ed. 1967), y en donde se aprecia también la importancia que daba a la noción de complementariedad que ya introduje anteriormente:

Este trabajo [de Bohr], de un carácter casi sin precedentes en la física, condujo de hecho a la creación de una rama de la ciencia física completamente nueva, en la que Bohr tenía que encontrar en primer lugar las cuestiones adecuadas que había que plantear, y luego desarrollar métodos para aproximarse a esos problemas, y una terminología apropiada en la que pudieran formularse las respuestas. La novedad de esta situación para los físicos era que tuvieron que enfrentarse a problemas de epistemología de una naturaleza mucho más profunda que aquellos con los que se habían encontrado antes: la concepción tradicional de la causalidad física, la imagen ideal de un universo físico determinado en su desarrollo por leyes que lo englobaban todo, parecía que se ponían en cuestión, y con ello el poder del método racional de análisis de los fenómenos en el que los científicos habían encontrado siempre una guía infalible. La firmeza de Bohr ante esta coyuntura crítica residía precisamente en la fe inquebrantable que tenía en su método. En contraste con la mayoría de los científicos, que se mostraron extrañamente no preparados para semejante crisis, Bohr en absoluto se vio afectado por los sistemas filosóficos en vigor, porque vio con claridad que el punto fundamental era la comunicación sin ambigüedad de la experiencia, un problema para el que existe tan poca esperanza de resolución si se fuerza la descripción de la experiencia, al margen de las condiciones bajo las cuales se ha obtenido, con la camisa de fuerza de algún esquema lógico preconcebido, como apelando a alguna forma de misticismo, de percepción irracional de la experiencia, cuyo carácter subjetivo lo haría no apto para ser comunicado.

Es solo porque él [Bohr] se enfrentó al problema con una mente tan singularmente libre de prejuicios, que logró resolverlo de forma tan completa. De hecho, fue recompensado con la comprobación de que su concepto de complementariedad, generalizando la forma tradicional de causalidad, podía encontrar aplicación fructífera más allá del dominio de la física atómica, que tenía, como su punto de vista le llevaba a esperar, un significado universal. Según se fue profundizando, a lo largo de esos años creativos en el papel de la complementariedad en la física, [Bohr] fue capaz de señalar situaciones en psicología y biología que también presentaban aspectos complementarios; y las consideraciones de semejantes analogías en aspectos epistemológicos, a su vez arrojaron luz sobre problemas físicos no familiares.

6

Primeras aplicaciones de la mecánica cuántica: de la química cuántica a la ecuación relativista del electrón de Dirac

Poco después de que se dispusiese de una mecánica cuántica, esta comenzó a aplicarse a cuestiones concretas. Estas no afectaban en principio a sus cimientos, a aspectos, digamos, fundamentales, sino que se referían en general a interrogantes ya planteados con anterioridad a 1925-1926. Algunos de ellos se consideran en este capítulo: la construcción de una nueva disciplina, la química cuántica; la superfluidez del helio; la física del estado sólido, heredera de problemas de larga tradición, como la conducción en metales; la explicación de la radiactividad mediante el efecto túnel (Gamow, 1928; Gurney y Condon; 1928) y la ecuación relativista del electrón, formulada por Dirac (1928).

1. El electrón y el enlace químico

En el primer volumen de esta historia de la física cuántica expliqué que en 1897 Joseph John Thomson, en experimentos realizados con rayos catódicos, cuya naturaleza se desconocía hasta ese momento, descubrió una partícula elemental, el electrón, la cual parecía hallarse presente con las mismas características en todos los elementos de la tabla periódica. También expuse allí que el propio Thomson fue uno de los primeros en introducir este corpúsculo en la química, mediante su modelo atómico del pastel de pasas de 1904, en el que situaba las cargas negativas (las «pasas» del dulce) distribuidas en el seno de una aglomeración continua y esférica de masa cargada positivamente. Sus trabajos en este campo, a caballo entre la física y la química, dieron lugar a un libro, publicado en 1923 y titulado *The Electron in Chemistry*, que recogía las cinco conferencias que pronunció en el Instituto Franklin de Filadelfia en abril de ese año. Para mi propósito actual, merece la pena citar unos pasajes del «Prefacio» con que abría la obra (Thomson 1923):

> Ha sido costumbre dividir el estudio de las propiedades de la materia en dos ciencias, física y química. En el pasado esta distinción era real debido a nuestra ignorancia de las estructuras del átomo y de la molécula. La región dentro del átomo o de la molécula era un territorio desconocido para la vieja física, que no podía explicar por qué las propiedades de un elemento diferían de las de otro elemento. Como la química se ocupaba sobre todo de esas diferencias, existía una distinción muy real entre las dos ciencias.
>
> Sin embargo, en el curso del último cuarto de siglo los físicos han penetrado en este territorio y han llegado a ideas del átomo y de la molécula que indican la forma en que un tipo de átomo difiere de otro y cómo un átomo se une con otros para formar moléculas. Estos son exactamente los problemas de los que se ocupan los químicos, por lo que si el moderno concepto de átomo es correcto la barrera que separaba la física de la química habrá sido eliminada.

Añadía: «Desde muchos puntos de vista, el apartado químico parece ser uno en los que cabe esperar que sucedan los desarrollos más notables de la nueva física. En primer lugar, los problemas son de la mayor importancia intrínseca y, en segundo lugar, en la vasta masa de información acumulada por los químicos, con relación a la combinación de átomos, disponemos de medios sin paralelo para comprobar si son correctas cualquiera de las conclusiones a las que pueda conducirnos la teoría».

Hay dos aspectos que cabe destacar en este volumen. El primero es que su autor pensaba que con su texto la separación entre física y química llegaba a su fin. El segundo nos revela en parte los problemas que tenía él personalmente para adaptarse a los resultados que más de una década antes se habían obtenido en el ámbito de la física atómica (también la recepción dada a estas conclusiones por la comunidad científica). Así, no mencionaba en ningún lugar el modelo de átomo propuesto en 1911 por Ernest Rutherford (que no solo había sido discípulo y colaborador suyo, sino que desde 1919 era su sucesor en la dirección del Laboratorio Cavendish de Cambridge) ni el de 1913 de Niels Bohr, quien había pasado varios meses con él entre 1911 y1912. En cuanto a su propuesta, era deliberadamente vaga y él se limitaba a manifestaciones como (Thomson 1923: 2-3): «La mayor parte de la masa del átomo está asociada a su parte cargada, [...] además de la estructura conferida por los electrones, las partes cargadas positivamente tienen una estructura, pero es la estructura debida a los electrones la responsable de las propiedades químicas del átomo, la estructura del núcleo positivo tiene que ver con las transformaciones radiactivas». Era precisamente este hecho, el que considerase que las propiedades químicas dependían solo de los electrones, lo que le permitía pasar por alto la estructura del conjunto.

El suyo no fue el único intento temprano de incorporar el electrón a la química. A finales del siglo XIX, en el marco de los intentos por explicar la ordenación de la tabla periódica, dos investigadores alemanes, Richard Abegg y Guido Bodländer (1899), publicaron un artículo en el que proponían un sistema de valencias positivas y negativas para cada elemento, de manera que su suma fuese, independientemente de los signos, siempre ocho, número que aparecía en el modelo atómico de Thomson como la segunda configuración estable para una capa de electrones (la primera la formaban dos de ellos). Abegg (1904) hizo hincapié en este resultado en un trabajo titulado «Valencia y sistema periódico. Aproximación a una teoría de los compuestos moleculares», en el que formuló de manera explícita la «regla del ocho» (u *octete*) y señaló que una característica de la tabla periódica era que las valencias variables (o «valencias principales» y «contravalencias» en su formulación) de los átomos de un compuesto parecían sumar siempre dicha cantidad.

Como se explicó en el primer volumen, el paso fundamental en el camino hacia una comprensión del enlace químico basado en el electrón tuvo como protagonistas a Gilbert Newton Lewis, Walther Kossel e Irving Langmuir. Estos publicaron una serie de artículos en la década de 1910 que tuvieron un gran impacto en la comunidad científica. Lewis, en particular, escribió un libro que se convirtió en un clásico: *Valence and the Structure of Atoms and Molecules* (1923). Lo esencial de sus trabajos era la identificación de un nuevo tipo de enlace, diferente al *polar* (debido a la atracción electrostática entre átomos ionizados) y en el que no se transfieren cargas negativas de un integrante de la molécula a otro, sino que se *comparten* uno o más *pares* de electrones entre los participantes. Lewis y Kossel introducían la noción de «estabilidad electrónica» de la siguiente manera: suponían que los conjuntos de electrones alcanzaban el mayor grado de simetría y estabilidad en los gases nobles: el helio con dos, el neón con grupos de dos y ocho, el argón con una agrupación de dos y dos de ocho, y así sucesivamente. En cuanto a los restantes elementos, estos mostraban, pensaban los investigadores, una fuerte propensión a expulsar electrones o a capturarlos, de tal manera que tendían a adoptar la configuración del gas noble más cercano en la tabla periódica. Dicho de otra forma, lo que estos científicos sostenían era que el enlace químico se podía producir de dos maneras: bien mediante la transferencia de electrones (*electrovalencia*) o bien compartiéndolos (*covalencia*). Como se comprobó en última instancia, el primero de ellos predomina en la química inorgánica, mientras que el otro lo hace en la orgánica, aunque lo cierto es que también existen otros tipos de uniones. Lewis introdujo también una representación simplificada de las cargas de valencia, conocida como «estructura de Lewis», en la que asociaba un punto a cada electrón y una raya a cada par compartido por dos átomos, un esquema que podía usarse para predecir el número de enlaces formados por la mayoría de los elementos y compuestos.

De Langmuir quiero destacar aquí que, además de introducir los términos «covalente» y «electrocovalente»,[1] se dio cuenta de lo que la física cuántica podía significar para la química. En este sentido, resulta ejemplar lo que escribió en un artículo publicado en 1921, significativamente titulado «Futuros desarrollos de la química teórica». En él, después de considerar los modelos atómicos de Rutherford y Bohr y de mencionar las aportaciones de William H. y William L. Bragg y de van den Broek y Moseley, señalaba (Langmuir 1921, Suits y Way, eds. 1962: 243):

> Y todo esto marca el comienzo, creo, de una nueva química, una química deductiva, en la que podremos obtener relaciones sin recurrir a

1. «Para distinguir entre la valencia que hemos encontrado así y la que se da en la teoría de la valencia ordinaria», escribió en una sección titulada «Valencia, número de coordinación y covalencia» (Langmuir 1919; Suits y Wey, eds. 1962: 65), «denotaremos con el término "covalencia" el número de pares de electrones que un átomo comparte con su vecino.» Las aportaciones de Lewis y Langmuir a la teoría de la valencia se estudian en Kohler (1971, 1974, 1975).

intuiciones químicas. La ciencia química del pasado ha sido en cierto modo parecida a la biología, la botánica, la geología y disciplinas similares, en las que no podemos expresar los resultados cuantitativamente. Hemos dispuesto, por supuesto, de algunas leyes cuantitativas; leyes, por ejemplo, termodinámicas, o leyes de combinaciones de proporciones múltiples. Pero, aunque estas leyes han tenido una gran importancia, solamente han sido capaces de explicar una proporción insignificante de los fenómenos químicos.

Si miramos hacia el futuro, ¿cuáles serán los desarrollos más probables en la química puramente teórica durante los próximos años? Creo que el campo de la estructura atómica dominará la química teórica, porque un conocimiento de la estructura atómica nos permitirá deducir las propiedades químicas y físicas de átomos y moléculas.

Pronto, muy pronto, esa química teórica iba a contar con instrumentos más poderosos, gracias a la mecánica cuántica.

2. Química cuántica

Una vez que se dispuso de una mecánica cuántica, se extendió la idea de que la química se podría reducir a la física. En un artículo publicado en *New Scientist* el 7 de noviembre de 1985 y titulado «Why modern chemistry is quantum chemistry», Linus Pauling (1985: 54-55) —que volverá a aparecer más adelante— expresaba esta noción:

La química moderna tomó forma durante los primeros treinta años del siglo XX. La química es un fenómeno cuántico, o, mejor, una gran colección de fenómenos cuánticos. [...]

La teoría moderna de la química basada en la mecánica cuántica ha progresado de manera continua desde 1927 hasta el presente. El desarrollo ha procedido por dos líneas diferentes, cada una con su propio valor. La primera es resolver la ecuación de Schrödinger utilizando computadoras para obtener valores teóricos de varias propiedades de moléculas y de cristales de cada vez mayor complejidad y más y más fiables. El segundo método, en el que yo he estado especialmente interesado, es aplicar las ideas de la mecánica cuántica, en combinación con información empírica de la estructura y propiedades de sustancias, para desarrollar una más amplia teoría semiempírica de la química estructural que ayude a todos los químicos en su pensamiento y para comprender sus observaciones.

Podría parecer en un primer momento que solo faltaba resolver la ecuación de Schrödinger del sistema formado por los átomos de una molécula para solucionar todos los problemas asociados a esta, incluida la cuestión del enlace. Sin embargo, en un artículo de Paul Dirac (1929: 714), este señalaba que existía un importante obstáculo para cumplir semejante programa:

> La teoría general de la mecánica cuántica está ahora casi completa, las imperfecciones que todavía existen tienen que ver con el encaje exacto de la teoría con las ideas relativistas. [...] Por consiguiente, las leyes físicas subyacentes en la teoría matemática de una gran parte de la física y de toda la química se conocen completamente, y la dificultad únicamente se encuentra en que la aplicación exacta de esas leyes conduce a ecuaciones demasiado complicadas para ser resueltas.[2]

En efecto, pronto quedó claro que la ecuación de Schrödinger solo se puede resolver en los casos más sencillos, mientras que en el resto resulta demasiado compleja. Las dificultades surgen en varios frentes. Por un lado, la función de onda es tridimensional. Además, los electrones «orbitan» en torno al núcleo, pero este también se mueve, de manera que la energía total de un átomo viene dada por la correspondiente a los electrones, las componentes vibracional y rotacional del núcleo, más la debida a las interacciones entre cargas positivas y negativas. En el caso del hidrógeno, que tiene un único electrón, el problema ya es complicado, pero cuando hay dos o más electrones en un elemento la dificultad es enorme: se deben tener en cuenta las fuerzas que operan entre cada una de las cargas negativas y entre estas y el núcleo. Cuando se considera una molécula, que está constituida por dos o más átomos, la dificultad crece de manera exponencial.

Parecía, por consiguiente, que la física cuántica iba a resultar de poca ayuda para los químicos. Sin embargo, no fue así, sobre todo en lo referente al enlace químico. De hecho, la naturaleza de este tipo

2. Ana Simões (2002) ha estudiado la reacción a la afirmación de Dirac entre los químicos.

de uniones fue uno de los primeros problemas en ser abordados con la nueva mecánica cuántica ondulatoria.

3. Heitler-London: el método del enlace de valencia

El origen de la especialidad que acabó por denominarse «química cuántica» se asocia en general a la publicación en 1927 de un artículo de Walter Heitler (1904-1981) y Fritz London (1900-1954), en el que explicaban la estabilidad de la molécula de hidrógeno, en el marco de la recientemente formulada mecánica cuántica. No obstante, parece que la denominación de esta disciplina fue acuñada por el físico Arthur Erich Haas (1884-1941), profesor de Física en la Universidad de Viena hasta 1936, cuando ocupó un puesto docente en la de Notre Dame (Indiana, Estados Unidos). Así, al menos, lo sugiere el título de un libro que reunía una serie de conferencias que dio en la Sociedad Físico-Química de la capital austríaca en la primavera de 1929: *Die Grundlage der Quantenchemie: Eine Einleitung in vier Vorträge* (*El fundamento de la química cuántica: una introducción en cuatro conferencias*), publicado por Akademische Verlagsgesellchaft de Leipzig. Solo un año después fue traducido al inglés, revisado e impreso como *Quantum Chemistry. A Short Introduction in Four Non-Mathematical Lectures* (Haas 1929, 1930).

Sin embargo, volvamos al texto de Heitler y London, titulado «Interacción entre átomos neutros y el enlace homopolar de acuerdo a la mecánica cuántica» (Heitler y London 1927).[3] En él, estudiaban la interacción entre dos átomos de hidrógeno, resultante del solapamiento de sus dos orbitales medio llenos, con un electrón en cada uno. El enlace químico era resultado de un término de intercambio que describía la interacción de Coulomb entre las dos partículas de espín antiparalelo, cada una perteneciente a un integrante de la molécula. De esta manera, explicaban la combinación de los orbitales de cada átomo para producir el enlace. En el artículo, mencionaban que su análisis era un pariente próximo del tratamiento cuántico de la «resonancia», un concepto que Heisenberg (1926) había introducido en este campo el año anterior, con relación a los estados cuánticos del helio. Importante fue también en este trabajo el principio de exclusión, que, recor-

3. Enlace homopolar es el que tiene lugar entre dos átomos del mismo elemento.

demos (*HFC-1*), Pauli había introducido en 1925 y según el cual dos electrones no podían tener el mismo estado cuántico. Veamos el resumen que hacía Arthur Haas (1930: 31) en su libro, mencionado con anterioridad, de las propuestas de Heitler y London:

> Heitler y London propusieron la ingeniosa hipótesis de que los componentes homopolares de los elementos se deben al acoplamiento, mediante resonancia, de dos átomos. En sus investigaciones comenzaron con la molécula de hidrógeno, al ser la más sencilla de todas las moléculas. [...]
>
> Basándose en la teoría de Schrödinger, el desarrollo de la hipótesis de Heitler y London no era más que un problema matemático, aunque uno muy difícil. En la ecuación diferencial de Schrödinger, la energía potencial está constituida por la suma de seis términos, que corresponden al hecho de que una molécula de hidrógeno está compuesta de dos protones y dos electrones, y que hay que tomar en consideración que se producen seis reacciones mutuas entre los cuatro constituyentes. Estas seis reacciones son: una repulsión entre los dos protones, una repulsión entre los dos electrones, y cuatro fuerzas atractivas entre, por un lado, los dos protones y, por el otro, los dos electrones. Heitler y London obtuvieron soluciones de las ecuaciones diferenciales resultantes, mediante aproximaciones, y partiendo de las ya conocidas funciones características de los átomos de hidrógeno individuales.

Cabe destacar que esta colaboración entre ambos científicos tuvo lugar en Zúrich, en el Instituto de Física de la universidad, dirigido entonces por Schrödinger, quien, como se reconocía en el texto, había ayudado a los autores. Antes de llegar a la ciudad suiza, en octubre de 1925, London había sido ayudante de Peter Debye, director del Instituto de Física Teórica de la Escuela Politécnica de Stuttgart, institución en la que comenzó a trabajar en la cuántica (volverá a aparecer más adelante).[4] Por su parte, Heitler se había doctorado en Múnich bajo la dirección de Karl Herzberg, con un tema de química (soluciones concentradas). La aparición de la mecánica cuántica coincidió con el período en que elaboraba su tesis, de modo que en un primer momento no la estudió de manera sistemática. Sin embargo, una vez completado este proyecto, Arnold Sommerfeld logró que la International Education Board (IEB) de la Fundación Rockefeller le

4. Sobre London, véase Gavroglu (1995).

concediera una beca para trabajar con Niels Bjerrum en Copenhague, en un problema de iones disueltos. Fue en la capital danesa, el «cuartel general» de Bohr, donde decidió dirigir su investigación hacia la mecánica cuántica y convenció a Bjerrum, a la IEB y a Schrödinger para que le dejasen pasar la segunda parte de la duración de su beca en Zúrich.

El artículo de Heitler y London inauguró una nueva era en la química, ya que permitía saber por qué dos átomos de hidrógeno podían formar una molécula, mientras que dos de helio no. En su pequeño texto dedicado a la historia de la física, Max von Laue (1947, 1950: 139) calificaba el hecho de «importancia histórica, cuando la mecánica ondulatoria adscribió el enlace químico entre átomos iguales, o al menos parecidos, a una "energía de intercambio"» y afirmaba que esta «idea fue propuesta por primera vez en 1927 por W. Heitler y F. London, en un estudio clásico de la molécula de hidrógeno». Por su parte, Linus Pauling y Bright Wilson (1935: 340) lo calificaban, en su *Introduction to Quantum Mechanics*, como la «mayor aportación a la calificación del "concepto de valencia" de los químicos desde la propuesta que Gilbert N. Lewis realizó sobre pares de electrones». En una ocasión tan solemne como la reunión que dedicó en 1931 la British Association for the Advancement of Science a «La estructura de moléculas sencillas», cuando se celebraba el centenario de la fundación de dicha institución, Heisenberg (1932: 247) manifestó que «la teoría de la valencia, que ha sido formulada por Heitler y London y después extendida por Born, Weyl, Slater, Pauling y otros, tiene la gran ventaja de conducir de manera exacta al concepto de valencia que utilizan los químicos».

4. Friedrich Hund y Robert Mulliken: el método del orbital molecular

El mismo año en que apareció el artículo de Heitler y London, se publicó otro que también contribuyó de manera destacada al establecimiento de la química cuántica. Su autor fue Friedrich Hund (1896-1997), ayudante de Max Born en Gotinga entre 1922 y 1927 (aunque 1926 lo pasó en Copenhague, junto a Bohr), cuando obtuvo una cátedra de Física Teórica en la Universidad de Rostock, a la que renunció en 1929 para aceptar otra en Leipzig. El enfoque de Hund

(1927) se basaba en suponer que cada electrón se movía en el campo producido por el resto de las cargas positivas y negativas presentes en la molécula,[5] de modo que los orbitales se extendían a todo el conjunto. Su método se dio en llamar «orbital molecular», mientras que el de Heitler y London se denominó «orbital atómico».

El seguidor más distinguido de este enfoque fue el estadounidense Robert S. Mulliken (1896-1986), que se doctoró en Chicago en 1921 bajo la dirección del químico-físico W. D. Harkens con una tesis dedicada a la separación de isótopos. Este tema le llevó primero a estudiar el efecto que estos tenían en los espectros de las moléculas diatómicas y luego a considerar la distribución en ellas de los electrones.[6] Cuando Mulliken leyó el tratamiento teórico que Hund (1926) había dado a la naturaleza electrónica de los estados moleculares, en el que introducía el espín en la estructura de bandas, quedó fascinado, como manifestó en una carta que dirigió al físico Raymond T. Birge el 17 de octubre de 1926:[7] «Hund realmente tiene *todo* en su artículo. Es extraordinario. Tanto la naturaleza de los estados electrónicos como la estructura fina, aunque entonces la evidencia experimental era bastante pequeña (y él no la discutió con mucho cuidado)». En su autobiografía, explicó con bastante detalle su reacción, tanto a los trabajos de Hund como al artículo de Heitler y London. Conoció en persona al primero de ellos durante un viaje que realizó a Europa en el verano de 1925 (Mulliken 1989: 52):

> En el Instituto de Física Teórica de Max Born [en Gotinga] me interesaba especialmente hablar con Friedrich Hund, quien por entonces era ayudante de Born. Hablé con él ampliamente sobre lo que había aprendido de los espectros moleculares. En 1926-27, mientras estaba en el Instituto de Bohr en Copenhague, con una beca de la International Education [Board], Hund utilizó la entonces nueva teoría de la mecánica cuántica, [...]. En un artículo de 1927, describió sus ahora bien conocidos casos a, b, c y d para los niveles de energía rotacional diatómica, clarificando así los problemas de la estructura del espectro de bandas, con los que yo ha-

5. Véase, asimismo, Hund (1926).

6. Para más información sobre Mulliken y sus trabajos, véase Löwdin y Pullman, eds. (1964).

7. Citado en Gavroglu y Simões (1994: 54). Más adelante explicaré el origen de la teoría de bandas, que debe atribuirse a A. H. Wilson.

bía estado luchando utilizando la vieja teoría cuántica. En ese, y otros dos artículos más, había presentado también un modelo mecánico-cuántico para los estados electrónicos moleculares, los que más tarde fueron denominados orbitales moleculares. [...] Los artículos de Hund utilizaban un enfoque atómico unitario, con lo que se quiere decir, pensar en términos de átomos que uno puede imaginar que se detienen empujando de alguna manera los dos núcleos de la molécula para formar un único núcleo.

Aún más interesante es lo que recordaba de otro viaje que realizó a Europa, también en verano, en 1927 (Mulliken 1989: 60-61):

Después [de ir a Gotinga] visité Zúrich, donde fui para entrevistarme con Erwin Schrödinger. Me dijo que dos hombres que estaban trabajado en su Instituto tenían algunos resultados que pensaba me interesarían; entonces me presentó a W. Heitler y F. London, cuyo importante artículo sobre el enlace químico en la molécula de hidrógeno (H_2) fue publicado poco después. Este artículo fue el primero de muchos que utilizaron el «método del enlace de valencia». Este método explicaba la estructura de moléculas en términos de átomos unidos mediante fuerzas mecánico-cuánticas de «intercambio». Desde hacía mucho, los químicos habían hablado de enlaces de valencia entre átomos en moléculas, pero no podían explicar las fuerzas implicadas. El artículo de Heitler y London sobre H_2 parecía proporcionar por primera vez una explicación básica, que podría extenderse a otras moléculas. En el California Institute of Technology de Pasadena, Linus Pauling utilizó pronto el método del enlace de valencia en su libro *The Nature of the Chemical Bond.* Este libro estudiaba las estructuras de las moléculas en general, y también las de muchas moléculas individuales. Como un vendedor y *showman* maestro, Linus persuadió a químicos de todo el mundo a que pensaran sobre las estructuras moleculares típicas en términos del método del enlace de valencia. Sin embargo, para moléculas polares tenía que añadir un porcentaje de estructuras ion-par [...].[8]

Para ser sincero, yo no estaba especialmente entusiasmado con el método de Heitler-London, o método de enlace de valencia, ya que

8. Recordemos que las moléculas polares son aquellas que tienen distorsionada su nube electrónica con respecto a su centroide (centro de masas de una configuración irregular), lo que conduce a una distribución desigual de carga. El resultado es que la molécula tiene un lado positivo y otro negativo y, por tanto, un momento dipolar.

Hund y yo teníamos un método rival, y probablemente más amplio, para tratar la estructura de las moléculas, colocando a cada electrón en lo que después (1932) denominé un orbital molecular (MO). De manera similar, en los átomos, a cada electrón se le puede asignar un orbital atómico (AO). En la mecánica cuántica, las órbitas no son posibles, pero con la palabra orbital se quería decir «algo parecido a una órbita», o algo que, de acuerdo con la mecánica cuántica, ocupa un electrón en lugar de una órbita. Una ventaja importante de nuestro método MO era que para moléculas polares podíamos describir la polaridad en las formas de los MOs, en lugar de tener que añadir una expresión ion-par extra como en el método del enlace de valencia. [...]

Durante varios años, se discutió entre los químicos y físicos cuál era el método más correcto para comprender las moléculas. Finalmente, Slater demostró que, si se tomaban en su forma más pura, ambos métodos distaban de ser correctos, pero que en lo que se refería a la precisión lo que se necesitaba era algo intermedio entre los dos.[9]

Como vemos, se estableció una cierta rivalidad entre los métodos de Heitler-London (enlace de valencia) y de Hund-Mulliken (orbital molecular), a la que también contribuyó de manera destacada otro químico germano, Erich Hückel (1896-1980).[10]

La referencia de Mulliken a John Slater (1900-1976) es oportuna, puesto que se trata de otro de los físicos destacados (ya apareció en *HFC-1* a propósito de la teoría de Bohr-Kramers-Slater) en el establecimiento de la nueva disciplina. Como apuntaba Mulliken, Slater consideraba que los métodos en liza no diferían en sus fundamentos, sino en la naturaleza de sus procedimientos analíticos. Su programa de investigación consistía en estudiar «los procesos físicos fundamentales que subyacían en las acciones intermoleculares, y hacerlo independientemente de los métodos exactos de cálculo» (Slater 1939: 368).[11] Sin embargo, la química cuántica resultó ser demasiado complicada para semejante enfoque y Slater terminó por desencantarse de ella, como confesó a J. E. Mayer en una carta que le escribió el 6 de

9. Uno de los trabajos importantes de Mulliken de ese período es Mulliken (1928).

10. Para más información sobre la biografía y contribuciones científicas de Hückel, véase Karachalios (2010).

11. Para más detalles, véase Gavroglu y Simões (2012: 112-115).

septiembre de 1950:[12] «Si volviese al campo de la valencia química, me temo que no obtendría mucha ayuda de los recientes escritos de los químicos, sino que tendría que comenzar sobre todo en el punto en que dejé la teoría hace bastante tiempo».

A pesar de esta desilusión, la situación de la nueva química cuántica a comienzos de la década de 1930 era lo bastante positiva como para que Ralph Fowler (1932: 226) manifestase, durante su intervención en la ya citada sesión de 1931 de la British Association for the Advancement of Science, celebrada con ocasión de su centenario, que «ahora se puede decir que la teoría química de la valencia ya no es una teoría independiente, perteneciente a una categoría no relacionada con la teoría física general, sino que simplemente es una parte (una de las gloriosamente partes más bellas) de un todo autoconsistente; esto es, de la mecánica cuántica no relativista. Aprecio lo suficiente la química como para decir que la mecánica cuántica se ha visto glorificada con este éxito, el hecho de que ahora "las valencias tienen algún sentido", una actitud que, creo, es también la de algunos de mis amigos».[13]

5. La aproximación de Born-Oppenheimer

El mismo año en que apareció el trabajo de Heitler y London, se publicó un artículo que pasaría a formar parte de los «clásicos de la química cuántica». Se titulaba «Zur Quantentheorie der Molekeln» («Sobre la teoría cuántica de las moléculas»; Born y Oppenheimer 1927) y contenía un método para calcular la energía molecular mediante una serie de novedosas aproximaciones. Sus autores eran el consagrado Max Born y un joven graduado de Harvard que había decidido doctorarse en Gotinga: Julius Robert Oppenheimer, del que diré más en *HFC-3*. Básicamente, suponían que el movimiento de los electrones en una molécula se podía separar del nuclear. En consecuencia, trataban este como una perturbación adiabática del sistema de cargas negativas, la cual no modificaba los estados electrónicos. Calculaban primero la energía de este sistema considerando que los núcleos de los átomos que forman la molécula están en reposo, una

12. Citada en Gavroglu y Simões (2012: 115). Sobre la carrera de Slater, que ya se mencionó en *HFC-1*, véase su autobiografía, Slater (1975).

13. Citado en Nye (1993: 238).

hipótesis que no es exagerada si se tiene en cuenta que la masa del núcleo es mucho mayor que la del electrón. Es decir, desde el punto de vista de esta última partícula, el núcleo no se desplaza. Una vez hecho esto, usaban las soluciones obtenidas antes y calculaban las vibraciones nucleares y después la energía rotacional de la molécula.

Habida cuenta de la importancia que Oppenheimer tuvo en la historia de la física de mediados del siglo XX, en especial, aunque no solo, a través de su participación en el Proyecto Manhattan, merece la pena citar unos pasajes de la carta que Born escribió el 16 de julio de 1927 a Paul Ehrenfest, a quien el físico estadounidense iba a visitar en Leiden, tras finalizar su estancia en Gotinga:[14]

> Oppenheimer, que ha estado conmigo durante mucho tiempo, está ahora con usted. Me gustaría saber lo que piensa de él. Su juicio no estará influido por el hecho de que admito abiertamente que nunca he sufrido tanto con nadie como con él. Sin duda, está muy dotado, aunque carece de disciplina mental. Exteriormente es muy modesto, pero internamente es muy arrogante. Mediante su manera de saber todo mejor y continuar cualquier idea que le das, nos ha paralizado a todos aquí durante tres cuartas partes de un año. Respiro de nuevo una vez que se ha ido y comienzo a tener ánimo para trabajar. Mis jóvenes han tenido la misma experiencia. No le permita que se quede mucho tiempo.

Es, sin duda, una buena caracterización de Oppenheimer.

6. Química cuántica y matemáticas

La química cuántica era una especialidad complicada. No solo requería de la química y la física, sino también de las matemáticas. La dificultad de resolver la ecuación de Schrödinger para la práctica totalidad de las moléculas, algo que, como dije, señaló muy pronto Dirac, necesitó del desarrollo de técnicas de cálculo y aproximaciones novedosas. Entre los científicos que contribuyeron a este campo destacaron los británicos John E. Lennard-Jones (1894-1954), Douglas R. Hartree (1897-1958) y Charles Alfred Coulson (1910-1974).[15]

14. Citada en Monk (2012: 136-137).
15. Véase Simões y Gavroglu (1999).

Lennard-Jones fue primero profesor adjunto de Física Matemática y después catedrático de Física Teórica en la Universidad de Bristol (1925-1932), puesto que abandonó por la cátedra de Química Teórica (la primera con esa denominación en el mundo) en Cambridge, la cual ocupó hasta 1953. Se le considera el iniciador de la moderna química computacional.[16] Influido por Ralph Fowler, su director de tesis en 1924, antes por tanto de que se dispusiese de una mecánica cuántica, comenzó a interesarse por las interacciones entre átomos y moléculas y por la posibilidad de deducirlas a partir del comportamiento de los gases. Sin embargo, fue sobre todo en Cambridge donde se esforzó por establecer una escuela de química teórica (uno de cuyos miembros fue Coulson), centrada en la aplicación de la mecánica cuántica y el análisis de las fuerzas interatómicas a un conjunto lo más amplio posible de problemas. Su contribución a la «química computacional» fue el método LCAO (de «Linear Combination of Atomic Orbitals»), que presentó por primera vez en una reunión celebrada en Bristol en septiembre de 1929 (Lennard-Jones 1929). Consiste en una superposición cuántica de orbitales atómicos para construir un orbital molecular, mediante aproximaciones y la suma, con los coeficientes adecuados, que representan el peso de la contribución de cada integrante al resultado final, de algunos de los orbitales de los átomos que componen la molécula bajo estudio.[17] Aunque el método LCAO se nutría del modo de entender las moléculas de Hund-Mulliken y del enfoque de Heitler-London, utilizaba la estructura electrónica de los átomos participantes de manera diferente a estas propuestas.

Al igual que Lennard-Jones, también Douglas Hartree fue influido por Fowler, con quien coincidió en Cambridge tras su colaboración en problemas de balística durante la primera guerra mundial.[18] Finalizada la contienda, comenzó sus estudios en la universidad de aquella ciudad inglesa en 1919 y dos años después tuvo la oportunidad (que calificó más tarde como el suceso más importante de su carrera científica) de asistir a un curso que Niels Bohr dio en esa institu-

16. Sobre Lennard-Jones, véase el obituario que Nevill Mott (1955) preparó para la Royal Society.

17. La aproximación LCAO se describe en Coulson (1952: sección 4.3).

18. Véase el obituario de Hartree que Charles Galton Darwin (1958) preparó para la Royal Society.

ción educativa durante una visita. La aportación más notable de Hartree (1928 a, b, c, 1929) a la teoría del enlace químico fue un método para simplificar la obtención de soluciones numéricas de la ecuación de Schrödinger. La idea física que subyace a esta aproximación, que también se conoce como «método del campo autoconsistente», consiste en suponer que todos los electrones son independientes y que cada uno de ellos interacciona con las demás cargas negativas a través de un potencial coulombiano que representa un campo electrostático promedio. Este se calcula mediante un proceso de iteración: se resuelve la ecuación de Schrödinger para un cierto potencial, con la función de onda así obtenida se determina un nuevo campo y se vuelve a empezar. Estos pasos se repiten de manera sucesiva hasta que apenas haya variaciones. La función de onda electrónica del conjunto es por tanto un producto de las funciones de onda monelectrónicas de las N partículas de carga negativa consideradas. Veamos cómo definían este campo Lev Davidovich Landau y Yevgueni Mijáilovich Lifshitz (1967: 269) en su conocido curso de física teórica:

> Un átomo con más de un electrón es un sistema compuesto de electrones en interacción mutua que se mueven en el campo del núcleo. Para un sistema de esta naturaleza, rigurosamente hablando, solo es posible considerar los estados del sistema como un todo. A pesar de ello, el hecho es que en un átomo es posible, con buena precisión, introducir el concepto de estados de cada uno de los electrones por separado, en el sentido de estados estacionarios del movimiento de un electrón en un cierto campo central efectivo creado por el núcleo y todos los demás electrones. Para diferentes electrones en un átomo estos campos, en general, son diferentes y deben determinarse todos a la vez, ya que cada uno de ellos depende de los estados de todos los demás electrones. Este campo se llama *campo autoconsistente*.

Rudolf Peierls (1985: 104-105), que conoció y trató mucho a Hartree cuando ambos estaban en Mánchester, resumió bien sus habilidades y contribuciones matemáticas:

> Mucho antes de la llegada de las computadoras, Hartree era ya un hechicero con los cálculos numéricos. La «aproximación de Hartree» y sus refinamientos continúan siendo el método más poderoso para determinar las propiedades de los átomos. Después se interesó por las

máquinas que resuelven ecuaciones diferenciales; hoy las llamaríamos computadoras analógicas. Esa máquina, denominada analizador diferencial, había sido inventada por Vannevar Bush en el MIT y Hartree preparó una versión más sencilla para él, construida en su mayor parte con piezas de Meccano. Más tarde la reemplazó por una versión más poderosa, que construyó con materiales más profesionales.

No obstante, este procedimiento tenía un problema y era que, al ser el resultado final un producto de niveles monoelectrónicos, resultaba incompatible con el principio de exclusión de Pauli, que exigía que la función de onda fuese antisimétrica. La mejora del método de Hartree, uno de los «refinamientos» a los que se refería Peierls en la cita anterior, la realizó poco después el físico ruso Vladimir Aleksandrovich Fock (1898-1974), con la consecuencia de que en la actualidad se habla del «método de Hartree-Fock» (Fock 1930). Educado en la Universidad de San Petersburgo (más tarde Petrogrado y luego Leningrado), Fock (1898-1974) perteneció a una extraordinaria generación de físicos rusos, entre los que se cuentan Igor Tamm, Yakov Frenkel, Dmitri Ivanenko, George Gamow y Lev Landau. De hecho, la primera contribución significativa de científicos soviéticos a la cuántica fue la que él mismo realizó en 1926, al poco tiempo de la publicación de los artículos de Schrödinger y de manera independiente y casi simultánea a Oskar Klein. En esta ocasión, Fock (1926) desarrolló una generalización relativista de la ecuación de Schrödinger. En 1930, tanto él como J. C. Slater, por separado, se dieron cuenta de que el método de Hartree no respetaba el principio de exclusión de Pauli, ya que no tenía en consideración el espín del electrón. Por ello, Fock introdujo un nuevo término en el potencial, el correspondiente a las interacciones de canje o de intercambio, De esta manera, la función de onda tenía mayor exactitud y además verificaba la condición de antisimetría, aunque el método, desde el aspecto computacional, era más pesado de resolver.

En cuanto a Charles Coulson, su formación inicial fue en el campo de las matemáticas, disciplina en la que se graduó en Cambridge en 1931, antes de hacerlo también al año siguiente en Ciencias de la Naturaleza (en esa universidad asistió a cursos de Paul Dirac, Nevill Mott y Lennard-Jones). Doctorando primero de Fowler, cuando este se ausentó de la facultad durante un año sabático, Coulson se convirtió en el primer estudiante de doctorado de Lennard-Jones, bajo cuya supervisión obtuvo el título en 1936 con una tesis sobre la estructura electrónica del metano. Su primer empleo fue como profesor titular en la facultad de Matemáticas del University College de Dundee, donde permaneció hasta 1941. Los dos años siguientes los pasó en Oxford con una beca de investigación y en 1947 fue nombrado catedrático de Física Teórica en el King's College de Londres. En 1952 regresó a Oxford, donde ocupó una cátedra de Matemáticas Aplicadas, la cual cambió en 1972 por una de nueva creación en Química Teórica.

Como vemos, su carrera comenzó con las ciencias exactas, siguió con la física pura y terminó con la química teórica, un itinerario significativo en lo que se refiere a la nueva química cuántica. Su contribución más destacada en este campo consistió en el desarrollo de la teoría orbital molecular, con la extensión del rango de validez de los procedimientos de cálculo que previamente habían demostrado su eficacia y la creación de nuevos métodos numéricos, trabajos que sirvieron para estudiar mejor diversos problemas en compuestos orgánicos.[19]

7. Linus Pauling y el florecimiento de la química cuántica

El nombre de Linus Pauling (1901-1994) ya apareció con anterioridad en una cita de Mulliken. Podría haberme detenido entonces en él, pero su importancia es demasiado grande como para no dedicarle un apartado propio. No en vano, se le ha llegado a denominar, seguramente con cierta exageración, «el Einstein de la química».[20]

Pauling es uno de los grandes científicos del siglo XX y obtuvo dos premios Nobel: el de Química en 1954 y el de la Paz en 1962. Nació en Portland (Estados Unidos) en 1901, esto es, justo cuando comenzaba la centuria, y estudió en la Universidad Agrícola de Oregón (ahora Universidad Estatal de Oregón) entre 1917 y 1922, año en el que se trasladó al California Institute of Technology con el propósito de doctorarse. Logró este objetivo en 1925 con una tesis titulada *The Determination with X-rays of the Structure of Crystals*. Por entonces ya hacía tiempo que le intrigaba la naturaleza del enlace quí-

19. Véanse, por ejemplo, Coulson (1937) y su libro *Valence* (Coulson 1952).
20. Citado en Buckingham (1987: 112). La biografía de Pauling se reconstruye en Hager (1995).

mico. La manera en que llegó a interesarse por este tema es algo que explicó en un manuscrito publicado bastante tiempo después de ser escrito (Pauling s. f., en Mead y Hager, eds. 2001: 109):

> Durante mis primeros años como científico, comenzando en 1919, tuve un interés especial en el problema de la naturaleza del enlace químico, esto es, en la naturaleza de las fuerzas que mantienen unidos a los átomos en moléculas, cristales y otras sustancias. Una buena parte de mis trabajos durante aquel primer período se dirigió a resolver este problema, aplicando métodos tanto experimentales como teóricos. Tan pronto como se descubrió la mecánica cuántica, en 1925 comencé a intentar aplicar esta poderosa teoría al problema. Publiqué varios trabajos teóricos en este campo durante los siguientes años sin, no obstante, ser capaz de responder a una serie de cuestiones importantes. Entonces, una tarde, en diciembre de 1930, mientras estaba sentado en la mesa de mi estudio en nuestra casa de Arden Road y California Street, en Pasadena, California, tuve una idea sobre cómo simplificar las ecuaciones mecánico-cuánticas de manera que fuese posible resolverlas de forma aproximada con facilidad. Me excitó tanto la idea que permanecí levantado casi toda la noche, aplicándola a varios problemas.
>
> Durante los siguientes dos meses continué trabajando en la idea y en escribir un artículo presentando los resultados de su aplicación al problema de la naturaleza del enlace químico. Tal y como lo recuerdo, escribí el manuscrito al que me refiero a comienzos de febrero de 1931. Se preparó una versión mecanografiada de él y el manuscrito se tiró a la papelera, supongo que yo mismo lo tiré, aunque no lo recuerdo bien. Cuarenta y siete años después, el profesor Ralph Hultgren me entregó aquel manuscrito. En 1931, Ralph Hultgren era uno de mis estudiantes graduados, trabajando para su doctorado (*Ph. D.*) en química. Cuando me dio el manuscrito, me dijo que lo había sacado de la papelera y lo había guardado los siguientes cuarenta y siete años.

El Instituto al que llegó Pauling estaba entonces en plena evolución, tanto que solo en 1920 había dejado de llamarse Universidad Throop. Los impulsores de la institución en sus comienzos fueron el astrónomo George Ellery Hale, el químico-físico Arthur Amos Noyes y el físico Robert Millikan. Entre los tres, la convirtieron en un centro de educación superior y de investigación de primer orden. También estaban allí Gilbert Newton Lewis y Richard Tolman, quien enseñó relatividad, mecánica estadística y física matemática a Pauling. Además, este asistió a clases del matemático británico Harry Bateman, de Noyes y Millikan y de los físicos europeos Paul Ehrenfest, de Leiden, y Arnold Sommerfeld, de Múnich, quienes visitaron el campus e impartieron cursos sobre diferentes aspectos de la cuántica. Sin embargo, todavía había más: en una institución joven, que aún no estaba separada de manera rígida en departamentos estancos, cabía la posibilidad (de la que Linus se benefició) de interesarse por investigaciones en otros campos, como las que llevaba a cabo el genetista Thomas H. Morgan en el terreno de la biología.[21] El estilo científico de Pauling fue deudor de la formación que recibió y del ambiente que se respiraba en Pasadena. Mezclaba, en efecto, consideraciones cuánticas sobre el enlace químico con las propias de la cristalografía y la difracción de rayos X, sin olvidar otras de carácter más biológico. Para él, la biología molecular era «una parte de la química estructural, un campo que estaba comenzando a desarrollarse cuando empecé a trabajar en la determinación de estructuras de cristales mediante difracción de rayos X en el California Institute of Technology en 1922» (Pauling 1986: 8). Francis Crick (1989: 74) resumió con acierto la importancia del científico estadounidense para la biología molecular y de las bases fisicoquímicas de su forma de trabajo cuando escribió que: «Pauling fue en biología molecular una figura más importante de lo que a veces se cree. No solo hizo algunos descubrimientos clave (por ejemplo, que la anemia falciforme era una enfermedad molecular), sino que tenía la aproximación teórica exacta a estos problemas biológicos. Creía que mucho de lo que quedaba por saber podía explicarse utilizando ideas químicas bien fundamentadas, en especial la química de macromoléculas, y que nuestros conocimientos sobre los diversos átomos, especialmente el carbono, y sobre los enlaces que mantienen los átomos unidos [...] serían suficientes para desvelar los misterios de la vida».

Al llegar a Pasadena, el joven Linus ya había «tomado prestado, y leído, de la Oregon State Library el libro de Bragg de rayos X y cristales»,[22] además de haber estudiado «los artículos que Irving Langmuir

21. En 1930, por ejemplo, Pauling dio un seminario al grupo de Morgan sobre la modelización matemática del cruzamiento de cromosomas.

22. Se debe referir al libro de William H. Bragg y William L. Bragg *X-Rays and Crystal Structure* (Bragg, W. H. y Bragg, W. L. 1915), que fue reeditado numerosas

había publicado en 1919 sobre la estructura electrónica de las moléculas» (Pauling 1965).[23] Su director de tesis, Roscoe Gilkey Dickinson, había sido uno de los tres primeros estudiantes en doctorarse en el Instituto (en 1920) y era un experto en cristalografía de rayos X. Con él, Pauling determinó la estructura de algunos cristales complejos, como la molibdenita (MoS_2) (Dickinson y Pauling 1923). Una vez dominada la técnica, el discípulo se lanzó en esta dirección: antes de doctorarse, en 1925, había dado a la imprenta, solo o en colaboración, siete trabajos sobre configuraciones cristalinas, en especial de silicatos.

Primero con Noyes, luego con Dickinson y después con Pauling, Caltech se convirtió en un centro de primer orden en cristalografía. «Durante varios años —escribió este último tiempo después—, la difracción de rayos X fue el principal campo de investigación en química del Instituto. De los 20 artículos que se habían publicado a finales de 1922, 15 eran sobre la determinación de la estructura de cristales. Al comenzar a adentrarnos en otros campos de investigación, los artículos dedicados a la determinación de estructuras cristalinas mediante difracción de rayos X cayeron a alrededor del 20 por ciento del total, y más tarde al 10 por ciento. Durante los últimos cincuenta años, se han publicado alrededor de 400 artículos sobre difracción de rayos X procedentes de los laboratorios Gates y Crellin de Química del California Institute of Technology, lo que representa la determinación de la estructura de unos 400 cristales» (Pauling 1965: 7). En Estados Unidos, el instituto de California reinó, sin prácticamente competidores, en la cristalografía de rayos X durante casi tres décadas. Solo en el MIT, en los laboratorios de General Electric, y en Cornell se iniciaron investigaciones en este campo, aunque se abandonaron al poco tiempo.

Una vez completado su doctorado, Pauling consiguió una beca de la Fundación John Simon Guggenheim para ampliar estudios en Europa. Su propósito era pasar un año en Múnich junto a Sommerfeld y aprovechar para visitar a Niels Bohr en Copenhague, a Max Born en Gotinga y a los Bragg en Mánchester. Llegó a la primera ciudad en abril de 1926 y se dio la coincidencia de que Sommerfeld estaba dictando un curso sobre la reciente mecánica ondulatoria de Schrödin-

veces (la segunda edición apareció en 1916, la tercera en 1918, la cuarta en 1924 y la quinta en 1925).

23. Sobre estas facetas de la biografía de Pauling, véase Goodstein (1984).

ger y de que Pauling pudo asistir a las clases. También en Múnich en esa época estaba Gregor Wentzel, que se había doctorado con Sommerfeld y que en aquel momento era profesor no titular. Wentzel utilizaba el espín y la nueva mecánica cuántica en el estudio de átomos complejos. En ese ambiente, Pauling se convenció de que la cuántica era necesaria para resolver problemas químicos. A Noyes, que le había ayudado para conseguir la beca Guggenheim, le escribió el 12 de julio de 1926 (citado en Gavroglu y Simões 2012: 57): «Ahora estoy trabajando en la nueva mecánica cuántica, ya que pienso que la *química* atómica y *molecular* lo requerirán. Espero aprender algo sobre la distribución de las órbitas electrónicas en átomos y moléculas».

Después de pasar un año con Sommerfeld, estuvo un mes con Bohr en Copenhague y hasta el otoño de 1928, cuando regresó a Estados Unidos, en Zúrich con Schrödinger. Especialmente importante fue el hecho de que en Múnich conociera a Walter Heitler y Fritz London. «Inmediatamente —escribió años más tarde Pauling (1981: 208-209)—, comencé a aplicar la teoría de Heitler y London a sistemas más complicados, y en 1928 publiqué un breve artículo sobre la teoría del par de electrones compartidos en el enlace químico. [...] En 1931, estimulado en parte por el trabajo de John Slater [...] publiqué una descripción detallada de la mecánica cuántica del enlace covalente.»

Junto a Pauling, John Slater figura entre los científicos más destacados en el establecimiento de la química cuántica como especialidad. En su caso, se aprecia con gran claridad la relación entre física del estado sólido y la nueva disciplina. Así, el físico e historiador Silvan Schweber (1990: 379) señaló que «Slater nunca consideró la estructura molecular y la física del estado sólido como dos campos separados». Esto se puede ver en la carta que el propio Slater envió a Percy W. Bridgman el 22 de julio de 1929:

> [La mayoría de los físicos] se dedican a estudiar los metales desde el lado equivocado, esto es, intentando inventar teorías para explicar rasgos bastante concretos, en lugar de ver el problema en su conjunto. Este verano voy a tratar de avanzar en la dirección opuesta. Recordarás que quiero desarrollar métodos generales para resolver problemas en sólidos. Creo que la mejor forma de empezar es escoger un problema y dedicarse a él, y he decidido ir hacia el más obvio: las fuerzas de cohesión en metales, con la compresibilidad, estructura cristalina y todo lo que lleva asociado. [...]

> Lo primero que intentaré hacer es averiguar experimentalmente todo lo que pueda acerca de las fuerzas, a partir del calor de disociación, compresibilidad, etc., tratando de ver cuánto se solapan los átomos en el cristal, si existe alguna relación entre solapamiento y conductividad.

Las iniciativas y el liderazgo de Pauling y Slater ayudaron a que la química cuántica floreciese en Estados Unidos. Sin embargo, no se puede explicar ese desarrollo tan solo en base a dos personas, por capaces que fueran. La creación de la mecánica cuántica coincidió con un momento en el que las ciencias fisicoquímicas alcanzaron en Norteamérica su mayoría de edad. Las nuevas ideas atrajeron a los recién llegados, a la juventud, confirmando en este caso esa máxima aceptada de manera casi universal. A los nombres de Pauling y Slater hay que añadir los de John van Vleck, Harold Urey, Edward Condon, David Dennison, Ralph Kroning, Isidor I. Rabi, Clarence Zener, Philip M. Morse, Henry Eyring, John G. Kirkwood, George E. Kimball, E. Bright Wilson, Joseph Hirschfelder u Oscar Rice, quienes, en un momento u otro, realizaron aportaciones notables a la química cuántica.

Pero regresemos a Pauling. Todavía en Europa, comenzó a publicar sus primeros trabajos en química cuántica, como el artículo que apareció en 1927 en *Proceedings of the Royal Society* sobre las propiedades de los iones con muchos electrones (Pauling 1927). De regreso a Estados Unidos y a Caltech, se centró en el uso de la difracción de rayos X para el estudio de cristales y en cálculos de mecánica cuántica en átomos y moléculas, un dominio en el que el enlace químico tenía una gran importancia. Sus investigaciones sobre la naturaleza de esta unión las condensó luego en su gran libro, *The Nature of the Chemical Bond* (Pauling 1939), producto, en parte, de siete textos suyos que vieron la luz entre 1931 y 1933 en *Journal of the American Chemical Society* y en *Journal of Chemical Physics*. El volumen estaba dedicado a Gilbert Newton Lewis (recordemos que en 1935 había publicado, en colaboración con Edgar Bright Wilson, una introducción a la mecánica cuántica destinada a químicos y titulada *Introduction to Quantum Mechanics, with Applications to Chemistry* [Pauling y Wilson 1935]).

En el prefacio de esta obra, explicaba la manera en que había llegado a escribirla y cuál era, en su opinión, su importancia:

> Durante mucho tiempo he estado planeando escribir un libro sobre la estructura de moléculas y cristales y la naturaleza del enlace químico. Con el desarrollo de la mecánica cuántica y su aplicación a problemas químicos se hizo evidente que tendría que tomar una decisión con respecto a en qué medida se deberían incorporar los métodos matemáticos de la teoría en este libro. Llegué a la conclusión de que, incluso aunque muchos de los recientes progresos en la química estructural se han debido a la mecánica cuántica, debería ser posible describir los nuevos desarrollos de una forma directa y satisfactoria sin recurrir a matemáticas avanzadas. Solo una pequeña parte del cuerpo de las contribuciones de la mecánica cuántica a la química ha sido de carácter puramente mecánico-cuántico; por ejemplo, solo en unos pocos casos se han obtenido resultados de interés químico directo mediante la solución exacta de la ecuación de onda de Schrödinger. [...] La principal contribución de la mecánica cuántica a la química ha sido sugerir nuevas ideas, tales como la resonancia de las moléculas entre diversas estructuras electrónicas con el consiguiente aumento de inestabilidad.

Es difícil darse cuenta, tantos años después, de lo que significó aquel texto para, entre muchos otros, quienes pugnaban por desentrañar la estructura de las moléculas biológicas. En cierta ocasión, Max Perutz (2002: 232-234) manifestó sobre el particular:

> En la Navidad de 1939, una amiga me regaló un vale de compra para libros que utilicé para adquirir *The Nature of the Chemical Bond* de Linus Pauling, que había aparecido poco antes. Ese libro transformó el panorama químico romo de los textos anteriores en un mundo de estructuras tridimensionales. [El] libro de Pauling reforzó mi convicción, inspirada por J. D. Bernal, sobre la importancia de conocer la estructura tridimensional, y que jamás se comprendería la célula viva sin conocer las estructuras de las grandes moléculas que la componen. [...] El enfoque creativo de Pauling, su síntesis de la química estructural, teórica y práctica, su capacidad de integrar una amplia gama de observaciones para sustentar sus generalizaciones, así como su prosa ágil, reunió por primera vez los datos sin atractivo de la química en una trama intelectual coherente para mí y para miles de estudiantes.

Se podrían resumir las contribuciones más notables de Pauling a la teoría del enlace químico en su introducción del concepto de hibridación de los orbitales y en la utilización de los métodos de la mecánica cuántica y de la cristalografía de rayos X en la determinación de la estructura de sustancias complejas, como son las proteínas. Por estos trabajos recibió el premio Nobel de Química de 1954, aunque igualmente interesante fue su tabla de electronegatividades de los elementos.

Tras la obtención de este galardón, se dedicó en buena medida a promover causas pacifistas y en contra de la proliferación nuclear, motivo por el que recibió en 1962 el premio Nobel de la Paz.

8. El magnetismo

El estudio del magnetismo también se vio afectado por la nueva mecánica cuántica. Este fenómeno era conocido desde la antigüedad, gracias a una circunstancia especial: al hecho de que se manifestase de manera evidente en un mineral que se encuentra en la naturaleza, la magnetita, una mezcla de óxidos de hierro. Parece ser que el primer lugar de Occidente donde se halló esta sustancia y fueron reconocidas sus propiedades de atraer algunos metales fue en una región de Asia Menor llamada Magnesia, de donde provendrían los nombres de magnetismo y magnetita. Tales de Mileto (*c*. 624-546 a. C.) se refirió a ella e hizo notar que comunicaba su capacidad atrayente mediante el contacto (es muy probable que la ubicación de Mileto, que se encontraba en una región de Asia Menor, Jonia, le ayudase en estas observaciones).

Todos estamos familiarizados con el hecho de que la aguja de una brújula se orienta en la dirección del campo magnético terrestre. Sin embargo, conocer la existencia del magnetismo es una cosa y otra muy diferente (mucho más difícil) es explicar su naturaleza, sus diferentes tipos de manifestaciones y la relación que mantiene con la electricidad. En la historia del magnetismo a partir del siglo XIX, sobresalen algunos nombres, entre ellos André Marie Ampère, Michael Faraday, Wilhelm Weber, Hendrik A. Lorentz, Pierre Curie, Paul Langevin y Pierre Weiss. Si nos centramos en el XX, una buena forma de introducir el contexto en el que se desarrollaron los esfuerzos de los físicos por dar una «cobertura cuántica» a este fenómeno es reproducir los primeros pasajes de la tesis doctoral de Pierre Curie, resultado de los experimentos que realizó entre 1892 y 1895 en el laboratorio de la École Municipale de Physique et de Chimie Industrielles, en el que desempeñó el puesto de asistente desde 1882 (hasta 1895 no obtuvo una cátedra en esa institución). Publicada como artículo («Sur les propiétés magnétiques des corps a diverses températures»), Curie (1895, 1908: 232-233) explicaba en ella:

> Desde el punto de vista de sus propiedades magnéticas, los cuerpos se dividen en tres grupos distintos:
>
> Los cuerpos *diamagnéticos*, que comprenden la mayor parte de los cuerpos simples o compuestos.
>
> Los cuerpos *débilmente magnéticos*, entre los cuales se encuentran el oxígeno, paladio, platino, manganeso, así como sales de manganeso, de hierro, de níquel, de cobalto o de cobre.
>
> Los cuerpos *ferromagnéticos*, que comprenden el hierro, níquel, cobalto, la magnetita (Fe_3O_4) y también el acero, la fuente de varias aleaciones.
>
> A primera vista, estos tres grupos son absolutamente distintos, pero ¿permite esta separación un examen más profundo? ¿Existen transiciones entre estos grupos? ¿Se trata de fenómenos completamente diferentes o se trata de un fenómeno único más o menos deformado? Estas cuestiones preocuparon mucho a Faraday, volviendo una y otra vez a ellas en sus escritos. Sobre este asunto le debemos un experimento importante: se sabía desde hacía mucho tiempo que el hierro pierde sus propiedades magnéticas al rojo vivo; Faraday demostró que a temperaturas elevadas el hierro se mantiene magnético, aunque débilmente. Por consiguiente, el mismo cuerpo puede pertenecer, sucesivamente, al tercer y al segundo grupo. [...]
>
> Para resolver este problema, hace falta, pienso, estudiar las propiedades magnéticas de diversos cuerpos en condiciones tan diferentes como sea posible de temperatura, presión, intensidad del campo magnético. En este trabajo me propongo hacer variar la temperatura en los límites más amplios posibles, y he conseguido estudiar algunos cuerpos desde la temperatura ambiente hasta los 1.370 º.

Como señalaba aquí Curie, Faraday demostró en 1845 que las propiedades magnéticas no eran privativas de los compuestos férreos. Encontró, asimismo, que todas las sustancias mostraban este comportamiento en cierto grado, pero mientras que unas tendían a orientarse en la dirección del campo magnético, como sucede con el hierro, otras lo hacían transversalmente, en ángulo recto con las líneas del campo. A las primeras las denominó *paramagnéticas* y a las segundas *diamagnéticas*.

Entre los cuerpos diamagnéticos que Curie estudió, figuraban el agua, la sal gema, el cloruro potásico, el cuarzo, el selenio, el fósforo y varios más. Entre los débilmente magnéticos, estaban el oxígeno, el paladio y el sulfato de hierro. Por último, los ferromagnéticos incluían el hierro, el níquel y la magnetita. Sus experimentos le llevaron a la conclusión de que «no existe relación alguna entre las propiedades de los cuerpos diamagnéticos y los paramagnéticos», mientras que, «por el contrario, las propiedades de los cuerpos ferromagnéticos y los débilmente magnéticos están relacionadas íntimamente. Cuando se le calienta, un cuerpo ferromagnético se transforma progresivamente en un cuerpo débilmente magnético».

En su artículo de 1895, Curie presentó dos leyes, obtenidas de manera empírica a partir de sus medidas experimentales. La primera se refería a los cuerpos diamagnéticos y decía que «su susceptibilidad magnética (una constante adimensional que indica el grado de sensibilidad a la magnetización de un material) es independiente de la temperatura». La otra indicaba que «la susceptibilidad de los cuerpos paramagnéticos varía en razón inversa con la temperatura absoluta». Se trataba de resultados aproximados, de manera que uno de los retos de la física era deducirlos con exactitud. En esta tarea avanzó Paul Langevin (1905 a, b), un discípulo de Curie que amplió sus estudios en el Laboratorio Cavendish en la época en que lo dirigía J. J. Thomson.

Para comprender los fenómenos magnéticos se necesitaba la mecánica cuántica. No obstante, algunas propiedades básicas se podían describir en términos clásicos y semiclásicos, al tratar las constantes del hamiltoniano como parámetros. Para explicar el diamagnetismo, Langevin utilizó ideas propuestas en 1854 por Wilhelm Weber y desarrolladas por Hendrik Lorentz y Joseph Larmour, pero reinterpretadas en lenguaje electrónico. Así, la respuesta de un átomo diamagnético a un campo magnético externo se explicaba por el cambio en el movimiento orbital del electrón (que se podía asemejar a una carga que se desplazaba en un pequeño circuito, a un bucle de intensidad, a las corrientes imaginadas por Ampère). De este modo, se creaba un momento dipolar débil que se oponía al campo magnético. Langevin obtuvo así una ecuación que relacionaba linealmente la imantación con el campo y que confirmaba la ley de Curie. En el caso del paramagnetismo, lo que hizo fue asumir la existencia en el material de un conjunto de dipolos permanentes e independientes entre sí, distribuidos en direcciones aleatorias en ausencia de campo magnético. Después, aplicaba a los procesos de orientación de los dipolos la estadística de Boltzmann y obtenía una expresión para la imantación, en función del campo aplicado, que dependía de manera inversa con la temperatura. De este modo, la susceptibilidad magnética era

$$\chi = \mathrm{cte}/T$$

que ajustaba bien la segunda ley de Curie, según la cual «la susceptibilidad, χ, de los cuerpos paramagnéticos varía en razón inversa de la temperatura absoluta».

De manera que, si actúa un campo magnético, este tiende a orientar los momentos de los dipolos en su propia dirección y sentido. Ahora bien, cuanto mayor sea la temperatura, mayor será la agitación térmica y esta casi dominará sobre la acción del campo, de modo que la susceptibilidad magnética será menor. Pese a estos éxitos, la teoría de Langevin estaba incompleta. Sus principales fallos residían en la consideración de todas las orientaciones posibles para los momentos magnéticos y el no haber tenido en cuenta en estos la contribución del espín.

El físico francés Pierre Weiss (1907) fue otro de los nombres importantes en el estudio de estos fenómenos y encabezó dos escuelas de investigación en este terreno, primero en Zúrich y desde 1919 en Estrasburgo. Weiss (1865-1940) aplicó la teoría de Langevin al análisis del ferromagnetismo, para lo cual introdujo un nuevo concepto: el de «campo molecular». Lo que hizo fue suponer que el causante de la alineación de los momentos atómicos magnéticos era el resultante de la suma del campo externo aplicado y de otro M, conocido como «campo molecular de Weiss» y proporcional a la propia imantación, que representa la contribución de los dipolos vecinos, donde λ es la constante de Weiss, independiente de la temperatura. Cuando introdujo esta hipótesis en las ecuaciones, dedujo valores muy próximos a los obtenidos experimentalmente. Destaca entre sus resultados la derivación de una fórmula para la susceptibilidad cuando el material ferromagnético está en la fase paramagnética, de la forma

$$\chi = \mathrm{cte}/(T - T_c)$$

conocida como ley de Curie-Weiss, con T_c la denominada «temperatura de Curie», por debajo de la cual existe una imantación espontánea no nula.[24]

Existían, sin embargo, serios problemas con la hipótesis de Weiss. Si se suponía, como era razonable, que la magnitud del campo molecular surgía de la interacción de los momentos atómicos magnéticos, entonces su intensidad era miles de veces superior a los que se podía explicar con la teoría. Este era otro de los problemas sin resolver que la física cuántica debía solucionar. También de relevancia en este sentido fue otra propuesta que planteó el físico francés en 1911, para lo que se benefició de las medidas de la imantación a bajas temperaturas que realizó en Leiden en colaboración con Heike Kamerlingh Onnes (1853-1926), director del Laboratorio de Bajas Temperaturas (Weiss y Kamerlingh Onnes 1910). Esta consistía en la existencia de una unidad del momento magnético atómico, que bautizó con el nombre de «magnetón» (Weiss 1911 a, b).[25] Casi de inmediato, Langevin (1912) presentó públicamente esa idea en el congreso Solvay de 1911. El marco de la exposición y sus protagonistas dieron un empaque especial a la propuesta.

El magnetón de Weiss se contraponía a un candidato anterior, el denominado «magnetón de Bohr». Veamos la forma en que presentó ambos Blas Cabrera (1921: 33-34), uno de los más firmes defensores de la propuesta del francés:[26]

> [Los momentos magnéticos] se expresan mediante la fórmula
>
> $$\mu = 2m\cdot(S/T)$$
>
> donde *m* es la masa del electrón y *S* el área limitada por la órbita, cuyo periodo es *T*. Por otra parte, el momento magnético del circuito equivalente al electrón en movimiento es
>
> $$M = eS/cT$$

24. El nombre «temperatura de Curie» fue introducido por Weiss y Kamerlingh Onnes en 1910.

25. Sobre Kamerlingh Onnes, véase van Delft (2007).

26. Es relevante señalar en este sentido que la primera estancia de Cabrera en el extranjero (mayo-septiembre de 1912) fue en el laboratorio de Weiss en Zúrich. Los meses que pasó allí fueron determinantes en el enfoque que dio a sus investigaciones sobre el magnetismo. Véase Sánchez Ron (2021).

Donde *e/c* es la carga en unidades electromagnéticas; de suerte que entre ambos existe la relación

$$M/\mu = e/2mc = 0{,}88_8 \cdot 10^7$$

sean cuales fueren las características del movimiento, *S* y *T*. Luego la hipótesis esencial de Bohr:

$$\mu = n \cdot (h/2\pi)$$

exige que *M* sea un múltiplo exacto de

$$e/(2mc) \cdot (h/2\pi) = 9{,}28 \cdot 10^{-21}$$

que llamaré *magnetón de Bohr*.

Cuando de un electrón único se pasa al edificio atómico completo, claro es que en el modelo atómico de órbitas coplanares, sobre el cual se razona en la teoría de Bohr-Sommerfeld, el momento resultante sería también un múltiplo del magnetón de Bohr; pero en los modelos espaciales del tipo Landé, a que obligan multitud de propiedades físicoquímicas, los momentos de las órbitas han de sumarse geométricamente, y si no hubiese nada que agregar a lo dicho hasta aquí, cabría pensar en que aquellas pudiesen hallarse inclinadas las unas respecto a las otras sin que sus ángulos obedezcan a ninguna ley particular, dando margen a que el momento resultante adopte valores fraccionarios cualesquiera. Pero es el caso que Sommerfeld ha demostrado que no solo se *cuantifica* el movimiento de los electrones en cuanto a su velocidad areolar y a la excentricidad, sino también a la inclinación del plano de su órbita respecto de cualquier dirección privilegiada que en el campo exista, como es el propio eje magnético. Ahora bien, cuando se aplica este teorema se cae nuevamente en el magnetón de Bohr como divisor común de todos los momentos magnéticos.

Así, desde el punto de vista teórico no parece existir escape; en los átomos paramagnéticos el momento ha de ser un múltiplo del magnetón de Bohr.

Hasta aquí la teoría, pero ¿qué decían los experimentos? «Weiss —continuaba Cabrera (1921: 34) en la cita anterior—, utilizando medidas suyas y de sus colaboradores en los metales ferromagnéticos y sus aleaciones, juntamente con otro conjunto de experimentos de diferentes autores realizados con sales de los elementos precitados [Cr, Mn, Fe, Co, Ni, Cu], que ofrecen garantías muy inferiores a las asignables a las primeras, llegó por un método empírico a descubrir la existencia de un divisor común de los momentos magnéticos atómicos, al cual llamaré *magnetón de Weiss*, y cuyo valor numérico es $W = 18{,}55 \cdot 10^{-22}$, o sea justo la quinta parte del que he llamado de Bohr.»[27]

Aparte del problema de la ausencia de una fundamentación para el magnetón de Weiss, terminaron por aparecer dificultades con los valores experimentales, que no siempre se ajustaban a dicha unidad. La primera ocasión importante en la que se criticó la propuesta del físico francés fue durante el sexto congreso Solvay. Celebrado, como era habitual, en Bruselas, del 20 al 25 de octubre de 1930, el tema elegido para aquella ocasión fue «El magnetismo», un hecho que habla por sí solo sobre la importancia que se daba a este asunto, así como de su vitalidad y de las incógnitas que aún tenía pendientes. Lo presidió Langevin, autoridad reconocida en este ámbito, y asistieron: Marie Curie (que en las actas publicadas era llamada «Mme P. Curie»), N. Bohr, B. Cabrera, A. Cotton, C. G. Darwin, P. Debye, T. de Donder, P. Dirac, J. Dorfman, A. Einstein, E. Fermi, W. Gerlach, W. J. de Haas, W. Heisenberg, P. Kapitza, H. A. Kramers, W. Pauli, O. W. Richardson, A. Sommerfeld, O. Stern, P. Weiss y P. Zeeman, además de E. Henriot, A. Picard y J. H. van Vleck como invitados (L. Brillouin también estuvo presente, pero como parte del grupo encargado de la secretaría).

En la discusión que siguió al informe presentado por Cabrera (1932), Jakov Dorfman, que formaba parte del grupo que Abram Ioffe había reunido en el Instituto Politécnico de Leningrado (antes de 1924, San Petersburgo) señaló que «para el Nd_2O_3 los datos experimentales no se sitúan sobre una recta cualquiera y esto da a los cálculos una gran incertidumbre. Esto quiere decir que el valor del momento no es lo bastante preciso como para demostrar la existencia del magnetón» (Le Magnetisme 1932: 170). No fue Cabrera, sino Weiss, quien respondió a este comentario. Reconoció que «la multiplicidad de estados de una misma sustancia, caracterizadas por sus momentos, es uno de los fenómenos más curiosos del magnetismo»,

27. Sobre Weiss y su magnetón, véanse Quédec (1988) y Keith y Quédec (1992: 384-394).

palabras que sugieren una cierta inseguridad sobre la viabilidad final de su idea. De hecho, sus dudas se incrementaron cuando André Lallemand (1935) midió en el propio laboratorio de Weiss los momentos magnéticos de sales ionizadas de hierro y manganeso y obtuvo los resultados que predecía la mecánica cuántica.[28]

Vista en retrospectiva, la historia de la pugna entre el magnetón de Weiss y el de Bohr se debe entender desde la perspectiva de quienes defendían el primero, que no estaban completamente seguros de que la cuántica fuera capaz de explicar los fenómenos magnéticos.[29] La disponibilidad de la mecánica de Heisenberg-Schrödinger-Dirac permitió abordar estas observaciones de maneras diferentes, ya dentro del campo de la física del estado sólido. Ejemplo notable en este sentido es el libro del estadounidense John H. van Vleck, *The Theory of Electric and Magnetic Susceptibilities* (van Vleck 1932), «posiblemente el primer libro en el moderno campo de la física del estado sólido», según el premio Nobel de Física Philip Anderson (1987: 509), quien recibió el galardón en 1977 por sus trabajos sobre la estructura electrónica de sistemas magnéticos desordenados. Por su parte, Frederick Seitz (1980: 86-87), uno de los pioneros en la disciplina, se refirió a esta obra en los términos siguientes: «El libro de van Vleck, *The Theory of Electric and Magnetic Susceptibilities*, se publicó durante mi primer año de trabajo como graduado, cuando estaba en el proceso de establecer relaciones con colegas de Princeton interesados en la física de los sistemas químicos. El libro impresionó mucho a nuestra pequeña comunidad y fue base de muchas discusiones y seminarios. La influencia de van Vleck en el desarrollo de varias generaciones de científicos, tanto a través de su trabajo como de su interés personal en otros, difícilmente puede ser olvidado».

Volveré a van Vleck y a su libro más adelante.

28. André Lallemand (1904-1978) es recordado como astrónomo. Llegó a dirigir el Instituto de Astrofísica de París y fue miembro de la Academia de Ciencias francesa. Después de finalizar su formación en la Facultad de Ciencias de Estrasburgo, en 1925 se unió como ayudante al observatorio de esta ciudad. Sin embargo, realizaba sus investigaciones en el laboratorio de Pierre Weiss, en el que, por cierto, también trabajaba entonces Louis Néel, futuro premio Nobel de Física en 1970, que se especializó en el estudio del ferromagnetismo y del antiferromagnetismo.

29. Fue gracias sobre todo al experimento de Stern-Gerlach (Gerlach y Stern 1922) que el magnetón de Bohr se afirmó como unidad del momento magnético atómico.

Sin embargo, antes de pasar a los orígenes de la física del estado sólido, quiero detenerme en un caso particular, el de Piotr Kapitza. Lo hago como contrapeso a los desarrollos teóricos. Es preciso recalcar la importancia que tuvo la investigación empírica, no solo en el caso del magnetismo ni de la física cuántica (vimos ya en la primera parte de esta historia el papel tan destacado que desempeñaron en su génesis las medidas de las líneas espectrales), sino en el conjunto de la ciencia. En lo que al primer aspecto se refiere, lo dicho a propósito de Pierre Curie avala la importancia que tuvo la experimentación en los pasos iniciales de la diferenciación entre tipos de magnetismo. No obstante, como sucede siempre en estos asuntos, era preciso realizar ensayos en condiciones más extremas, lo que en este caso quería decir campos más intensos. Aquí un nombre sobresale por encima de todos, el del físico soviético Piotr Kapitza.

9. Kapitza: campos magnéticos potentes

Ya nos apareció Kapitza en el capítulo 4, pero ahora es necesario añadir más detalles sobre sus investigaciones en el ámbito del magnetismo.

Sus primeros trabajos en el Laboratorio Cavendish se acomodaron a los intereses de Rutherford, con quien entabló una profunda amistad, y trataban de las trayectorias de las partículas α en campos magnéticos intensos (Kapitza 1923). En la conferencia inaugural del Congreso Internacional sobre Magnetismo que se celebró en agosto de 1973, Kapitza (1985 b, 1985 a: 92-93) se refirió a aquellos experimentos en los términos siguientes:

> En 1921 llegué a Inglaterra y comencé a trabajar como colaborador del Laboratorio Cavendish, que dirigía Rutherford. Uno de mis primeros trabajos surgió de la idea de observar el alcance de las partículas α en la cámara de Wilson en un campo magnético para que, mediante la curvatura de las trayectorias, fuera posible medir la velocidad de las partículas por separado. Hasta ese momento, la cámara de Wilson no se había colocado en un campo magnético. Para estas experiencias era necesario, además, encontrar un método para la generación de un campo magnético intenso con una magnitud cercana a los 100 kOe y crearlo en una bobina de dimensiones tales que dentro del campo magnético se

pudiera colocar la cámara de Wilson.[30] Desde el punto de vista técnico esto era realizable ya que el tiempo en el que se formaba la traza en la cámara era igual a una pequeña fracción de segundo y por tanto el campo magnético debería existir un corto período de tiempo. Esto eliminaba la dificultad fundamental en la creación de campos magnéticos intensos, o sea, el recalentamiento de la bobina. Era fácil calcular que en las centésimas de segundo en las que debería circular la corriente por la bobina, debido a su capacidad térmica, el devanado no se calentaría más allá de 100 °C. La dificultad fundamental estaba relacionada con la necesidad de obtener una fuente de impulso de energía eléctrica potente.

En aquellos tiempos, la electrotécnica no disponía, como ahora, de condensadores de grandes capacidades. Nosotros salvamos la dificultad construyendo una batería especial de acumuladores compuestos de placas de plomo. El espacio entre ellas era del orden de 1-2 mm y se llenaba de ácido sulfúrico. Esta batería de acumuladores poseía capacidad y resistencia interna pequeñas y nos daba los impulsos de potencia necesarios de 200-300 kW. Todo ello se pudo realizar y los experimentos concluyeron exitosamente.

Aquello fue solo el principio: «Después comencé a aplicar el método de impulsos para obtener campos magnéticos elevados para el estudio de las propiedades magnéticas de la materia». Aunque tales investigaciones no coincidían con los intereses científicos de Rutherford, este no solo las permitió, sino que ayudó a que se pudieran llevar a cabo. Los problemas que afrontó Kapitza eran de gran complejidad técnica. Por ejemplo, hubo que construir un generador de impulsos especial, tarea de la que se encargó la firma Wekkers de Mánchester. El precio, tres mil libras (una cantidad importante entonces), se pudo asumir gracias a Rutherford. Con aquel aparato se pudieron alcanzar campos de entre 300 y 500 kOe, mientras que los más intensos obtenidos hasta la fecha eran de 60 kOe. Estos los había logrado el físico francés Aimé Cotton (1869-1951) mediante la utilización de un gran electroimán. Ubicado en Bellevue, en las afueras de París, este ingenio, el mayor del mundo en esa época (sus polos medían 76 cm

30. Kapitza utilizaba aquí como unidad de intensidad del campo magnético el oersted (Oe), que desde enero de 1978 no tiene carácter oficial. En su lugar se utilizan el gauss, que es la unidad de densidad del flujo magnético en el sistema CGS, y el tesla, en el SI, con la equivalencia de 1 tesla=10^4 gauss. En el SI la intensidad del campo magnético se mide en A/m (amperio por metro) y equivale a $4\pi\times10^{-3}$ oersted.

de diámetro), podía generar un campo magnético máximo y de una estabilidad extraordinaria, ya que podía permanecer inalterado durante horas.[31] El coste económico no tenía precedentes. Oficialmente se estimó en un millón de francos, pero en realidad fue mucho mayor, ya que participaron empresas que efectuaron donaciones, además de proporcionar asesoramiento técnico, mano de obra y componentes gratuitos. Muy importante para conseguir semejante financiación fue que, junto a la Oficina Nacional de Investigaciones Científicas e Industriales, también se implicó la Academia de Ciencias francesa (era la primera vez que lo hacía) en su construcción. De hecho, el aparato se instaló en lo que se denominó Laboratorio del Gran Electroimán de la Academia de Ciencias, el cual abrió sus puertas en julio de 1928. No hay que olvidar la defensa que realizó del proyecto un joven, pero ya prestigioso (por sus investigaciones sobre el movimiento browniano), Jean Perrin.

No es irrelevante mencionar que Cotton no solo dirigió las investigaciones con este instrumento, sino que también lo diseñó, tarea en la que fue ayudado por Pierre Weiss, que ya tenía experiencia en estas lides. Además, ambos colaboraron en el estudio del efecto Zeeman, que es, recordemos, el desdoblamiento de las líneas de un espectro producido por la acción de un campo magnético. Precisamente, por este tipo de fenómenos y por la probada utilidad que el estudio de las posiciones e intensidades de las líneas espectrales tenía para la teoría cuántica, disponer de potentes imanes era algo deseado por los mejores laboratorios. Friedrich Paschen, por ejemplo, manifestó en la década de 1910 que las investigaciones futuras en espectroscopía exigían contar con grandes aparatos de esa clase y anunció planes para que su departamento en la Universidad de Tubinga tuviera uno lo antes posible.

En lo que se refiere a lo conseguido con el gran electroimán de Bellevue durante los años en que estuvo activo, de 1928 a 1940, en el plano científico se lo utilizó sobre todo para estudiar la birrefringencia de las sustancias aromáticas, el campo preferido por Cotton. No obstante, también destacaron los trabajos de carácter técnico, entre ellos los destinados a aumentar su potencia.

En 1929, Kapitza dio a conocer el importante resultado de la modificación de la resistencia eléctrica de los metales, que en campos magnéticos intensos cambia de ser una función cuadrática del campo a

31. Shinn (1993) ha estudiado la historia de este electroimán.

depender linealmente de él, lo que se conoce como «ley de Kapitza de la magnetorresistencia» (Kapitza 1929 a, b). Sin duda, este descubrimiento le ayudó para ser elegido, también en 1929, miembro de la Royal Society, uno de los más grandes honores que un científico podía alcanzar en Reino Unido, máxime en el caso de Kapitza, que no había renunciado a su nacionalidad soviética. A comienzos de ese mismo año, ya empezaron a hablar Rutherford y él de la posibilidad de establecer un laboratorio especial que pudiera albergar los instrumentos que se necesitaban para las investigaciones en el ámbito del magnetismo. Como ya mencioné en el capítulo 4, la idea cuajó y en febrero de 1933 se inauguró el Laboratorio Mond de la Royal Society. Rutherford consiguió convencer a esta institución para que invirtiera quince mil libras en la construcción del edificio, dinero que la Sociedad recibió de una donación de Ludwig Mond, fundador de ICI (Imperial Chemical Industries). Al mismo tiempo, Kapitza fue nombrado catedrático, con el título de profesor Messel de la Royal Society.

10. Kamerlingh Onnes: bajas temperaturas y helio

El interés científico principal de Kapitza era, como hemos visto, el estudio de la resistencia eléctrica de los metales sometidos a campos magnéticos intensos. No obstante, se sabía que en muchos casos esos efectos eran más pronunciados a bajas temperaturas. Por este motivo, el físico ruso quiso introducir la criogenia en su laboratorio, con el fin de obtener helio líquido. Esto solo se había conseguido en contadas instalaciones, la primera de ellas la de Heike Kamerlingh Onnes en Leiden, en julio de 1908.[32]

En su conferencia Nobel de 1913 (recibió el premio «por sus investigaciones sobre las propiedades de la materia a bajas temperatu-

32. Kamerlingh Onnes había trabajado con Gustav Kirchhoff tras su graduación y comenzó a interesarse en la teoría molecular y en las propiedades de la materia a comienzos de la década de 1880, gracias a los contactos que mantuvo con su compatriota, Johannes van der Waals (1837-1923). En la conferencia que pronunció al recibir el premio Nobel de Física de 1913 manifestó que «el estudio de la ecuación de estado relacionado con las monumentales teorías de van der Waals ha sido siempre un elemento principal de investigación en el laboratorio de Leiden. En particular, el estudio exacto de la ecuación de estado de gases sencillos pertenece al campo de las bajas temperaturas».

ras que condujeron a la producción de helio líquido») Kamerlingh Onnes recordó su reacción al conseguir licuar este elemento:

> Como se había previsto cuando se planearon los experimentos, su ejecución bordeó lo imposible. Cuando llevamos a cabo el experimento, que comenzó a las cinco y media de la mañana y finalizó a las nueve y media de la noche, habiendo visto el primer helio a las seis y media, todo el mundo había hecho todo lo que se podría haber pedido posiblemente de ellos. [...] Fue un espectáculo maravilloso cuando vimos por primera vez el líquido, que parecía casi irreal. No lo advertimos cuando comenzó a fluir. Su presencia no pudo confirmarse hasta que ya había llenado el recipiente. Su superficie se alzaba marcadamente contra el recipiente como el filo de un cuchillo.
>
> Qué feliz me sentí cuando pude enseñar helio condensado a mi distinguido amigo van der Waals, cuya teoría me había guiado hasta el final de mi trabajo en la licuefacción de gases.

Un detalle sorprendente es que, ni en 1908 ni en el cuarto de siglo siguiente, Kamerlingh Onnes mencionó que cuando el helio se enfriaba por debajo de 2 K experimentaba un cambio dramático en su forma. Sobre todo, cuando algunos técnicos que trabajaban entonces con él señalaron que se sabía que a menos de 2,2 K la ebullición de este elemento se detenía súbitamente.

Tres años después, Kamerlingh Onnes (1911) halló que al enfriar el mercurio a 4 K se anulaba por completo su resistencia al paso de una corriente eléctrica. Esto es, descubrió la *superconductividad*.[33] En abril de 1934, Kapitza obtuvo su primer helio líquido, pero no fue el primero en conseguirlo en Reino Unido: a comienzos de 1933 lo había logrado Kurt Mendelssohn, un graduado por la Escuela Politécnica de Breslavia, en el Laboratorio Clarendon de Oxford. Este se hallaba dirigido desde 1919 por Frederick Lindemann, quien había trabajado cinco años con Walther Nernst en Berlín y adquirido el mismo interés que este por la física de bajas temperaturas en el contexto de la cuántica. La fascinación de Nernst se entiende perfecta-

33. La explicación teórica de la superconductividad, de la que trataré en el siguiente volumen, llegó en la década de 1950, en particular con la teoría elaborada en 1957 por Bardeen Cooper y Schrieffer. Sobre las investigaciones de Kamerlingh Onnes, véanse van Delft (2007), Dahl (1984) y Gavroglu y Goudaroulis, eds. (1991).

mente si se tiene en cuenta el tercer principio de la termodinámica, que él mismo introdujo en 1906 y cuyo enunciado dice: «En la inmediata proximidad del cero absoluto, el trabajo máximo que puede obtenerse en una reacción isoterma es independiente de la temperatura». Como se explica en el primer volumen de esta historia, Nernst solo pudo proponer, no demostrar, este principio. Era natural, por consiguiente, que incluyese entre sus objetivos científicos el estudio experimental de fenómenos criogénicos. En su Instituto de Berlín, junto a colaboradores como Arnold Eucken, Franz Simon y Frederick Lindemann, llevó a cabo medidas en las proximidades del cero absoluto que demostraron, entre otros resultados, que el calor específico de los sólidos tiende a anularse al disminuir la temperatura.

Lindemann decidió en 1931 establecer la criogenia en el Clarendon y consiguió para ello un pequeño licuefactor de helio de los utilizados en el laboratorio de Franz Simon en Berlín, poco antes de que este abandonara la capital prusiana para establecerse en 1931 como catedrático en la Escuela Politécnica de Breslavia.[34] La idea de Lindemann era que Kurt Mendelssohn, colaborador y discípulo del físico alemán, viajase a Oxford para poner en marcha el aparato. Sin embargo, este declinó la oferta en junio de 1931, ya que se encontraba en pleno traslado a Breslavia, donde debía ocuparse de las tareas de Simon, que iba a pasar en Estados Unidos los meses de enero a junio de 1932. En última instancia, el director del Clarendon consiguió que, a comienzos de 1933, Mendelssohn viajase a Oxford. Apenas una semana después, consiguió licuar helio.

Los acontecimientos políticos favorecieron que la física de bajas temperaturas se consolidase en Inglaterra. Mendelssohn regresó a Breslavia pero la violencia desatada por los nazis le animó a aceptar en julio de 1933 la oferta de Lindemann: un contrato de dos años, a razón de cuatrocientas libras anuales, firmado con ICI, pero para trabajar en el Clarendon. Esa misma situación política y social fue la que hizo que pronto se le unieran en Oxford el propio Simon, que llegó en julio de 1933 con dos aparatos licuefactores, y otro miembro de su grupo en Breslavia, Nicholas Kurti, que se sumó a ellos poco después. Todos, Simon, Mendelssohn y Kurti, permanecieron allí el resto de sus carreras.

34. La historia de la física de bajas temperaturas en el Laboratorio Clarendon se describe en Morrell (2005).

© Oxford Science Archive/Heritage Images/Album

G. Kirchhoff, R. Bunsen y H. Roscoe
(1862)

© SCIENCE PHOTO LIBRARY/Album

Ludwig Boltzmann

© Archivo del autor

Wilhelm Conrad Röntgen

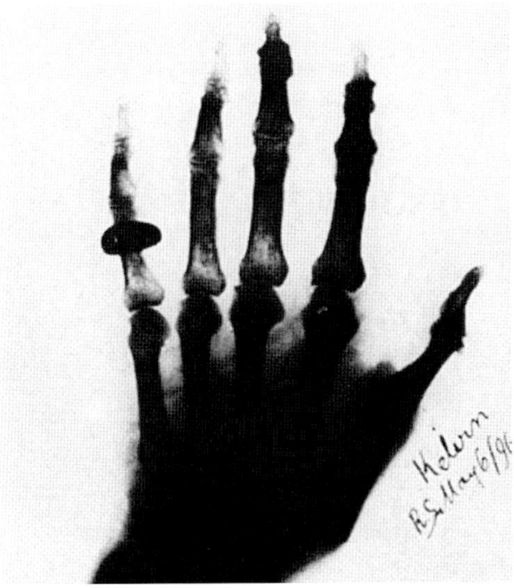

Radiografía de una mano de lord Kelvin

Entrada al Laboratorio Cavendish

Max von Laue

Henri Becquerel

© Science Source / Album

Pierre y Marie Curie en su laboratorio

© Mondadori Portfolio / Album

JJ Thomson en el Laboratorio Cavendish, con un tubo de rayos catódicos

© Sputnik / Album

Dmitri Mendeléiev (sentado en el centro) en 1889, junto a miembros de la Literary and Philosophical Society de Manchester, de la que era Miembro Honorario

Max Planck

Philipp Lenard

Max Planck tomando la palabra en el 25º aniversario de la creación de la Kaiser-Wilhelm Gessellschaft (1936)

N. Bohr y A. Einstein

Fotografía de Arnold Sommerfeld dedicada por este a Miguel A. Catalán

Peter Debye

Gustav Hertz y Walther Gerlach sirviendo en el Ejército durante la primera guerra mundial (Jena, 1917)

Arthur Compton

P. Zeeman, A. Einstein y P. Ehrenfest

© Bettmann/Getty Images

A. A. Michelson, A. Einstein y R. Millikan

© INTERFOTO/History/Alamy/Album

Participantes en el primer Congreso Solvay (1911)

A. Einstein, H. A. Lorentz
y A. Eddington

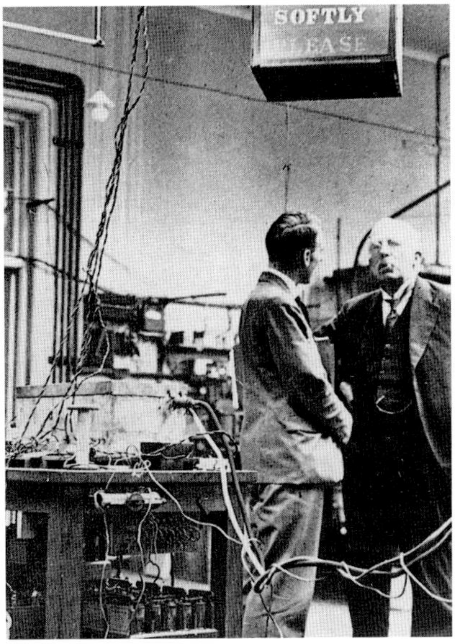

E. Rutherford en el Cavendish

Henry G. J. Moseley en el laboratorio de Balliol-Trinity, Oxford (*c.* 1910)

Oskar Klein, George Uhlenbeck
y Samuel Goudsmit

Louis de Broglie

Wolfgang Pauli

S. N. Bose

© Bettmann/Getty Images

Niels Bohr en Gotinga (junio de 1922).
De izquierda a derecha: C. Oseen, N. Bohr,
J. Franck y O. Klein (de pie);
M. Born (sentado)

© Archivo del autor

Werner Heisenberg

© Archivo del autor

Erwin Schrödinger

© Alamy / Album

Paul A. M. Dirac

© Archivo del autor

Max Born

© Alamy / Album

Pascual Jordan

Fritz London

W. Heitler y L. Rosenfeld

Linus Pauling

F. Seitz y H. A. Kramers

© Alamy/Album

Edward Condon

© SPL History/Photo Scala

George Gamow

Oppenheimer en Gotinga
(1926-1927)

El Instituto de Bohr dibujado por Gamow
en la obra *Fausto* (1932)

Reunión en el Instituto de Niels Bohr (Copenhague, 1934). Primera fila (de izquierda a derecha): W. Pauli, P. Jordan, W. Heisenberg, M. Born, L. Meitner, O. Stern y J. Franck. Segunda fila: M. Oliphant, M. Saha, C. F. von Weizsäckkker, FFF. Hund, F. Reiche, H. D. Jensen, F. London y O. Frisch. Quinta fila (entre otros): E. Teller y V. Weisskopf

Victor Hess

Robert Millikan

Carl Anderson

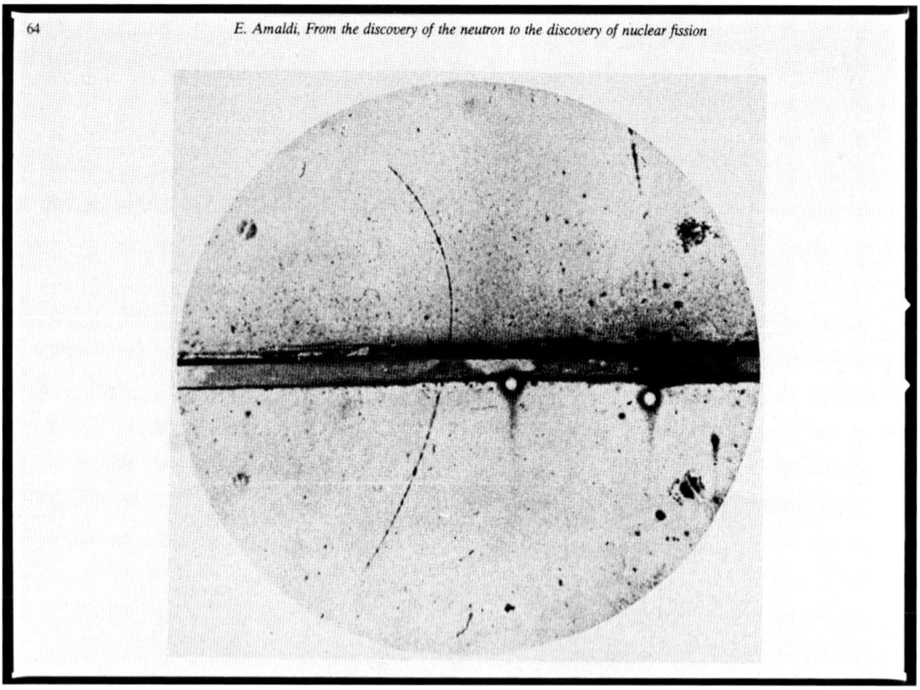

Traza de primer electrón positivo identificado en una cámara de niebla

Reunión en Bruselas para preparar el Consejo Solvay de 1933.
De izquierda a derecha: Bohr, Einstein, Théophile de Donder, Owen W. Richardson, Langevin, Debye, Ioffe y Blas Cabrera

Participantes en el Congreso sobre Radiactividad (Münster, Westfalia, 1932).
De pie, desde la izquierda: George von Hevesy, señora Geiger,
Lise Meitner, Otto Hahn; sentados: James Chadwick, Hans Geiger,
Ernest Rutherford, Stefan Meyer y Karl Przibram

Congreso Volta (septiembre de 1927)

Participantes en el Congreso Bunsen (1928)

© Archivo del autor

Heike Kammerling Onnes dibujado por Harm Kammerling Onnes (1920)

Cortesía de © Leiden University

Kammerling Onnes y Julio Palacios (Leiden, 1914)

© SCIENCE PHOTO LIBRARY / Album

Lev Landau

Cortesía de © MIT Museum

Laszlo Tisza

Piotr Kapitza (años 30)

Kapitza y V. Fock

Landau en prisión (1 de junio de 1938)

Participantes en el VII Consejo Solvay celebrado en 1933, dedicado a «Estructura y propiedades de os núcleos atómicos»

John Slater

JJ y GP Thomson

Robert S. Mulliken (*c.* 1970)

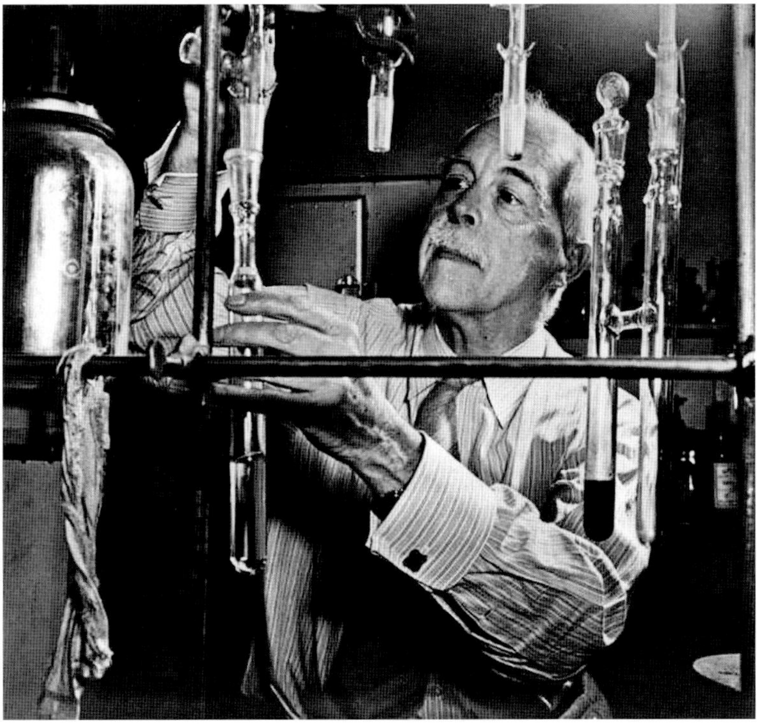

Gilbert Newton Lewis

Irving Langmuir

John van Vleck

John von Neumann

David Hilbert

Hermann Weyl

GRUPPENTHEORIE
UND QUANTENMECHANIK
VON HERMANN WEYL
ORD. PROFESSOR
DER MATHEMATIK AN DER EIDGENÖSSISCHEN
TECHNISCHEN HOCHSCHULE
ZÜRICH

VERLAG VON S. HIRZEL IN LEIPZIG · 1928

Portada de *Gruppentheorie und Quantenmechanik*

Eugene Wigner

A. Einstein

N. Rosen

B. Podolsky

I.8 CAN QUANTUM-MECHANICAL DESCRIPTION OF PHYSICAL REALITY BE CONSIDERED COMPLETE?

ALBERT EINSTEIN, BORIS PODOLSKY, AND NATHAN ROSEN

In a complete theory there is an element corresponding to each element of reality. A sufficient condition for the reality of a physical quantity is the possibility of predicting it with certainty, without disturbing the system. In quantum mechanics in the case of two physical quantities described by non-commuting operators, the knowledge of one precludes the knowledge of the other. Then either (1) the description of reality given by the wave function in quantum mechanics is not complete or (2) these two quantities cannot have simultaneous reality. Consideration of the problem of making predictions concerning a system on the basis of measurements made on another system that had previously interacted with it leads to the result that if (1) is false then (2) is also false. One is thus led to conclude that the description of reality as given by a wave function is not complete.

1.

ANY serious consideration of a physical theory must take into account the distinction between the objective reality, which is independent of any theory, and the physical concepts with which the theory operates. These concepts are intended to correspond with the objective reality, and by means of these concepts we picture this reality to ourselves.

In attempting to judge the success of a physical theory, we may ask ourselves two questions: (1) "Is the theory correct?" and (2) "Is the description given by the theory complete?" It is only in the case in which positive answers may be given to both of these questions, that the concepts of the theory may be said to be satisfactory. The correctness of the theory is judged by the degree of agreement between the conclusions of the theory and human experience. This experience, which alone enables us to make inferences about reality, in physics takes the form of experiment and measurement. It is the second question that we wish to consider here, as applied to quantum mechanics.

Whatever the meaning assigned to the term *complete*, the following requirement for a complete theory seems to be a necessary one: *every element of the physical reality must have a counterpart in the physical theory*. We shall call this the condition of completeness. The second question is thus easily answered, as soon as we are able to decide what are the elements of the physical reality.

The elements of the physical reality cannot be determined by *a priori* philosophical considerations, but must be found by an appeal to results of experiments and measurements. A comprehensive definition of reality is, however, unnecessary for our purpose. We shall be satisfied with the following criterion, which we regard as reasonable. *If, without in any way disturbing a system, we can predict with certainty (i.e., with probability equal to unity) the value of a physical quantity, then there exists an element of physical reality corresponding to this physical quantity.* It seems to us that this criterion, while far from exhausting all possible ways of recognizing a physical reality, at least provides us with one

Originally published in *Physical Review*, *47*, 777-80 (1935).

Artículo de Einstein, Podolsky y Rosen

Gato de Schrödinger

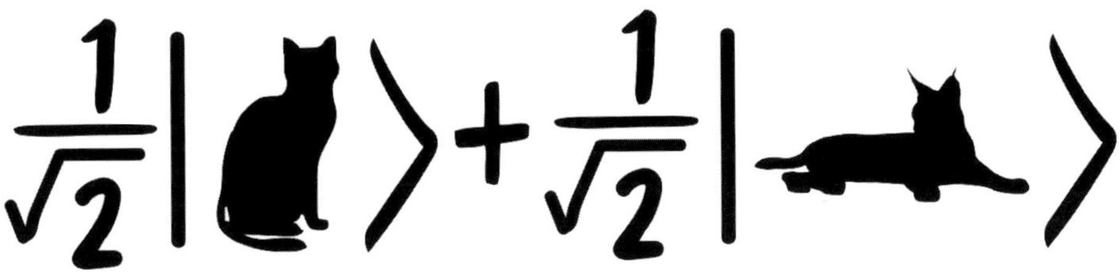

Función de onda para la situación en la que aún no se ha observado el interior de la cámara donde se encontraba el gato

Volviendo a Kapitza, el procedimiento que utilizaba para licuar gases era introducir estos en un cilindro con un pistón y expandirlos adiabáticamente. No obstante, existía un problema: en el caso de temperaturas extremadamente bajas (como las que se necesitaban en el caso del helio), el lubricante que había que emplear para el movimiento del émbolo se congelaba. Para evitarlo, Kapitza (1934) prescindió de esta sustancia y permitió que el helio se escapase a través del hueco entre el pistón y el cilindro. Sin embargo, hacía que la expansión fuese tan rápida que las pérdidas eran pequeñas. De hecho, las fugas desempeñaban el papel del lubricante. La idea resultó atractiva para una empresa, Collins, que comercializó la técnica.

Precisamente por sus éxitos científicos, en 1934 el gobierno de Stalin impidió a Kapitza volver a Inglaterra. El fisiólogo de Cambridge Edgar Douglas Adrian visitó Moscú en agosto de 1935, para asistir a un Congreso Internacional de Fisiología, y a su regreso transmitió a Rutherford las opiniones del físico soviético (Boag, Rubinin y Schoenberg, eds. 1990: 267):

> Kapitza considera que existen tres razones para su detención:
>
> (a) Informes infundados procedentes de Inglaterra, de que estaba realizando trabajos con fines bélicos; estos informes deben proceder de Cambridge y de una fuente bien informada.
>
> (b) Gamow: cuando Gamow se marchó de Rusia, escribió a Mólotov pidiendo que se le concediese la misma situación que Kapitza solía tener, e hizo de esto una condición para regresar a Rusia.
>
> (c) La razón de que sus habilidades serían muy útiles en caso de guerra.

George Gamow, uno de los mejores físicos teóricos rusos, nunca regresó a la URSS. Volveremos a encontrarnos con él en este mismo capítulo.

Es probable que en la decisión de impedir que Kapitza retornase a Inglaterra influyera también la expansión que se pretendía lograr en la economía soviética con uno de los primeros planes quinquenales, un crecimiento que dependía en parte de desarrollos tecnológicos y científicos. En particular, Krzhizhanovski, un influyente ingeniero eléctrico y protegido de Stalin, que había intervenido en la rápida electrificación de la URSS, quería que Kapitza dirigiese la construcción de un laboratorio en Moscú a imagen del Mond de Cambridge. En su opinión, esto revolucionaría la producción de electricidad en el país. Fuese por las razones que fuera, el hecho es que Kapitza tuvo que permanecer en territorio soviético, sin que sirviesen de nada los esfuerzos británicos. En cambio, a su esposa, Anna Krylova, hija del distinguido matemático ruso Aleksei N. Krylov, a la que había conocido en París, donde vivía con su madre, y a sus dos hijos sí se les permitió regresar a Cambridge. En un principio, Kapitza pensó en abandonar la física y dedicarse a la biofísica con Pavlov, en el instituto de este en Moscú, pero en última instancia, en 1935, se llegó a un acuerdo según el cual los soviéticos pagaban a la Universidad de Cambridge treinta mil libras y esta transfería el equipo del Laboratorio Mond a la capital rusa. En enero de 1936, su esposa e hijos se reunieron con él en esta ciudad y el verano de aquel año se completó la construcción del edificio que debía albergar sus aparatos, en el que finalmente se instalaron los instrumentos llegados de Inglaterra. Kapitza trabajó allí hasta el final de su carrera, con dos interrupciones: una, cuando las instalaciones tuvieron que ser evacuadas entre 1941 y 1943, debido a la segunda guerra mundial, y otra, de 1946 a 1954, años en los que fue destituido de la dirección del centro por razones políticas.

De los sentimientos que generó ese traslado forzoso a Rusia, da idea la carta que Kapitza escribió a Rutherford entre el 26 de febrero y el 2 de marzo de 1936 (Boag, Rubinin y Schoenberg, eds. 1990: 279):

> Me siento muy desgraciado aquí, mejor que el último año, pero no tan feliz como cuando estaba en Cambridge. El regreso de Anna me trajo mucha felicidad y confort. En cualquier caso, mi vida familiar se ha reanudado y esto es muy importante para mí, ya que aquí estaba muy solo, bastante solo, de manera que la familia es muy importante para mí. Su carta me recordó mis años felices en Cambridge y pensé en usted como realmente es, rudo en las maneras y palabras, pero bueno en su corazón, tal como yo lo quiero, y esto me hace sentir algo más feliz. ¡El paraíso perdido!

La frustración que Kapitza sintió al no poder regresar a su querido Cambridge no fue impedimento para que siguiera haciendo contribuciones importantes a la ciencia. Una de ellas estuvo ligada a la física de bajas temperaturas, cuya investigación reanudó en su instituto de Moscú. Hay que tener en cuenta también que, en especial a partir de 1935, la experiencia y la instrumentación disponibles en el ámbito de los campos magnéticos muy intensos se mostraron muy útiles para la investigación criogénica. Esto se debía a que el procedimiento de desimantación adiabática permitía alcanzar puntos muy cercanos al cero absoluto sin necesidad de utilizar helio líquido, siempre difícil y costoso de obtener. Esta posibilidad afectó en particular al gran electroimán de Bellevue. Algunos físicos franceses consideraron que el aparato desarrollado por Cotton constituía un magnífico instrumento para competir con éxito en el dominio de las bajas temperaturas, un interés del que participaba la industria nacional del frío. Esta presionó (por ejemplo, a través de la Agrupación de Industrias Frigoríficas) para que el laboratorio de Cotton cambiase de orientación. Lo consiguieron. A finales de 1936, el centro cambió de nombre y adoptó el de Laboratorio de Física de Bajas Temperaturas y del Electroimán. Bellevue se unió así a la pequeña comunidad de instituciones dedicadas a la investigación en este terreno. Precisamente por su reducido número, los intercambios entre ellas eran relativamente frecuentes. De hecho, Kapitza visitó el suburbio parisino el 21 de mayo de 1931, para dar su opinión sobre el proceso de transformación de un centro dedicado en exclusiva al magnetismo en otro en el que las bajas temperaturas ocuparan un lugar privilegiado. También en febrero de 1935, Fritz Simon y Nicholas Kuri escribieron desde Oxford y solicitaron visitar las instalaciones, con la intención de comprobar si era correcta su hipótesis de que se podían alcanzar temperaturas inferiores a 1 K mediante la desimantación adiabática de una sal paramagnética. Ambos viajaron hasta Bellevue en octubre y regresaron para una estancia más larga en la primavera de 1936.[35]

En 1932, el canadiense John C. MacLenan, que también trabajaba con helio líquido en Toronto, notó que este dejaba de bullir en las proximidades de 2,2 K. Por otra parte, Willem H. Keesom, un antiguo estudiante de Kammerlingh Onnes, que investigaba junto a su hija Anna en el laboratorio de Leiden la dependencia del calor específico de este elemento con la temperatura, encontró una anomalía en su comportamiento en torno al mismo punto. Del mismo modo, en 1937 ambos demostraron que el helio conducía extremadamente bien el calor a esa temperatura. Pocos meses después, J. F. Allen, R. Peierls y Z. Uddin observaron en Cambridge su elevada conductividad térmica.

En este contexto, se produjo un gran avance científico, más allá del período del que se ocupa el presente libro, pero que, no obstante, no

35. Más detalles en Shinn (1993).

se debe pasar por alto. El 8 de enero de 1938 aparecieron en la revista inglesa *Nature* dos breves artículos, uno a cargo de Kapitza, ya en la Unión Soviética, y otro firmado por dos jóvenes físicos canadienses, Jack Allen y Don Misener, que trabajaban, precisamente, en el Laboratorio Mond, que se había fundado en Cambridge para el científico ruso. En ellos (Kapitza 1938; Allen y Misener 1938), se anunciaba que el helio líquido fluía prácticamente sin experimentar la resistencia de la viscosidad por debajo de 2,18 K. Es decir, que de forma análoga a un superconductor entraba en un estado especial que podía llamarse superfluidez (al helio líquido por encima de 2,2 K se le denomina He I, mientras que por debajo de ese punto es He II). Una curiosidad digna de mencionar es que Kapitza fue el primero en enviar su texto a *Nature*. No obstante, el editor de la revista sabía que Allen y Misener habían investigado ese mismo asunto y envió el manuscrito al primero de ellos. Al mismo tiempo, le animó a publicar sus conclusiones, cosa que este hizo. Nadie dudó de que los resultados de Allen y Misener fueran independientes, pero el que viesen la luz al mismo tiempo que los de Kapitza fue, cuando menos, irregular.[36]

Fueron Fritz London (1938) y László Tisza (1938) quienes demostraron teóricamente que este fenómeno constituía la evidencia de la superfluidez. El primero argumentó que la transición a una disposición sin viscosidad solo se podía comprender en términos de la condensación de Bose-Einstein, mientras que el otro propuso considerar al superfluido como una mezcla de helio I y II, este último con los átomos condensados en el estado fundamental. Ambos componentes tienen comportamientos hidrodinámicos y contenidos caloríficos diferentes, pero en el cero absoluto todo el conjunto se hace superfluido.

El helio

El helio es el segundo elemento más ligero de la tabla periódica y el más abundante en el sistema solar, después del hidrógeno. Mientras que este representa, aproximadamente, el 74 % de toda

36. Para el desarrollo de la física de bajas temperaturas, al igual que para los trabajos teóricos que se tratan en las secciones siguientes, véase Gavroglu y Coudaroulis (1989).

la materia «normal» (esto es, dejo al margen la ignota «materia oscura»), al helio le corresponde el 24 %. Sin embargo, en la atmósfera de la Tierra se encuentra en cantidades muy pequeñas y solo constituye el 0,001 por ciento de la misma. Fue identificado en 1868 durante un eclipse solar, de manera independiente, por Pierre Janseen y Norman Lockyer, que observaron en el espectro de la luz procedente de la cromosfera solar —de ahí «helio», de *helios*, el nombre griego del Sol (fue Lockyer quien le dio esta denominación)— una línea amarilla que no aparecía en los elementos químicos entonces conocidos. Unos años después, en 1895, William Ramsay fue capaz de aislarlo en las emanaciones gaseosas del uranio, de donde procede el que hay presente en la actualidad en la Tierra, pues debido a su ligereza e inmutabilidad el «primigenio» desapareció de la nube a partir de la que se formó nuestro planeta. Esa estabilidad se debe a que su «capa de valencia» está llena, gracias a los dos electrones que forman su estructura atómica. Es uno de los elementos químicos que se denominan hoy en día «gases nobles».

Una de sus características es que, al contrario que otros elementos, no hay un punto en el que coincidan los tres cambios de fase (sólido, líquido y gaseoso). Además, incluso en el cero absoluto permanece líquido, salvo que se apliquen presiones muy elevadas que lo solidifiquen. Otra de sus peculiaridades es la existencia de una inflexión en los 2,17 K que marca una frontera muy especial. Hasta llegar a sus proximidades, cuando baja la temperatura, el calor específico (la energía por unidad de masa que hay que suministrar a una sustancia para que su temperatura aumente un grado) disminuye de forma regular y no muy rápida. Sin embargo al acercarse a los 2,17 K, el calor específico aumenta de manera muy brusca, para a continuación volver a decrecer con mucha rapidez, lo que le convierte en un conductor casi perfecto. La forma que adopta esta variación dibuja una curva que se asemeja a la letra griega lambda (λ), lo que llevó a Paul Ehrenfest a denominar a este valor como la temperatura del «punto λ».

Para explicar las propiedades del helio en las cercanías del cero absoluto es preciso tener en cuenta los efectos cuánticos, algo que se aplica también a cualquier fluido. Sin embargo, solo existe en la naturaleza un elemento que permanezca líquido en las proximidades del cero absoluto: el helio.

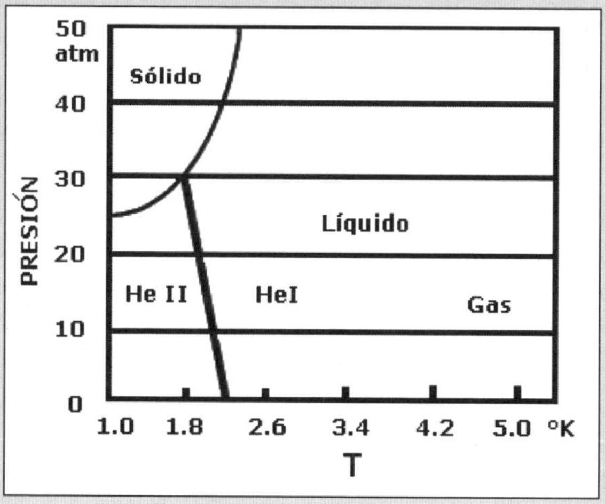

11. László Tisza y el modelo de los dos fluidos

László Tisza (1907-2009) fue un físico húngaro notable (otro más, aunque menos conocido, de una generación extraordinaria de científicos de esa nacionalidad, tales como Wigner, Teller, von Neumann o Szilárd), que estudió en las universidades de Budapest y Gotinga, donde en 1927 asistió al primer curso que se dio sobre mecánica cuántica.[37] En un artículo autobiográfico, Tisza (2009: 55) relataba:

> El curso sobre mecánica cuántica al que asistí en Gotinga fue históricamente el primero que se ofreció regularmente sobre el tema. Estaba encabezado por Max Born, pero él estaba de baja por enfermedad y el curso lo dieron sus ayudantes, Walter Heitler, Lothar Nordheim y Léon Rosenfeld. El material básico era el ya terminado, pero aún en forma de

37. Para más información sobre Tisza y sus trabajos, véanse Teller (2001) y Gavroglu (1995).

manuscrito sin publicar, libro de Born y Jordan [1930], *Elementare Quantenmechanik*. Esto era pura mecánica de matrices. La evolución en el tiempo se calculaba según el esquema de Heisenberg, sin utilizar la ecuación de Schrödinger. La idea era que habría un segundo volumen sobre la ecuación de Schrödinger; sin embargo, nunca se materializó. El curso fue sobre la estructura general del espacio de Hilbert y el problema de los autovalores. No creo que se tratase en el curso el átomo de hidrógeno, pero conocíamos la solución de Wolfgang Pauli [1926] al problema, que es muy complicada en el esquema de la mecánica de matrices.

Es interesante citar también lo que añadía a continuación, relativo al papel de las ciencias exactas en el desarrollo de la mecánica cuántica, un aspecto que llamó la atención de no pocos físicos y matemáticos:

> El curso fue en más de un aspecto una gran experiencia. Era excitante aprender sobre el mundo atómico. También para mí era importante que las matemáticas superiores se aplicasen al mundo real. Durante mis tempranos años de relación con las matemáticas los cínicos solían burlarse de mí diciendo que esta disciplina no tenía ningún uso práctico. Este curso me pareció una justificación personal en mi creencia de que las matemáticas pueden describir el mundo real y me animó a cambiar mi orientación matemática a la física teórica. Entonces me dediqué a seguir cursos que llenasen mi falta de formación física.

De Gotinga pasó a Leipzig, donde colaboró con Heisenberg y con su compatriota y amigo de juventud Edward Teller. Obtuvo su doctorado en 1932 en la Universidad de Budapest, pero fue detenido dos meses más tarde. En efecto, la república soviética que se había hecho con el poder en Hungría en marzo de 1919 de la mano de Béla Kun fue derrotada poco después y sustituida por un gobierno ferozmente antibolchevique, encabezado por el almirante Miklós Horthy. Tisza, que simpatizaba con el bando comunista, aunque no era miembro del partido, fue capturado cuando llevaba un mensaje para los proscritos. En consecuencia, permaneció en prisión catorce meses, tras los cuales, y con la recomendación de Teller, se unió en 1935 al grupo de física teórica dirigido por Landau en el Instituto de Física y Técnica de Ucrania en Járkov. El equipo estaba formado entonces por Aleksandr Kompaneets, Yevgueni Lifshitz, Anton Piatigorsky y Aleksandr Akhiezer, aunque los dos últimos se marcharon pronto y fueron sustituidos por Isaak Pomeranchuk, Michael Koretz y Veniamin Levich.

En Járkov, Tisza aprendió mucho de Landau, que entonces estaba interesado sobre todo en las transiciones de fase, pero aquella situación no duró mucho. El clima político en la ciudad se deterioró y en 1937 Landau tuvo que trasladarse a Moscú, donde fue arrestado al año siguiente. Tisza regresó a Budapest y de nuevo Teller lo ayudó: pidió a Szilard que escribiera a Fritz London, con quien Tisza ya había mantenido algún contacto epistolar. Este le sugirió que fuera a París, para asistir al Congreso del Palacio del Descubrimiento, que iba a tener lugar en septiembre de 1937 y que sería la última manifestación antes de la segunda guerra mundial del apoyo de la comunidad científica al Frente Popular. Allí, London le aconsejó que se pusiera en contacto con Edmond Bauer —con quien, recordemos, escribiría algo más tarde la monografía *La théorie de l'observation en mécanique quantique* (1939)—, el cual le consiguió una pequeña beca en el laboratorio de Paul Langevin en el Collège de France.

En este punto, es obligado preguntarse por la manera en que Fritz London, con quien ya nos hemos encontrado en este mismo capítulo a propósito de la química cuántica, se había instalado en París. Alemán de origen (y judío asimilado) abandonó su país natal en 1933 por razones obvias y se trasladó a Oxford, donde colaboró con Franz Simon. Hasta entonces, la química cuántica había sido su principal interés, pero bajo la influencia de Simon, un magnífico físico experimental, y tal vez porque pensaba que la competencia en su anterior disciplina era ahora demasiado formidable, en especial tras los trabajos en Estados Unidos de Slater, Pauling y Mulliken, se dedicó a la criogenia. En Inglaterra se mantuvo gracias a una beca de Imperial Chemical Industries, pero para su sorpresa no se la renovaron. Por fortuna pudo conseguir un puesto en París en 1937, donde se incorporó al Instituto Henri Poincaré como investigador principal del CNRS (siglas en francés del Centro Nacional para la Investigación Científica). London entabló una buena amistad con Tisza y le explicó los detalles de sus experimentos en superconductividad, así como de los avances que él y Simon habían hecho con el helio líquido (no con el superfluido, que todavía no se había descubierto, aunque, como ya se ha indicado en la sección dedicada a Kapitza, esto se consiguió poco después, en enero de 1938).

A la histórica carta que Tisza publicó en *Nature* en 1938 le siguieron dos artículos en francés en *Comptes rendus de l'Academie des sciences*, con los principios de su modelo de la superfluidez, como mezcla de fluidos. A estos les sucedieron otros tantos trabajos en 1940 en *Journal de physique et le Radium*. Su propuesta era un marco teórico que describía el comportamiento de una combinación de dos fases distintas y que simplificaba las complejas interacciones entre ellas, a la vez que estudiaba su dinámica y el transporte colectivo en su seno.

En el texto autobiográfico mencionado antes, Tisza (2009: 91-92) dio algunos detalles de la forma en que llegó a su teoría:

> Los artículos de Kapitza y Misener supusieron para nosotros [Tisza y London] un hecho bienvenido y estimulante. Estábamos asombrados. A London la superfluidez le recordaba la superconductividad, otro estado cuántico macroscópico. [...] Supuso que en el helio líquido los átomos podían tener propiedades del «tipo gas», similares a las de los electrones de Bloch en metales. Sugirió que yo examinase esta idea para el helio en términos de la estadística de Femi-Dirac. Vino a verme a mi habitación del hotel, donde me cuidaba de un resfriado, y me preguntó por mis resultados. Por supuesto, no tenía ninguno. Entonces dijo: «¡Mira esto!», y me enseñó un cálculo del calor específico de un gas ideal de Bose-Einstein. Obtenía un calor específico discontinuo. De hecho, había cometido un error en el cálculo. Después de corregirlo existía un pliegue más que una discontinuidad en el calor específico. En la terminología de Ehrenfest, esta no era una transición de fase de segundo orden sino de tercero. Le dije que esto era maravilloso, que era la forma correcta de continuar, que la idea del gas de Fermi-Dirac no tenía sentido. Así que cambiamos de idea y decidimos continuar con el cálculo de Bose-Einstein. [...]
>
> Durante breve tiempo no sucedió nada, y no sabíamos cómo continuar. Dos o tres semanas después, Allen y Harry Jones publicaron otro artículo en *Nature*. Introdujeron un capilar en un baño de helio superfluido. Un extremo del capilar continuó en un tubo vertical conduciendo a la superficie del baño. Se calentó ligeramente el capilar con la ayuda de un rayo de luz de una linterna eléctrica. El propósito del experimento era estudiar la conductividad calorífica del helio líquido. Sorprendentemente, como resultado del calentamiento, un flujo de helio se movió por el capilar y el tubo y voló espectacularmente por

> encima de la superficie del baño. Este fenómeno llegó a ser conocido como efecto fuente. Nos dejó estupefactos, porque, por una parte, estos experimentos indicaban que por debajo del punto λ el helio líquido podía fluir con prácticamente viscosidad nula, pero, por otra parte, las medidas de viscosidad llevadas a cabo en Toronto y Leiden con el método de discos que oscilaban habían mostrado una viscosidad no nula.

Tras una noche sin dormir, Tisza pensó que «si se tenía un solo fluido, no se podían reconciliar las nuevas observaciones con las medidas existentes de la viscosidad por el método de los discos oscilantes». Llegó «a la conclusión de que la única manera de resolver esta contradicción era la idea radical de que al pasar el punto λ en lo que se llama helio II, el helio líquido no puede continuar siendo un líquido homogéneo. Tenía que consistir de dos componentes, una normal, la otra superfluida, cada una con su propio campo de velocidad. Al disminuir la temperatura la fracción de la componente superfluida aumentaba. En el experimento de disco rotante, se manifestaba la viscosidad de la componente normal, mientras que en el efecto fuente y el flujo de los experimentos de capilaridad dominaba la componente superfluida».

Como veremos más adelante, Lev Landau rechazó esta teoría.

Cuando en junio de 1940 los nazis ocuparon el laboratorio de Langevin, Tisza pudo escapar y logró llegar a Estados Unidos, donde transcurrió su larga carrera, en el Instituto de Tecnología de Massachusetts.

12. Lev Landau y la superfluidez

Tres años después, Lev Landau (1941) desarrolló la teoría fenomenológica de Tisza. Sin embargo, antes de entrar en este punto, es conveniente añadir algo a lo ya dicho acerca de la biografía de Landau. Este era un científico extraordinario, cuyo conocimiento de la física no conocía límites, como atestigua el mencionado *Curso de física* en diez volúmenes que escribió junto a su antiguo alumno, el ya citado Yevgueni M. Lifshitz. Hendrik Casimir (1983: 105), que entabló una buena amistad con Landau, dijo de él que era «posiblemente la mente más brillante y más rápida que he conocido».

Su padre era un ingeniero especializado en petróleo y su madre era médica (ambos eran de origen judío).[38] Antes de llegar a dirigir el grupo de Járkov (entonces la capital de Ucrania), Landau estudió física y matemáticas en la Universidad Estatal de Bakú, su ciudad natal (en la actualidad perteneciente a Azerbaiyán), donde se matriculó en 1922 (tenía catorce años). En 1924 pasó a la Universidad Estatal de Leningrado y se graduó en Física Teórica en 1927. Para su doctorado eligió el Instituto Físico-Técnico de esa misma ciudad, dirigido —ya lo mencioné— por uno de los líderes de la ciencia soviética, Abram Fedorovich Ioffe (1880-1960). Entre 1929 y 1931, con la ayuda del gobierno de Moscú y de la Fundación Rockefeller, realizó estancias en Zúrich, Gotinga, Leipzig, Copenhague (con Bohr, al que siempre se sintió muy unido) y Cambridge (con Dirac). En aquella ciudad suiza, su primera estancia fuera de Rusia y donde trabajaba Pauli, se encontró con Rudolf Peierls (1985: 49-50), que en su autobiografía escribió:

> Uno de los primeros visitantes [al grupo de Pauli] en el otoño de 1929 fue Lev Landau, y nos hicimos amigos casi inmediatamente. Era pocos meses más joven que yo, pero su dominio de la física era mucho más maduro que el mío. Se había formado en investigación en Leningrado con V. A. Fock, pero había aprendido mucho por su cuenta a través de la bibliografía. Su método para comprender un artículo de física teórica era echarle un vistazo para ver cuál era el problema, y qué suposiciones había hecho el autor. Entonces se sentaba y resolvía el problema a su manera, y si su respuesta coincidía con la que se daba en el artículo quedaba satisfecho.
>
> Había venido con una beca del gobierno soviético, y esto le producía algunos problemas, porque entonces no había relaciones diplomáticas entre Suiza y la Unión Soviética, de manera que le dieron un permiso para permanecer solo por muy poco tiempo. Se lo extendieron gracias a las urgentes peticiones de Pauli y Scherrer, pero por un período aún más breve, y después de otra renovación tuvo que irse. Le divirtieron todos estos problemas y pensó que eran muy halagadores: «Lenin estuvo años en Suiza y no fue capaz de iniciar una revolución, pero evidentemente piensan que yo sí puedo». Regresó el año siguiente con una beca Rockefeller, y en esta ocasión no tuvo problemas.

38. Para la vida y obra de Landau, véanse (Livanova 1980) y Navarro Faus (2015).

> Cualquier problema que abordaba lo llevaba de manera sistemática a su conclusión, y esto lo aplicaba no solo a los problemas de la física sino a todo. Clasificaba a los físicos en clases. La primera clase contenía a personas como Niels Bohr y Rutherford (Einstein tenía su propia clase), y esperaba que él pudiera calificarse en una segunda clase. Creía firmemente que los teóricos solamente podían ser productivos mientras eran jóvenes. Cuando en una conversación salía un nombre que no conocía, y se le explicaba que era un teórico de veintisiete años o así, exclamaba: «¿Qué, tan joven, y ya tan desconocido?». He oído este comentario atribuido a Pauli, pero estoy seguro de que fue de Landau; este no era el estilo de Pauli.

A su regreso a la Unión Soviética en 1932, pasó a dirigir (ya nos apareció este detalle) el departamento teórico del Instituto de Física y Técnica de Ucrania en Járkov, donde su capacidad de liderazgo y para formar escuela se manifestó de forma plena. De hecho, a partir de 1935 compatibilizó sus tareas en el Instituto con una cátedra de Física General en la universidad. A comienzos de 1937, Kapitza lo invitó a dirigir la división teórica del Instituto de Problemas de Física que se había creado para él en Moscú en 1935. Aceptó.

Pronto, sin embargo, surgió un serio inconveniente, algo que formaba parte del clima de persecución que reinó en la Unión Soviética presidida por Stalin y del que los científicos no se libraron. George Gamow, que había abandonado la URSS en 1933, fue declarado «traidor a la patria». Dmitri Ivanenko fue detenido en 1935 y deportado, mientras que, ya lo vimos en el capítulo 4, Matvéi Petrovich Bronstein, fue arrestado en agosto de 1937 y fusilado en febrero de 1938. Landau no se libró y fue apresado en la madrugada del 28 de abril de 1938.[39]

Kapitza reaccionó con rapidez. El mismo 28 de abril, escribió a Stalin (Boag, Rubinin y Shoenberg, eds. 1990: 348):

> Esta mañana L. D. Landau, un científico de este Instituto, fue arrestado. Aunque solo tiene veintinueve años, él y Fock son los físicos teóricos más importantes de la Unión Soviética. Sus artículos sobre el magnetismo y la teoría cuántica son citados con frecuencia en la

39. La situación y los logros de los físicos en la Rusia de la revolución se analiza en Josephson (1991).

> literatura científica, tanto aquí como en el extranjero. En el último año, Landau publicó un notable artículo en el que identificaba por primera vez una nueva fuente de energía estelar. Este artículo ofrece una posible explicación de por qué la energía del Sol y de otras estrellas no se ha agotado todavía. Bohr y otros de los principales científicos predicen un gran futuro para estas ideas de Landau.
>
> No hay duda de que, para nuestro Instituto, el Sóviet y el mundo de la ciencia, la pérdida de la actividad científica de Landau no pasaría desapercibida y produciría una profunda preocupación. Por supuesto, conocimiento y talento, por muy notables que sean, no confieren ningún derecho para romper la ley, y si Landau es culpable debe pagar el precio. Pero en vista de sus excepcionales dones, le ruego que dé las órdenes apropiadas para que su caso sea considerado muy cuidadosamente. Me parece que el carácter de Landau que, hablando con franqueza, es malo, debería ser tenido en cuenta. Es peleón y disfruta considerando los errores de otros. Si encuentra un error, goza tomando el pelo irreverentemente, especialmente si el error lo ha cometido algún anciano pomposo, tal como uno de nuestros académicos. Esto le ha proporcionado muchos enemigos. No ha sido fácil tratar con él en el Instituto, aunque últimamente ha tomado nota de nuestras quejas y ha mejorado un poco. He perdonado sus bromas debido a su extraordinario talento. Pero a pesar de todas estas limitaciones de carácter encuentro difícil de creer que Landau haya podido hacer alguna vez algo deshonesto. Landau es joven y todavía puede hacer mucho en ciencia. Nadie puede juzgar todo esto mejor que otro científico, y es por esto que le estoy escribiendo.

La carta de Kapitza a Stalin no surtió efecto (aunque puede ser que librase a Landau de un destino peor) pues un año después este seguía en la cárcel. En vista de ello, el director del Instituto recurrió al poderoso Viacheslav Mijáilovich Mólotov, presidente del Consejo de Comisarios del Pueblo desde 1930 (mantuvo el cargo hasta 1941) y ministro de Asuntos Exteriores a partir de 1939 (hasta 1949). El 6 de abril de 1939, le escribió la siguiente misiva (Boag, Rubinin y Shoenberg, eds. 1990: 348-349):

> En mis recientes estudios sobre el helio líquido cercano al cero absoluto, he logrado descubrir un número de nuevos fenómenos que prometen arrojar luz sobre una de las áreas más misteriosas de la física contemporánea. Estoy planeando publicar parte de este trabajo en el

> curso de los próximos meses, pero para hacerlo necesito ayuda teórica. En la Unión Soviética es Landau quien tiene el más perfecto dominio del campo teórico que necesito, pero desgraciadamente ha estado detenido durante todo un año.
>
> Todo este tiempo he estado deseando que fuese liberado porque, hablando con franqueza, soy incapaz de creer que sea un criminal de Estado. Lo creo porque un joven científico de tal brillantez y tanto talento como Landau, que solo tiene 30 años, ha ganado una reputación europea y además es muy ambicioso y ha estado completamente ocupado con su trabajo científico, difícilmente podría haber tenido motivo o encontrar tiempo y energía para cualquier otro tipo de actividad.

Tras repetir algunos de los argumentos sobre el carácter de Landau que ya había expuesto a Stalin, llamar la atención sobre el estado incompleto de la investigación de su caso y hacer notar que su salud era mala, Kapitza pedía a Mólotov:

> (1) ¿No sería posible llamar la atención de la NKVD [Comisariado del Pueblo para Asuntos Internos de la Unión Soviética] de lo muy deseable que sería acelerar el caso de Landau?
>
> (2) Si esto no es posible, ¿acaso no se podría utilizar el cerebro de Landau para la investigación científica mientras esté en la prisión de Butyrki? He sabido que este procedimiento ha sido seguido en el caso de ingenieros.

El 26 de abril, Kapitza insistió en sus esfuerzos, esta vez con una carta a otro de los políticos más poderosos del momento: Lavrenti Beria, comisario del pueblo para Asuntos Internos y jefe de la NKVD, mencionada antes. Así, por fin, Landau fue liberado a finales de abril, en un estado de desnutrición que casi le produjo la muerte.

De vuelta al Instituto de Moscú, donde, como vimos, se había obtenido helio líquido en abril de 1934, Landau terminó por satisfacer los deseos que el director del centro había expresado en su mensaje a Mólotov: pudo explicar las propiedades de este elemento, lo que significaba sobre todo esclarecer la superfluidez del He II. Esto lo consiguió en 1941, aunque el modelo que desarrolló era más fenomenológico que basado en sólidos principios teóricos.

Lo primero que hay que señalar es que Landau (1941) no aceptó la idea de Tisza de dos fluidos diferenciados. No entendía la manera en que los átomos en el estado fundamental podían desplazarse por el conjunto sin colisionar con los excitados e intercambiar energía con ellos. En lugar de tratar el helio licuado como un gas de Bose-Einstein, se propuso desarrollar una «hidrodinámica cuantizada» y centró su atención en el espectro de energía de las excitaciones colectivas en el líquido. Postuló la existencia de dos clases de ellas, unas del tipo «fonón» y otras del tipo «rotón» (este último nombre tardó en ser introducido, véase la tabla más adelante). También planteó un mecanismo de disipación, que aparecería cuando la velocidad de flujo superase un valor determinado, llamado «velocidad crítica».

Las denominaciones de las clases de excitaciones fueron introducidas por el físico ruso Yakov Ilich Frenkel (1894-1952), que pasó la mayor parte de su carrera en el Instituto de Física y Tecnología de Leningrado.[40] La del fonón apareció por primera vez en el libro de texto que publicó en 1932, titulado *Wave Mechanics: Elementary Theory* (Frenkel 1932), aunque el año anterior se había referido a esta misma noción en un artículo (Frenkel 1931) con las expresiones «cuanto de sonido» y «ondas de calor». La idea tras esta equivalencia era que se podían utilizar ondas sonoras para describir el movimiento del calor en un cristal (en el trabajo en cuestión, Frenkel estudiaba la transformación de luz en calor en estructuras cristalinas).[41] Se trataba de «excitaciones colectivas» y para comprender la asimilación de movimientos ondulatorios a partículas, estrictamente a «cuasipartículas», había que tener en cuenta la dualidad cuántica «onda-corpúsculo». Imaginemos un cristal perfecto formado por átomos de un solo tipo. Cuando se excita uno de ellos, los demás integrantes de la red comienzan a oscilar, de manera que este movimiento afecta al conjunto de la estructura, como si fuera una onda. Sin embargo, en la mecánica cuántica, esta se encuentra «asociada» a una partícula, de modo que se introdujo la idea de las cuasipartículas como representaciones de esas excitaciones colectivas, unidades de transporte de movimiento en la materia, cuyos átomos interaccionan entre sí.

En un texto clásico de la física del estado sólido, *Electrons and Phonons*, debido a uno de los más distinguidos expertos en el campo, John Michael Ziman (1960: 16), se definió el «fonón» de la manera siguiente:

40. Sobre Yakov Frenkel, véase Victor Frenkel (1996).
41. Recuérdense las etimologías clásicas: *photos* (luz) y *phonos* (sonido).

Como más adelante estaremos interesados en el transporte de energía en forma de calor, es necesario utilizar una representación de los estados de movimiento cuando existe un flujo de energía definitivo. Estas *ondas reticulares* [*lattice waves*] obviamente son del tipo que, en el límite de bajas longitudes de onda, llamamos *ondas de sonido*, vibraciones longitudinales de los átomos de la cadena. Habiendo analizado el movimiento en cuantos distribuidos sobre los distintos modos, encontramos conveniente dar a cada uno de esos cuantos el nombre de *fonón*, originariamente sugerido por Frenkel (1932). Los *fonones* poseen exactamente la misma relación con las vibraciones del sólido que los *fotones* con las vibraciones del campo electromagnético. A veces hablamos de ellos como si fueran partículas («gas de fonones») pero esto solo es en el sentido Pickwickiano. En la física moderna, cuando oigo la palabra «partícula» cojo mi analizador Fourier y encuentro que tengo un paquete de ondas construido de un número de ondas en movimiento de aproximadamente la misma frecuencia y que se mueven con la velocidad de grupo.

Respecto al nombre de «rotón», veamos la explicación de su origen que dio Anna Livanova (1980: 153) en su biografía de Landau:

Era el seminario teórico habitual, Landau estaba tratando del espectro de energía del helio II. Demostró que la dependencia linear de la energía respecto al momento en la parte inicial del espectro, donde reinan los fonones (cuantos de sonido que corresponden a vibraciones longitudinales, «irrotacionales», o «potenciales» del líquido). Explicó cómo la parte inicial del espectro de fonones confirma la necesidad de que el helio II sea superfluido.

Pero, como sabemos, en un líquido hay movimientos rotacionales al igual que potenciales. Por consiguiente, dijo Landau, al igual que hay fonones en un líquido cuántico, pueden existir excitaciones elementales que sean rotacionales. Estas también tienen que ver con el comportamiento del líquido como un conjunto, y deben ser cuantizadas; esto es, su energía tiene valores estrictamente definidos, no valores arbitrarios.

El académico Igor Tamm, que estaba en el seminario, sugirió que esas [excitaciones rotacionales] podían denominarse «rotones». De esta manera, otro tipo de cuasipartícula en la física cuántica adquirió un nombre gracias a la iniciativa de Tamm.

Por último, la noción de cuasipartícula se convirtió en algo fundamental para la física del estado sólido y de la materia condensada, que también contiene conceptos relacionados con «excitaciones colectivas», «fenómenos colectivos», «oscilaciones colectivas» o «modos colectivos». Las primeras de ellas en ser propuestas fueron:

Cuasipartícula	*Autor del concepto*	*Aparición en una publicación*
Fonón	Tamm (1930)	Frenkel (1932)
Magnón	Bloch (1930)	Pomeranchuk (1941), refiriéndose a Landau
Excitón	Frenkel (1931)	Frenkel (1936)
Polarón	Landau (1933)	Pekar (1946)
Rotón	Landau (1941)	Landau (1941), refiriéndose a Tamm
Plasmón	Bohm y Pines (1951)	Pines (1956)
Polaritón	Fano (1956)	Hopfield (1958)

Se observa, tanto en lo que he explicado como en la lista anterior, la presencia mayoritaria de científicos soviéticos a la hora de introducir cuasipartículas y de acuñar sus nombres. El historiador Alexei Kojevnikov (1999) ha argumentado que este hecho se debe, en especial en el caso de Frenkel, el pionero en la creación de semejante terminología, a los principios colectivistas de la revolución rusa. El padre de Frenkel, Ilia, formó parte de una organización revolucionaria clandestina, que perpetró ataques terroristas contra los líderes del régimen zarista. Aunque, tras pasar seis años exiliado en Siberia, Ilia Frenkel abandonó la política activa y se convirtió en un pequeño comerciante, continuó apoyando actividades ilegales, Simpatizaba con una formación radical no marxista, el Partido Social-Revolucionario, cuya ideología se centraba más en el campesinado que en el naciente proletariado industrial y que defendía una sociedad socialista futura en la que la propiedad de la tierra fuese *colectiva*. Es posible que las opiniones y los deseos del padre influyeran en el lenguaje con que su hijo revistió algunas de sus aportaciones a la física.

Volviendo a Landau y a su teoría fenomenológica de la superfluidez, es preciso señalar que esta tenía problemas. Otro físico soviético, también distinguido, Vitaly Ginzburg (1916-2009), que obtuvo el premio Nobel de Física en 2003 por sus trabajos sobre, precisamente, los superfluidos y los superconductores, explicó esas dificultades en su autobiografía (Ginzburg 2009: 195):

> Recuerdo la teoría de la superfluidez de Landau [1941] como uno de los sucesos magníficos de mi vida. Realmente se trata de un artículo excepcional. Sin embargo, estaba incompleto en varios aspectos. No me refiero al hecho de que Landau [74] incluso cambiase después radicalmente el espectro de excitación que había escogido originalmente. Más importante es que Landau no considerase la estadística de Bose[-Einstein] de los átomos de ^{4}He, decisiva para crear superfluidez. De hecho, Feynman [1953 a, b, 1954] demostró que la estadística de Bose es importante para la superfluidez (en realidad, esto se comprendió incluso antes del trabajo de Feynman, una vez que se produjo ^{3}He líquido y que manifestase diferencias dramáticas con ^{4}He líquido). Evidentemente, esto no podría afectar a la hidrodinámica de dos líquidos del Helio II construida por Landau [1941]. Y, por último (este es para mí el punto central) Landau no consideró la región, cercana al punto lambda, esto es, la transición He II $\leftrightharpoons$ He I. Su cuasi-microscópico tratamiento no es válido en esta región ya que la concentración de excitaciones (cuasipartículas) crece demasiado y ya no forman un gas.

Continuaba con otros detalles, de carácter más técnico.

En efecto, Feynman (1953 a, b, 1954) trabajó durante algunos años (básicamente entre 1953 y 1958) en el problema de la superfluidez del helio líquido. Una parte esencial de sus aportaciones consistió en demostrar que los conceptos fenomenológicos introducidos por Landau surgían de manera directa de la mecánica cuántica, a partir de la interacción entre átomos de espín entero con núcleos fuertemente repulsivos.[42]

42. Véanse los comentarios de Alexander L. Fetter a estos artículos, que se reproducen en Brown, ed. (2000: 312-313). También el resumen que el propio Feynman (1972) realizó en el capítulo 11 de su libro *Statistical Mechanics. A Set of Lectures*. En realidad, la historia de los esfuerzos por explicar la superfluidez del helio involucra a más científicos y teorías que los reseñados aquí. Ya instalado en Estados Unidos, en el MIT, Tisza continuó sus publicaciones sobre el tema, con

Antes de finalizar esta sección, es apropiado recordar el triste destino de Landau, que el 7 de enero de 1962 sufrió un accidente automovilístico. En un desplazamiento por una carretera cubierta de hielo, su coche patinó y chocó contra un camión. Sufrió fracturas en la base del cráneo, en las costillas y en el hueso coxal. En el obituario que escribió Kapitza (1969: 143-144) seis años más tarde para la Royal Society, con ocasión del fallecimiento de Landau en 1968, señaló que «durante seis semanas estuvo sin conocimiento y varias veces los médicos consideraron que fallecería. En la salvación de su vida tomaron parte famosos científicos de varios países. Así, desde Canadá llegó a Moscú el doctor W. G. Penfiel, miembro de la Royal Society de Londres, prestigioso neurocirujano. Después de recuperar el conocimiento, comenzó una lenta recuperación de su capacidad intelectual pero no pudo volver al trabajo científico. Los últimos seis años continuó, solo formalmente, como director del Departamento de Física Teórica del Instituto de Física. Su salud física no se restableció completamente y falleció el 1 de abril de 1968, después de una compleja operación relacionada con la aparición de una obstrucción intestinal».

El mismo año del accidente, Landau recibió el premio Nobel de Física «por sus pioneras teorías en materia condensada, especialmente sobre el helio líquido».

13. Orígenes de la física del estado sólido

Antes de explicar los primeros pasos de esta especialidad, entroncada con el estudio previo del enlace químico y de las propiedades magnéticas de la materia, es preciso señalar que la denominación «física del estado sólido» tardó en imponerse (tras una tenaz competencia con «física de la materia condensada»). Un avance temprano tuvo lugar en marzo de 1913, cuando el químico-físico alemán Walter Nernst (1914) pronunció un ciclo de cuatro conferencias en el University College de Londres, publicadas luego como *The Theory of the Solid State*. Hubo

artículos en 1947, 1949 y 1951, posteriores por consiguiente al trabajo de Landau de 1941. También contribuyeron a esta cuestión Fritz London en 1945 y Nikolái Nikolaevich Bogoliúbov (1909-1992) en 1947. Para más información, véase Brush (1983).

que esperar, no obstante, a comienzos de la década de 1930 para que empezasen a aparecer expresiones como «cuerpos sólidos», «agregados sólidos» o «estado sólido». Así, en el semestre de invierno de 1930-1931, Heisenberg impartió en Leipzig un curso titulado «Teoría cuántica de los cuerpos sólidos». Dos años más tarde, Friedrich Hund dio otro sobre «Teoría del estado sólido», mientras que en Zúrich Paul Scherrer dictó en 1930 una asignatura llamada «Física de los estados agregados sólidos». La institucionalización de la disciplina se produjo más tarde, instigada por la industria. Sin embargo, de esto trataré ya en el tercer tomo de esta historia.

Los orígenes de la especialidad también se encuentran en los estudios de la difracción de rayos X, con los Bragg (W. H. y W. L.) y Max von Laue, y en los de la conducción de la electricidad en los metales, campo en el que destacaron Arnold Sommerfeld y algunos miembros de su escuela de Múnich. En el primer volumen de esta obra expliqué que en su tesis doctoral (*Estudios sobre la teoría electrónica de los metales*, 1911) Niels Bohr demostró que la física conocida entonces, la «clásica», era insuficiente a la hora de resolver ciertos problemas, tales como la variación de la conductividad eléctrica de los metales con la temperatura o la determinación de sus propiedades magnéticas, tareas a las que se habían dedicado con anterioridad investigadores como P. Drude, E. Riecke y H. A. Lorentz. Una vez que la mecánica cuántica estuvo disponible, resultó evidente que estas cuestiones eran posibles objetivos a solucionar. Fueron Sommerfeld y sus discípulos los que impulsaron la aplicación de la nueva física a la investigación del comportamiento de los metales.[43] El propio Sommerfeld (1927, 1928) presentó sus primeros resultados en el Congreso Volta de septiembre de 1927 y poco después publicó sendos artículos en *Naturwissenschaften* y en *Zeitschrift für Physik*. En ellos, se apoyaba en la ecuación cinética de Boltzmann para obtener expresiones para las conductividades eléctrica y térmica. Además, dedujo la ley de Wiedemann-Franz, pero en una forma que se ajustaba mejor a los valores experimentales que las expresiones obtenidas por Drude o Lorentz. Asimismo, estudió otros fenómenos como la emisión termoiónica y efectos galvanomagnéticos y termomagnéticos.

43. Sobre las aportaciones de Sommerfeld y su «escuela», véanse Hoddeson y Baym (1980), Hoddeson, Baym y Eckert (1987) y Hoddeson, Braun, Teichmann y Weart, eds. (1992).

Las reacciones ante estas aportaciones fueron positivas. En febrero de 1928, Bohr escribía a William Hume-Rothery para responder a una pregunta relativa a su ya antigua tesis (citado en Hoddeson y Baym 1980: 16): «En la actualidad las viejas teorías basadas en la mecánica clásica difícilmente pueden pretender ofrecer algo de interés físico. De hecho, han quedado muy detrás con el reciente trabajo fundamental de Sommerfeld que acaba de publicarse en *Zeitschrift für Physik*: aunque todavía no completo, el trabajo de Sommerfeld significará seguramente un paso decisivo hacia un adecuado tratamiento teórico cuántico del problema metálico». La teoría de Sommerfeld funcionaba mejor que la de Drude-Lorentz, pero no resolvía todos los problemas. Un inconveniente importante era que no explicaba la gran facilidad con la que parecían moverse los electrones en los conductores. La magnitud de la conductividad de un metal razonablemente puro indicaba que estas partículas podían recorrer muchas veces la separación existente entre los átomos del material, con una probabilidad muy pequeña de encontrarse con algo en el camino. La distancia media recorrida antes de colisionar, o «recorrido libre medio», crecía a temperaturas bajas, lo que también resultaba incomprensible.

El principal defecto de la propuesta de Sommerfeld era que se trataba de una aproximación semiclásica, una formulación que añadía algunos elementos cuánticos (como la estadística de Fermi-Dirac) a un esqueleto compuesto en esencia por la física clásica. Se necesitaba una teoría realmente cuántica.

Esta fue desarrollada por el primer estudiante de doctorado que tuvo Werner Heisenberg: el suizo Felix Bloch (1905-1983). En 1933, Bloch emigró a Estados Unidos y allí se afincó de manera definitiva, antes de realizar contribuciones tan destacadas como la resonancia magnética nuclear, por la que recibió, junto al estadounidense Edward M. Purcell (que llegó al mismo hallazgo de forma independiente), el premio Nobel de Física de 1952.[44]

Antes de ir a hacer el doctorado con Heisenberg en Leipzig, Bloch estudió en la ETH de Zúrich, donde se familiarizó con la mecánica ondulatoria (incluso estuvo presente en el primer seminario que dio

44. Para más información sobre Bloch, véanse los diferentes artículos incluidos en el libro que se le dedicó con ocasión de su 75 cumpleaños: Chodorow, Hofstadter, Rorschach y Shawlow, eds. (1980).

Schrödinger para presentar su nueva formulación).[45] Estaba, por consiguiente, en inmejorables condiciones para intentar aplicar la cuántica a cuestiones específicas. Su asociación con Heisenberg reforzó este sentimiento, ya que el creador del formalismo matricial estaba interesado, sobre todo, en utilizar los recientes desarrollos en el máximo número posible de problemas. En esencia, eso es lo que hizo Bloch (1928). Supuso que los electrones de conducción estaban sometidos a un potencial periódico producido por las demás cargas positivas y negativas de la red (en los modelos previos las partículas conductoras se tomaban como libres y los restantes componentes de la estructura cristalina no desempeñaban prácticamente ningún papel). Resolvió la correspondiente ecuación de Schrödinger con la ayuda de métodos de Fourier y encontró que el movimiento de los electrones de conducción venía descrito por una onda plana modulada por una función periódica con la periodicidad de la red cristalina (esta conclusión se conoce como «teorema de Bloch»). En otras palabras, aunque no eran libres del todo, los electrones se movían con bastante libertad. De este modo, se reproducían, pero con más precisión, los resultados de modelos anteriores. El propio Bloch no terminó de verlo con total claridad, pero las soluciones que obtuvo llevaban a la «teoría de bandas»;[46] esto es, al concepto fundamental sobre el que se levantó más tarde parte de la física del estado sólido. Sus hallazgos implicaban que no todos los niveles energéticos eran accesibles a las partículas conductoras, sino que existían también algunos prohibidos. Con estas aportaciones fue posible, en un período de tiempo relativamente corto (entre, aproximadamente, 1928 y 1933), comprender la diferencia entre metales y aislantes, así como la naturaleza de los semiconductores, y explicar ciertos fenómenos particulares, tales como el efecto Hall (la aparición de un campo eléctrico transversal en un conductor por el que circula una corriente, en presencia de un campo magnético con componente perpendicular al movimiento de las cargas), cuya explicación había desafiado hasta entonces a los investigadores.

45. Véase Bloch (1980).

46. «No pensé en bandas de conducción en el sentido en que se entienden actualmente, aunque aparecían claramente en mi resultado para un potencial periódico con mínimos profundos. Esta debió ser la causa de mi equivocación relativa a la diferencia esencial entre aislantes y conductores» (Bloch 1980: 25). Sobre el desarrollo de la teoría de bandas, véase Hoch (1992).

En 1933 se publicó en *Handbuch der Physik* el célebre artículo de Arnold Sommerfeld y Hans A. Bethe (1933), «Elektronentheorie der Metalle» («Teoría electrónica de los metales»), en el que «se calculaba casi todo lo que se podía calcular» (Mott 1988: 244). Este trabajo pronto pasó a conocerse como la «biblia del estado sólido». «Probablemente mi mayor contribución a la física del estado sólido —señaló Bethe (1980: 50) en un texto en el que trataba del desarrollo de esa disciplina entre 1926 y 1933— fue el artículo en el *Handbuch der Physik* con Sommerfeld publicado en 1933. En este artículo Sommerfeld presentó la teoría para electrones libres, y yo para electrones en potenciales periódicos. Yo amplié algunos de los artículos publicados, por ejemplo, simplifiqué algo la teoría de la conductividad de Bloch, y calculé efectos termoeléctricos para electrones no libres.»

14. Pauli, van Vleck y la física del estado sólido

Más importante en la consolidación de la disciplina fue Wolfgang Pauli, el primer científico que aplicó la mecánica cuántica al estudio de los materiales. Lo hizo en un artículo que escribió a finales de 1926 y que se publicó en 1927. Allí (Pauli 1927), aplicó la estadística de Fermi-Dirac (generalizada de manera que incluyese también el espín) a un gas de electrones libres, tras lo cual consideró que una configuración ideal de este tipo era un modelo aproximado para las partículas conductoras en un metal y calculó la susceptibilidad magnética. El resultado era un paramagnetismo débil independiente de la temperatura, de una magnitud similar al diamagnetismo que se esperaba en los átomos. Esto significaba que la susceptibilidad total de los metales no ferromagnéticos podía ser positiva o negativa, pero que era siempre del mismo orden de magnitud, algo que coincidía con los experimentos. Cabe destacar que este planteamiento asumía que el campo magnético no afectaba al movimiento espacial de los electrones. Sin embargo, lo cierto es que modifica sus funciones de onda. Fue Landau quien demostró que las partículas conductoras crean también un momento diamagnético, del orden de una tercera parte del paramagnético.

Ahora bien, a pesar de su papel pionero en esta disciplina, Pauli no la consideraba respetable. Para comprobarlo, es preciso avanzar un poco en el tiempo y traer a colación a Rudolf Peierls (1907-1997), uno de sus ayudantes, que ya apareció brevemente en una sección anterior.[47] Natural de Berlín, Peierls comenzó a cursar física en la universidad de su ciudad natal, pero en otoño de 1926 se trasladó a Múnich para estudiar con Arnold Sommerfeld. Entre sus compañeros en la ciudad bávara se encontraba Hans Bethe, un año mayor que él, con quien entabló una amistad que duró el resto de sus vidas. A mediados de 1928, en vista de que Sommerfeld iba a iniciar un largo viaje a Estados Unidos y al Lejano Oriente, decidió pasar a Leipzig, donde Heisenberg era catedrático desde el año anterior. Hay que señalar que en aquel momento Heisenberg trabajaba en la teoría del ferromagnetismo y que Peierls se dedicó a investigar un problema relacionado con la tesis doctoral de Felix Bloch.

En Leipzig, Peierls conoció a Gregor Wentzel, catedrático de Física Matemática en ese momento, pero que a finales de ese mismo año se trasladó a Zúrich y fue sustituido por Friedrich Hund. También trabó conocimiento con Peter Debye, director de la parte experimental de la facultad, con Guido Beck, en aquella época ayudante de Heisenberg, y con Georg Placzek. No obstante, al igual que había sucedido con Sommerfeld, en la primavera de 1929 Heisenberg aceptó una invitación para pronunciar una serie de conferencias en Estados Unidos, Japón, China e India. De modo que, después de obtener su doctorado por Leipzig con una tesis sobre la conducción térmica en cristales, Peierls se fue a Zúrich para suceder a Bloch como ayudante de Pauli.

En este contexto se produjo la crítica a la que me refería antes. La encontramos en una carta que Pauli —que entonces estaba en Estados Unidos (como vemos, en aquellos años las figuras más destacadas de la física cuántica estaban muy solicitadas)— envió a Peierls el 1 de julio de 1931 desde Ann Arbor:[48]

> Estimado Sr. Peierls,
>
> Gracias por su carta y su manuscrito. Aunque estoy de acuerdo con el contenido del manuscrito, estoy *en contra* de su publicación. En primer lugar, sostengo que es dañino que físicos más jóvenes (con relación a mí) se acostumbren a la física macroscópica. En segundo lugar, la resistividad residual es un efecto sucio y uno no debe hurgar en la suciedad. [...] En cuarto lugar, debería tener planteamientos más sensatos

47. Sobre Peierls, véase su autobiografía: Peierls (1985).
48. Reproducida en von Meyenn, ed. (1985: 85).

sobre problemillas de ese tipo; pienso que en los últimos tiempos dispersa usted demasiado sus fuerzas en pequeñeces.

En una nota fechada el 11 de julio de 1931, Peierls comentó esta misiva con su esposa Genia (Kannegiser de soltera):[49] «He recibido una carta de Pauli, en la que era sorprendentemente rudo y decía que no le gusta mi trabajo en física, etc. Por supuesto, estoy acostumbrado a que sea rudo, pero en cualquier caso no es muy agradable».

A pesar de la opinión de Pauli, Peierls (1932) publicó su manuscrito. De hecho, Peierls terminó por convertirse en uno de los principales científicos en la disciplina y fue autor de uno de sus textos clásicos: *Quantum Theory of Solids* (Peierls 1955).[50] No obstante, lo interesante es lo que decía Pauli, quien sin duda daba a entender que consideraba que la ciencia del estado sólido, «la física macroscópica», era una «física *sucia*».[51] Hendrik Casimir (1960: 137), el distinguido investigador holandés que sucedió a Peierls como ayudante de Pauli, recordó una frase que escuchó a este: «No me gusta esta física del estado sólido [...] a pesar de que la inicié yo».[52] Según Casimir, «lo que

49. Lee (2007 b: 300). Rudolf conoció a Genia durante una conferencia de física que se celebró en Odesa en 1930. En aquel momento, él era ayudante de Pauli en Zúrich y ella acababa de terminar sus estudios de Física en la Universidad de Leningrado.

50. Es posible que las líneas que Peierls (1955: v) escribió justo al comienzo del «Prefacio» de este libro fuesen una defensa ante las críticas de Pauli: «La teoría cuántica de los sólidos tiene a veces la reputación de ser algo menos respetable que otras ramas de la física teórica moderna. La razón de esta opinión es que la dinámica de sistemas de muchos cuerpos, con la que está relacionada, no puede tratarse sin la ayuda de simplificaciones, o sin aproximaciones que a menudo omiten rasgos esenciales del problema. Sin embargo, la teoría contiene una buena parte de trabajo de interés intrínseco con el que se puede desarrollar bien una solución convincente a partir de primeros principios, o al menos ofrecer una imagen clara de los rasgos que se han omitido y por consiguiente discutir cualitativamente los cambios que es probable que produzcan».

51. Otras parcelas de la física que desdeñaba eran las descargas en gases y la teoría del enlace químico.

52. Victor Weisskopf (1991: 75), que sustituyó a Casimir en 1933 como ayudante de Pauli, contó lo mismo: «Cuando llegué al Instituto [de Zúrich], llamé a la puerta del despacho de Pauli hasta que oí una débil voz diciendo, "Entre". Allí, en el extremo más alejado del despacho, vi a Pauli sentado en su mesa de trabajo. "Espere, espere", dijo, "Tengo que terminar este cálculo." Así que esperé unos minutos. Finalmente, levantó la cabeza y dijo, "¿Quién es usted?". Contesté, "Soy

irritaba a Pauli de la física del estado sólido era la falta de rigor matemático y completitud lógica, así como la introducción de modelos definidos vagamente, lo que era sinónimo que se trataba de hipótesis matemáticas inverificables que únicamente tenían valor cuando se utilizan junto a una clasificación inteligente de una masa de datos experimentales».[53]

Sin embargo, a pesar de que en sentido estricto el artículo de 1927 fue el único que Pauli publicó dedicado a la física del estado sólido, no es cierto que no se interesase por este campo. Como ha explicado Charles Enz (2002: 157), «las cartas de Pauli a Peierls, citadas de manera tan negativa [con respecto a la física del estado sólido] muestran al mismo tiempo un profundo interés en tales asuntos. Ejemplo fue, de nuevo, el magnetismo, pero también la superconductividad. Así, el 2 de febrero de 1938 Pauli escribía a Kramers: "Yo mismo espero aprender en Leiden, en particular de Casimir, varias cosas sobre superconductividad, que, después de mucho tiempo, actualmente me interesa de nuevo. He anunciado para el semestre de verano un curso sobre 'la teoría del sólido' que ha suscitado bastante regocijo entre los físicos de Zúrich"».[54]

Encontramos otro dato significativo, que indica que Pauli no fue ajeno a la física del estado sólido, en el sexto congreso Solvay. En esa ocasión, fue uno de los encargados de presentar un informe, que en su caso versó sobre «Las teorías cuánticas del magnetismo. El electrón magnético» (Pauli 1932), ponencia que ya apareció con anterioridad.[55] En las 63 páginas de la versión publicada en las actas, abordó numerosos puntos, entre los que había referencias a los trabajos de Heisenberg, Slater y Bloch, a la teoría de Heitler-London, al campo molecular de Weiss, al momento magnético del electrón, al magnetón («la unidad introducida [por Bohr] para el momento magnético», escribió [Pauli 1932: 177], «diferente de la de Weiss, debe ser

---

Weisskopf. Usted me pidió que fuese su ayudante". Él respondió, "¡Oh! Sí. A quien yo realmente quería era a Bethe, pero él trabaja en la teoría del estado sólido, que a mí no me gusta, aunque fui yo el que la inicié".»

53. Para más detalles de la estancia de Casimir con Pauli (que duró solo un año; Ehrenfest exigió que regresase a Leiden), así como de otros recuerdos suyos, véase Casimir (1983).

54. La carta en cuestión se reproduce en von Meyenn, ed. (1993: 818).

55. Los restantes conferenciantes fueron Sommerfeld, van Vleck, Fermi, Cabrera, Weiss, Dorfman, Cotton, Curie, Kapitza y De Donder.

considerada racional desde el punto de vista teórico, lo que, por otra parte, no implica que todos los momentos magnéticos de los átomos deban ser múltiplos enteros de esta unidad»), a la ecuación relativista del electrón de Dirac (me ocuparé de ella más adelante en este mismo capítulo) y al modelo que Ernst Ising (1924, 1925) desarrolló para explicar el comportamiento de los materiales ferromagnéticos. Del mismo modo, incluyó una sección dedicada a la «Teoría de las propiedades magnéticas de los cuerpos sólidos», título que no deja lugar a dudas sobre su adscripción a la física del estado sólido.

Retornando al artículo de Pauli de 1927, el mismo Peierls (1960: 140), que sufrió las críticas de su autor, reconoció su importancia:

> Probablemente no es una exageración decir que la moderna teoría electrónica de los metales se inició con el artículo de Pauli sobre el paramagnetismo de un gas de electrones. Recordemos cuál era la situación cuando se escribió este artículo. La evidencia ya indicaba entonces que tenían que ser los electrones los que transportaban la electricidad en los metales. [...] Por consiguiente, muchos autores habían intentado aplicar las conocidas leyes de la mecánica y la termodinámica al movimiento de electrones en metales.
>
> El resultado de estos estudios fue una extraña situación en la que para toda predicción que coincidía con la observación, existían otras que disentían completamente; para todo argumento que, a partir de los datos experimentales, parecía conducir a una determinación razonable de uno de los parámetros de la teoría, existían otros que daban valores totalmente diferentes.

Entre los ejemplos que Peierls (1960: 141-142) ofrecía de estas discordancias, se encontraban las propiedades magnéticas de los metales: «La presencia de electrones libres con espín sugiere un comportamiento paramagnético que sigue la ley de Curie, con una constante que depende solo de la densidad electrónica. De hecho, muchos metales muestran susceptibilidad magnética, pero es prácticamente independiente de la temperatura, en lugar de ser inversamente proporcional a la temperatura absoluta, como exige la ley de Curie, y mucho menor en magnitud que la que se predice para un electrón por átomo a temperaturas normales». Al aplicar en su artículo de 1927 la estadística de Fermi-Dirac y su principio de exclusión, Pauli obtuvo mejores resultados. Sin embargo, continuaba Peierls, «como resaltaba el propio Pauli, no se esperaba un acuerdo exacto [con las medidas experimentales], porque el tratamiento de los electrones como un gas perfecto de Fermi solo constituía una cruda aproximación».

En una carta que Blas Cabrera escribió a Paul Epstein el 21 de abril de 1927, el físico español también mostraba su desacuerdo con las conclusiones de Pauli:[56]

> Señor y querido colega:
>
> He leído con gran interés su carta del 3 del mes último, que recibí al mismo tiempo que las separatas de sus últimas memorias, que le agradezco.
>
> La relación de los *quanta* con la teoría del paramagnetismo es una de las cuestiones que me preocupan más profundamente, pero tengo la impresión de que no tenemos todavía los elementos necesarios para clarificarla. Ya conozco la memoria de Pauli que usted me ha señalado, pero no creo que dé la solución porque mis resultados para los gases O_2 y NO tienen diferencias completamente inadmisibles con los teóricos. Después de la publicación de esa memoria, yo mismo he hecho algunos intentos de aplicar la teoría de Pauli a los iones $Ni^{\cdot}$, $Cr^{\cdots}$ y $Fe^{\cdots}$ en los que he encontrado resultados inaceptables. [...]
>
> Ciertamente, la fórmula de Langevin no posee actualmente una base teórica firme, pero creo que su valor es indiscutible, al menos como fórmula empírica. Sin ella no se tendría los números de magnetones.
>
> Seguramente la teoría de los *quanta* llegará a dar una interpretación aceptable de la ley de números enteros de Weiss, pero me parece poco probable que la unidad de momentos atómicos sea siempre el magnetón de Bohr. Pienso que la explicación provendrá de la organización de las órbitas en los átomos.
>
> He aquí un problema digno de usted.

De nuevo, como vemos, Cabrera aprovechaba para defender el magnetón de Weiss.

56. En francés en el original, citada en Sánchez Ron (2021: 180). La misiva de Epstein a la que se refería Cabrera no parece haber sobrevivido, al igual que las muchas otras que debió recibir el físico español. Esta desaparición se explica porque Cabrera abandonó con bastante rapidez Madrid y España en septiembre de 1936, poco después del inicio de la guerra civil. Nunca regresó del exilio porque el Gobierno del general Franco se lo impidió después de terminada la contienda.

La mención que el autor de la carta a Epstein hacía al O_2 y al NO sirve bien para introducir a otro científico que realizó contribuciones notables a la física del estado sólido y cuyo nombre ya apareció como uno de los invitados al Consejo Solvay de 1930 dedicado al magnetismo: el estadounidense John van Vleck (1899-1980). Además, a través de su biografía se aprecia una vez más la importancia que tuvieron los contactos personales en la historia de la física cuántica. Sobre todo, para los investigadores de una nación como Estados Unidos, que aún se encontraba a la zaga de la ciencia europea.

Después de estudiar en la Universidad de Wisconsin, van Vleck se trasladó a Harvard, donde se doctoró en 1922 bajo la dirección de uno de los primeros «físicos cuánticos» de Estados Unidos, Edwin Kemble (1889-1984). Su tesis (Van Vleck 1922) consistió en aplicar al helio el modelo atómico de órbitas cruzadas que habían propuesto antes Kemble y Bohr, por lo que era denominado «modelo de Bohr-Kemble» (Kemble 1921, Bohr 1922).[57] Poco después, en 1925, cuando era profesor ayudante de física en la Universidad de Minnesota, completó una extensa monografía (316 páginas), publicada en el boletín del Consejo Nacional de Investigaciones, en la que profundizaba en la aplicación de los principios cuánticos a los espectros atómicos: *Quantum Principles and Line Spectra* (van Vleck 1926). En el Prefacio, fechado el 7 de agosto de 1925, explicaba que se había «esforzado por

57. La tesis doctoral de Kemble en Harvard, defendida en 1917, fue, con toda probabilidad, la primera disertación presentada en Estados Unidos dedicada a la física cuántica y trata de los espectros de moléculas diatómicas. Kemble fue el único estadounidense citado por Bohr en su memoria de 1918 sobre la teoría cuántica de las líneas espectrales (Bohr 1918: 16). Bohr se refirió en repetidas ocasiones al modelo de órbitas cruzadas, sobre todo en el período 1921-1924. Por ejemplo, lo hizo en un manuscrito («Constitution of atoms») que completó en 1921 y que en algunas partes constituye una primera versión del texto que publicó dos años después en alemán en *Zeitschrift für Physik* (lo envió el 15 de noviembre de 1922) y en 1924 en inglés en *Proceedings of the Cambridge Philosophical Society*, en una sección dedicada al helio. En estos (Nielsen, ed. 1977: 128), consideraba el caso en que «las órbitas de los electrones de la capa interna y externa son aproximadamente perpendiculares entre sí», mientras que en el artículo que se suele mencionar como referencia en este punto simplemente escribía (Bohr 1922: 114): «Con respecto al estado normal del átomo de helio, las importantes investigaciones experimentales de Franck y colaboradores [Franck y Reiche en 1919 y Franck y Knipping en 1920] han demostrado concluyentemente que este estado no puede ser una simple configuración coplanaria».

mantener al día el material de este *Bulletin*, pero la teoría cuántica es tan viva que se desarrolla y cambia casi de un día para otro». En efecto, cuando el texto vio la luz en 1926, ya había aparecido la formulación matricial de Heisenberg, ausente en el libro de van Vleck.

Como muchos de los físicos más prometedores de Estados Unidos, aquellos que implantaron la nueva mecánica cuántica en su país, van Vleck viajó a Europa para ampliar estudios. En 1926, acompañó a sus padres y a una tía en un viaje. En una entrevista que le hizo Thomas Kuhn el 4 de octubre de 1963, van Vleck recordó que pasó «dos o tres semanas en Copenhague», donde habló con Bohr y Kramers. También dijo que en Inglaterra asistió al congreso de la British Association for the Advancement of Science que se celebró en Oxford y en el que se encontró con Charles Galton Darwin y R. H. Fowler. Asimismo, en Cambridge coincidió con otro de sus jóvenes compatriotas físicos, Robert Oppenheimer, y visitó a Dirac en sus habitaciones del St. John's College, donde este le enseñó uno de los manuscritos en los que trabajaba.[58] Fue durante aquel viaje cuando, según él, «me di cuenta de lo que era el asunto [*business*] de Schrödinger. Regresé y lo estudié».

Más larga y, digamos, «profesional» fue la estancia de varios meses que hizo gracias a una beca Guggenheim y que inició en febrero de 1930. En un artículo que publicó bastantes años después, van Vleck (1968: 1236) se refirió a esa ocasión en los términos siguientes:

> Con la beca Guggenheim pude pasar seis semanas en Zúrich, motivado por la galaxia de sobresalientes físicos que había allí, mientras mis padres llevaron a mi esposa Abigail a un tour visitando lugares artísticos de Italia, permitiéndome así trabajar sin interrupción y «hablar de física» en Zúrich. Sin embargo, cuando llegué allí a finales de marzo descubrí que era el comienzo de las vacaciones de primavera y todos los miembros de la facultad de física estaban fuera. Afortunadamente, el conserje de la ETH era muy amigable y arregló el que yo pudiera utilizar la biblioteca. Viví confortablemente en el Hotel Waldhaus Dolder, y con una máquina de escribir portátil y sin distracciones con coloquios, vida social y turismo, durante mi primer mes en Zúrich probablemente escri-

58. La entrevista de Kuhn está depositada en el Centro para la Historia de la Física del American Institute of Physics.

bí más páginas de mi *Theory of Electric and Magnetic Susceptibilities* que en cualquier otro intervalo de tiempo comparable.

Cuando Pauli regresó a Zúrich y supo lo que estaba escribiendo van Vleck, fiel a su estilo dijo: «Yo no vuelvo a publicar mis artículos como libro». Este comentario hizo que el estadounidense fuera muy cuidadoso a la hora de incluir nuevo material en sus textos.

En la entrevista que le hizo Thomas Kuhn también mencionó sus trabajos durante aquellos meses:

> Escribí entonces una buena parte de mi libro [*Theory of Electric and Magnetic Susceptibilities*], especialmente durante los 40 días que pasé en Zúrich cuando Pauli y todos los demás estaban fuera y no había nada que hacer más que trabajar. [...] De todo el tiempo de mi beca Guggenheim, no tengo duda de dónde aprendí más. Fue en los 3 o 4 días que pasé con Kramers en Holanda, donde me detuve de camino a Leipzig, que era más o menos la Meca para los americanos entonces, con Heisenberg y Debye allí. Kramers me llamó la atención sobre los artículos de Bethe, que leí. Probablemente, fue *aquello* lo que me hizo darme cuenta de que tenía que aprender teoría de grupos. Recuerdo un encuentro muy agradable con Bethe en Múnich durante aquel viaje.[59]
>
> Viajé mucho, hablé en varios coloquios. Mulliken y yo estuvimos en Leipzig al mismo tiempo. Hund estaba allí. Había un seminario muy activo sobre los espectros moleculares de Hund. Por supuesto, Mulliken era una de las luces más brillantes.

Mencioné con anterioridad que en ocasiones se ha dicho que *Theory of Electric and Magnetic Susceptibilities*, publicado en 1932, era en verdad el primer libro que se ocupó de la moderna teoría de la física del estado sólido. Algo del papel destacado que la mecánica cuántica desempeñó en esta obra se percibe en el «Prefacio» (van Vleck 1932: vii):

> La nueva mecánica cuántica se manifiesta más tal vez por sus triunfos en el campo de la espectroscopía, pero se señalan menos sus éxitos en

59. Aquello dio origen a un interés por la teoría de grupos que van Vleck conservó toda su vida y que aplicó en algunos de sus trabajos sobre espectroscopía y susceptibilidad magnética de iones en sólidos.

> la teoría de las susceptibilidades eléctricas y magnéticas, que deben ser considerados como uno de sus grandes logros. Al mismo tiempo no se debe pasar por alto lo que la mecánica clásica ha conseguido en este campo, de manera que los primeros cuatro capítulos están dedicados a la teoria clásica pura. La mayor parte de la comparación de los experimentos relativos a las constantes dieléctricas se incluyen en uno de ellos (Cap. III). Esto se puede hacer sin que la comparación sea obsoleta, porque la nueva mecánica cuántica ha restaurado la validez de muchos de los teoremas clásicos que se violaban en la vieja teoría cuántica. Por otra parte, el análisis de las susceptibilidades magnéticas experimentales no se intenta hasta los capítulos cuánticos, porque los valores numéricos de las susceptibilidades magnéticas están conectados de manera inextricable con la cuantización del momento angular.

Van Vleck también mencionó que asistió como invitado al congreso Solvay de 1930, dedicado al magnetismo, porque estaba entonces en Europa y porque Sommerfeld y Pauli le recomendaron, a pesar de que sus méritos científicos no eran todavía lo bastante destacados como para recibir una invitación de antemano. La reunión se celebró en octubre y él debía regresar antes a Estados Unidos, pero los responsables de la beca Guggenheim le permitieron extender su estancia en Europa.

Desde la década de 1920, van Vleck se mostró atraído por el magnetismo, un interés que conservó a lo largo de toda su vida. En la década de 1930, sus investigaciones se centraron en el paramagnetismo de los gases, en especial del NO, y desarrolló una teoría cuántica que tomaba en consideración el efecto de los niveles de energía de la interacción Zeeman, la cual demostraba la existencia de una contribución paramagnética independiente de la temperatura y del mismo orden de magnitud que la diamagnética de Langevin. Explicaba de este modo el comportamiento experimental observado para el NO y las sales de las tierras raras. Cabe destacar que los resultados empíricos obtenidos por Blas Cabrera, anteriormente mencionados, fueron muy relevantes en la confirmación de esta propuesta. En 1977 recibió, compartido con Nevill F. Mott y Philip W. Anderson, el premio Nobel de Física, por «sus investigaciones teóricas fundamentales de la estructura electrónica de los sistemas magnéticos y desordenados».

15. La introducción de la física del estado sólido en Estados Unidos y Gran Bretaña

Me he referido, casi en exclusiva, a científicos que pasaron por Alemania y que luego ayudaron a implantar la física del estado sólido en Estados Unidos. Es conveniente, sin embargo, desarrollar un poco más el tema de la introducción de esa disciplina en Norteamérica, toda vez que contiene algunas enseñanzas de índole institucional que son particularmente relevantes. También aprovecharé la ocasión para esbozar la misma cuestión en Gran Bretaña.

En los años inmediatamente posteriores al desarrollo de la mecánica cuántica, estudiaron física (teórica sobre todo) en Alemania más jóvenes que en cualquier época anterior. Al menos veinticinco de los investigadores en este campo (incluido algún químico-físico) que alcanzaron renombre más tarde se formaron entre 1926 y 1929 en alguna de las facultades alemanas en las que se trabajaba en mecánica cuántica: seis en Berlín, trece en Gotinga, ocho en Leipzig y doce en Múnich.[60] Zúrich, con la ETH, en donde se encontraba Pauli, también era un lugar muy visitado: once estadounidenses pasaron por allí (de los cuales dos no fueron a centros alemanes). Por el contrario, solo cinco estuvieron en ciudades europeas (Copenhague, Cambridge y Oxford) y no viajaron a Alemania.[61]

De esos científicos norteamericanos que fueron a estudiar física cuántica a Europa, seis procedían de Harvard, cinco de Caltech, cuatro de Berkeley y otros tantos del MIT, mientras que el resto eran originarios de otras universidades (Princeton, Minnesota, Columbia, Michigan, Chicago, Cornell y Yale). Algunas fundaciones ayudaron a hacer posibles estos viajes. Así, el programa de becas de la Fundación Guggenheim, inaugurado en 1925, financió el 40 por ciento de las estancias, aunque también contribuyeron de manera importante la International Education Board de la Fundación Rockefeller y el Consejo Nacional de Investigaciones.

En el Viejo Mundo, estos jóvenes aprendieron las técnicas y vislumbraron los problemas del nuevo universo cuántico. Al regresar a

60. En general, la mayoría pasaba algún tiempo en más de un sitio. Esto explica las discordancias en las cifras.

61. Véase Sopka (1980; cap. 3).

su país, muchos continuaron con este tipo de intereses y objetivos.[62] La física de los metales, a la que, como acabamos de ver, Sommerfeld, Pauli y Bloch, entre otros, dieron un impulso renovado, encontraba incentivos especialmente poderosos al otro lado del Atlántico. En efecto, Estados Unidos participaba de forma activa en la dura competición internacional que existía en sectores empresariales como el electrónico, el de las comunicaciones, el metalúrgico y el fotográfico. De este modo, la física de los metales, de los sólidos en general, tenía un valor económico. Los laboratorios de investigación industrial, a los que me referí con anterioridad, reflejaban ese hecho.

En este contexto, la investigación de métodos cuánticos para la determinación y cálculo de las propiedades de materiales con utilidad industrial (como el cobre, el tungsteno o el diamante) adquiría un atractivo particular. A ella se dedicó el activo John Slater en el MIT. En la década de 1930, el grupo que formó este físico y en el que se encontraba, como estudiante graduado, William Shockley, uno de los futuros descubridores del transistor, se dedicó con ahínco a aplicar la mecánica cuántica al estudio de las características eléctricas, térmicas y magnéticas de metales y otros materiales.[63] En Princeton, el físico de origen húngaro, formado en Alemania, instalado en Estados Unidos en 1930 y futuro premio Nobel de Física, Eugene Wigner (1902-1995), enseñó las herramientas básicas de esta técnica a Frederick Seitz (su primer estudiante de posgrado en su país de acogida) y a John Bardeen, otro de los descubridores del transistor (antes de ir a Princeton, Bardeen había estudiado en la Universidad de Wisconsin, donde, en 1928-1929, John van Vleck le había enseñado mecánica cuántica). Los primeros cálculos realistas de estructuras de bandas fueron realizados entre 1933 y 1934 por Wigner y Seitz (1933, 1934) para el sodio, en la pequeña pero prestigiosa universidad de Nueva Jersey. El propio van Vleck en Harvard desempeñó un papel vital en el desarrollo del magnetismo y de la química-física.

Algunas empresas apoyaron a estos grupos universitarios. Así, General Electric, en cuyos laboratorios trabajaba Frederick Seitz, mantu-

62. Además (ya nos hemos encontrado con algunos ejemplos), las figuras europeas más destacadas de esa nueva mecánica visitaron con frecuencia Estados Unidos, lo que reforzaba las posibilidades de los físicos cuánticos norteamericanos.

63. Véase Hoch (1990, 1992).

vo estrechas relaciones con el MIT. Del mismo modo, Westinghouse y otras firmas locales financiaron en gran parte las escuelas de verano sobre «la física de los metales» que entre 1938 y 1941 organizó la facultad de Física de la Universidad de Pittsburgh.

En 1940, el ya citado Frederick Seitz (1911-2008) publicó un libro titulado *The Modern Theory of Solids,* que, en palabras de John Slater (1975: 173), «constituyó un acontecimiento crucial en la historia e institucionalización del campo». El propio Seitz (1994: 83-84) se refirió en su autobiografía a esta obra en los siguientes términos:

> En 1935, una completa libertad para investigar y unas modestas obligaciones docentes me dieron la oportunidad de lanzar un ambicioso proyecto que había estado en mi mente desde mis días de estudiante: intentar escribir una descripción coherente de los diversos aspectos de la física del estado sólido, para dar al campo la unidad que merecía. Esta integración fue posible gracias al desarrollo de la mecánica cuántica que ofrecía los medios de consolidación necesarios. El resultado, *The Modern Theory of Solids*, fue publicado por McGraw-Hill cinco años después, en 1940. [...] Tal vez el mayor valor del libro fue que atrajo a nuevos, jóvenes, investigadores, a emprender investigaciones en el área en el período inmediatamente posterior a la guerra.

A continuación, Seitz ofrecía una interesante panorámica de la situación de la disciplina cuando escribió el texto: «En aquella época existían tal vez veinticinco instituciones en todo el mundo que realizasen investigaciones experimentales de una forma que pudiéramos considerar sistemática sobre las propiedades fundamentales de los sólidos. En Estados Unidos, por ejemplo, uno pensaba en el trabajo de Percy W. Bridgman en Harvard, que involucraba estudios a presiones muy elevadas, y en los de varios grupos en el MIT [Francis Bitter, con campos magnéticos fuertes; Arthur von Hippel, sobre propiedades dieléctricas de los sólidos, y Wayne A. Nottingham, en emisión termoiónica de cátodos]». Citaba también los trabajos de Shirley Quimby (Columbia), Lee DuBridge (Rochester) y Clarence Zener (City College de Nueva York).[64] No olvidaba señalar la im-

64. Seitz reconocía, no obstante, que «el campo era algo más activo en Europa, con investigaciones a bajas temperaturas en Inglaterra, Holanda y Alemania, y con

portancia que ya tenían para el campo los laboratorios industriales: «Los laboratorios de compañías eléctricas, tanto en Estados Unidos como en Europa, estaban implicados productivamente en la investigación de la física del estado sólido, llevando a cabo estudios sobre rectificadores de estado sólido, emisión termoiónica de filamentos calientes, y sobre el desarrollo de agentes luminiscentes para utilizar en tubos de rayos catódicos».

No fue, sin embargo, hasta finales de 1943 cuando algunos físicos y metalúrgicos de la Sociedad de Física de Estados Unidos comenzaron a movilizarse a favor de la creación en su seno de una «División de Física del Estado Sólido», la cual fue establecida en última instancia en 1947. Hubo que esperar todavía más, hasta 1956, para la fundación de una revista especializada: *Journal of the Physics and Chemistry of Solids*, dirigida por Harvey Brooks de Harvard. Esta publicación fue seguida en 1959 por la soviética *Tverfogo Tela* (*Física de los Sólidos*) y dos años más tarde por *Physica Status Solidi*, de Alemania Oriental. Por último, en 1960 se creó (en Estados Unidos) *Solid State Abstract*, que marcó lo que se puede considerar como punto final de la institucionalización de una disciplina, sin cuyos frutos no es posible comprender la historia universal de la segunda mitad el siglo XX.[65]

El caso británico era diferente en varios sentidos. Al contrario que en Norteamérica, aquí se contaba con una mayor tradición de investigación original de los fenómenos microscópicos. En muchos dominios de la física atómica y nuclear experimental, el Reino Unido no era, sin duda, inferior a ningún otro lugar. Aunque no contaba con tantos teóricos cuánticos como Alemania, tenía algunos muy buenos, entre los que destacaba Paul Dirac, pero que también incluían a Ralph H. Fowler.

---

magnetismo en el laboratorio de Pierre Weiss en Francia, mientras que G. I. Taylor, en Cambridge, y otros estaban realizando trabajos básicos de flujos plásticos en cristales». También citaba el equipo de Robert W. Pohl en Gotinga, los trabajos de difusión de Carl Wagner en Darmstadt, varios institutos en la Unión Soviética (como el de I. Ioffe en Leningrado, centrado en las propiedades eléctricas y mecánicas de los materiales) y el laboratorio de K. Honda en Japón, dedicado a las características magnéticas de los sólidos.

65. Más detalles acerca de la institucionalización de la física del estado sólido se encuentran en Spencer R. Weart (1992).

En diciembre de 1929, Frederick Lindemann (futuro lord Cherwell y asesor de Churchill), que había conseguido dar al Laboratorio Clarendon de Oxford un prestigio internacional, propuso en una reunión del Departamento de Investigaciones Científicas e Industriales, del que formaba parte, que se debería fomentar en Gran Bretaña el estudio teórico de los metales y sus aleaciones, como una alternativa prometedora a las indagaciones puramente empíricas que se llevaban a cabo en el Laboratorio Nacional de Física y en otras instituciones. Como John E. Lennard-Jones ya se había ocupado en Bristol de cuestiones similares, se acordó que se le proporcionarían los fondos necesarios si aceptaba poner en marcha un programa de investigación adecuado. Este accedió y solicitó una ayuda de 1.150 libras para emplear a un ayudante que «realizase una investigación teórica de algunos problemas de estado sólido con particular referencia a los metales». En la primavera de 1930, se eligió para ese puesto a Harry Jones (1905-1986), un antiguo estudiante de Ralph Fowler en Cambridge. Jones llegó a Bristol a finales de año y comenzó de inmediato a estudiar la literatura relevante (Bloch, Peierls, etc). Mientras tanto, Lennard-Jones continuó con sus intereses en teoría molecular. Esto es, no se implicó en realidad en la nueva física del estado sólido y, además, en 1932 aceptó la cátedra de Química Teórica de Cambridge, por lo que abandonó el proyecto. Como sucesor se eligió a Nevill Mott, entonces un joven teórico de Cambridge, que había contribuido muy poco a los campos en que se trabajaba en Bristol. Al llegar a esta ciudad, se encontró con que Jones había aplicado la mecánica cuántica a la explicación de las estructuras cristalinas en las denominadas aleaciones de Hume-Rothery. Esto, y la situación del departamento, le animaron a intentar utilizar la cuántica «para problemas que pudiesen ser de interés para la industria» (Mott 1988: 244).[66] Estudió con detenimiento el artículo de Sommerfeld y Bethe en *Handbuch der Physik* y tres años más tarde publicó un libro en colaboración con Jones, *The Theory of the Properties of Metals and Alloys* (Mott y Jones 1936), en el que se ampliaban a la aleaciones los resultados de los dos científicos de Múnich. Este texto, una de las primeras obras de obligada lectura para los físicos del estado sólido de todo el mundo, marcó un cambio cualitativo en el desarrollo de la disciplina. En él se dedicaban menos esfuerzos a esta-

66. Véanse, asimismo, Mott (1986: cap. 9), Hoch (1992), Keith y Hoch (1986) y Eckert y Schubert (1991).

blecer sus fundamentos que «a utilizar modelos aproximados para sistematizar importantes áreas de conocimiento empírico» (Seitz 1980: 89). Es oportuno citar parte del «Prefacio» que abría el volumen:

> Desde la introducción de la mecánica cuántica, la teoría de los metales se ha desarrollado rápidamente. La primera fase del desarrollo condujo a comprender muchas de las propiedades eléctricas y magnéticas comunes a todos los metales. En investigaciones más recientes se han realizado intentos para explicar las diferencias entre metales individuales y aleaciones en función de las propiedades de los átomos que los forman. Nuestro propósito principal en este libro es dar cuenta de las propiedades de los metales individuales y de las aleaciones, y en particular demostrar cómo su estructura cristalina, susceptibilidad magnética y propiedades eléctricas y ópticas están relacionadas entre sí y con respecto a sus propiedades más químicas.

En lo expuesto hasta aquí falta un nombre importante, el de Alan Herries Wilson (1906-1995), cuyo interés en la física del estado sólido comenzó cuando era miembro investigador del Emmanuel College de Cambridge. En ese entonces, intentó explicar el reciente descubrimiento experimental de Kapitza del aumento lineal de la resistencia de los metales con la intensidad del campo magnético aplicado. Pronto, sin embargo, le pareció que Cambridge estaba demasiado centrado en la física nuclear, debido a la influencia de Rutherford, y consiguió una beca de la Fundación Rockefeller para ir a Leipzig, donde se encontraban Heisenberg y Bloch (entonces un simple ayudante).[67] Quería mejorar sus conocimientos sobre la física del estado sólido, pero nada más llegar, en enero de 1931, Heisenberg le pidió que diera un seminario sobre el tema. Eso le obligó a sumergirse en lo que se había publicado hasta entonces, en especial en los artículos de 1928 y 1929 de Bloch y Peierls, en los que estos aplicaban la mecánica cuántica para determinar el comportamiento de los electrones en los metales. Esos trabajos tenían como idea central la noción de «banda», o nivel energético permitido, que podían ocupar las partículas conductoras del sólido. Se trataba de valores discretos de energía, similares a los que Bohr había introducido en su modelo atómi-

67. Véase Wilson (1980).

co de 1913, pero que en el caso de los metales se referían a grandes cantidades de cargas positivas y negativas.

Mientras estudiaba esos textos, Wilson se dio cuenta de que existía una clara diferencia entre materiales conductores y aislantes. En estos últimos, las bandas estaban completas, lo que significaba que los electrones no podían saltar a otro estado. Por el contrario, en los primeros, los niveles de energía superiores solo estaban parcialmente ocupados, con lo que las partículas podían pasar a otros estados y así conducir electricidad. Como es obvio, el principio de exclusión de Pauli estaba detrás de estas explicaciones.

En un principio, Bloch se opuso con firmeza a esta teoría. Como muchos otros, creía que la diferencia entre conductores y aislantes era meramente cuantitativa y que venía dada por alguna magnitud que indicaba la facilidad con la que un electrón podía pasar de un átomo a otro. No obstante, en última instancia se convenció de la idea y comenzó a defenderla. Por su parte, Wilson (1931 a, b) desarrolló la presentación que había preparado para el seminario de Heisenberg y publicó dos artículos, en los que consideraba el comportamiento de los semiconductores y establecía su existencia como un tipo de material distinto del resto. Habida cuenta de la importancia que llegarían a tener los semiconductores, no es exagerado calificar la aportación de Wilson de histórica. De hecho, sus propuestas fueron aceptadas con rapidez.

Wilson regresó a Inglaterra en octubre de 1931, justo a tiempo de presentar un trabajo a la convocatoria de ese año del premio Adams, que otorgaba la Universidad de Cambridge y para el que se había seleccionado el tema de la «teoría mecánico-cuántica de los fenómenos aperiódicos».[68] El jurado en esa ocasión estuvo formado por R. H. Fowler, Arthur Eddington y Joseph Larmor. Wilson entregó una versión ampliada del ensayo que había redactado en Leipzig y ganó. Su memoria constituyó la base de un libro que se convirtió en un clásico: *The Theory of Metals* (Wilson 1936).[69] En el «Prefacio» escribió:

68. El premio fue establecido en 1848 para conmemorar el descubrimiento de Adams del planeta Neptuno. Entre los galardonados se encuentran James Clerk Maxwell (1857), J. J. Thomson (1882), John H. Poynting (1893), Joseph Larmor (1899), Geoffrey I. Taylor (1915), James H. Jeans (1917), Ralph H. Fowler (1924) y Harold Jeffreys (1926).

69. En 1939, Wilson publicó otro volumen importante: *Semi-conductors and Metals*.

> Después de haber hecho grandes avances durante los últimos diez años, la teoría electrónica de metales se consolida ahora de manera que podemos decir con seguridad que la mayor parte de los principios subyacentes han sido descubiertos, y que en el futuro próximo veremos refinamientos de la teoría, más que desarrollos completamente nuevos. El presente es, por consiguiente, un momento adecuado para repasar críticamente todo el campo.
>
> En este libro he procurado dar una descripción teórica de las propiedades electrónicas de los sólidos tan completa como sea posible, prestando especial atención a las suposiciones implicadas y a las dificultades que todavía quedan. Teniendo en cuenta este fin me he refrenado, en general, de discutir cuantitativamente los modelos particulares, excepto los de electrones libres o casi libres.

Es relevante también citar la clasificación de los diferentes tipos de materiales (Wilson 1936: 7): «Los sólidos pueden ser clasificados según su conductividad eléctrica natural en tres principales grupos: metales, aislantes y semiconductores. Las sustancias que muestran propiedades metálicas pueden dividirse claramente de los otros dos grupos, pero no existe una línea clara de demarcación entre aislantes y semiconductores».

Por supuesto, quedaban muchas cuestiones por resolver (por ejemplo, la forma que adoptaba el potencial periódico, la naturaleza de las funciones de onda, o el papel, ya reconocido entonces, de las impurezas y defectos), pero el camino para la física del estado sólido y para la industria electrónica y de materiales quedaba definitivamente despejado de una manera fiable.

Con respecto a la carrera de Wilson, diré que hasta 1933 no tuvo un puesto permanente en Cambridge. En octubre de ese mismo año fue nombrado profesor de matemáticas de la universidad y también miembro y preceptor del Trinity College, cargo en el que sucedió a Fowler, que había sido designado el año anterior como primer profesor Plummer de Física Matemática. Sin embargo, pese a sus aportaciones seminales a la física del estado sólido, al darse cuenta del poco interés que esta disciplina despertaba en Cambridge, pasó a dedicarse a la física nuclear y al estudio de los rayos cósmicos. Durante la segunda guerra mundial se ocupó de problemas en las comunicaciones de radio y formó parte del proyecto atómico británico, conocido como Tube Alloys. Después de la contienda, abandonó la investigación académica y se pasó a la industrial, donde trabajó en un primer momento para la empresa textil Courtaulds, en la que supervisó la investigación y el desarrollo de fibras artificiales. En 1962, dejó esta firma por la farmacéutica Glaxo, de la que se convirtió en presidente al año siguiente, puesto que ocupó hasta su jubilación en 1973.

16. El comienzo de la física nuclear: el efecto túnel

Junto a las aplicaciones de la mecánica cuántica que han ocupado las páginas precedentes, otra muy importante fue la que tuvo como protagonistas a George Gamow por un lado y a los físicos Ronald Gurney (1898-1953) y Edward Condon (1902-1974) por otro. Cabe destacar que el primero de estos era británico, mientras que el otro era estadounidense, pero que ambos coincidieron en aquel momento en Princeton. Se trata de la explicación de la desintegración alfa (emisión de núcleos de helio), que junto a la beta es uno de los dos tipos de radiactividad descubiertos por Ernest Rutherford cuando trabajaba en la década de 1890 en la Universidad McGill de Montreal. Su comprensión fue posible gracias a la introducción de un nuevo fenómeno cuántico, el *efecto túnel.* Con ello, dio comienzo en realidad la física nuclear. En palabras de Hans Bethe (1937: 161), en la segunda entrega de su famoso conjunto de artículos sobre física nuclear, publicado en *Reviews of Modern Physics*: «La teoría de la emisión de partículas α por núcleos radiactivos fue la primera aplicación con éxito de la teoría cuántica a los fenómenos nucleares».

16.1. George Gamow

Para entender el camino por el que George Gamow, uno de los descubridores del fenómeno al que me voy a referir, el denominado «efecto túnel», llegó hasta esa cuestión, es preciso tratar antes del modelo que Ernest Rutherford propuso para explicar los experimentos que realizaron él y algunos de sus colaboradores (Ernest Marsden en 1914-1915 y James Chadwick después, junto con el propio Rutherford). Estos ensayos versaron sobre las colisiones con átomos ligeros y pesados de partículas alfa emitidas por una variedad del elemento radio (el entonces denominado RaC). Sus observaciones le llevaron a proponer un modelo para el núcleo atómico, el llamado «modelo de satélites», que presentó en una serie de artículos. El primero de ellos apareció en 1919 bajo el título de «Collision of α particles with light atoms. I. Hydrogen» (Rutherford 1919).[70] En ese trabajo, Rutherford intentaba explicar los resultados de sus investigaciones empíricas. Estas seguían la estela de las que Marsden había efectuado en 1914-1915 en el Cavendish, antes de trasladarse a Nueva Zelanda para ocupar una cátedra de Física en el Victoria College de Wellington. Marsden lanzó partículas alfa sobre nitrógeno y comprobó que esto producía la emisión de unos corpúsculos que ahora Rutherford supuso debían ser átomos de hidrógeno, o átomos de masa 2. Aquel primer artículo fue seguido por otros, en los que se afirmaba que la desintegración alfa se producía de manera espontánea en núcleos inestables, tales como los de uranio 238 o radio 226. Todo esto le condujo a proponer un modelo atómico «con satélites». Así, en un texto publicado en el número de noviembre de 1921 de *Philosophical Magazine*, sostenía que «las observaciones sobre la desintegración de elementos ligeros se han interpretado suponiendo que los átomos H [hidrógeno] son satélites del núcleo central» (Rutherford 1921, Chadwick, ed. 1965: 61). Algo más tarde, añadió el helio a esos satélites. «Si tomamos una partícula α no cargada —se lee en un trabajo que apareció en 1927 (Rutherford 1927, Chadwick, ed. 1965: 178-179)— como un tipo de satélite neutro, debe estar formado por el núcleo de helio que ha ganado dos electrones. [...] Obtenemos de esta manera la siguiente imagen de la emisión de una partícula α de un elemento radiactivo. Ocasionalmente, una de las partículas α neutras, que probablemente están circulando en órbitas cuantizadas, por alguna causa es desplazada de su posición de equilibrio y tiene suficiente energía de movimiento como para escapar del campo atractivo del núcleo central. Cuando el campo disminuye del valor crítico, los electrones que neutralizan la partícula α abandonan el núcleo de helio y regresan hacia el núcleo central. La partícula α, que ahora tiene dos cargas positivas, gana energía adicional al pasar a través del campo eléctrico repulsivo y emerge como una partícula α de gran velocidad.» Así interpretaba la desintegración alfa (hay que tener en cuenta que todavía no se había descubierto el

70. Sobre el modelo de satélites, véase Roger Stuewer (1986 a), que también lo trata en su libro *The Age of Innocence* (Stuewer 2018).

neutrón y que se suponía que en el interior de los átomos coexistían protones y electrones. ¿Cómo explicar, si no, la radiación beta, el hecho de que el átomo emitiera electrones?).

El mismo año en que dio a la imprenta ese texto, Rutherford publicó otro en el que desarrollaba su teoría del «átomo de satélites». Se hallaba motivado, decía (Rutherford 1927 b: 580), por el hecho de que «en el curso de los últimos veinte años se ha acumulado una gran cantidad de datos precisos sobre la emisión de la energía de átomos radiactivos en la forma de rayos α, β y γ, y en la mayoría de los casos se ha determinado la vida media de los elementos individuales. Esta riqueza de datos sobre los núcleos atómicos, que puede tener una relación íntima con la estructura de estos átomos radiactivos, no se ha utilizado hasta el momento ya que nuestras teorías sobre la estructura nuclear se encuentran en estado embrionario. Todavía solo somos capaces de conjeturar sobre la estructura, incluso en el caso de los átomos más ligeros y presumiblemente menos complejos, y por esta razón, a primera vista, parecería que hay que esperar para abordar, con alguna probabilidad de éxito, el problema de la estructura de los núcleos radiactivos, que deben contener muchas más unidades individuales en su constitución que los átomos ligeros. Sin embargo, a mí siempre me ha parecido posible que la estructura de los núcleos pesados pueda presentar ciertos rasgos generales que pueden estar ausentes o ser difícil de detectar en los átomos ligeros».

En este punto entra en escena George Antonovich Gamow (1904-1968), otro de los magníficos científicos soviéticos que surgieron a partir de, sobre todo, la década de 1920. Natural de Odesa (Ucrania), la cuarta ciudad más poblada del entonces imperio ruso, después de Moscú, San Petersburgo y Varsovia, Gamow se caracterizó por la originalidad de sus ideas en física y en cosmología, al igual que por su desenfadada personalidad. En 1921, inició sus estudios superiores en la Universidad Novorossiya (más tarde denominada Universidad de Odesa), en la que se formó en física y matemáticas. Sin embargo, al saber que esa primera ciencia florecía en la Universidad de Petrogrado —nombre que después de la revolución bolchevique se asignó a San Petersburgo (en 1924 pasó a ser Leningrado)—, se trasladó a dicha institución en septiembre de 1922. Dos años después, llegaron a la ya Leningrado dos nuevos estudiantes, a los que hemos conocido antes: Lev Landau y Dmitri Ivanenko (1905-1994). Los tres formaron un grupo muy unido y se referían unos a otros como Joe (Gamow), Day (Landau) y Dymus (Ivanenko). En 1928, demostradas sus habilidades científicas y manifiesto su dominio de la mecánica cuántica, Gamow recibió permiso y ayuda económica para pasar ese verano en el Instituto de Física Teórica de Max Born en Gotinga.[71] En su autobiografía, Gamow (1970: 59) recordaba lo que quería hacer durante su estancia: «Mientras que todos los físicos cuánticos del mundo estaban atacando los átomos y moléculas, yo decidí ver qué podía hacer la nueva teoría cuántica en el caso del núcleo atómico».

Para comenzar y familiarizarse con la situación en que se encontraban las investigaciones cuánticas, decidió ir a la bien dotada biblioteca de la universidad.

> El mismo primer día —continuaba en su autobiografía (1970: 59-60)—, encontré un artículo de Ernest Rutherford en *Philosophical Magazine* [Rutherford 1927] en el que se describe un experimento sobre la dispersión de partículas alfa en uranio. Utilizando partículas alfa muy rápidas emitidas por el isótopo del radio RaC', no encontraba desviaciones de su famosa fórmula de dispersión. Esto indicaba que las fuerzas repulsivas de Coulomb, que se oponen a la penetración en el núcleo de partículas alfa, se mantienen hasta la distancia de al menos $3{,}2 \times 10^{-12}$ cm del centro del núcleo. Esto contradecía el hecho de que el uranio, que es un elemento radiactivo, emite partículas con energía de alrededor la mitad que las partículas alfa del RaC'. ¿Cómo podía ser esto así? El hecho de que partículas alfa permanecieran durante mucho tiempo en el núcleo del uranio indica que la repulsión de Coulomb pasa a ser atracción a una distancia menor que $3{,}2 \times 10^{-12}$ cm (para el uranio), formando así una barrera de potencial que impide que el bombardeo de partículas alfa se introduzca en el núcleo, y también prohíbe que salgan las que están dentro del núcleo. ¿Cómo podía ser que las partículas de alta energía que bombardeaban no pudiesen superar la barrera desde fuera, mientras que al mismo tiempo partículas alfa internas, que tienen solo la mitad de esa energía, se las arreglen para escapar, incluso aunque a veces algo lentamente? Para explicar esta paradójica situación, Rutherford propuso en su artículo una hipótesis en la que, partiendo del nú-

71. Más tarde estuvo en Copenhague, y por último, como se mencionó con anterioridad, abandonó la Unión Soviética y se instaló en Estados Unidos. Volverá a aparecer en el tercer tomo de esta historia de la física cuántica.

> cleo, cada partícula alfa transporta dos electrones que neutralizan la carga positiva y hacen que la fuerza de Coulomb desaparezca. Cuando esta partícula alfa neutralizada está bien alejada del borde de la barrera, los electrones se separan de ella y vuelven al núcleo, como dos remolcadores dejarían un gran transatlántico al que habían sacado del puerto. Esta explicación no me gustó en absoluto, y antes de que cerrase la revista sabía lo que realmente sucedía en este caso. Se trataba de un fenómeno típico que sería imposible en la mecánica clásica newtoniana, pero que de hecho era de esperar en el caso de la nueva mecánica ondulatoria. En la mecánica ondulatoria no hay barreras infranqueables y como el físico británico R. H. Fowler dijo después de mi conferencia sobre el tema en la Royal Society de Londres el mismo invierno: «Cualquiera de los presentes en esta sala tiene una probabilidad finita de dejarla sin abrir la puerta, o, por supuesto, sin ser lanzado por la ventana».

Gamow (1928) formalizó sus ideas en un artículo titulado «Zur Quantentheorie des Atomkernes» («Sobre la teoría cuántica del núcleo atómico»), recibido en *Zeitschrift für Physik* el 2 de agosto de 1928.[72] En este texto, explicaba cómo era posible la radiactividad, sin recurrir al complejo modelo del átomo con satélites de Rutherford. Consideraba la existencia de un potencial atractivo dentro del núcleo, que junto al repulsivo del exterior, formaba una barrera para la partícula alfa. Esta quedaba así atrapada en el interior del átomo, de donde no podía escapar desde el punto de vista clásico. Sin embargo, de acuerdo con la mecánica cuántica, tenía una pequeña probabilidad de atravesar la barrera, como si existiera un *túnel*, y aparecer al otro lado. Gamow también dedujo en su trabajo la ley de Geiger-Nuttall, que relaciona la constante de desintegración de un átomo radiactivo con la energía de las partículas alfa que emite (Geiger y Nuttall 1911). Un año después, Gamow unió fuerzas con el físico Friedrich (Fritz) Houtermans (1903-1966), un científico brillante, pero muy comprometido políticamente (desde 1920 fue miembro del Partido Comunista alemán), lo que le acarreó serios problemas.[73] Fue discípulo de James Franck en Gotinga, ayudante en el Instituto de Física de la Escuela Técnica de Berlín, donde trabajó con Gustav Herz, y profesor no titu-

72. Stuewer (1986 b) analiza con detenimiento este trabajo de Gamow. Véase asimismo Stuewer (2018).
73. Sobre Houtermans, véase Amaldi (2012).

lar. En 1933, se trasladó a Inglaterra, donde consiguió un buen empleo en la industria, pero más inclinado a la investigación científica aceptó en 1934 un puesto en el Instituto de Física y Técnica de Járkov, en la URSS. Vivió en esta ciudad hasta que todos los extranjeros fueron despedidos por un decreto del Gobierno soviético. Mientras abandonaba el país el 1 de diciembre de 1937, fue arrestado sin cargos y pasó dos años y medio en prisión, antes de ser enviado de vuelta a Alemania (durante la breve alianza germano-soviética le entregaron a la Gestapo, pero después de prestar a esta algunos servicios fue liberado). El artículo que Gamow y Houtermans (1929) publicaron incluía algunas mejoras con respecto al del primero de 1928, junto con una detallada comparación con los datos empíricos, además de analizar el proceso inverso, la penetración en el núcleo de un protón.

Entre los científicos que Gamow conoció en Gotinga se encontraba el belga Léon Rosenfeld (1904-1974), quien realizó importantes aportaciones a la cuántica. Además, colaboró durante mucho tiempo con Bohr, cuyas ideas, en especial en relación con la interpretación de Copenhague, compartía, y dedicó no pocos esfuerzos a la historia de la ciencia, tanto de la física de la que fue testigo como la de otras épocas. Uno de sus artículos de este campo, «Nuclear reminiscences», estaba dedicado «a la memoria de George Gamow» y uno de los aspectos en que se detenía era, precisamente, el origen del trabajo del físico ruso sobre la desintegración alfa, de cuya génesis fue espectador privilegiado, pues estaba entonces en Gotinga. Como la reconstrucción de Rosenfeld introduce algunos detalles que matizan lo que Gamow decía en sus memorias (en especial, la «inmediatez» en comprender la solución al problema) citaré los pasajes relevantes de ese texto (Rosenfeld 1972, Cohen y Stachel, eds. 1979: 335-336):

> En mi experiencia, la física nuclear comienza con la repentina aparición, una mañana en la biblioteca del Instituto de Gotinga, de un gigante rubio, con los ojos miopes medios cerrados detrás de sus gafas, que él mismo se presentó con una amplia sonrisa, declarando: «Soy Gamow». Entonces este anuncio no podía provocar mucha excitación. Como sucedía que el profesor Born no estaría presente durante algún tiempo, propuse a Gamow que saliéramos a pasear. Fue durante aquel paseo cuando me contó lo que estaba haciendo.
>
> Quería comprender la desintegración alfa. Pero esto me parecía (y creo que la mayoría de los físicos habrían tenido la misma reacción) una idea bastante fantástica. Todo lo que sabíamos acerca de los núcleos era que eran muy pequeños y que tenías una carga y una masa. Apenas sabíamos entonces que tenían un espín; esto acaba de saberse gracias a la interpretación de Pauli de la estructura hiperfina que los espectroscopistas habían detectado en el espectro de los átomos más pesados.
>
> Sin embargo, pensando retrospectivamente, lo que Gamow me contó era extremadamente revelador para acceder a un tema completamente nuevo, que subyacía en rodeos y equivocaciones a los que habían estado expuestos los pioneros. Sus primeros intentos habían constituido un completo fracaso. Gamow había considerado una partícula alfa en el potencial de Coulomb de un núcleo puntual y encontró (esto no era entonces tan obvio como parece hoy) que todo lo que podía obtener era un espectro continuo, liso, sin los efectos de estados especiales correspondientes a las energías de los rayos alfa observados.
>
> Entonces se le ocurrió que también debía tomar en cuenta lo que sucedía dentro del núcleo antes de que la partícula alfa saliera, y este fue el paso decisivo. Existía un potencial atractivo dentro del núcleo que, combinado con el potencial repulsivo que había fuera, formaba una barrera de potencial para la partícula alfa. Procedió a construir una solución de la ecuación de Schrödinger para este tipo de potencial, correspondiendo a una onda emergente a grandes distancias. Encontró que no podía hallar ninguna solución para valores reales de la energía, pero guiado por una poderosa intuición introdujo una solución con un valor complejo de la energía, cuya parte imaginaria interpretó como la cons-

tante de desintegración. Esto le dio la explicación de la relación de Geiger-Nuttall entre esta constante y la energía de la partícula emitida.

Obtuvo este resultado poco después de haber llegado a Gotinga, y cuando lo presentó en el coloquio semanal, fue toda una sensación. Born vio inmediatamente la importancia del descubrimiento, no solo como la primera aplicación de la mecánica cuántica a la física nuclear, sino como un peculiar ejemplo cuántico de carácter muy general y amplio alcance.

Continuaba señalando algunas de sus aplicaciones. Asimismo, recordaba a Houtermans (Rosenfeld 1972, Cohen y Stachel, eds. 1979: 338):

> El trabajo de Gamow produjo una gran impresión en otro joven físico que llegó a Gotinga por el mismo tiempo, que también era una figura pintoresca. Las maneras «bohemias» de Houtermans contrastaban mucho con el bastante decoroso medio de Gotinga. Nos contó, por ejemplo, que había «hecho autostop» (utilizando un término moderno, entonces desconocido) por toda Italia, un logro que nos dejó un sentimiento de maravilla bordeando el escándalo.
>
> Houtermans quedó fascinado con el análisis de Gamow, y suscitó la cuestión del proceso inverso, más precisamente sobre la posibilidad de que un protón penetrase en el núcleo y bien fuese capturado o excitase el núcleo y produjese una reacción. Estimó que para que cruzase la barrera de potencial con una probabilidad razonable, el protón debería tener una energía de unos pocos cientos de kilovoltios, lo que entonces parecía una cantidad enorme, limitando la aplicación del proceso a la escala cósmica. De hecho, Houtermans y Gamow desarrollaron notables especulaciones sobre las consecuencias cósmicas del proceso de captura del protón

16.2. Ronald Gurney y Edward Condon

Justo un día después de que Gamow enviase su artículo a *Zeitschrif für Physisk*, Ronald Gurney y Edward Condon remitían una nota a *Nature,* titulada «Quantum mechanics and radioactive disintegration», con la misma explicación. La idea principal fue de Gurney, que estaba familiarizado con las radiaciones emitidas por el radio y el torio, ya que las había estudiado en el Laboratorio Cavendish mientras investigaba para su doctorado, que obtuvo en 1926. Una vez conseguido el título, recibió una beca de la International Education Board de la Fundación Rockefeller para ampliar su formación en el Laboratorio Palmer de la Universidad de Princeton. Allí coincidió con Condon, que se había doctorado en 1926 en la Universidad de California en Berkeley y que repartió el curso siguiente entre Gotinga con Born y Múnich con Sommerfeld.

A la escueta nota de *Nature* le siguió un trabajo más detallado en *Physical Review* (Gursey y Condon 1929), que incluía las siguientes líneas en la primera página:

> Una descripción de este trabajo fue publicada primero en *Nature* el 22 de septiembre de 1928. En un número de *Zeitschrift für Physik* (51, 204, 1928) recibido aquí hace dos semanas, aparece un artículo de Gamow que ha llegado de manera independiente a la misma idea que se presentaba en nuestra carta y que aquí se trata con detalle. Noticias de este artículo se dieron también en la reunión de Schenectady de la Academia Nacional de Ciencias del 20 de noviembre, 1928 y en la reunión de Minneapolis de la Sociedad de Física de Estados Unidos del 1 de diciembre, 1928.

En física, al igual que en otras ciencias (recordemos el caso de Alfred Russel Wallace y Charles Darwin, aunque en un rango de tiempo más amplio), se producen a veces estas coincidencias, estos descubrimientos, o desarrollos, simultáneos.

17. Revoluciones dentro de una revolución: la ecuación de Dirac

La mecánica cuántica fue la culminación de más de dos décadas de esfuerzos por encontrar un sistema teórico que acogiese la cuantización introducida (muy a su pesar) por Max Planck en 1900 y transformó la física hasta sus cimientos. Sin embargo, tenía un problema, que se hizo patente en especial en la ecuación de Schrödinger: no era compatible con las exigencias de la otra gran revolución de la física del siglo XX, la teoría de la relatividad especial, cuyos requisitos (invariancia de Lorentz) debían cumplir las cuatro fuerzas fundamentales de la naturaleza.[74] Era necesario solucionar esta discrepancia, algo que hizo en el importante caso del electrón Paul Dirac (1928 a, b), con una fórmula seminal.

La ecuación relativista del electrón de Dirac surgió del intento de *unificar*, de hacer compatibles entre sí, las dos revoluciones (relativista y cuántica) que habían sacudido la física. De hecho, Dirac no fue el primero que abordó esta cuestión. Antes de que Schrödinger enunciase la expresión que le hizo famoso y que sirvió de base a la mecánica cuántica ondulatoria, dedujo una ecuación de onda relativista que, sin embargo, no publicó, porque se dio cuenta de que no permitía derivar con la precisión suficiente el espectro del hidrógeno.[75] De manera independiente de Schrödinger y después de que él hubiese obtenido su expresión no relativista, otros físicos (como Vladimir Fock, Walter Gordon, Johann Kudar y Louis de Broglie) trataron de desarrollar versiones acordes con la relatividad. Oskar Klein (1926) fue el primero en publicar una, cuando llegó a la conocida como «ecuación de Klein-Gordon» (Gordon 1926).[76] Sin embargo, esta teoría no satisfacía a Dirac, como explicó con posterioridad (Dirac 1991: 184): «Tal y como se concebía entonces la relatividad, todas las teorías relativistas tenían que poder expresarse en forma tensorial. Sobre esta base no se podía mejorar la teoría de Klein y Gordon. La mayor parte de los físicos se contentaban con la teoría de Klein y Gordon, a la que consideraban como la mejor teoría cuántica relativista posible para un electrón, pero yo estaba siempre insatisfecho por la discre-

74. En su libro *Fundamentos matemáticos de la mecánica cuántica*, von Neumann (1932; 1991: 252-253) explicó con claridad ese punto: «a la mecánica cuántica [...] la hiere su carácter no-relativista, que distingue el tiempo t frente a las tres coordenadas espaciales y presupone un concepto objetivo de simultaneidad. En efecto, mientras todas las restantes magnitudes (en particular las coordenadas x, y, z, esencialmente ligadas con t por la transformación de Lorentz) están representadas por operadores, al tiempo le corresponde, como en la mecánica clásica, un parámetro numérico ordinario t. O también: un sistema constituido por dos partículas posee una función de onda que depende de sus $2\times3=6$ coordenadas espaciales y únicamente de un tiempo t, aunque en virtud de la transformación de Lorentz, convendrían dos tiempos».

75. Sobre este asunto, véase Kragh (1982).

76. Walter Gordon (1893-1939) llegó a la ecuación mientras preparaba su habilitación (que obtuvo en 1929) en Hamburgo. Oskar Klein (1894-1977) fue un físico teórico sueco, más conocido por la teoría de Kaluza-Klein.

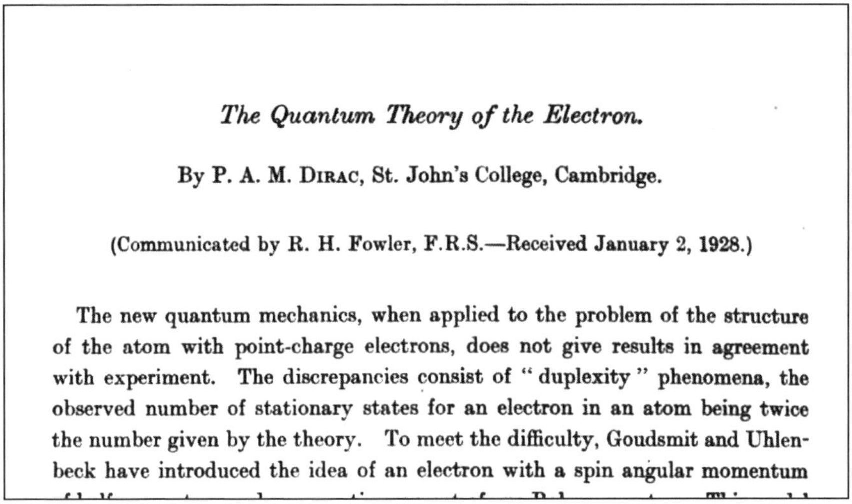
The Quantum Theory of the Electron.

By P. A. M. Dirac, St. John's College, Cambridge.

(Communicated by R. H. Fowler, F.R.S.—Received January 2, 1928.)

The new quantum mechanics, when applied to the problem of the structure of the atom with point-charge electrons, does not give results in agreement with experiment. The discrepancies consist of "duplexity" phenomena, the observed number of stationary states for an electron in an atom being twice the number given by the theory. To meet the difficulty, Goudsmit and Uhlenbeck have introduced the idea of an electron with a spin angular momentum

pancia que había entre esa teoría y los principios generales, de manera que no dejé de reflexionar hasta que encontré una solución».

Ante el estupor de sus colegas, que no entendían su insatisfacción con la ecuación de Klein-Gordon, y en solitario, sin intercambiar ideas ni preguntas con otros físicos (su método de trabajo habitual), Dirac se dedicó en el otoño de 1927 a buscar una teoría relativista y cuántica que respondiese a sus expectativas para el caso de una partícula tan importante como el electrón. «Fue —explicó años más tarde (Dirac 1977: 142)— un problema duro durante algunos meses, y la solución llegó, diríamos, como llovida del cielo, uno de mis éxitos inmerecidos. Llegó jugando con las matemáticas.» Añadió: «Estaba jugando con las tres componentes σ_1, σ_2, σ_3, que había utilizado para describir el espín de un electrón y me di cuenta de que si uno formaba la expresión $\sigma_1 \cdot p_1 + \sigma_2 \cdot p_2 + \sigma_3 \cdot p_3$, donde p_1, p_2 y p_3 son las tres componentes del momento, y hallaba su cuadrado, se obtenía $p_1^2 + p_2^2 + p_3^2$, esto es, el cuadrado del momento [del electrón]. Esto constituía un resultado matemático muy bonito. Me excitó bastante. Parecía que debía ser importante. Pero no respondía inmediatamente a la cuestión de cómo se podría obtener una ecuación relativista del electrón».

No resolvía el problema, pero sí daba pistas para hacerlo. Una de ellas sugería ampliar las tres componentes σ_1, σ_2, σ_3, que, siguiendo a Pauli, eran matrices 2×2 (dos filas y dos columnas), y sustituirlas por otras 4×4. Esto, y los «principios generales» a los que Dirac aludió antes, fue suficiente.

351

The Quantum Theory of the Electron. Part II.

By P. A. M. Dirac, St. John's College, Cambridge.

(Communicated by R. H. Fowler, F.R.S.—Received February 2, 1928.)

In a previous paper by the author* it is shown that the general theory of quantum mechanics together with relativity require the wave equation for an electron moving in an arbitrary electromagnetic field of potentials, A_0, A_1, A_2, A_3 to be of the form

$$F\psi \equiv \left[p_0 + \frac{e}{c}A_0 + \alpha_1\left(p_1 + \frac{e}{c}A_1\right) + \alpha_2\left(p_2 + \frac{e}{c}A_2\right) + \alpha_3\left(p_3 + \frac{e}{c}A_3\right) + \alpha_4 mc\right]\psi = 0. \qquad (1)$$

The α's are new dynamical variables which it is necessary to introduce in order to satisfy the conditions of the problem. They may be regarded as describing some internal motion of the electron, which for most purposes may be taken to be the spin of the electron postulated in previous theories. We shall call them the spin variables.

The α's must satisfy the conditions

$$\alpha_\mu{}^2 = 1, \qquad \alpha_\mu\alpha_\nu + \alpha_\nu\alpha_\mu = 0. \qquad (\mu \neq \nu.)$$

They may conveniently be expressed in terms of six variables ρ_1, ρ_2, ρ_3, σ_1, σ_2, σ_3 that satisfy

$$\left.\begin{array}{l} \rho_r{}^2 = 1, \quad \sigma_r{}^2 = 1, \quad \rho_r\sigma_s = \sigma_s\rho_r, \quad (r, s = 1, 2, 3) \\ \text{and} \quad \rho_1\rho_2 = i\rho_3 = -\rho_2\rho_1, \quad \sigma_1\sigma_2 = i\sigma_3 = -\sigma_2\sigma_1 \end{array}\right\}, \qquad (2)$$

together with the relations obtained from these by cyclic permutation of the suffixes, by means of the equations

$$\alpha_1 = \rho_1\sigma_1, \quad \alpha_2 = \rho_1\sigma_2, \quad \alpha_3 = \rho_1\sigma_3, \quad \alpha_4 = \rho_3.$$

The variables σ_1, σ_2, σ_3 now form the three components of a vector, which corresponds (apart from a constant factor) to the spin angular momentum vector that appears in Pauli's theory of the spinning electron. The ρ's and σ's vary with the time, like other dynamical variables. Their equations of motion, written in the Poisson Bracket notation [ ], are

$$\dot{\rho}_r = c\,[\rho_r, F], \qquad \dot{\sigma}_r = c\,[\sigma_r, F].$$

* 'Roy. Soc. Proc.,' A, vol. 117, p. 610 (1928). This is referred to later by *loc. cit.*

Ecuación relativista del electrón, tal y como aparecía en Dirac (1928 b)

La nueva ecuación que obtuvo Dirac tenía una serie de propiedades interesantes a la vez que sorprendentes. Para empezar, al adoptar esas matrices ampliadas, la función de onda tenía cuatro componentes en lugar de dos, como en los intentos anteriores de Pauli. Dos de ellas podían interpretarse como correspondientes a otros tantos estados de energía positiva, cada uno asociado con una orientación del espín (esto es, ½ y -½), lo que significaba que el espín del electrón surgía de manera «natural» de la ecuación relativista. La dificultad estribaba en las otras dos componentes. Estas debían corresponder a energías negativas, algo imposible según las ideas imperantes hasta entonces en la física. De hecho, Dirac optó por ignorarlas. «Se deben rechazar dos de las soluciones, al referirse a la carga $+e$ del electrón», escribió (Dirac 1928 a: 618). Se contentó (no era poco) con la «predicción» del espín y con el hecho de que se derivaban otros resultados muy valiosos para la cuántica a partir de su expresión: los valores correctos para la estructura fina del espectro del hidrógeno, para el efecto Zeeman anómalo y para el coeficiente giromagnético, $g=2$, del electrón.

Sin embargo, la potencia de estas deducciones no evitó que este nuevo trabajo resultase «duro de roer» para muchos físicos. Entre ellos se encontraba una de las futuras estrellas de la física, Hans Bethe (recordemos, un miembro de la escuela de Arnold Sommerfeld), quien desde Múnich escribió el 4 de mayo de 1928 a Rudolf Peierls (Lee 2007 a: 33-34): «He intentado leer el trabajo de Dirac, que se publicó en el número de febrero o marzo de la revista *Proc. Roy. Soc.* Después de varios días he comenzado a tener alguna idea de lo que trata, pero no he comprendido una sola palabra. Con respecto a los cálculos, como mucho he entendido el 25 % de las operaciones matriciales. El porqué se hacen, no lo comprendo en absoluto, pero imagino que demuestran que el artículo es muy bueno». Parecida reacción suscitó la ecuación de Dirac en Victor Weisskopf, otro joven físico que poco después comenzó a realizar aportaciones destacadas a la cuántica. Weisskopf (1983: 63), por entonces estudiante de doctorado en la Universidad de Gotinga, donde el líder teórico era Max Born, dijo:

> Para nosotros, la ecuación de Dirac constituía un gran rompecabezas, y teníamos dificultad para entender su significado. [...] Nos resultaba mucho más misteriosa que la teoría de transformaciones de Dirac y

que su teoría de la radiación. Imagine a un estudiante que acaba de pasar por los problemas conceptuales de la mecánica cuántica ordinaria y que comienza a sentirse no solo incómodo sino apenas capaz de tratar con las funciones de onda de Schrödinger y las matrices que no conmutan de Heisenberg y que, de repente, se encuentra con funciones de onda de cuatro componentes y con extrañas propiedades de transformación de las que nunca había oído hablar antes. Desanimaba bastante.

La respuesta del británico Nevill Mott (1986: 25) fue muy diferente, como recordó en su autobiografía:

Justo antes de llegar a Copenhague [1928], Paul Dirac en Cambridge había sorprendido al pequeño mundo de los físicos atómicos con lo que creo ha sido la pieza más brillante de razonamiento que he visto en mi vida. Se sabía hacía algunos años, examinando la radiación (luz) emitida por varios gases, que el electrón, la partícula fundamental de la electricidad y un constituyente de toda la materia, no era simplemente una carga puntual, sino que parecía tener un eje de simetría. Uno tenía que preguntarse no solo en qué lugar del espacio estaba y lo rápido que se movía, sino también cuál era la dirección a la que apuntaba este eje. Hablábamos de él como el «electrón que giraba [*spinning*]», como si fuese algún tipo de peonza. Parecía extraño que la naturaleza necesitara una forma tan complicada para su partícula más fundamental. Pero Dirac demostró que, si la naturaleza obedecía a la mecánica cuántica que él (Dirac) había hecho tanto por clarificar, y obedecía también al principio de relatividad de Einstein, el electrón *debía* tener un espín, y produjo su famosa ecuación de onda que hizo posible calcular sus propiedades con detalle.

Particularmente interesante es la reacción de Niels Bohr, que escribió lo siguiente a Dirac el 24 de noviembre de 1929 (Peierls, ed. 1986: 547-548):

Querido Dirac:

He sabido por Gamow que ha regresado de nuevo a Inglaterra, y que ha hecho progresos con las dificultades antes sin resolver de su teoría del electrón. Como todavía no hemos sabido nada de los detalles, Klein y yo le agradeceríamos mucho si fuera tan amable de decirnos algo sobre sus ideas actuales. Recientemente, he estado muy interesado en estos problemas y he pensado que las dificultades en la mecánica cuántica relativista acaso estén relacionadas con las aparentemente dificultades fundamentales referentes a la conservación de la energía en la desintegración de rayos β y el interior de estrellas. Mi opinión es que puede decirse que las dificultades en su teoría revelan un contraste entre, por un lado, lo que exige la conservación de la energía y el momento y, por el otro, la conservación de las partículas individuales. La posibilidad de satisfacer ambos en el habitual tratamiento de correspondencia [se debe referir al principio de correspondencia] dependería, por consiguiente, de la posibilidad de dejar de lado el problema de la constitución del electrón en la mecánica clásica relativista. Me parece que el tamaño finito que se adscribe al electrón en la electrodinámica clásica puede dar una pista del límite para la posibilidad de reconciliar las exigencias mencionadas. Solamente en regiones donde las dimensiones electrónicas no entran en juego, los conceptos clásicos deberían presentar un fundamento fiable para el tratamiento de correspondencia. Por supuesto, es usted consciente de las grandes dificultades que a este respecto encuentra la interpretación sin ambigüedades de las consecuencias no satisfactorias de su anterior teoría con respecto a las transiciones relacionadas con un cambio de «signo» de la carga eléctrica. Esto se refiere tanto a la transición en campos estáticos como a aquellas conectadas con la radiación. [...] Por consiguiente, estoy preparado para que podamos tener que enfrentarnos a una limitación esencial de los principios de conservación de la energía y el momento en problemas nucleares, y me interesa mucho saber si su nuevo trabajo conduce a tales consecuencias o sigue por líneas diferentes.

Bohr volvía a su vieja teoría de la no conservación de la energía en los procesos atómicos, que había propuesto junto a Kramers y a Slater (véase *HFC-1*), pero que el experimento de Arthur H. Compton refutó. También se refería al problema de la energía emitida en la desintegración beta, que, como se verá en el tercer volumen de esta obra, condujo a Wolfgang Pauli a introducir el neutrino.

Dos días después de la anterior misiva, esto es, el 26 de noviembre, Dirac le contestó con una larga carta en la que ya avanzaba las ideas que condujeron luego a la identificación de los positrones (Peierls, ed. 1986: 548-550):

Querido profesor Bohr:

Muchas gracias por su carta. La cuestión del origen del espectro continuo de los rayos β es muy interesante y puede resultar que represente una seria dificultad en la teoría del átomo. Había sabido previamente de sus ideas [las de Bohr] por la descripción que hizo de ellas Gamow en el club de Kapitza [en Cambridge]. Mi propia opinión sobre esta cuestión es que preferiría mantener la rigurosa conservación de la energía a todo coste y más bien abandonaría incluso el concepto de materia consistiendo en átomos y electrones separados antes que la conservación de la energía.

Hay una forma sencilla de evitar la dificultad de que los electrones tengan energía cinética negativa. Supongamos que la ecuación de onda

$$\{W/c + (e/c)\cdot A_0 + \rho_1\cdot(\boldsymbol{\sigma}, \boldsymbol{p} + [e/c]\cdot\boldsymbol{A}) + \rho_3\cdot mc\}\psi = 0$$

describe correctamente el movimiento de un único electrón. Esto significa que si el electrón se pone en marcha con una energía positiva, existirá una probabilidad finita de que cambie de repente a un estado de energía negativa y emita la energía sobrante en forma de radiación de alta frecuencia. No puede entonces regresar muy bien a un estado de energía positiva, ya que para hacerlo tendría que absorber radiación de alta frecuencia y no hay mucha de esta radiación en la naturaleza. Sin embargo, todavía sería posible que el electrón aumentase su velocidad (siempre que pueda obtener momento de algún lugar) pero al hacerlo su energía aún disminuiría más y emitiría más radiación. Por consiguiente, los estados más estables del electrón son los de energía negativa con velocidad muy grande.

Supongamos ahora que hay tantos electrones en el mundo que la mayor parte de los estados estables están ocupados. Entonces el principio de Pauli obligará a algunos electrones a permanecer en estados menos estables. Por ejemplo, si todos los estados de energía negativa están ocupados y también algunos de energía positiva, estos electrones con energía positiva no serán capaces de efectuar transiciones a estados de energía negativa y por tanto tendrán que comportarse adecuadamente. La distribución de electrones negativos tendrá, por supuesto, una densidad infinita, pero será bastante uniforme de manera que no producirá ningún campo electromagnético y uno no esperaría ser capaz de observarla.

Parece razonable suponer que no todos los estados de energía negativa están ocupados, sino que habrá unas pocas vacantes o «agujeros». Un agujero tal que puede ser descrito por una función de onda, como una órbita de rayos X, aparecería experimentalmente como una cosa con energía positiva, ya que para hacer que desaparezca el agujero (esto es, para rellenarlo) se tendría que poner energía negativa en él. Además, se puede ver fácilmente que tal agujero se movería en un campo electromagnético como si tuviera una carga positiva. Creo que estos agujeros son protones. Cuando un electrón de energía positiva cae a un agujero y lo llena, tenemos un electrón y un protón que desaparecen simultáneamente emitiendo su energía en forma de radiación.

Creo que de esta manera podemos entender por qué todas las cosas que se observan en la naturaleza tienen energía positiva. Uno puede también esperar ser capaz de explicar la disimetría entre electrones y protones. En tanto que no se tenga en cuenta la interacción, se tiene una simetría completa entre electrones y protones, se podría considerar a los protones como partículas reales y a los electrones agujeros en la distribución de protones de energía negativa. Sin embargo, cuando se tiene en cuenta la interacción entre los electrones, esta simetría deja de existir. Todavía no he desarrollado matemáticamente las consecuencias de la interacción. Es el efecto «Austausch» [«Intercambio»] el que es importante y todavía no he sido capaz de obtener una formulación relativista de esto. Se puede esperar, no obstante, que una teoría adecuada de esto nos permita calcular el cociente entre las masas del protón y el electrón.

Me alegró saber que visitará Cambridge en la primavera y estoy esperando su visita. Con cordiales saludos,

Suyo
P. A. M. Dirac

Las ideas que Dirac esbozaba en esta carta aparecieron en un artículo que publicó en 1930. Allí escribió (Dirac 1930: 362-363) que «*todos los estados de energía negativa están ocupados, excepto acaso unos pocos de pequeña velocidad.* Todos los electrones de energía positiva tendrán una probabilidad muy pequeña de saltar a estados de energía negativa y, por tanto, se comportarán como los electrones que se observan en el laboratorio. Tendremos un número infinito de electrones en estados de energía negativa, y de hecho existirá un número infinito de ellos en el mundo por unidad de volumen, pero si su distribución es perfectamente uniforme deberíamos esperar que fuesen completamente inobservables. *Solamente podríamos esperar poder observar pequeñas desviaciones de la perfecta uniformidad, si algunos de los estados de energía negativa quedasen sin ocupar*». Añadía, como había explicado a Bohr, que esos estados sin ocupar, o «huecos», debían ser protones: «nos vemos conducidos, por consiguiente, a la conclusión de que *los huecos en la distribución de electrones de energía negativa son los protones*». De esta forma, su ecuación de 1928 explicaba las dos partículas elementales conocidas entonces: el electrón y el protón.

Existían, sin embargo, sólidos argumentos teóricos que impedían que los huecos en el mar de energía negativa pudiesen asimilarse a protones. Como señaló Hermann Weyl en la segunda edición de su libro *Teoría de grupos y mecánica cuántica* (Weyl 1931; 1950: 263), por razones de simetría los protones deberían tener la misma masa que los electrones. Sin embargo, eran mucho más pesados. Este hecho (y otros) llevó a Dirac a proponer otra idea, aunque lo hizo de pasada en un artículo que publicó en 1931: «Parece, por tanto, que debemos abandonar la identificación de los huecos con protones y debemos encontrar otra interpretación para ellos. [...] Un hueco, si existiese uno, sería un nuevo tipo de partícula, desconocida para la física experimental, que tiene la misma masa, pero carga opuesta al electrón. Podríamos llamar a esta partícula un antielectrón» (Dirac 1931: 61). Nótese que, con esta interpretación, el espacio dejaba de estar vacío, al contener un número infinito de electrones.

En un libro colectivo (Salam y Wigner, eds. 1972) «dedicado a P. A. DIRAC para conmemorar su setenta cumpleaños y sus contribuciones a la mecánica cuántica», el físico y matemático estadounidense Arthur Wightman, uno de los fundadores de las aproximaciones axiomáticas de la teoría cuántica de campos, respondió como sigue a la pregunta de «¿por qué la ecuación de Dirac fue un descubrimiento tan importante para la física de las décadas de 1920 y 1930?» (Wightman 1972: 95):

> La ecuación de Dirac proporcionó una descripción relativista de las partículas de espín ½ y en particular del electrón. Al hacer esto, dio una descripción relativista del espín y abrió el camino para la aplicación de la teoría de grupos a la descripción de partículas de espín arbitrario. La

reinterpretación de la ecuación de Dirac, como una ecuación de campos que surgía de la teoría de huecos de Dirac, fue decisiva en la transformación de la teoría de una sola partícula a la de la teoría (cuántica de campos) de muchas partículas. La electrodinámica cuántica de partículas con espín ½ que resultó, refinada por dos generaciones de trabajo teórico, es la mejor teoría que tenemos. Aunque es una aproximación, ya que no incluye los efectos de las interacciones débil y fuerte, ha sobrevivido muchas exigentes pruebas experimentales cuando se ha aplicado a electrones y muones.

Era esta, es evidente, una respuesta condicionada por los conocimientos existentes en el momento en que fue escrita, pero que ofrece una perspectiva más amplia del mérito de la aportación de Dirac en 1928.

Los rayos cósmicos

Antes de proseguir con la historia del «antielectrón», y por razones que se verán enseguida, es necesario detenerse en los «rayos cósmicos», de los que trataré con más detalle en *HFC-3.*

El origen de su estudio se remonta al siglo XIX, cuando algunos físicos observaron que los electroscopios no almacenaban la carga de manera indefinida. Si se procedía a suministrar fluido eléctrico a las hojas del aparato (al poner en contacto con algún cuerpo cargado la barra aislada que sobresale de la caja en la que se encuentra el dispositivo), estas se separaban, por supuesto, al adquirir cargas de igual signo. Sin embargo, las perdían poco a poco y las dos hojas volvían a juntarse. A finales del siglo XIX y comienzos del XX, con la aparición de los primeros modelos atómicos (como el del pastel de pasas de J. J. Thomson, en el que los electrones desempeñaban un papel central), la explicación comúnmente aceptada de este fenómeno era que en ocasiones algunas de las moléculas del gas que rodeaba el aparato perdían electrones y, en consecuencia, su neutralidad. Aparecían por tanto partículas negativas y positivas (iones), las cuales se cancelaban con las cargas que mantenían separadas las hojas del electroscopio y hacían que estas se volviesen a juntar. El problema era determinar el origen de la radiación que ionizaba el gas. Una posibilidad era la radiactividad, descubierta en 1896, ya que los elementos radiactivos emiten radiaciones ionizantes (α, β, γ). Tal vez hubiese restos de sustancias de este tipo presentes en los materiales de los que estaban hechos los electroscopios. Esta circunstancia demostró ser parcialmente correcta, aunque la contaminación no era lo bastante importante como para explicar las observaciones. A su vez, experimentos en los que se rodeaba el dispositivo con plomo o agua mostraron que el ritmo de la descarga disminuía, lo que significaba que la radiación ionizante debía proceder del exterior.

Existía otra posibilidad: que la fuente de la radiación ionizante fuese la radiactividad propia de la corteza terrestre. Una forma de comprobarlo consistía en ver si el ritmo de descarga disminuía con la altura, idea que exploraron al menos un par de científicos. Se trataba del físico y jesuita alemán Thomas Wulf (1868-1946) y de Albert Goeckel (1860-1927), de la Universidad de Friburgo. En 1910, Wulf realizó experimentos con un electroscopio en la cima de la Torre Eiffel y en 1912 Goeckel hizo lo mismo, pero con un globo aerostático. En ningún caso se detectó una disminución del ritmo de descarga con la altura, o no en la cantidad esperada.

No obstante, el mismo año del fracaso de Goeckel, un austríaco, Victor Hess (1883-1964), logró detectar un cambio. Y lo hizo también con un globo aerostático. En una serie de ascensiones, que realizó a partir de 1911, tomó mediciones que demostraban que, para una elevación de unos mil metros, la intensidad de la ionización dentro del electroscopio comenzaba a aumentar, hasta llegar al doble a los cuatro mil metros de altura. Presentó sus resultados en un artículo titulado «Über Beobachtungen der durchdringenden Strahlung bei sieben Freiballonfahrten» («Sobre las observaciones de la radiación penetrante durante siete vuelos en globo»: Hess 1912). Esto demostraba que la radiación ionizante no procedía de la Tierra. Postuló en consecuencia que su origen estaba fuera de la atmósfera y que probablemente no era toda debida al Sol, ya que no se observaban variaciones a lo largo del día.

Era una hipótesis arriesgada, que tardó mucho tiempo en ser refrendada. Sin embargo, recibió un espaldarazo con los resultados del alemán Werner Kolhörster (1887-1946), que entre 1913 y 1919 repitió los experimentos de Hess y llegó a alcanzar los seis mil metros de altura, donde detectó una radiación más fuerte que su predecesor.

Existían, no obstante, otras posibilidades. Charles T. R. Wilson, el inventor de la cámara de niebla (de la que me ocupé en el tercer capítulo del primer tomo de esta historia de la física cuántica) y un gran experto en fenómenos asociados a la ionización, sugirió que la radiación en cuestión podía ser producida por tormentas en las capas altas de la atmósfera. Otros científicos pensaban que esta podía contener pequeñas trazas de elementos radiactivos (se sabía que el radón, un elemento —el número 86 de la tabla periódica— radiactivo, existía en estado gaseoso). Si por alguna razón esas sustancias se concentraban en las capas altas de la atmósfera, entonces se podría explicar el aumento de la ionización. No obstante, en esos casos la intensidad de la radiación desconocida debería variar según las condiciones atmosféricas y también con la hora, día y estación, nada de lo cual se observó.

A pesar de que, como ahora sabemos, la radiación identificada por Hess y Korhörster era extremadamente interesante y abría las puertas al estudio de los constituyentes elementales del universo, pasó tiempo antes de que se continuara con su investigación. El mérito de poner sobre este fenómeno el foco del interés físico recayó en otro de los científicos que ya aparecieron en el primer tomo: Robert Millikan, del California Institute of Technology . Él fue quien bautizó a esta radiación con el nombre de «rayos cósmicos». En un primer momento era escéptico acerca de su existencia real, pero se convenció de ello gracias a los resultados que obtuvo, en colaboración con G. Harvey Cameron, en una serie de experimentos realizados entre 1923 y 1926 bajo el agua y a gran altitud (con globos no tripulados, una técnica que implicaba utilizar electroscopios de funcionamiento automático y que perfeccionó el físico alemán Erich Regener en la década de 1920 y comienzos de 1930). Millikan y Cameron presentaron sus conclusiones en un artículo publicado en *Physical Review* en 1926, bajo el título «High frequency rays of cosmic origin III. Measurements in snow-fed lakes at high altitudes» (Millikan y Cameron 1926). Cruciales en este aspecto fueron los experimentos que realizaron en dos lagos, Muir y Arrowhead, en el área de San Bernardino, al sur de California, situados a alturas, respectivamente, de 3.600 y 1.600 metros. Tras sumergir el electroscopio en el agua, Millikan encontró que: «dentro de los límites de error observacional, todos los datos obtenidos en el lago Arrowhead corresponden a los datos obtenidos a 6 pies más de profundidad en el lago Muir, lo que demuestra que los rayos provienen definitivamente de arriba y que su origen está completamente fuera de la capa atmosférica entre los niveles de los dos lagos».

En cuanto a la naturaleza de esos rayos cósmicos, Millikan utilizó la teoría que Paul Dirac había desarrollado para el efecto Compton y concluyó que se trataban en su mayor parte de fotones. Para explicar su origen, supuso que el medio interestelar estaba lleno, pero con densidades bajas, de hidrógeno en estado gaseoso. Mediante un proceso espontáneo de fusión, continuaba, de ese gas, se formaban de manera progresiva elementos más pesados, comenzando por el helio, de cuya síntesis a partir de cuatro átomos de hidrógeno resultaba un grupo de fotones de 27 Mev de energía (debida a la diferencia entre la suma de las masas iniciales y la final). Y así para otros elementos más pesados. Si los rayos cósmicos fuesen partículas cargadas, argumentaba Millikan, no podrían tener la suficiente energía como para atravesar, como de hecho lo hacían, capas de aire y agua equivalentes a unos pocos centímetros de plomo. Se equivocaba.

En un análisis más detallado, tendría que ocuparme ahora de los trabajos de Hans Geiger y Walter Müller (1928), que idearon un aparato de pequeña potencia capaz de detectar la radiactividad. También de los de Walther Bothe y Werner Kolhörster (1929), que utilizaron un contador doble para demostrar que los rayos cósmicos cercanos a la superficie terrestre estaban formados por partículas cargadas de gran velocidad. Lo que hicieron fue colocar dos de estos dispositivos, uno encima del otro y separados una pequeña distancia, y registrar los pulsos simultáneos producidos por el paso de partículas a través de ambos contadores.

Bothe y Korlhörster fueron los primeros en utilizar este tipo de dispositivos para distinguir las partículas cargadas de los fotones, una técnica que propuso Bruno Rossi (1905-1993) en un texto publicado en 1930 en *Nature*, titulado «Method of registering multiple simultaneous impulses of several Geiger counters». Pero de Rossi, y de otros como Blackett, Occhialini, Skobelttzyn o Compton, trataré en *HFC-3*.

18. El descubrimiento del positrón. La antimateria

No pasó demasiado tiempo hasta que se descubrió experimentalmente la nueva partícula sugerida por Dirac (a la que se dio el nombre de *positrón*). En 1931, el físico estadounidense Carl Anderson (1905-1991) obtuvo, con una cámara de niebla, las primeras fotografías de los misteriosos rayos cósmicos. Advirtió que en sus imágenes aparecían, con regular frecuencia, trazas que debían corresponder a partículas de carga opuesta a la del electrón. Pensó, no obstante, al igual que Robert Millikan (su jefe en el California Institute of Technology), que se trataba de protones. Sin embargo, estudios más detallados (medidas de la ionización y de la curvatura de las estelas dejadas por las partículas) demostraron que al menos algunas de ellas no podían deberse a protones. En última instancia, Anderson publicó un breve artículo en el número del 9 de septiembre de 1932 de la revista *Science*, órgano de la American Association for the Advancement of Science. Se titulaba «The apparent existence of easily deflectable positives» («La aparente existencia de positivos que se pueden desviar fácilmente»), una ambigua y bastante oscura frase que revelaba las reservas que, a pesar de todo, albergaba su autor. Aun así, este escribió (Anderson 1932: 239):

> Para la interpretación de estos efectos [las trazas de las fotografías que había tomado] parece necesario recurrir a partículas cargadas positivamente que tengan una masa comparable a la del electrón, o bien admitir la aparición casual en la misma fotografía de trazas indepen-

> dientes situadas de tal manera que indican un punto común de origen de dos partículas. Esta última posibilidad es muy improbable en base estadística.
>
> La interpretación de estas trazas como debidas a protones u otros núcleos pesados, se excluye en base al rango [longitud de las trazas] y curvatura. Protones o núcleos pesados con las curvaturas observadas no podrían tener rangos tan grandes como los que se observan. La ionización específica está próxima a la de un electrón de la misma curvatura, lo que indica una partícula con carga positiva comparable en masa y magnitud de la carga a un electrón.

Unos meses después, el 28 de febrero de 1933, apareció un nuevo trabajo suyo, titulado «The positive electron» (Anderson 1933), en el que ya utilizó el nombre *positrón*. Las dudas de su nota de *Science* —motivadas, señalaba (Anderson 1933: 491), «por la importancia y sorprendente naturaleza del anuncio»— habían desaparecido.

El descubrimiento de Anderson fue accidental, en el sentido de que no fue motivado por los trabajos de Dirac, sino producto de lo que podríamos denominar comienzos de la «física experimental de partículas elementales», más tarde denominada «física de altas energías». De hecho, dos investigadores (mencionados en el cuadro anterior) que colaboraban en el Laboratorio Cavendish de Cambridge, Patrick Blackett y el italiano Giuseppe Occhialini, de la Universidad de Florencia, obtuvieron los mismos resultados que Anderson. Para ello, utilizaron básicamente las mismas técnicas, aunque su hallazgo fue algo posterior: enviaron su artículo (Blackett y Occhialini 1933) a *Proceedings of the Royal Society of London* tres semanas antes de que se recibiese el segundo trabajo de Anderson, que, sin embargo, apareció antes.[77] Además, Blackett y Occhialini relacionaron los positrones con la teoría de Dirac. Así, después de considerar otras hipótesis, señalaron (Blackett y Occhialini 1933: 714): «parece más probable que [los electrones positivos] desaparezcan reaccionando con un electrón negativo para formar dos o más cuantos», un «mecanismo», añadieron, «que se sigue inmediatamente de la teoría de Dirac de los

77. Anderson estaba al tanto de esta circunstancia. Al final de su texto, escribió (Anderson 1933: 494): «Mientras este artículo estaba en preparación, noticias en la prensa han anunciado que, en un amplio estudio de las trazas de rayos cósmicos, P. M. S. Blackett y G. Occhialini también han obtenido evidencia de la existencia de partículas positivas ligeras, confirmando nuestro informe anterior».

electrones. [...] En la teoría de Dirac, los electrones positivos deberían tener una vida corta, puesto que es fácil para un electrón negativo pasar a ocupar un estado libre, rellenando un hueco, lo que conduce a la aniquilación simultánea de un electrón positivo y uno negativo, siendo la energía radiada como la de dos cuantos».

En su autobiografía, Anderson (1999: 34) se refirió a la acogida que tuvo su descubrimiento, en especial en Cambridge, lugar de trabajo de Blackett. Es interesante reproducir lo que escribió al respecto, pues ilustra el importante asunto de la recepción de ideas científicas revolucionarias: «Los físicos son un grupo difícil de convencer de lo correcto de un nuevo descubrimiento en física, pero yo no era consciente entonces de la fría recepción que mi anuncio iba a recibir en el Laboratorio Cavendish de Cambridge, Inglaterra, bajo la dirección de Ernest Rutherford, ciertamente el laboratorio de física nuclear más famoso del mundo». A continuación, citaba unos pasajes de un libro del historiador de la ciencia estadounidense Daniel Kevles (1978: 233):

> En años posteriores, la aparición de una nueva partícula elemental apenas alteraría las sensibilidades intelectuales de los físicos del mundo; en 1932, el anuncio de Anderson del positrón produjo un muro de resistencia. Si el neutrón había solucionado muchas dificultades presentes en la teoría nuclear desde hacía tiempo, el positrón parecía complicar las cosas. Se dice que Niels Bohr rechazó de entrada el hallazgo de Anderson y que, cuando en el otoño de 1932, Millikan habló del positrón en una conferencia en el Cavendish, varios miembros de la audiencia sugirieron fríamente que sin duda Anderson había cometido algún error fundamental de interpretación. Pero no todos los físicos del grupo de Rutherford estaban dispuestos a ignorar las propuestas de Anderson, especialmente el experto en cámaras de niebla del Cavendish, Patrick M. S. Blackett.

Tal vez sea difícil apreciar hoy en día lo que significó este hallazgo, tan alejados como estamos del descubrimiento experimental del positrón y acostumbrados a un sinnúmero de otras sorprendentes novedades. No solo supuso la existencia de un nuevo tipo de partícula elemental, sino la confirmación de los trabajos anteriores de Dirac. Significativo es lo que escribió el físico teórico soviético, con el que ya nos hemos encontrado, Igor Tamm, un buen amigo de

Dirac, en una carta que le dirigió el 5 de junio de 1933 (Kojevnikov 1993: 64):

> Querido Dirac,
>
> Siempre he sido un mal corresponsal, pero con los años cada vez lo soy peor. Siento muy agudamente los inconvenientes de esta limitación mía, ya que pierdo contacto con todo el mundo, incluso con aquellos más queridos y que considero más interesantes.
>
> He estado a punto de escribirte muchas veces a lo largo de este año, especialmente después de que apareciese el artículo de Blackett y Occhialini. Suelo decir que tu predicción del antielectrón no tiene paralelo en la historia de la ciencia. Se puede pensar en Leverrier y Adams, pero tu caso es diferente. Tu predicción teórica de la existencia del antielectrón, inestable en el «espacio ordinario» fuera del núcleo, parecía tan extravagante y *totalmente nueva*, que no te atreviste a mantenerla y en su lugar preferiste abandonar la teoría. Y ahora el inesperado experimento te ha demostrado que estabas en lo cierto e incluso te presentó el neutrón, para hacer el «hueco» estable y formar un protón.

El descubrimiento del positrón constituyó el primer ejemplo de *antipartícula*, o *antimateria* (un nombre no demasiado afortunado, ya que la «antimateria» es, por supuesto, un tipo de materia). «Creo —manifestó Heisenberg (1973: 271)— que el descubrimiento de la antimateria fue tal vez el mayor salto de todos los grandes saltos de la física de nuestro siglo. Fue un descubrimiento de la mayor importancia porque cambió toda nuestra idea de la materia.» A continuación, explicaba la forma en que se entendió en un primer momento semejante hecho y algunas de las consecuencias a las que dio origen:

> Al principio, Dirac sugirió que se podían crear tales partículas [las antipartículas] mediante el proceso de producción de pares. Un cuanto de luz puede sacar a un electrón virtual de uno de estos estados negativos en el vacío y llevarlos a una energía positiva más grande, lo que significa que el cuanto de luz ha creado un par de electrón y positrón. Pero esto significaba, de entrada, que el número de partículas ya no era un buen número cuántico; no existía una ley de conservación para el número de partículas. Por ejemplo, según la nueva idea de Dirac, uno podría decir que el átomo de hidrógeno no consiste necesariamente de un protón y un electrón. Podría también estar formado temporalmente

por un protón, dos electrones y un positrón. Y, de hecho, cuando se tienen en cuenta los detalles más finos de la electrodinámica cuántica, estas posibilidades desempeñan algún papel.

En el caso de la interacción entre radiación y electrón podía tener lugar un fenómeno como el de la producción de pares. Pero entonces sería natural suponer que procesos análogos podían suceder en un rango mucho más amplio de la física. Desde 1932, sabíamos que no hay electrones en el núcleo, que el núcleo está formado de protones y neutrones. Pero entonces Pauli sugirió que la desintegración β se podía describir diciendo que en el proceso se creaba un electrón y un neutrino. Esta posibilidad fue formulada por Fermi en su teoría de la desintegración β. Vemos, por consiguiente, que ya entonces se abandonó completamente la ley de conservación del número de partículas. Uno comprendía que existen procesos en los que se crean partículas a partir de energía. La posibilidad de tales procesos la daba ya, por supuesto, la teoría especial de la relatividad, con la energía transmutada en materia. Pero su realidad se dio por primera vez en relación con el descubrimiento de Dirac de la antimateria y la creación de pares.

La existencia de antimateria, descubierta inicialmente en el caso del electrón-positrón, se amplió de manera progresiva cuando se dispuso de aceleradores de partículas capaces de alcanzar energías lo bastante elevadas. Sin embargo, de este tema trataré en el tercer tomo de esta historia de la física cuántica.

Es preciso señalar, no obstante, que si la antimateria no se limitaba a electrones y positrones el modelo propuesto por Dirac, un «mar» de estados de energía negativa que dejaba «huecos», interpretados como partículas de energía positiva, presentaba el problema de que no se podía extender a los casos en que estas últimas tuvieran espín cero. En estas circunstancias, no se satisfacía el principio de exclusión de Pauli y por consiguiente no se podía formar un mar estable de estados de energía negativa. Pauli y Weisskopf (1934) avanzaron en la solución de este problema, para lo cual desarrollaron una teoría cuántica de campos para partículas cargadas de espín nulo, en la que estas tenían antipartículas con el mismo espín, pero carga opuesta. La propuesta de Pauli y Weisskopf era hipotética, pero años después, en la década de 1960, ya se conocían ejemplos así, como los piones y los kaones, y se detectaron sus antipartículas. Pero esto ya cae fuera del ámbito temporal de este libro.

7

La formalización de la mecánica cuántica: *Mathematische Grundlagen der Quantenmechanik* (1932) de John von Neumann

La nueva mecánica cuántica dio pronto lugar a libros que explicaban su contenido. Uno de ellos, como se vio en el capítulo 4, fue el de Paul Dirac, *The Principles of Quantum Mechanics*. Sin embargo, ninguno puede competir, en lo que a rigor se refiere, con un volumen que estableció la base matemática de la mecánica cuántica y ciertos aspectos de su interpretación. Me refiero al que publicó John von Neumann en 1932, *Mathematische Grundlagen der Quantenmechanik* (*Fundamentos matemáticos de la mecánica cuántica*). Su autor fue uno de los grandes matemáticos del siglo XX, pionero también en otros campos, como el diseño de computadoras, de manera que antes de entrar a considerar la obra será muy interesante conocer algo de su biografía.

1. John von Neumann: matemáticas y física

John von Neumann (1903-1957) nació en Budapest. Fue el mayor de los tres hijos de Max von Neumann, un banquero judío ennoblecido por el emperador Francisco José (entonces Hungría era parte del Imperio austrohúngaro). Su educación comenzó en casa e incluía el alemán, que le enseñaron desde niño y que fue, hasta que dejó paso al inglés, su principal lengua extranjera. En 1914, János (o Jancsi, como le llamaba su familia por aquel entonces) entró en la selecta Escuela Luterana masculina de su ciudad natal. Pronto el profesor de matemáticas del colegio, László Rátz, advirtió sus extraordinarias capacidades y recomendó a su padre que le diera una formación adicional a cargo de profesionales en esa materia. Max siguió el consejo y el joven recibió clases particulares de un profesor ayudante de la Universidad de Budapest, Michael Fekete, con el que publicó, en 1922, su primer artículo de investigación.

En la misma escuela estudiaba otro futuro gran científico, Eugene Wigner. En sus memorias, Wigner (1992: 51) se refería a su compañero en los siguientes términos:

> Von Neumann era verdaderamente un prodigio y ya había hecho de las matemáticas su primer amor. Ser un prodigio matemático requiere no solo gran talento, sino también una inusual dedicación. Cuando Rátz vio lo inteligente que era Jancsi y su devoción por las matemáticas, comenzó a darle lecciones particulares. [...] Rátz se sintió tan privilegiado siendo tutor de un fenómeno como Jancsi que rechazó cualquier dinero por ello. [...]
>
> Cuando conocí a Jancsi, yo tenía trece años y él cerca de doce. Estaba un curso por debajo de mí, pero en matemáticas dos clases por encima. Ya poseía un sorprendente conocimiento de matemáticas avanzadas. Budapest tenía una fuerte comunidad matemática, y Jancsi se hizo bien conocido en aquel círculo, incluso antes de dejar la escuela.
>
> Nunca tuve la sensación de conocer bien a von Neumann en la escuela. Acaso, nadie lo hizo; siempre se mantuvo algo distante. Amaba a su madre y se sinceraba con ella, pero difícilmente con otros. Sus hermanos le admiraban mucho, pero no eran íntimos. [...]
>
> Jancsi amaba el dinero y las cosas materiales. Era feliz teniendo un padre banquero. Aparte del dinero, sus intereses eran casi enteramente intelectuales.
>
> Regresaba con él a casa desde la escuela aproximadamente una vez al mes. La profundidad de sus conocimientos matemáticos me maravillaba. La forma en que describía la teoría de conjuntos y la teoría de números era arrebatadora. La belleza del tema, su intensidad y facilidad de descripción me hacía sentir que éramos amigos cercanos [...] He conocido en mi vida muchas personas de gran inteligencia: Max Planck, Max von Laue y Werner Heisenberg; Paul Dirac fue mi cuñado; Leo Szilard y Edward Teller han figurado entre mis amigos más íntimos; y Albert Einstein también fue un buen amigo. Y he conocido muchos de los más brillantes jóvenes científicos. Pero ninguno de ellos tenía una mente tan rápida y aguda como Jancsi von Neumann. [...] Uno veía in-

mediatamente la rapidez y poder de la mente de von Neumann. Comprendía los problemas matemáticos no solo en su aspecto inicial, sino en toda su complejidad. Suavemente, sin esfuerzo, analizaba con profundidad los detalles de los problemas científicos más complejos. Retenía todo. Su mente parecía un instrumento perfecto.

Es oportuno mencionar que en el campo de las ciencias físicas y matemáticas Hungría aportó en aquella época, además de a von Neumann y a Wigner, a Leo Szilard y Edward Teller. Los cuatro terminaron en Estados Unidos y todos contribuyeron al Proyecto Manhattan. Aunque fue más ingeniero que científico, también habría que añadir a la lista el nombre de Theodore von Kármán, cuya obra escrita incluye un artículo firmado con Max Born que ya ha aparecido en esta historia de la cuántica. Tampoco se debe olvidar a George Pólya (1887-1985), a Cornelius Lanczos (1893-1974) y a Paul Erdös (1913-1996).

Tras obtener su diploma de secundaria en 1921, von Neumann estudió ingeniería química durante dos años (1921-1923) en la Universidad de Berlín y por un período similar (1923-1925) en Zúrich, en cuya Escuela Politécnica Federal obtuvo en 1926 el doctorado en esa disciplina. El hecho de que cursase esta materia fue una especie de seguro ante las incertidumbres de una carrera en ciencias exactas. En efecto, parece que su padre pidió a von Kármán que, por motivos económicos, le disuadiera de convertirse en matemático. Buscando un compromiso aceptable para ambos, von Kármán propuso que Jancsi hiciera una licenciatura relacionada con la química, ya entonces una profesión con futuro. En aquella época, la única salida laboral para un matemático era la docencia y en la universidad existían muy pocos puestos. En cuanto a la enseñanza secundaria, los salarios eran muy poco atractivos, máxime para el hijo de un banquero. Sin embargo, al mismo tiempo que estudiaba química en Alemania y Suiza, von Neumann se matriculó en la carrera de matemáticas en la Universidad de Budapest. No asistía a las clases, pero sí a los exámenes semestrales, y consiguió el título de doctor en esa disciplina en 1926, poco después del de ingeniero. No obstante, durante su estancia en Zúrich se ocupó con bastante dedicación a problemas en el campo de las ciencias exactas. Además, entró en contacto con Hermann Weyl y George Pólya.[1]

1. En Berlín se dedicó también a la matemática. Por ejemplo, estudió con Erhard Schmidt, un antiguo alumno de David Hilbert, que había realizado aporta-

En este terreno, durante sus primeros años se centró en la lógica matemática y en la axiomática de la teoría de conjuntos, en las que, al igual que en otros apartados, se vio influido por las ideas e intereses de David Hilbert. Conviene recordar en este punto la célebre conferencia que este último pronunció en el segundo Congreso Internacional de Matemáticos (París 6-12 de agosto de 1900). En uno de los 23 problemas que enumeró entonces («La compatibilidad de los axiomas de la aritmética»), Hilbert (1902: 72) decía: «Demostrar que los axiomas no son contradictorios; es decir, demostrar que basándose en los axiomas no se podrá llegar jamás a resultados contradictorios mediante un número finito de deducciones lógicas».

Un cuarto de siglo después, von Neumann (1925) publicó un artículo sobre el tema en el que mediaba en la polémica entre Hilbert y los intuicionistas (Brouwer y Weyl, principalmente). Es interesante citar la frase final de este texto (el tercer trabajo que dio a la imprenta; el segundo estuvo dedicado a los números transfinitos), ya que en él incidía en las dificultades que rodeaban a la teoría de conjuntos: «Por el momento no podemos hacer nada más que señalar que existen objeciones en contra de la propia teoría de conjuntos, y que actualmente no se conoce ninguna forma de evitar estas dificultades». Dos años más tarde, apareció su contribución más importante en este terreno: «Zur Hilbertschen Beweistheorie» («Sobre la teoría hilbertiana de la demostración», von Neumann 1927 a). En ella definió un subsistema de análisis clásico y demostró de manera rigurosa y por medios finitos que estaba libre de contradicciones.[2] No obstante, de forma incorrecta conjeturó que se podía demostrar la consistencia de todo el planteamiento con los mismos métodos.

---

ciones importantes a la teoría de ecuaciones integrales, uno de los campos cultivados por su maestro. Habida cuenta de la íntima relación existente entre la mecánica cuántica y las ecuaciones integrales, es probable que la relación de von Neumann con Schmidt constituyera una magnífica preparación para las investigaciones que efectuaría aquel más adelante en la teoría cuántica.

2. No debe pasar desapercibida la expresión «por medios finitos». La matemática intuicionista hacía hincapié en tales medios, compatibles con la capacidad operacional del ser humano. La inclinación de von Neumann por este elemento intuicionista representó, en cierto sentido, una buena preparación para sus trabajos en informática, ya que los algoritmos básicos de los ordenadores son finitos por naturaleza. Según Herman Goldstine (1983: 314), von Neumann solía decir que las computadoras hicieron que la matemática intuicionista pasase de teología a realidad.

En 1928, Hilbert volvió sobre la cuestión que había planteado en París en 1900. Esta vez fue durante el octavo Congreso Internacional de Matemáticos, celebrado en Bolonia. Allí, presentó una comunicación en la que trató el denominado *Entscheidungsproblem*, o «problema de la decisión»: demostrar la existencia de algún algoritmo para decidir si una proposición matemática es consecuencia lógica de otras. Hilbert (1929, 1930: 3) dijo entonces: «En matemáticas no existe *ignorabimus*; más bien, siempre somos capaces de contestar a preguntas con sentido, y está bien establecido, como acaso anticipó Aristóteles, que nuestra razón no incluye ningún tipo de arte misterioso, sino que procede de acuerdo a reglas que podemos formular, que están definidas de manera completa y que garantizan la objetividad absoluta de sus juicios».

Es cierto, nuestra mente es objetiva, pero lo que no esperaba Hilbert es que se pudiese llegar a una conclusión como la que obtuvo tan solo dos años después Kurt Gödel: que en matemáticas sí existe *ignorabimus*, esto es, proposiciones indecidibles y, más en concreto, que los sistemas formales aritméticos establecidos por Alfred North Whitehead y Bertrand Russell en su obra seminal *Principia Mathematica* (1910, 1912, 1913) son, aun siendo consistentes, incompletos. En otras palabras, que en la aritmética existen proposiciones cuya verdad o falsedad no se puede demostrar.

La primera presentación pública de este resultado tuvo lugar durante la segunda Conferencia sobre Epistemología de las Ciencias Exactas, celebrada en Königsberg del 5 al 7 de septiembre de 1930. El primer día, von Neumann habló sobre los puntos de vista «finitistas» de Hilbert, mientras que Rudolf Carnap y Arend Heyting abordaron, respectivamente, posiciones logicistas e intuicionistas. El último día le tocó al turno a Gödel y fue entonces cuando desveló parte de las conclusiones que le hicieron famoso (estrictamente hablando, lo que dio a conocer fue una versión de su primer teorema de incompletitud). Von Neumann entendió inmediatamente el significado de la presentación de Gödel.

Pero dejemos las matemáticas puras y volvamos a la física matemática, para lo cual hay que retroceder en el tiempo.

Inmediatamente después de obtener el doctorado, von Neumann se trasladó a Gotinga con una beca de la Fundación Rockefeller, para trabajar como ayudante de David Hilbert, cuyos intereses no se limitaban, como ya se vio, a la matemática pura, sino que incluían también la física teórica y cuántica. Según Walter Elsasser (1971: 200-201), quien en 1926 era estudiante en esa ciudad alemana, durante una larga discusión en una de las sesiones del seminario «Estructura de la materia», al que Hilbert asistía con regularidad, este mencionó los rápidos progresos que había realizado, en colaboración con von Neumann, en la aplicación de los operadores lineales a la mecánica cuántica, a la vez que señalaba que no era la primera vez que se ocupaba de cuestiones de ese tipo:

> Mucho antes, hacia comienzos del siglo, había colaborado con un físico (y si la memoria no me engaña, se trataba de Rydberg, el espectroscopista), siendo entonces el problema encontrar un operador lineal cuyos autovalores representasen las líneas espectrales. El proyecto fracasó y fue abandonado por razones muy concretas: Hilbert fue capaz de demostrar que dado un problema lineal con una sucesión infinita de valores característicos [autovalores] discretos, E_1, E_2,..., su punto de convergencia debe ser necesariamente $E_n \to 0$, o $E_n \to \infty$. Si se supone que los E_n son energías (o funciones monótonas de la energía) se llega fácilmente a una contradicción con la experiencia, lo que, para Hilbert, era fatal para ese esquema: del teorema precedente se concluye que en una serie de líneas espectrales no puede darse convergencia hacia un punto dentro del espectro observado, lo que está en flagrante contradicción con la experiencia, en donde se observan esos puntos. Solo algunos años después, Ritz descubrió el hecho de que la frecuencia de las líneas espectrales y sus correspondientes energías no son proporcionales a los niveles de energía de átomos o moléculas, sino que son proporcionales a la *diferencia* entre niveles de energía. Esto eliminó inmediatamente la paradoja de Hilbert, pero por entonces (señaló Hilbert) hacía mucho que había pasado a ocuparse de otros problemas, habiendo olvidado todo acerca de la espectroscopía.

Al trabajar en problemas físicos de esta índole, Hilbert se beneficiaba de una de sus especialidades como matemático: la teoría de ecuaciones integrales. Su principal aportación en este campo fue reducir la solución de ciertas expresiones de esta clase, y también de algunas de tipo diferencial, a una cuestión de invariantes. Así, las trató como límites de sistemas con un número ilimitado de ecuaciones lineales y utilizó determinantes infinitos para resolverlas. Al hacer esto, se introdujo en el dominio del análisis de infinitas variables independientes, lo que condujo posteriormente, formalizado todo por von Neumann, a lo que se denomina «espacio de Hilbert». En el obituario del matemático alemán preparado por Hermann Weyl (1944; Chandrasekharan, ed. 1968: vol. IV, 126), encontramos un buen resumen de estas contribuciones:

> Una casualidad, una conferencia que el matemático sueco E. Holmgren pronunció en 1901 en el seminario de Hilbert sobre el entonces recientemente publicado, ahora clásico artículo de Fredholm sobre *ecuaciones integrales*, suministró el impulso para que Hilbert comenzase sus investigaciones en este tema, investigaciones que absorbieron su atención hasta 1912. Fredholm se había limitado a establecer el análogo de la teoría de ecuaciones lineales, mientras que Hilbert se dio cuenta de que el análogo de la transformación de formas cuadráticas en ejes principales proporciona la teoría de autovalores y autofunciones para los problemas de vibraciones en física. Desarrolló el paralelismo entre ecuaciones integrales y la suma de ecuaciones de infinitas incógnitas, procediendo subsiguientemente a desarrollar la teoría espectral de formas «totalmente continuas» al mucho más general de formas cuadráticas «acotadas». En la actualidad, todas esas cosas se nos presentan en el esquema de una teoría general del espacio de Hilbert. De hecho, es sorprendente la variedad de aplicaciones interesantes que tienen las ecuaciones integrales en diversas ramas de la matemática y la física.

Como vimos en un capítulo anterior, en Gotinga estaba Max Born, por lo que Hilbert supo pronto de la mecánica cuántica y, enseguida, comenzó a estudiar de manera sistemática los fundamentos matemáticos de esa nueva física del microcosmos. Sus ayudantes eran Lothar Nordheim, antiguo pupilo de Born, y von Neumann, recién llegado a la universidad. Durante el semestre de invierno del año académico 1926-1927, Hilbert dio un curso de dos clases semanales de dos horas cada una, titulado «Mathematische Methoden der Quantentheorie» («Métodos matemáticos de la teoría cuántica»). Fruto de esas sesiones fue la primera publicación de von Neumann dedicada a este tema: un artículo, firmado junto con Hilbert y Nordheim (Hilbert, von Neumann y Nordheim 1927), en el que los autores intentaban solucionar un problema relacionado con la teoría de las transformaciones, tal y como la había desarrollado Dirac. Es decir, que su análisis dependía de un objeto mal definido desde el punto de vista matemático (la función δ). En todo caso, a lo más que llegaron fue a un modelo no muy diferente de los de Dirac y Jordan, en tanto que sus resultados requerían transformaciones que, de hecho, no podían completarse si no se utilizaba la δ de Dirac. Sin embargo, el mismo año que publicó este trabajo con Hilbert y Nordheim, von Neumann (1927 b) resolvió el dilema. En lugar de relacionar las funciones continuas y discretas que caracterizan a las versiones matricial y ondulatoria de la mecánica cuántica, hizo hincapié en los espacios en que aquellas estaban definidas. Pudo así recurrir a un famoso teorema de los matemáticos húngaro Frigyes Riesz y austríaco Ernst Fischer, enunciado en 1907, para definir un espacio (de Hilbert) lo suficientemente general como para poder superar el inconveniente de la δ de Dirac.

Es posible intuir algo del malestar que debía experimentar von Neumann al tener que trabajar con semejantes objetos matemáticos, aparte de conocer el rigor teórico con que afrontaba los problemas de la física, con solo acudir a su *Mathematische Grundlagen der Quantenmechanik*, en cuya introducción se lee (von Neumann 1932, 2018: 122):[3] «El método de Dirac, seguido hoy por su claridad y elegancia en gran parte de la literatura relativa a la mecánica cuántica, no cumple en modo alguno con las exigencias del rigor matemático, ni aun cuando, por ser justos, se reducen estas a la medida, por lo demás habitual, en la física teórica. Así, por ejemplo, mantiene constantemente la ficción de que todo operador autoadjunto puede reducirse a la forma diagonal, pero para aquellos operadores en los que de hecho esto no es posible, se hace indispensable la introducción de funciones "impropias" que muestran propiedades intrínsecamente contradictorias».

Dificultades y cuestiones como las anteriores debieron animar a von Neumann a dedicarse con más energía de la hasta entonces empleada a lo que, con toda probabilidad, fueron sus contribuciones más importantes a la matemática: el álgebra de operadores acotados y no acotados (más concretamente, la extensión de operadores acotados en espacios de Hilbert a los no acotados y el álgebra de los primeros). Sus principales publicaciones en estos dominios, que

3. Utilizo la versión en castellano: John von Neumann (2018), *Fundamentos matemáticos de la mecánica cuántica*, editada por J. M. Sánchez Ron. Esta edición española es la tercera. La primera apareció en 1949 y la segunda en 1991, también a mi cargo.

incluyen la creación de la noción de espacio de Hilbert tal y como se utiliza en la actualidad, aparecieron, sobre todo, a partir de finales de la década de 1920 (von Neumann 1929 a, b, 1940; Murray y von Neumann 1936, 1937, 1943).

2. *Mathematische Grundlagen der Quantenmechanik*

Como ya he indicado con anterioridad, en *Mathematische Grundlagen der Quantenmechanik*, von Neumann (1932) estableció con firmeza las bases matemáticas de la mecánica cuántica. Como explicaba Max Born a Einstein en una carta del 10 de mayo de 1943 (Born 2005: 140):

> [En esta obra] se encuentra la justificación rigurosa de los conceptos y métodos que Heisenberg, Jordan y yo mismo empleamos; y en particular el uso, introducido por mí, de matrices como operadores en un espacio de un número infinito de dimensiones: el «espacio de Hilbert». Yo utilicé para hacer esto resultados de Hilbert, pese a ser consciente de que las condiciones operacionales impuestas por la física eran más restringidas que las planteadas hasta entonces en el tratamiento matemático de este espacio. Von Neumann logró establecer demostraciones rigurosas entre las numerosas hipótesis.

Quiero citar también algo que el matemático Saunders Mac Lane (2005: 70) recogió en su autobiografía sobre el origen del libro que nos ocupa:

> Marshall Stone era un estudiante de George Birkhoff [en Harvard], con una tesis sobre ecuaciones diferenciales; por ejemplo, $ay''-by'-cy-f(x)=0$. En tales ecuaciones, las funciones y y f de x podían ser consideradas como puntos en un espacio de infinitas dimensiones, conocidos como espacios de Hilbert. Simultáneamente a los estudios de Stone en Cambridge, von Neumann estaba explorando estos espacios en Berlín. Cuando von Neumann envió uno de sus manuscritos a Stone, este advirtió que se aplicaba la noción clásica de una ecuación diferencial adjunta, proporcionando operadores adjuntos en el espacio. Escribió a von Neumann, que vio este punto y quiso modificar sus artículos, que ya estaban dispuestos para ir a la imprenta. Su editor, Springer, aceptó

hacer los cambios solo si él aceptaba escribir un libro sobre la aplicación de los espacios de Hilbert a la mecánica cuántica, libro que von Neumann preparó en 1932. El mismo año, Stone publicó un grueso libro sobre transformaciones lineales en espacios de Hilbert.

Disponemos de un resumen del contenido del libro debido al propio von Neumann, quien lo incluyó en una carta que envió el 3 de octubre de 1949 a H. Cirker, fundador y presidente de la editorial Dover, que había publicado en 1943 una reimpresión del volumen. En 1949, von Neumann negociaba con este sello la traducción al inglés de la obra.[4] Junto a comentarios acerca de los derechos de autor, la misiva afirmaba (Rédei, ed. 2005: 91-92): «El contenido es, en parte, una muy compleja crítica conceptual de los fundamentos lógicos de varias disciplinas (teoría de probabilidad, termodinámica, mecánica clásica, mecánica estadística clásica, mecánica cuántica). Esta discusión filosófico-epistemológica tiene que estar ligada continuamente y de forma bastante crítica sincronizada con la discusión matemático-física paralela. Es, por cierto, una de las justificaciones esenciales del libro, cuyo contenido no está cubierto por otros tratados sobre la mecánica cuántica, escritos por físicos o por matemáticos».

El título del volumen, el hecho de que incluyera la palabra «*Grundlangen*» ('Fundamentos'), demuestra la influencia que Hilbert ejerció sobre su autor: recuérdese que el catedrático de Gotinga había publicado en 1899 su célebre texto sobre las bases de la geometría, *Grundlagen der Geometrie*. Más aún, se puede decir que el escrito de von Neumann forma parte de un grupo de renombradas obras entre las que se cuentan, además del libro de Hilbert, *Die Grundlagen der Arithmetik* (1884) de Gottlob Frege, *Fundamenti di Geometria* (1891) de Giuseppe Veronese y *Principia Mathematica* (1910-1913) de Alfred N. Whitehead y Bertrand Russell.

La primera mitad del texto consiste, en esencia, en una reelaboración de los artículos que ya había dedicado von Neumann a los aspectos matemáticos de la mecánica cuántica, mientras que la segunda parte se ocupa de la teoría de la medida y de la cuestión de si es posible o no dar una descripción causal de la física cuántica. Considerado desde un punto de vista fundamentalmente matemáti-

4. En última instancia, no fue hasta 1955 cuando se publicó esa traducción. Tampoco lo hizo Dover, sino Princeton University Press.

co, las principales aportaciones del húngaro fueron: el desarrollo de la noción de espacio de Hilbert tal y como se conoce en la actualidad, dentro del contexto del análisis funcional, el cual también contribuyó a crear; la formulación general del problema de autovalores para operadores autoadjuntos, en base a la teoría espectral y sin recurrir a la función delta de Dirac; y el establecimiento de la teoría de operadores no acotados. El mismo año, 1932, en que se publicó la obra aparecieron otras dos, que junto a ella fueron decisivas para instituir el análisis funcional como uno de los campos más importantes del cálculo moderno: *Théorie des opérations linéaires* del polaco Stefan Banach y *Linear Transformations in Hilbert Space and their Applications to Analysis* del estadounidense Marshall H. Stone.[5]

El primer capítulo es en realidad una presentación de ideas muy generales respecto a la estructura básica de la mecánica cuántica, mientras que el segundo se parece más a un tratado puramente matemático que a un texto dedicado a analizar un tema de física. No obstante, esta se introduce de manera progresiva en apartados como los dedicados a operadores lineales en un espacio de Hilbert E_∞ (transformaciones lineales de E_∞ sobre sí mismo) y al problema de los valores propios (o autovalores).[6]

Era en el tercer epígrafe («La estadística de la mecánica cuántica») donde esta última hacía su aparición de manera explícita. Prácticamente de entrada, von Neumann (1932, 2018: 241) señalaba que «está claro que todo cuanto se afirme del estado de un sistema debe poder deducirse de la función de onda del mismo $\psi(q_1, \ldots, q_k)$», e introducía el elemento esencial en la interpretación canónica de la mecánica cuántica, $|\psi(q_1,\ldots, q_k)|^2$, definido como la densidad de probabilidad del sistema en los puntos $q_1,\ldots, q_k$ del espacio de los estados. Uno de los asuntos más importantes que trataba el autor en este apartado, el que consideraba «el más general enunciado probabilísticamente posible» —denominado a veces en la literatura «postulado de proyección» (P en la terminología de von Neumann)— era la probabilidad de que las magnitudes de los operadores $R_1,\ldots, R_i$, asocia-

5. Para más información sobre la historia de los orígenes del análisis funcional, incluido el papel de estos tres libros, véanse Birkhoff y Kreyszig (1984) y Siegmund-Schultze (2003).

6. Hay más detalles sobre los contenidos de *Mathematische Grundlagen der Quantenmechanik* en Rédei y Stöltzner, eds. (2001) y en Jammer (1989: 390-397, 1974: 474-482).

dos a un estado ψ, tomasen determinados valores. En un contexto altamente matemático, en esta sección se afirmaba que, cuando los operadores en cuestión eran permutables, P indicaba las probabilidades de que en un mismo estado ψ varias magnitudes adoptasen *simultáneamente* ciertos valores prefijados. Sin embargo, P no daba información alguna acerca de la interdependencia estadística entre ellas cuando los operadores no eran permutables, caso en el que solo se obtenía información relativa a la distribución de probabilidad para cada una de las magnitudes. «Lo más sencillo —apuntaba von Neumann (1932, 201: 250)— será admitir que esto no es sino una imperfección de P y que debe haber una fórmula más general que abarque también estos casos. Porque aun cuando la mecánica cuántica proporciona tan solo informaciones de carácter estadístico tocante a la Naturaleza, pese a todo, lo menos que podemos esperar de ella es que describa, no únicamente las estadísticas entre magnitudes por separado, sino que incluya también las correlaciones entre varias de ellas. Sin embargo, en contra de esa concepción, que a primera vista parece razonable, veremos desde luego que una tal generalización de P no es posible, y que junto a motivos formales (que descansan en la propia estructura del instrumento matemático de la teoría), que hablan en favor de semejante limitación, los hay también, y de mucho peso, de índole física.»[7]

Dentro del contexto de la exploración de las consecuencias de P, von Neumann llegaba en la sección III.3 al denominado «colapso de la función de onda», que es, como ya se vio, una de las características más destacadas de la interpretación canónica de la mecánica cuántica. Interrumpiendo su riguroso discurso matemático y demostrando una notoria sensibilidad física, señalaba (von Neumann 1932, 2018: 254): «Cierto es que el "cómo" queda sin aclarar: ese tránsito discontinuo, a modo de salto, desde ψ hasta uno de los estados ψ_1, ψ_2..., con seguridad es de una índole muy distinta a la descrita por la ecuación temporal de Schrödinger: ¡esta da lugar siempre a un cambio continuo de ψ, cuyo resultado final está unívocamente determinado y depende de ψ!».

Volveré a la dificultad implícita en este comentario cuando trate del problema de la medida, según se aborda en la obra del húngaro.

7. El uso que von Neumann daba al postulado de proyección en su tratamiento recibió críticas. Véase, por ejemplo, Bub (1979).

Pero antes, y para respetar el orden seguido por von Neumann, es preciso detenerse en la cuestión de las variables ocultas.

2.1. Variables ocultas

La idea de la posible existencia en la mecánica cuántica de unas variables, aún sin determinar, denominadas «ocultas», que pudieran restituir la causalidad, ya fue considerada en 1926. En el mismo artículo en que introdujo la interpretación estadística de la función de onda, Born (1926 a: 866) aludió de manera indirecta a esta cuestión en los siguientes términos:

> Desde el punto de vista de nuestra mecánica cuántica no existe una cantidad que fije causalmente, en un caso individual, la consecuencia de la colisión; pero experimentalmente tampoco disponemos hasta el momento de una razón para creer que existan algunas propiedades intrínsecas del átomo que condicionen un resultado definido de la colisión. ¿Debemos esperar descubrir en el futuro algunas propiedades (como fases o movimientos atómicos internos) y determinarlas en casos individuales? ¿O debemos creer que el acuerdo entre teoría y experimento (con respecto a la imposibilidad de prescribir condiciones para una evolución causal) constituye una armonía preestablecida fundada en la no existencia de tales condiciones? Yo me siento inclinado a abandonar el determinismo en el mundo de los átomos. Pero esta es una cuestión filosófica para la que los argumentos físicos por sí solos no son decisivos.

En su libro, von Neumann negaba la posibilidad de una versión causal de la mecánica cuántica. De hecho, la demostración que expuso en su obra fue aceptada durante al menos veinte años por la gran mayoría de la comunidad científica. Un ejemplo, entre los muchos posibles, de las opiniones sobre los resultados que había obtenido el investigador húngaro lo proporciona Max Born (1949: 109), quien en las conferencias Waynflete que dictó en Oxford en 1948 señaló:

> Yo nunca esperaría que estas dificultades [autoenergías, integrales divergentes en secciones eficaces] se resolviesen regresando a los concep-

> tos clásicos. Espero más bien lo contrario, que tengamos que sacrificar algunas de nuestras ideas actuales y utilizar métodos todavía más abstractos. Sin embargo, esto son solo opiniones. Una contribución más concreta a esta cuestión ha sido realizada por J. v. Neumann en su brillante libro, *Mathematische Grundlagen der Quantenmechanik.* Allí pone la teoría en base axiomática deduciéndola de unos pocos postulados de carácter muy plausible y general. [...] El resultado es que el formalismo de la mecánica cuántica está determinado de manera unívoca por estos axiomas; en particular, no se pueden introducir parámetros ocultos que sirvan para permitir convertir la descripción indeterminista en una determinista. Por consiguiente, en el caso de que una teoría futura sea determinista, no puede ser una modificación de la actual, sino que debe ser esencialmente diferente. El cómo puede ser esto posible, sin sacrificar todo un tesoro de resultados bien establecidos, es algo que dejo a los deterministas para que se preocupen de ello.

Ningún físico cuestionó de manera explícita la validez del resultado de von Neumann antes de 1952, año en que David Bohm (1952), un científico estadounidense que acababa de dejar la Universidad de Princeton como consecuencia de la cruzada anticomunista lanzada por el senador Joseph McCarthy, publicó un artículo (dividido en dos partes) en el que exponía un sencillo modelo de variables ocultas, coincidente en su dominio de aplicación con la mecánica cuántica en sus aspectos estadísticos.[8] Sin embargo, de esta aportación, al igual que de la contribución fundamental de John S. Bell y de la teoría de los muchos mundos de Hugh Everett III, trataré en el tomo tercero de esta historia de la cuántica.

2.2. *El problema de la medida en* Mathematische Grundlagen der Quantenmechanik

Otro de los contenidos destacados del libro era la teoría de la medida, un aspecto central en la interpretación de Copenhague de la

8. Con anterioridad, Bohm había sido un seguidor estricto de la interpretación de Copenhague, como se comprueba en el magnífico y muy exitoso texto general que publicó sobre la mecánica cuántica (Bohm 1951), en el que ofrecía una prueba de que esta no era consistente con variables ocultas.

mecánica cuántica. Von Neumann dedicó a esta cuestión dos capítulos de su obra (el V y el VI). Para introducir esta faceta del texto, es apropiado recurrir a un artículo de David Bohm (1977: 383-385):

> Von Neumann no solo desarrolló un formalismo nuevo, también desarrolló lo que en ciertos sentidos fue un modo todavía más novedoso de considerar la situación «cuántica» informal (esto es, la forma de las condiciones experimentales y el contexto de los resultados experimentales). Lo que hizo en este sentido fue proponer una separación neta entre objeto observado y aparato observador. Se suponía que el primero obedece las leyes «cuánticas» y que el segundo obedece las leyes «clásicas». Entre los dos existía un cierto tipo de «corte», pero von Neumann dio argumentos tendentes a sugerir que los resultados netos de la teoría no dependían de manera crítica de dónde se situase.

No obstante, veamos lo que decía en realidad von Neumann, obviando el exigente aparato matemático que utilizaba.

De entrada, lo primero que hacía en el capítulo quinto era distinguir entre los dos procesos de evolución temporal que se pueden dar en la mecánica cuántica. Uno de ellos está caracterizado por los cambios arbitrarios provocados por las *mediciones* (el colapso de la función de onda) y en él, la observación «reduce» esta última a una (con cierta probabilidad) de las autofunciones que la forman. El otro es debido a «los cambios automáticos que resultan del tiempo» y está asociado a la causalidad de la función de onda subyacente en la ecuación de Schrödinger. Para von Neumann, la situación no dejaba lugar a dudas: este segundo elemento era aquel con el que la cuántica «describe los sucesos que tienen lugar en la parte observada del mundo en tanto que no esté en interacción con la parte que se observa». Sin embargo, tan pronto como se da una intervención entre observador y suceso, es decir, al producirse una medición, es el primer tipo de proceso el que rige la realidad cuántica. En sus propias palabras (von Neumann 1932, 2018: 338): «Otra manera de aprehender el comportamiento de un sistema material, contrapuesta a la que acude a las acciones discontinuas, no causales e instantáneas provocadas por los experimentos o las mediciones, es la que traduce la ecuación temporal de Schrödinger: esta permite reconocer cómo evoluciona el sistema en el transcurso del tiempo de modo continuo y causal cuando de él se conoce su energía total».

La interacción asociada a la medición, la manera en que el aparato o el observador afectan al suceso, es algo que en principio se puede definir. Von Neumann lo hacía al decir que es la «inserción durante un cierto lapso de tiempo de un cierto acoplamiento energético con el sistema que se considera; esto es, la introducción de una adecuada dependencia temporal de H [operador de energía] impuesta por el observador». Ahora bien, el auténtico problema residía en el papel del *observador* y en el límite entre este y el *sistema observado*.

Para ilustrar esta cuestión, en el sexto capítulo («La medición») consideraba el caso de la observación de una temperatura (von Neumann 1932, 2018: 380-381):

> Supongamos que se trata de medir una temperatura. Si se quiere, podemos perseguir el fenómeno por medio del cálculo hasta tener la temperatura del entorno del depósito de mercurio y decir entonces: esta temperatura es medida por el termómetro. Pero podemos también llevar los cálculos más allá y calcular el calentamiento, dilatación y longitud de la columna de mercurio a partir de las propiedades de este que se explican por la teoría cinético-molecular y entonces decir: esta longitud es vista por el observador. Siguiendo todavía más adelante podríamos tomar en consideración el foco luminoso, la reflexión de los quanta de luz en la columna de mercurio opaca y determinar la trayectoria de los que penetran en los ojos del observador, su refracción en el cristalino y la formación de una imagen en la retina; solo entonces cabría decir: esta imagen es registrada por la retina del observador. Y si nuestros conocimientos fisiológicos fuesen más exactos de lo que son hoy, podríamos ir aún más allá, seguir las reacciones químicas que esta imagen provoca en la retina, en los nervios y en el cerebro, y solo al final se podría decir: el observador percibe estos cambios químicos en las células de su cerebro. Pero por lejos que llevemos los cálculos, hasta el depósito de mercurio, hasta la escala del termómetro, hasta la retina o hasta el cerebro, llega un momento en el que hay que decir: y esto es percibido por el observador. Con otras palabras, siempre hemos de dividir el universo en dos partes: una es el sistema observado, la otra el observador. En la primera podemos seguir todos los procesos físicos con tanta precisión como queramos (por lo menos en principio), en la última esto carece de sentido. El límite entre ambas es ampliamente arbitrario y así, en el ejemplo anterior, vimos que existían para él cuatro posibilidades diferentes; en particular, el observador no tiene por qué ser identificado, en este senti-

> do, con el cuerpo del observador real (en el ejemplo que precede, una vez que involucrábamos en él incluso el termómetro, mientras en otra no incluíamos en el observador ni sus ojos ni su sistema nervioso). Que el límite en cuestión puede hacerse retroceder cuanto se quiera en el interior del cuerpo del observador real, es el contenido del principio del paralelismo psicofísico. Sin embargo, esto nada quita a que sea necesario fijarlo en algún sitio para cada modalidad de descripción, si esta no ha de discurrir en el vacío, es decir, si ha de ser posible una comparación con la experiencia. Y ello es así, porque esta conduce a enunciados del siguiente tipo: un observador ha llevado a cabo un determinado acto de percepción (subjetiva). Nunca conduce a enunciados de este tenor: una magnitud física tiene un determinado valor.

A continuación, von Neumann señalaba que en la mecánica cuántica se dan dos procesos: uno que describe los sucesos que tienen lugar en la parte observada de la realidad en tanto no interaccione con la fracción que observa y otro que se produce tan pronto existe tal intervención, es decir, cuando se realiza una medición.

Como señalaba Bohm en el artículo que mencioné antes, el tratamiento de este problema dado por von Neumann en su libro era diferente del ofrecido por Heisenberg y Bohr. En efecto, estos dos científicos estudiaban con cuidado y meticulosidad las condiciones experimentales en las que se producía una medición, proceso en el que intervenía un aparato que ellos trataban como un objeto sujeto a las leyes de la física clásica.[9] De esta manera, el observador, con su mente o consciencia, en la que tiene lugar el colapso de la función de onda, no gozaba del protagonismo que le concedía von Neumann. Este, al entender que el aparato empleado debía obedecer también las reglas cuánticas, se veía conducido a un círculo vicioso, del que solo podía salir gracias a suponer una situación empírica idealizada en extremo y reconocer que siempre se llega a una coyuntura en la que la mente del observador (clásica) hace las veces de un operador (cuántico), que es la herramienta con la que en mecánica cuántica se obtienen los valores de las magnitudes. En realidad, el procedimien-

9. Véanse, por ejemplo, Heisenberg (1930) y Bohr (1928 a), en especial la sección tercera («Measurement in the quantum theory»). Considérense, asimismo, los comentarios que sobre los planteamientos de Bohr y von Neumann se hacen en MacKinnon (1982: 366).

to de von Neumann era consistente con su enfoque axiomático de la matemática: la mente del observador generaliza, «abstrae», la situación en la que se produce la medida. Desde el punto de vista del físico húngaro, la reducción, el colapso de la función de onda, era una necesidad para completar la estructura formal y conceptual de la mecánica cuántica.[10]

Es justo decir que von Neumann vio con claridad las consecuencias del principio de incertidumbre de Heisenberg y de la interpretación de Copenhague (entonces en construcción) y que en su libro de 1932 presentó con rigor (mayor, sin duda, que los a menudo confusos argumentos de Niels Bohr) el problema de la medida en la cuántica. Sucede, sin embargo, que una cosa es la valoración que, con el beneficio del paso del tiempo, el historiador hace de un determinado acontecimiento y otra muy distinta es la manera en que este fue percibido en su momento. En el caso de la obra que nos ocupa, un texto de gran complejidad matemática, esto es equivalente a preguntarse por su recepción en el seno de la comunidad de físicos cuánticos. Dicho de otra forma, ¿lo leyeron muchos de los integrantes de esta colectividad?

Freeman Dyson, entonces un joven matemático británico que trabajaba en Estados Unidos y que más tarde trasladaría sus habilidades e intereses a la física (volverá a aparecer en el tercer tomo de esta historia, cuando trate de sus aportaciones a la electrodinámica cuántica), respondió a esta cuestión en una conferencia que pronunció en mayo de 2010 en la Universidad Brown, aunque es cierto que sus comentarios se refieren a la comunidad de científicos estadounidense (que, no lo olvidemos, comenzaba a liderar el desarrollo de la física) y no a la centroeuropea, en donde, como vimos, la dimensión matemática de este campo era muy diferente (Dyson 2015 b: 76-77):

> El libro de Johnny [John von Neumann] fue la primera exposición de la mecánica cuántica que hizo a la teoría respetable matemáticamente. Los conceptos se definían de manera rigurosa y las consecuencias se deducían de igual forma. Una gran parte del libro era original, especialmente

10. La introducción de la consciencia humana como parte integrante de la formulación de la mecánica cuántica, propuesta por von Neumann, fue seguida por otros después de él. Eugene Wigner (1961, 1967: cap. III) ha sido, probablemente, quien con más claridad se ha ocupado de estas cuestiones. Consúltense, asimismo, London y Bauer (1939) y Wheeler y Zurek, eds. (1983: sección III).

los capítulos dedicados a la estadística cuántica y la teoría de la medida. Leí el libro en 1946, cuando todavía era un matemático puro, pero ya intentaba desplazar mi atención a la física. Lo encontré enormemente útil. Me dio lo que necesitaba, una presentación matemáticamente precisa de la teoría, explicando los puntos delicados que los físicos habían sido demasiado poco rigurosos como para mencionar. Aprendí del libro la mayor parte de lo que sé de la mecánica cuántica. Pero después, una vez que realicé la transición a la física y hube comenzado a leer las revistas de física normales, me sorprendió descubrir que en las revistas de física nadie se refería jamás al libro de Johnny. En lo que se refiere a los físicos, Johnny no existía. Por supuesto, su ignorancia del libro de Johnny era en parte un problema de lenguaje. El libro estaba en alemán y la primera traducción al inglés solo se publicó en 1955. Pero creo que, incluso si el libro hubiese estado disponible en inglés, los físicos de la década de 1940 no lo habrían encontrado interesante. Aquella era una época en la que la cultura de la física y la cultura de las matemáticas estaban en general ampliamente separadas. La cultura de la física estaba dominada por personas como Oppenheimer, que hacía amistad con poetas e historiadores del arte y no con matemáticos puros. La cultura de los matemáticos estaba dominada por los absolutistas de Bourbaki, que trataban de expurgar de la matemática todo lo que no fuese puramente abstracto.

La publicación de *Mathematische Grundlagen der Quantenmechanik* no significó el abandono de la física cuántica por parte de von Neumann, aunque sí es cierto que su actividad decayó en este campo. En 1934, por ejemplo, colaboró con Jordan y Wigner para inventar el álgebra M_3^8, con la esperanza, manifestada explícitamente, de que fuese útil para la comprensión de los fenómenos nucleares y de la desintegración β (Jordan, von Neumann y Wigner 1934). Otro trabajo importante fue el que elaboró junto a Garrett Birkhoff sobre la lógica de la mecánica cuántica. El objeto de este artículo (Birkhoff y von Neumann 1936) era descubrir la estructura lógica que se puede esperar en teorías que, como la cuántica, no obedecen a los silogismos clásicos. En este sentido, fue una de las primeras aportaciones en un terreno que experimentó con posterioridad un desarrollo significativo: el de la lógica no distributiva.[11]

11. Sobre esta lógica, véanse Jammer (1974: sección 8.2), Jauch (1971) y d'Espagnat (1989).

John von Neumann, «Introducción» a *Mathematische Grundlagen der Quantenmechanik*

El objeto de este libro es la exposición unificada y matemáticamente correcta, hasta donde ello sea posible y oportuno, de la nueva mecánica cuántica, la cual, en el curso de los últimos años, ha logrado una forma probablemente definitiva en sus partes esenciales, la llamada teoría de las transformaciones. En él, el peso capital gravita en los problemas generales y de principio que han surgido a propósito de esta teoría, y así se investigan en detalle especialmente las difíciles cuestiones de interpretación, aún a menudo no del todo dilucidadas. En particular, es considerable en este aspecto la transcendencia de la relación de la mecánica cuántica con la estadística y la mecánica estadística clásica. Por el contrario, nos abstendremos casi constantemente de examinar las aplicaciones de los métodos cuánticos a los problemas particulares, como también de exponer las teorías más especiales que derivan de la general (por lo menos hasta donde quepa sin que peligre la comprensión de las relaciones generales). Esto parece tanto más indicado cuanto que, tocante a esos puntos, existen ya, o se encuentran en curso de publicación, varios y excelentes trabajos.

Se exponen, por otro lado, los recursos matemáticos necesarios para los fines teóricos de la nueva mecánica, a saber: la teoría del espacio de Hilbert y de sus operadores hermíticos. Para ello es indispensable abordar asimismo el estudio de los operadores no acotados, o sea, ampliar la teoría más allá de los límites clásicos establecidos por Hilbert y E. Hellinger, F. Riesz, E. Schmidt y O. Toeplitz. En orden al método seguido en este punto hay que advertir que, por regla general, los cálculos se efectúan con los propios operadores (que representan las magnitudes físicas) y no con las matrices, las cuales resultan de estos justamente tras la introducción de un sistema de coordenadas (particular y arbitrario) en el espacio de Hilbert. Esta manera de proceder con independencia de las coordenadas, es decir, con carácter invariante, fuertemente orientada hacia lo geométrico, trae consigo importantes ventajas formales.

Dirac, en diferentes memorias y en su libro recientemente aparecido, ha expuesto la mecánica cuántica siguiendo un método apenas superable en brevedad y elegancia, que presenta también el carácter invariante. De ahí que quizá sea oportuno aducir aquí algunos argumentos en favor del nuestro, el cual difiere esencialmente del que acabamos de mencionar.

El método de Dirac, seguido hoy por su claridad y elegancia en gran parte de la literatura relativa a la mecánica cuántica, no cumple en modo alguno con las exigencias del rigor matemático, ni aun cuando, por ser justos, se reducen estas a la medida, por lo demás habitual en la física teórica. Así, por ejemplo, mantiene constantemente la ficción de que todo operador autoadjunto puede reducirse a la forma diagonal, por lo que aquellos operadores en los que de hecho esto no es posible hacen indispensable la introducción de funciones «impropias», que muestran propiedades intrínsecamente contradictorias. Ese introducir entes matemáticos «ficticios» es eventualmente inevitable, incluso cuando solo se trata de calcular numéricamente el resultado de un experimento definido concretamente. No cabría esgrimir esto como objeción si estas estructuras conceptuales, que no se ajustan al marco actual del análisis, fuesen realmente esenciales para la nueva teoría física. De la misma manera que la mecánica newtoniana motivó en parte la aparición del cálculo infinitesimal, intrínsecamente contradictorio, sin duda alguna, en su forma primitiva, la mecánica cuántica sugeriría, quizá, una nueva estructuración de nuestro «análisis de infinitas variables»; es decir, que debería modificarse el aparato matemático, no la teoría física. Pero, de hecho, no es este el caso, antes bien demostraremos que es posible fundamentar la teoría de las transformaciones de manera tan clara y armónica como en el método de Dirac y, además, de un modo matemáticamente irreprochable. Tocante a este punto hay que subrayar que la estructuración correcta no consiste, por ejemplo, en una mera puntualización y explicación matemática del método de Dirac, sino que requiere desde un principio una manera de proceder diferente, a saber, el enlace con la teoría espectral de los operadores, debida a Hilbert.

> En el análisis de los principios fundamentales se demuestra, en particular, cómo las fórmulas estadísticas de la mecánica cuántica pueden deducirse de algunas hipótesis cualitativas fundamentales. Se discute, además, con todo detalle la cuestión de si es posible reducir el carácter estadístico de la mecánica cuántica a un aspecto equívoco, esto es, incompleto, de nuestra descripción de la naturaleza: esta explicación estaría totalmente de acuerdo con el principio general, según el cual todo enunciado probabilístico nace de la no integridad de nuestros conocimientos. Repetidas veces ha sido propuesta esta explicación que recurre a «parámetros ocultos», al igual que otra, afín a ella, que atribuye los «parámetros ocultos» al observador y no al sistema observado. Con todo, se demuestra que difícilmente se puede conseguir esto de modo satisfactorio; más exactamente: semejante explicación es incompatible con ciertos postulados fundamentales de la mecánica cuántica.
>
> Consideraremos también la relación de esta estadística con la termodinámica. Una investigación a fondo prueba que aquí pueden zanjarse las dificultades, de todos conocidas por la mecánica clásica, ligadas a las «hipótesis de desorden» que son necesarias para el establecimiento de la termodinámica.

3. La teoría de grupos en la física cuántica: Hermann Weyl y Eugene Wigner

Mathematische Grundlagen der Quantenmechanik demuestra con especial claridad que la mecánica cuántica exigió la introducción de matemáticas que hasta entonces no habían intervenido en la física, o que al menos no lo habían hecho en gran medida: matrices, álgebras no conmutativas y operadores y espacios de Hilbert. Semejante circunstancia no solo fue beneficiosa para la física, sino que también impulsó las correspondientes ramas de las ciencias exactas, como la teoría de grupos.

Dos fueron los investigadores que pusieron en marcha la adopción de estas herramientas del cálculo en la mecánica cuántica: el matemático Hermann Weyl (1885-1955) y el físico Eugene Wigner (1902-1995), que ya aparecieron mencionados con anterioridad.

Weyl, uno de los matemáticos más destacados del siglo XX, hizo gala a lo largo de toda su carrera de su atracción por la física, en especial por aquellas ramas de la disciplina con una fuerte dimensión matemática, lo que significa la teoría de la relatividad general y la mecánica cuántica (también se interesó por la filosofía).[12] Discípulo de Hilbert, bajo cuya supervisión realizó su tesis doctoral en 1908, obtuvo su primera cátedra en 1913 en la Escuela Politécnica Federal de Zúrich. Permaneció en ella hasta 1930, cuando se trasladó a su *alma mater*, Gotinga, como sucesor de Hilbert. Sin embargo, no estuvo mucho tiempo allí, ya que en 1933 aceptó, tras muchas vacilaciones, un puesto docente en el recientemente creado Institute for Advanced Study de Princeton. Entre 1925 y 1927, sus investigaciones se centraron en la estructura de los grupos de Lie y en sus representaciones[13] y coincidieron en el tiempo con la aparición de las mecánicas cuánticas de Heisenberg, Schrödinger y Dirac. Weyl (ayudado, como veremos más adelante, por trabajos publicados por Eugene Wigner) se dio cuenta de que la teoría de grupos podía ser de utilidad en la nueva física. El resultado fue un artículo (Weyl 1927) y un libro, *Gruppentheorie und Quantenmechanik* (*Teoría de grupos y mecánica cuántica*), cuya primera edición apareció en 1928. Esta fue seguida por otra en 1931 que se tradujo al inglés ese mismo año (*The Theory of Groups and Quantum Mechanics*), con lo que se ampliaba de manera considerable

12. De sus aportaciones a la filosofía destacaré el libro *Philosophie der Mathematick und Naturwissenschaft* («Filosofía de la matemática y de la ciencia natural», 1927, 1949). Sobre Weyl, véase Sigurdsson (1991).

13. Expresado de una forma sencilla, no completamente rigurosa, un grupo de Lie es una variedad diferenciable, con estructura de grupo y en el que las operaciones de grupo son diferenciables. Ejemplos sencillos son una línea y un círculo, ambas configuraciones continuas. *Grupo*, recordemos, es el término que se emplea para aquellas estructuras matemáticas, o conjuntos, G, en los que se ha definido una operación, *o*, o ley de composición, que cumple las siguientes condiciones:

contiene la identidad I (A *o* I = A), donde A es un elemento arbitrario de G.

para todo elemento de G, A, existe su inverso, A-1, tal que A *o* A-1 = I

el producto de dos operaciones es un elemento de G: (A *o* B) *o* C = D, donde A, B y C son elementos arbitrarios de G.

Se dice que un grupo es *abeliano*, o *conmutativo*, si para toda pareja A y B se cumple que A *o* B = B *o* A.

Sobre los trabajos de Weyl, puramente matemáticos, en grupos de Lie, véase Borel (1986). Acerca de la manera en que introdujo los grupos en la mecánica cuántica, véase Speiser (1988), y sobre el conjunto de su obra, Chevalley y Weil (1957). El nacimiento de la teoría de grupos de Lie se estudia en Hawkins (2000).

el rango de sus lectores (Weyl 1928, 1931). En el «Prefacio» a la versión de 1928, Weyl explicaba el origen de la obra:

> La importancia del punto de vista que proporciona la teoría de grupos para el descubrimiento de las leyes generales de la teoría cuántica se ha hecho últimamente más y más evidente. Como durante algunos años me he estado ocupando, en profundidad, de la teoría de la representación de grupos continuos, me ha parecido apropiado e importante ofrecer una descripción del conocimiento que han conseguido los matemáticos que trabajan en este campo, en una forma que sea adecuada para los requisitos de la física cuántica.

Básicamente, el libro de Weyl estaba divido en cinco secciones: I) Espacios lineales unitarios (espacios de Hilbert); II) Fundamentos físicos de la mecánica cuántica y su estructura lógica y matemática; III) Teoría de grupos; IV) Aplicación de la teoría de grupos a la mecánica cuántica, como herramienta y como manera de formular la estructura lógica subyacente; y V) El grupo simétrico de permutaciones, el álgebra de grupo y su relación con la teoría tensorial y representacional del grupo lineal. Entre las aplicaciones descritas de estos formalismos matemáticos a la mecánica cuántica, se encontraban la cinemática cuántica (entendida como un grupo abeliano de rotaciones) y la clasificación, mediante grupos, de las líneas del espectro de un átomo formado por un número arbitrario de cargas negativas, tomando en cuenta el principio de exclusión de Pauli y el espín del electrón. Todavía estaba lejos el tipo de usos prácticos de estas herramientas algebraicas que se impuso en la física cuántica a partir de las décadas de 1950 y 1960, mediante la asociación de clases especiales de grupos (por ejemplo, el SU_3 para la interacción fuerte o el gauge para la fuerza electromagnética).

No obstante, el texto era demasiado complejo. «Weyl no escribía con claridad y la mayor parte de los físicos *no* comprendieron su libro», señaló en su autobiografía Eugene Wigner (1992: 118). En una carta a Weyl del 6 de noviembre de 1929, en la que le agradecía que le hubiera enviado su obra, Erwin Schrödinger le dijo (citada en Sigurdsson 1991: 236):

> Querido matemático, sabemos en qué extrema necesidad nos encontramos sobre mucho de lo que tiene que decirnos. Por favor, tómese

> el trabajo de contarnos estas cosas de una forma fácilmente comprensible y no con demasiadas formulaciones conceptuales que son nuevas para nosotros, si es posible con conceptos viejos y desgastados, que sé que usted ya encuentra aburridos. Es divertido construir nuevas estructuras conceptuales, que es su esfera de interés interna, pero en buena medida lo físico todavía está tan escondido en la oscuridad, que no podemos esperar ser capaces de trabajar con éxito en semejante oscuridad con tan complicados y no familiares instrumentos.

John Slater, que ya apareció en el capítulo anterior, así como en el primer volumen de esta historia de la física cuántica (recuérdese la teoría de Bohr-Kramers-Slater), proporciona otro buen ejemplo. En su autobiografía, en referencia a los esfuerzos por extender a más de dos electrones la teoría que Heisenberg había desarrollado en 1926 y 1927, Slater (1975: 60) escribió:

> Fue en este punto cuando Wigner, Hund, Heitler y Weyl entraron en escena con su «*Gruppenpest*»; la peste de la teoría de grupos, como la describían algunos individuos descontentos, que nunca habían estudiado teoría de grupos en la escuela. Los matemáticos han realizado un gran estudio de lo que se denomina el grupo simétrico, o el grupo de permutación; esto es, el estudio del efecto de las N! permutaciones posibles en un conjunto de N objetos. Los autores de la *Gruppenpest* escribieron artículos que eran incomprensibles para aquellos que, como yo, no habían estudiado teoría de grupos, en los que aplicaban estos resultados teóricos al estudio del problema de muchos electrones. Las consecuencias prácticas parecían ser despreciables, pero todos sentían que para estar en la corriente principal de la mecánica cuántica uno tenía que aprender sobre ello. Sin embargo, no existían buenos textos con los que se pudiera aprender teoría de grupos. Era una experiencia frustrante, merecedora del nombre de una peste.

Bastantes años después, Julian Schwinger (1988: 107), uno de los creadores de la electrodinámica cuántica, manifestaba la admiración que siempre había sentido por Weyl, así como las dificultades que encontró en su libro:

> Muy pronto en mi estudio de física, Weyl se convirtió en uno de mis dioses. Utilizo la palabra «dios» en lugar de, digamos, maestro sobresa-

liente, porque las maneras de los dioses son misteriosas, inescrutables y fuera de la comprensión de los mortales ordinarios. Mi relación con Weyl fue de hecho remota. Llegó por completo debida a que poseía la traducción al inglés de su libro sobre la teoría de grupos y la mecánica cuántica. Leí y releí aquel libro, cada vez progresando un poco más, pero puedo decir que jamás (incluso hoy) lo dominé completamente. Aun así, *estaba* el muy importante estímulo de llegar a los resultados de Weyl mediante otros métodos, más adecuados a mi propia manera de pensar.

Fue Eugene Wigner quien más hizo por introducir la teoría de grupos en la cuántica (en cristalografía ya llevaba bastante tiempo siendo aplicada, aunque allí los grupos eran más sencillos, no continuos). Húngaro de nacimiento, como ya apunté, Wigner cursó ingeniería química en la Escuela Politécnica de Berlín. Comenzó sus estudios en esta institución en 1921, en un momento en que «bullía» la física en la capital prusiana, una circunstancia de la que se benefició y que le permitió asistir a seminarios en los que participaban las grandes figuras de la época en ese campo (Einstein, Planck, Nernst, von Laue...). De esta manera, hizo su entrada en la física. El trabajo de fin de carrera (*Diplomarbeit*) que tuvo que realizar al terminar su licenciatura en ingeniería estuvo dedicado a la estructura cristalina ortorrómbica del azufre. Una vez graduado (1924), estuvo empleado durante algún tiempo en el Instituto Káiser Guillermo de Química, Física y Electroquímica de Berlín, donde Michael Polanyi dirigió su tesis doctoral, también en ingeniería, sobre los ritmos de las reacciones y la formación de moléculas (la tesis se tituló *Bildung und Zerfall von Molekülen*, *Formación y desintegración de moléculas*; 1925). Después de pasar una temporada en Budapest, contratado en una industria química, volvió a Berlín en 1926, donde, recomendado por Polanyi, Richard Becker, catedrático de Física Teórica en la Escuela Politécnica, le aceptó como ayudante de investigación. Allí colaboró con Karl Weissenberg, un profesor no titular, quien le planteó la siguiente cuestión (Mehra 1993: 4-5): «Es un milagro que en un cristal los átomos estén a menudo colocados a lo largo de un eje o de un plano de simetría. ¿Por qué?». Wigner advirtió entonces que «si se tiene un eje de simetría, el potencial es bien máximo o mínimo, pero la probabilidad de que sea máximo es mucho mayor», y que lo mismo se aplicaba a un plano de simetría. A esto, Weissenberg respondió: «Tal vez tenga razón, pero es importante dar una demostración más elegante». Para intentar dar respuesta a este requerimiento, Wigner se dedicó a estudiar teoría de grupos, en particular mediante un texto clásico, *Lehrbuch der Algebra* (*Tratado de álgebra*, 1898-1908) de Heinrich Weber, cuyo segundo tomo estaba dedicado a este tema. Con este equipaje matemático elaboró la demostración solicitada, aunque no la publicó. Conocemos, no obstante, algunos detalles acerca del modo en que procedió, gracias a la respuesta que él mismo dio al autor del presente libro en una sesión de un congreso celebrado en 1983 (Doncel, Hermann, Michel y Pais, eds. 1987: 633): «[Para dar una explicación basada en matemáticas elegantes] aprendí un poco más de teoría de grupos. Y resultó muy útil. El Dr. [John] von Neumann, a quien presenté el problema (le presenté las representaciones de los grupos de permutaciones de tres y cuatro elementos porque fueron las que pude establecer directamente) me dio una separata del artículo de Frobenius y Schur [1906]. ¡Y aquello fue maravilloso! Me fascinó y gracias a él comprendí las cosas mucho mejor».[14]

Lo que sí publicó desde Berlín fueron tres artículos en los que hacía gala de un buen conocimiento de la mecánica cuántica y en los que aplicaba estas herramientas matemáticas (Wigner 1926, 1927 a, b). En el segundo de ellos aparecen, como notas a pie de página, referencias que permiten conocer las fuentes de las que bebió en lo que se refiere a la teoría de grupos y de sus representaciones: dos textos de Issai Schur (1905, 1924), un discípulo de Frobenius que realizó contribuciones notables en este campo, y el libro de Andreas Speiser titulado *Theorie der Gruppen von endlicher Ordnung* (*Teoría de grupos de orden finito*, 1923).[15] Un dato importante es que Hermann Weyl conocía estos tres trabajos de Wigner, de lo que podemos deducir que tal vez le influyesen a la hora de prestar atención a la aplicación de la teoría de grupos a la mecánica cuántica. En una de las notas a pie de página de su artículo «Quantenmechanik und Gruppentheorie» («Mecánica cuántica y teoría de grupos», Weyl 1927: 2) se lee: «Esta asociación con la teoría de grupos está en una

14. Representar un grupo consiste en describirlo en función de transformaciones lineales en espacios vectoriales, lo que permite la representación de sus elementos como matrices, de manera que las operaciones de grupo se expresan como multiplicaciones matriciales.

15. Los pioneros de la teoría de representaciones de grupos fueron Ferdinand Georg Frobenius, Issai Schur y el inglés William Burnside, autor de un libro importante: *Theory of Groups of Finite Order* (1897, 1911).

dirección totalmente diferente a las investigaciones de Herr Wigner, las cuales muestran que la estructura de los espectros está determinada por su aspecto cualitativo a través del grupo de simetría existente». A continuación, hacía referencia a Wigner (1926, 1927 a, b).

En 1927, este aceptó una, en principio, atractiva oferta, que sin embargo resultó frustrante: ser ayudante de Hilbert en Gotinga. La experiencia fue decepcionante porque el gran matemático tenía anemia perniciosa desde 1925 y ya no se ocupaba de asuntos científicos. No obstante, Gotinga era entonces, más que Berlín, uno de los centros neurálgicos de la física cuántica y ello le permitió profundizar en el conocimiento de esta disciplina. Después de un año en esa ciudad alemana, regresó a la capital prusiana, de nuevo ligado a Becker, pero ya como profesor no titular. Fue entonces, en 1931, cuando publicó *Gruppentheorie und ihre Anwendung auf die Quantenmechanik der Atomspektren* (*Teoría de grupos y sus aplicaciones a la mecánica cuántica de los espectros atómicos*). Sin embargo, al contrario que el texto de Weyl, este no fue traducido al inglés hasta 1959. En el «Prefacio» a la versión inglesa, Wigner (1931) señalaba que, cuando apareció la edición alemana, la mayoría de los físicos se oponían a aceptar en la mecánica cuántica los argumentos basados en el empleo de la teoría de grupos. No obstante, añadía, aquella antipatía desapareció más tarde de manera progresiva, en buena medida por la influencia que ejerció su libro.

En efecto, al principio el nuevo lenguaje matemático no fue bienvenido por todos. En el «Prefacio a la segunda edición» alemana de su obra, Weyl (1950: x) señalaba que «se ha rumoreado que la "peste de los grupos" está gradualmente alejándose de la física cuántica», una alusión a Wolfgang Pauli, quien introdujo la expresión «*die gruppenpest*», con la que quería decir «la peste de los grupos» o, tal vez mejor, «el apestoso asunto de los grupos». Aparte de Pauli (que no tardó en convertirse él mismo en miembro destacado de ese «apestoso colectivo»), otros a los que desagradaba este formalismo matemático eran von Laue, Schrödinger y Born. Weyl se esforzó reiteradamente en sus artículos en defender la utilidad de esta herramienta algebraica en la física cuántica. «Me he esforzado —escribía (Weyl 1929: 279) en una publicación del Instituto Rice (Houston, Texas)— por demostrar claramente la correspondencia entre el lenguaje de la mecánica clásica y el de la teoría cuántica. No puede existir duda de que en la misma medida en que el uso de vectores, capaces de representar todas las magnitudes y direcciones y sus composiciones aditivas, fue un instrumento matemático apropiado para la mecánica clásica, la descomposición en subespacios invariantes relativos a un grupo determinado y la composición mutiplicativa de sus representaciones son las operaciones matemáticas básicas para la descripción de los mismos fenómenos físicos en la nueva mecánica.» Tal vez para evitar críticas y no arriesgarse demasiado, añadía de manera bastante alambicada: «Pero estoy lejos de exagerar la importancia de semejante lenguaje matemático. Sucede lo mismo que con el lenguaje ordinario; es verdad que puede ser de considerable ayuda para el pensamiento, que estrictamente debería estar dirigido al asunto en cuestión, al que le asiste fijando el conocimiento parcial del que ya se dispone para uso posterior. Pero también es cierto que conlleva el peligro de alejar el espíritu de lo que realmente interesa, conduciéndolo al vacío; ocasionalmente, poetas y filósofos han hecho una virtud de tal predicamento. Pero, después de todo, el revestimiento de las relaciones físicas con un simbolismo matemático adaptado a otros propósitos no se debe tolerar durante mucho tiempo. En consecuencia, sería poco agradecido por parte de la física rechazar el servicio de ayuda de cámara realizado por las matemáticas al despojarla de una prenda desfasada y astrosa».

Un magnífico ejemplo de la oposición al empleo de la teoría de grupos se encuentra en la «Introducción» del muy influyente texto de dos físicos de la Universidad de Princeton, Edward Condon y George Shortley (1935, 1959: 10-11), titulado *The Theory of Atomic Spectra*, considerado durante mucho tiempo la biblia para el estudio de los espectros atómicos:

> Por último, queremos efectuar unos cuantos comentarios relativos al lugar que ocupa la teoría de grupos en el estudio de la mecánica cuántica. El lector habrá oído que esta disciplina matemática tiene gran importancia para ese tema. Nosotros hemos sido capaces de proceder sin ella. Cuando Dirac visitó Princeton en 1928, dio un seminario sobre el artículo en el que demostraba la conexión entre la energía de intercambio con las variables del espín del electrón. En la discusión que siguió a su presentación, Weyl protestó porque Dirac había dicho que deduciría los resultados sin utilizar la teoría de grupos, pero, manifestó Weyl, todos los argumentos de Dirac eran en realidad aplicaciones de la teoría de grupos. Dirac contestó: «Dije que obtendría los resultados sin un conocimiento previo de la teoría de grupos».

Este incidente sirve para ilustrar nuestra actitud en este punto. Cuando un físico desea aprender un nuevo desarrollo teórico en su especialidad, una de las grandes barreras que encuentra es que lleva asociadas nuevas técnicas matemáticas con las que no está en general familiarizado. La teoría de la relatividad trajo consigo la necesidad de aprender cálculo tensorial y geometría riemaniana. La mecánica cuántica forzó a un estudio más cuidadoso de los problemas de valores de contorno y álgebra de matrices. Por consiguiente, si podemos minimizar la cantidad de nuevas matemáticas que debe aprender para penetrar en un nuevo campo, le haremos un buen servicio. La protesta de Weyl a Dirac, ciertamente también se puede aplicar a este libro. Lo mismo que la respuesta de Dirac. Muchas cosas que se hacen aquí podrían hacerse de manera más sencilla si la teoría de grupos formase parte del equipaje matemático ordinario de los físicos. Pero como no es así, parece como poner obstáculos innecesarios en el camino tratar el tema mediante un método que exija ese equipaje. Por otra parte, es probable que el matemático puro que estudia una nueva rama de la física encuentre placer en el hecho de que la teoría ejemplifica partes de la matemática pura que hasta entonces habían estado desprovistas de aplicaciones físicas. Para él, nuestro plan no es tan satisfactorio como uno que demuestre cómo está relacionada la teoría de la estructura del átomo con la teoría abstracta de grupos.

Esto no significa que subestimemos el valor de la teoría de grupos para la física atómica, ni que creamos que los físicos deberían prescindir del estudio de esa rama de las matemáticas, ahora que se ha demostrado que es una herramienta importante para la nueva teoría. Simplemente es que los nuevos desarrollos traen consigo tantas nuevas cosas que aprender que no parece aconsejable añadir este obstáculo adicional a la carga.

Otro texto sobre la aplicación de la teoría de grupos a la mecánica cuántica, publicado al año siguiente al de Wigner, fue *Die Gruppentheoretische Methode in der Quantenmechanik* (*El método de la teoría de grupos en la mecánica cuántica*), del holandés Bartel L. van der Waerden (1932). La explicación de que un matemático como él diese a la imprenta una obra como esta radica en el hecho de que en 1931 pasó a ocupar una posición docente en la Universidad de Leipzig (hasta entonces lo había hecho en Groninga), donde Heisenberg era catedrático desde 1927. Allí, van der Waerden pronto se unió al seminario de este último y pasó a formar parte de un selecto equipo de estudiantes y colaboradores suyos, que incluía, entre otros, a Felix Bloch, Friedrich Hund y Carl-Friedrich von Weizsäcker. No tardó en dar él mismo lecciones en el seminario. De acuerdo a Hund (citado en Soifer 2015: 77-78): «En aquellos años, en Leipzig también estaba van der Waerden. No todos, ni siempre, entendíamos muchas cosas de sus clases sobre la teoría de grupos y la mecánica cuántica (1931/32). […] De aquellas clases surgió el conocido libro de van der Waerden».

8

El artículo de Einstein-Podolsky-Rosen y el gato de Schrödinger (1935)

1. Einstein en Estados Unidos

Las conversaciones que Einstein y Bohr mantuvieron durante el quinto congreso Solvay de 1927 no se repitieron en el siguiente encuentro (octubre de 1930), dedicado al «Magnetismo», aunque ambos asistieron a él. Tampoco parece que se produjesen más intercambios significativos entre ellos durante aquellos años. Por otra parte, los acontecimientos políticos en Europa no ayudaban en este sentido. Como consecuencia de la llegada de Hitler al poder en Alemania, Einstein, miembro (asalariado) de la Academia Prusiana de Ciencias de Berlín desde 1913, aceptó incorporarse a un centro que, financiado por los hermanos Louis Bamberger y Caroline Bamberger Fuld, se acababa de fundar en la pequeña ciudad universitaria de Princeton, en Estados Unidos. Era el Institute for Advanced Study, al que llegó en octubre de 1933, para formar parte del departamento inicial de la institución, la Escuela de Matemáticas, cuyo primer claustro estaba integrado por Oswald Veblen, Marston Morse, Hermann Weyl, John von Neumann y James Alexander. En 1939, se incorporó definitivamente al Instituto y a la Escuela otra luminaria, el lógico Kurt Gödel, quien ya había pasado un año allí en el curso 1933-1934. En Princeton transcurrió el resto de la vida de Einstein. Entre sus intereses científicos durante esta etapa. sobresale la búsqueda de una teoría de campos que unificase, a la manera de la relatividad general (esto es, incluyéndolas en un marco geométrico común), las interacciones gravitacional y electromagnética. Para desarrollar semejante empresa, buscó la ayuda de jóvenes con conocimientos matemáticos superiores a los suyos. Se trataba de científicos de origen judío, como el ruso Boris Podolsky, el estadounidense Nathan Rosen, el inglés Banesh Hoffmann, el nacido en Berlín de padres rusos Valentine Bargmann, el también berlinés Peter Bergmann, el polaco Leopold Infeld, el alemán Ernst Gabor Straus y la física teórica norteamericana Bruria Kaufman. Con dos de esos colaboradores, Boris Podolsky (1896-1966) y Nathan Rosen (1909-1995), escribió un artículo en el que retomaba su debate con Bohr sobre la interpretación de la mecánica cuántica. Sin embargo, ese texto tiene una, digamos, «prehistoria», que conviene explicar.[1]

Desde diciembre de 1930, Einstein pasaba los semestres de invierno como profesor invitado en el California Institute of Technology en Pasadena, cerca por tanto del Observatorio de Monte Wilson, en el que Edwin Hubble había descubierto la expansión del universo. Las estancias del científico alemán en el Instituto formaban parte de la estrategia de Robert Millikan, uno de los miembros más influyentes del centro, para hacer de este un lugar de referencia mundial en ciencia (entre los investigadores a los que invitó figuraban Arnold Sommerfeld, Niels Bohr, Max Born, Paul Dirac, Peter Debye, Paul Ehrenfest, James Frank, Max von Laue, Paul Langevin, Erwin Schrödinger y Werner Heisenberg). De hecho, lo que Millikan realmente quería era que Einstein se afincase allí de manera permanente. Lo cierto es que para este último era muy interesante pasar algún tiempo en Pasadena, no solo por alejarse de Alemania, con su terrible ambiente político y su duro clima. Además del Observatorio de Monte Wilson y Hubble, en Caltech estaban Richard Tolman, un químico-físico teórico, el astrónomo Charles E. St. John, a quien Einstein había recurrido en el pasado para que le ayudara con la confirmación experimental de sus teorías relativistas de la gravitación, y el físico teórico Paul S. Epstein.[2]

Aunque su especialidad fuese la química-física, Tolman también era experto en la relatividad (fue autor del texto de referencia *Relati-*

1. Esa «prehistoria» ha pasado prácticamente desapercibida, con la excepción de Max Jammer (1974: 166-181).

2. También eran importantes para Einstein las magníficas condiciones económicas que le ofrecía Caltech.

vity, Thermodynamics and Cosmology; 1934) y un magnífico conocedor de la mecánica cuántica, como prueba un libro que publicó en 1927, *Statistical Mechanics with Applications to Physics and Chemistry*, que incluía una extensa «Introducción a la teoría cuántica» (Tolman 1927: 82-147). En cuanto a Epstein, era nativo de Varsovia, entonces bajo dominio ruso, estudió en la Universidad de Moscú y se doctoró en Múnich bajo la dirección de Sommerfeld. Después de la primera guerra mundial fue ayudante de Lorentz y Ehrenfest en Leiden, hasta que en 1921 Millikan le reclutó para Caltech, donde permaneció el resto de su carrera. Mantuvo una relación particularmente estrecha con Ehrenfest y este no dejó de pasar algún tiempo en Pasadena en las dos ocasiones (1924 y 1930) en que viajó a Estados Unidos. Epstein, en resumen, conocía bien y de primera mano la física cuántica y habida cuenta de que, como hemos visto, Ehrenfest estaba bien informado de las discusiones entre Einstein y Bohr, no es aventurado suponer que también estuviera al tanto de la problemática en torno a esta cuestión.

De las actividades de Einstein en California dan idea las siguientes entradas en su diario de viaje (citado en Goodstein 1991: 101):

> 2 de enero, 1931: en el Instituto [con Theodore von] Kármán, [Paul] Epstein y colegas. [...] 3 de enero: trabajo en el Instituto. Dudas acerca de si es correcto el trabajo de Tolman sobre el problema cosmológico, pero resultó que Tolman tenía razón, [...] 7 de enero [...] La noche pasada con Millikan, que aquí desempeña el papel de Dios. [...] Hoy coloquio astronómico, rotación del Sol, por St. John. Tono muy agradable. He encontrado la causa probable de la variabilidad de la rotación del Sol en el movimiento circulatorio de la [superficie...]. Hoy doy una conferencia sobre un experimento mental en el coloquio de física teórica. Ayer hubo un coloquio de física sobre el efecto del campo magnético durante la cristalización en las propiedades de los cristales de bismuto.

Boris Podolsky se había doctorado en Caltech en 1928 bajo la dirección de Paul Epstein, con una tesis sobre la dispersión atómica. A continuación, con una beca del Consejo Nacional de Investigación, amplió sus estudios, primero en la Universidad de California en Berkeley, en la que Robert Oppenheimer estaba creando una escuela de físicos cuánticos, y después durante doce meses en Leipzig (donde, recordemos, estaba Heisenberg). En 1930 regresó a Pasadena y colaboró durante un año con Richard Tolman. Fue entonces (es decir, durante la primera estancia de Einstein en California) cuando Podolsky unió fuerzas con este y con Tolman para producir un artículo (estrictamente hablando, una «Carta al editor») de poco más de una página, que se publicó en *Physical Review*. Su título era «Knowledge of the past and future in Quantum Mechanics» («Conocimiento de pasado y futuro en Mecánica Cuántica»; Einstein, Tolman y Podolsky 1931). A la vista de lo que acabamos de decir acerca de los conocimientos de estos dos últimos en física cuántica, es fácil suponer que la colaboración fue real entre todos ellos y que el texto no fue solo fruto de las propuestas de Einstein. A pesar de ello, es cierto que en el tratamiento del problema que abordaron figuraban ideas que el creador de la teoría de la relatividad manejaba desde hacía años, en particular los experimentos mentales con un obturador y una partícula, con los que se enfrentó a Bohr y que este comentó en su apartado en el volumen *Albert Einstein: Philosopher-Scientist* (Bohr 1949). Lo interesante de ese artículo era que en él intentaban demostrar que la mecánica cuántica era consistente, pero que implicaba algo que Heisenberg no había considerado al introducir el principio de incertidumbre: que no solo el futuro estaba indeterminado, sino que también lo estaba el pasado. «Es bien sabido —escribían (Einstein, Tolman y Podolsky 1931: 780)— que los principios de la mecánica cuántica limitan las posibilidades de predecir de manera exacta la trayectoria futura de una partícula. Sin embargo, se ha supuesto a veces que la mecánica cuántica permitiría una descripción exacta de la trayectoria de una partícula en el pasado. El propósito de la presente nota es presentar un sencillo experimento ideal que demuestra que la posibilidad de describir la trayectoria que una partícula recorrió en el pasado conduciría a predicciones acerca del comportamiento futuro de una segunda partícula, predicciones de una clase que no está permitida en la mecánica cuántica. En consecuencia, se concluirá que, de hecho, los principios de la mecánica cuántica implican una incertidumbre en la descripción de sucesos pasados que es análoga a la incertidumbre en la predicción de sucesos futuros. Y se demostrará que, para el caso considerado, esta incertidumbre en la descripción del pasado surge de una limitación del conocimiento que se puede obtener midiendo el momento.» Justo al final, añadían (Einstein, Tolman y Podolsky 1931: 781):

> También se señala que, aunque es posible medir el momento de una partícula y continuar con una medida de posición, esto no proporcionará suficiente información para una reconstrucción completa de su trayectoria pasada, ya que se ha demostrado que no puede existir un método para medir el momento de una partícula sin modificar su valor. Por último, tiene especial interés hacer hincapié en la notable conclusión de que los principios de la mecánica cuántica impondrían, de hecho, limitaciones en la localización temporal de un fenómeno macroscópico como es abrir y cerrar un obturador.

En otras palabras, según los tres científicos la mecánica cuántica no se diferenciaba de la clásica solo por no permitir predicciones exactas, sino también por no permitir «retrodicciones» exactas.

Si consideramos ahora este trabajo en el contexto de las ideas de Einstein sobre la física cuántica, se puede ver que representaba un punto intermedio entre los experimentos mentales que él mismo había propuesto con anterioridad (en los que aparecía tan solo una partícula y con los que se trataba de demostrar que la mecánica cuántica era inconsistente) y el artículo que firmó en 1935 junto a Podolsky y Rosen. En este utilizaba, como en 1931, dos partículas, se asumía de entrada que la mecánica cuántica era correcta y se llegaba a la sorprendente conclusión de que «el pasado perdía exactitud».

Cabe mencionar que, tras pasar un año en Caltech junto a Tolman, Podolsky estuvo un tiempo en el Instituto Ucraniano de Física y Tecnología de Járkov y que allí colaboró con Landau, Fock y Dirac durante la visita que este último realizó a esa institución. De hecho, en 1932 publicó junto a estos dos un notable ensayo titulado «On quantum electrodynamics» (Dirac, Fock y Podolsky 1932). En 1933, Podolsky regresó a Estados Unidos con una beca del Institute for Advanced Study de Princeton, donde permaneció hasta 1935, cuando, con la recomendación de Einstein y otros, consiguió un puesto de profesor de Física Matemática en la Universidad de Cincinnati.[3] En el Instituto, coincidió con el físico alemán y junto con él y Nathan Rosen escribió un artículo que se puede calificar de histórico: «Can quantum-mechanical

3. En la carta de recomendación que Einstein remitió en favor de Podolsky a Louis T. More, decano de la Escuela de Graduados de la Universidad de Cincinnati, el físico alemán escribió: «Me alegra ser capaz de informarle que estimo muy favorablemente las habilidades de Podolsky [...] es un investigador independiente de incuestionable talento». Citada en Kelly Thomas (2013).

description of physical reality be considered complete?» («¿Puede considerarse completa la descripción mecánico-cuántica de la realidad?») (Einstein, Podolsky y Rosen 1935).

2. El artículo de Einstein, Podolsky y Rosen (1935)

A pesar de que Asher Peres, físico del Technion-Instituto de Tecnología de Israel en Haifa, ha sostenido que la idea del artículo no partió de Einstein, sino de Nathan Rosen, un joven de veinticinco años que había llegado a Princeton unos meses antes, en absoluto parece que ese fuera el caso. Más bien, lo fundamental en este asunto fue la presencia de Podolsky en esa ciudad estadounidense. Es probable que el recuerdo de la colaboración de 1931 resucitase el interés de Einstein. En una carta que este envió el 19 de junio de 1935 a Schrödinger le decía que «por razones lingüísticas, el artículo lo escribió Podolsky después de prolongadas discusiones, pero lo que yo quería realmente decir no ha quedado tan bien; en su lugar, el punto principal está, como si dijéramos, enterrado bajo tecnicismos».[4] De hecho, más tarde volvió él solo al «punto principal» en textos redactados en alemán (Einstein 1936, 1948).[5]

4. Arthur Fine (1986) ha desarrollado la cuestión del desagrado de Einstein con la presentación de Podolsky. No obstante, aunque esto fuera cierto, el hecho es que el contenido del artículo fue el responsable de las reacciones, inmediatas o muy posteriores, que suscitó el texto. La carta de Einstein a Schrödinger también se cita en Kelly Thomas (2013).

5. «Probablemente —escribía en el artículo de 1936—, nunca antes se había desarrollado una teoría que proporcionara la clave para la interpretación y cálculo de un grupo de fenómenos empíricos tan heterogéneo como el que abarca la teoría cuántica. A pesar de esto, con todo, creo que la teoría es capaz de inducirnos a error en nuestra búsqueda de una base uniforme para la física porque, a mi entender, es una representación *incompleta* de la realidad, aunque es la única que puede construirse a partir de los conceptos fundamentales de fuerza y punto material (correcciones cuánticas a la mecánica clásica). Su carácter incompleto necesariamente conduce a la naturaleza estadística (carácter incompleto) de las leyes.» (Einstein 1936, 1981: 284). Entre los argumentos que presentaba, tal vez el más importante era que «la función ψ de ningún modo describe un estado que pudiera ser el de un sistema único; se refiere a muchos sistemas, a un "conjunto de sistemas" en el sentido de a mecánica estadística. […] La ecuación de Schrödinger determina las variaciones en el tiempo que ocurren en el conjunto de sistemas que pueden existir independientemente de cualquier acción externa sobre el sistema único». (Einstein 1936, 1981: 285).

En el trabajo de Einstein, Podolsky y Rosen (EPR) se argumentaba que la mecánica cuántica no podía ser una teoría completa y que era necesario introducir nuevas «variables ocultas». Independientemente de lo que el futuro tuviese que decir sobre las ideas expuestas en este texto, sus primeros párrafos eran memorables, ya que transcendían la mera discusión física y se adentraban en las profundidades de la filosofía y la metodología de la ciencia (Einstein, Podolsky y Rosen 1935: 777):

> Cualquier consideración seria sobre una teoría física debe tener en cuenta la distinción entre la realidad objetiva, que es independiente de cualquier teoría, y los conceptos físicos con los que opera la teoría. Estos conceptos tienen por objetivo corresponderse con la realidad objetiva, y por medio de ellos nos imaginamos esta realidad.
>
> Al intentar juzgar el éxito de una teoría física, podemos hacernos dos preguntas: (1) «¿Es correcta la teoría?» y (2) «¿Es completa la descripción dada por la teoría?». Es solamente en el caso de que se pueda dar respuesta positiva a ambas preguntas, cuando se puede decir que los conceptos de la teoría son satisfactorios. La corrección de la teoría se juzga por el grado de acuerdo entre las conclusiones de la teoría y la experiencia humana. En la física, esta experiencia, que solo nos permite realizar inferencias acerca de la realidad, toma la forma de experimento y medida. Es la segunda pregunta la que deseamos considerar aquí, aplicándola a la mecánica cuántica.
>
> Cualquiera que sea el significado que se asigne al término *completo*, parece que debe ser necesario el siguiente requisito para una teoría completa: *todo elemento de la realidad física debe tener una contrapartida en la teoría física*. Denominaremos a esta la condición de completitud.
>
> No se pueden determinar los elementos de la realidad física mediante consideraciones filosóficas *a priori*, sino que se deben encontrar recurriendo a los resultados de experimentos y medidas. Para nuestros propósitos, no es, sin embargo, necesaria una definición totalizadora de realidad. Nos quedamos satisfechos con el siguiente criterio, que consideramos razonable. *Si, sin perturbar el sistema de ninguna manera, podemos predecir con seguridad (esto es, con probabilidad igual a la unidad) el valor de una cantidad física, entonces existe un elemento de realidad física que corresponde a esta cantidad física.*

Nunca antes un físico se había aventurado a definir, al menos no de esa manera, lo que se debe entender por «realidad». Eran lo que podríamos denominar «suposiciones no cuestionadas y asumidas implícitamente». La mecánica cuántica demostraba que se trataba de un asunto conceptualmente complejo y desde luego controvertible.

El artículo se refería a la relación lógica entre estas dos afirmaciones: la descripción de la realidad que se da en la mecánica cuántica mediante una función de onda es incompleta y el hecho de que magnitudes incompatibles (dos magnitudes físicas cuyos operadores no conmutan, como la posición y el momento) no pueden tener un valor perfectamente definido de manera simultánea. Su conclusión era que solo se podía mantener la primera de ellas.

Lo que EPR demostraron era que la suposición de que la función de onda contenía una descripción completa de la realidad física de un sistema, junto con el criterio que adoptaron de elemento de la misma, conducía a una contradicción. Para ello, proponían un experimento mental en el que dos sistemas, cuyos estados iniciales eran conocidos, interaccionaban durante un cierto tiempo y luego se separaban. Su argumentación se basaba en que era posible conocer el estado del sistema conjunto en cualquier instante posterior (bastaba con resolver la ecuación de Schrödinger), pero no el de cada uno de ellos por separado. Esto era así porque la realización de una medición en un sistema producía una «reducción del paquete de ondas», lo cual conducía a que el otro quedara en un estado con dos funciones de onda distintas, de donde concluían que la teoría cuántica era incompleta. Prosiguiendo con el experimento mental, demostraron que, si la función de onda proporcionaba una descripción completa y si las dos funciones de onda correspondían a otras tantas magnitudes cuyos operadores no conmutaban, el razonamiento conducía a que estas variables se pudieran medir en cualquiera de las partículas sin perturbarlas; esto es, eran elementos de la realidad física Para conocer el estado de uno cualquiera de los sistemas, tendría que realizarse una medida de alguna de sus magnitudes (un observable en la terminología cuántica), lo que daría lugar al colapso de la función de onda. El punto importante era que, si se medía un observable en el sistema 1, por ejemplo, y se obtenía cierto valor a_1, la función de onda (o estado en general) quedaba aquí determinada, lo que a su vez fijaba el estado del sistema 2 y su correspondiente lectura del observable, a_2, *sin necesidad de realizar mediciones en él y por tanto sin perturbarlo, ya que ambos sistemas estaban separados*. De acuerdo con la definición adoptada, podía decirse que la cantidad a_2 era un elemento de realidad física perteneciente al segundo sistema. Sin embargo, podría haberse medido otra magnitud B en 1 y aplicar el mismo razonamiento para llegar a un valor b_2 que sería igualmente un elemento de realidad física de 2. Ahora bien, eso no es posible, según la cuántica, si los operadores correspondientes a A y B no conmutan. De ahí, Einstein, Podolsky y Rosen concluían que la mecánica cuántica no era completa, pues sería posible, en principio, hallar elementos de realidad sin contrapartida en esta teoría.

Una posibilidad era que existiesen variables *ocultas*, que la formulación canónica de la mecánica cuántica no hubiera considerado. No obstante, los tres científicos (1935: 780) finalizaban su artículo con cautela: «Mientras que hemos demostrado que la función de onda no proporciona una descripción completa de la realidad física, dejamos abierta la cuestión de si existe o no semejante descripción. Creemos, sin embargo, que tal teoría es posible».

Léon Rosenfeld (1967: 128-129), durante bastante tiempo uno de los colaboradores más estrechos de Bohr, recordó la recepción que tuvo en Copenhague la publicación de este trabajo:

> El ataque nos llegó como un golpe inesperado. Su efecto en Bohr fue notable. Estábamos entonces en medio de intentos a ciegas para explorar las implicaciones de las fluctuaciones de las distribuciones de carga y de corriente, que nos presentaban misterios de una clase que no habíamos encontrado en electrodinámica. Una nueva preocupación no podía haber llegado en peor momento. Sin embargo, en cuanto Bohr escuchó mi informe del argumento de Einstein se abandonó todo lo demás; teníamos que clarificar inmediatamente tal incomprensión. Deberíamos responder utilizando el mismo ejemplo y demostrando la manera correcta de explicarlo. En un ambiente de gran excitación, Bohr comenzó inmediatamente a dictarme un esbozo de su respuesta. Muy pronto, sin embargo, empezó a dudar: «No, esto no sirve, debemos intentar todo de nuevo [...] debemos dejarlo bastante claro».

Así continuó durante varias semanas. Tres meses después llegó la réplica de Bohr (1935), en un artículo publicado en la misma revista, *Physical Review*, en la que había aparecido el texto de la discordia y con el mismo título. En palabras de Rosenfeld (1967: 129): «La refutación de la crítica de Einstein no añadió ningún elemento nuevo al concepto de complementariedad». Es cierto, cuando se lee la respuesta del danés se encuentran, sobre todo, reiteraciones de los argumentos que había empleado numerosas veces al defender la noción de complementariedad. No hay nada realmente original y se halla muy lejos del tratamiento que, como veremos en el tercer volumen de esta historia, utilizó bastantes años después John Bell. Bohr (1935: 700) insistía en que, en fenómenos como el referido por EPR, «no estamos tratando con una descripción incompleta caracterizada por seleccionar arbitrariamente diferentes elementos de la realidad física a costa de sacrificar otros elementos, sino con una discriminación racional entre disposiciones experimentales esencialmente diferentes y procedimientos que son adecuados, bien por la utilización sin ambigüedades de la idea de localización espacial, o por una aplicación legítima del teorema de la conservación del momento». Añadía: «La "libertad de elección" ofrecida por [EPR], simplemente se refiere a *una discriminación entre diferentes procedimientos experimentales que permiten el uso sin ambigüedades de conceptos clásicos complementarios*».[6]

Aunque Einstein y Bohr se volvieron a ver en alguna ocasión en Princeton e intercambiaron algunas cartas, los artículos de 1935 significaron el final de los debates entre aquellos dos gigantes de la física del siglo XX.

En cuanto a la recepción del trabajo original, cabe destacar que el *New York Times* le dedicó un titular el 4 de mayo, bajo el encabezamiento «Einstein ataca la teoría cuántica». Entre la comunidad de físicos también se produjeron reacciones, como por ejemplo las de Edwin Kemble o de Wendell H. Furry, ambos del Departamento de Física de la Universidad de Harvard. Kemble (1935) argumentó que la mecánica cuántica debía aplicarse solamente a sistemas considerados como conjuntos estadísticos, no formados por partículas individuales identificables, que era lo que Einstein, Podolsky y Rosen habían hecho. Por su parte, Furry (1936) señaló que la esencia del dilema se debía a una contradicción entre la mecánica cuántica y la suposición que hacían los autores del texto de que un sistema libre de interferencias mecánicas necesariamente posee propiedades reales independientes.

6. Las cursivas son de Bohr.

EINSTEIN ATTACKS QUANTUM THEORY

Scientist and Two Colleagues Find It Is Not 'Complete' Even Though 'Correct.'

SEE FULLER ONE POSSIBLE

Believe a Whole Description of 'the Physical Reality' Can Be Provided Eventually.

Sin embargo, en general la mayoría de los físicos apenas prestaron atención al artículo, satisfechos como estaban con la interpretación de Copenhague, favorecida y muy publicitada por Niels Bohr. En la reseña del libro de Abraham Pais *Niels Bohr's Times in Physics, Philosophy and Polity* (1991), que apareció en *New York Review of Books*, el físico y divulgador científico Jeremy Bernstein (1991) describía esa reacción en los términos siguientes:

> La mayoría de los físicos de la generación de Pais, especialmente aquellos que estuvieron expuestos directamente a Bohr (incluyendo, por ejemplo, Victor Weisskopf, Robert Oppenheimer, Rudolf Peierls, John Wheeler y el propio Pais) no parece que tuvieran mucha simpatía por estas cuestiones. Tendían a creer que, en la medida que esas cuestiones eran interesantes, ya se habían dejado claras en Copenhague en la década de 1930. Yo vi una vez a Oppenheimer dejar casi llorando a un joven físico diciendo que la charla que estaba pronunciando en el Instituto [de Estudios Avanzados] sobre la teoría cuántica de la medida no tenía interés, ya que todos los problemas habían sido resueltos por Bohr y sus asociados dos décadas antes. En su libro, Pais escribe: «Hacia 1960, la mecánica cuántica no relativista de unas pocas partículas en un campo externo era un capítulo cerrado para Bohr, y para la mayoría de los físicos».

Aparte de la influencia que Bohr ejerció sobre las cuestiones relativas a la interpretación de la mecánica cuántica, para comprender la falta de interés sobre ese tema, que se mantuvo durante décadas, hay que tener en cuenta las consecuencias de la segunda guerra mundial. Como es bien sabido, esa contienda involucró a una parte considerable de los mejores físicos de la época, en especial en Estados Unidos (incluidos muchos de los exiliados europeos que encontraron refugio en ese país, como Hans Bethe, Enrico Fermi, James Franck o Leo Szilard), pero también en Reino Unido, Alemania y la Unión Soviética. En lo que a la cuántica se refiere (una disciplina que desempeñó un papel destacado en varios aspectos del desarrollo de la conflagración), lo importante en ese momento no eran las cuestiones asociadas a su interpretación, a su filosofía, sino el manejo de sus ecuaciones. En este sentido, el estilo de hacer física de Einstein, Bohr o Schrödinger, en el que manipular expresiones matemáticas no era lo único, ni acaso lo más importante, dejó de ser el modelo a seguir. En palabras de David Kaiser (2011: xiii-xiv):

> Las nubes del fascismo se extendieron pronto a lo largo de Europa, dispersando una antes unida comunidad. La subsiguiente guerra absorbió a los físicos de todo el mundo. Apartados de sus rutinas anteriores a la guerra y lanzados a proyectos de significado inmediato, mundano (radar, bomba atómica y docenas de menos conocidos artilugios), las actividades de los físicos en 1945 se parecían poco a las de 1925. A lo largo del siguiente cuarto de siglo, los imperativos de la guerra fría conformaron no solo quién recibía ayudas para dedicarse a este o aquel problema; dejaron una marca indeleble en el mundo de las ideas, en lo que contaba como física «real». Los físicos en los Estados Unidos adoptaron una agresiva actitud pragmática. Las ecuaciones de la mecánica cuántica habían perdido su novedad hacía mucho tiempo, incluso si su significado último permanecía siendo oscuro. El desafío apremiante se convirtió en poner a trabajar aquellas ecuaciones. ¿Cuánta radiación se emitiría en una reacción nuclear particular? ¿Cuál sería la corriente eléctrica que fluiría a través de un semiconductor o un superconductor? En lo que se refiere a la generación de físicos posterior a la guerra, su trabajo era calcular, no soñar sobre rollos filosóficos.

Tuvieron que pasar años y fue preciso que comenzara a disminuir el empleo disponible para los físicos, para que resucitara, sobre todo entre algunos jóvenes, el interés por las cuestiones de fondo relativas a la mecánica cuántica. Interrogantes que ocultaban grandes tesoros (como la información cuántica), apenas apreciados en artículos como el de Einstein, Podolsky y Rosen o en el que Schrödinger publicó también en 1935.

3. El gato de Schrödinger y el entrelazamiento

Nadie entendió mejor el significado último del artículo de Einstein-Podolsky-Rosen que Erwin Schrödinger. El mismo año en que apareció este trabajo, Schrödinger (1935 b) publicó en tres partes un texto extraordinario en la revista *Die Naturwissenschaften*, titulado «Die gegenwärtige Situation in der Quantenmechanik» («La situación actual de la mecánica cuántica»), más conocido en general porque en él se describía el experimento ideal del gato que lleva su nombre. Aunque no es esa parte la más interesante desde un punto de vista fundamental, es evidente que no la puedo dejar de lado (es, en cualquier caso, muy importante), así que citaré la explicación del propio Schrödinger (1935 b: 812):

> Se mete un gato en una cámara de acero, junto con el siguiente dispositivo diabólico (que debe asegurarse contra cualquier interferencia directa del gato): en un contador Geiger existe un pequeño trozo de sustancia radiactiva, *tan* pequeña que *acaso* en el curso de una hora uno de los átomos se desintegrará, pero también, con igual probabilidad, tal vez ninguno lo hará; si sucede esto [que se produzca la desintegración], el tubo del contador generará una descarga y mediante un relé se pondrá en acción un martillo que romperá un pequeño frasco de ácido cianhídrico. Si hemos dejado el sistema completo durante una hora, sin intervenir en él de ninguna manera, podríamos decir que el gato todavía vive *si* en ese intervalo no se ha desintegrado ningún átomo. El primer átomo que se hubiera desintegrado lo habría envenenado. La función Ψ del sistema completo expresaría esto al estar compuesta por el gato muerto y el gato vivo (perdón por la expresión) mezclados o esparcidos en partes iguales.

Lo que Schrödinger señalaba era el papel que desempeña la *superposición de estados* en la mecánica cuántica. El colapso de la función de onda en la interpretación de Copenhague decía, recordemos, que cuando el observador (que obedece, como hemos visto, las leyes clásicas, lo que implica una mezcla poco ortodoxa entre física clásica y cuántica) realiza una medición, la función de onda se concreta, con una cierta probabilidad, en un estado de todos los posibles que alberga en su forma completa y original. No obstante, ¿qué sucede mientras tanto, cuando no se ha hecho la observación? Parece que la respuesta inmediata no plantea problemas cuando se trata de átomos, pero ¿y si, como ponía de relieve Schrödinger, se consideran objetos macroscópicos?

Más interesante, aunque tardase en ser reconocida, era la propiedad que EPR habían puesto de manifiesto y que él denominó «*Verschränkung*» ('entrelazamiento'; Schrödinger 1935 b: 827):

> Cualquier «entrelazamiento de predicciones» [«*Verschränkung der Voraussagen*»] que tenga lugar, obviamente solo puede remontarse al hecho de que en un momento anterior los dos cuerpos formaban en un sentido verdadero *un* sistema, esto es, que estuvieron interaccionando, y dejaron atrás *trazas* el uno en el otro. Si dos cuerpos separados, cada uno de ellos conocidos en sí mismo de forma máxima, entran en una situación en la que se influyen entre sí, y se separan de nuevo, entonces tiene lugar de manera regular lo que acabo de llamar *entrelazamiento* de nuestro conocimiento de los dos cuerpos.

Con mayor claridad, más adelante (tercera entrega, sección 11) explicaba las características de este fenómeno (Schrödinger 1935 b: 844):

> Supongamos que dos cuerpos, A y B, se han entrelazado durante una interacción transitoria. Dejemos ahora que los cuerpos se separen de nuevo. Entonces puedo tomar uno de ellos, digamos B, y mediante medidas sucesivas [...] obtener un conocimiento máximo de él. Sostengo que tan pronto como logre esto, y no antes, entonces, primero, el entrelazamiento se habrá deshecho inmediatamente y, segundo, que también habré obtenido el máximo conocimiento de A a través de las medidas sobre B.

Schrödinger volvió a tratar estos asuntos en otros dos artículos, escritos en inglés y no en alemán, como el anterior, publicados en *Proceedings of the Cambridge Philosophical Society* en 1935 y 1936 (uno fue presentado a la Sociedad por Max Born y el otro, más tardío, por Paul Dirac). Por si hubiera alguna duda de que fue el texto del trío de Princeton el que suscitó la intervención de Schrödinger, en el primero de ellos se mencionaba su trabajo de forma explícita (Schrödinger 1935 c: 555-556):

> Se ha llamado la atención recientemente [y aquí aparecía una referencia al artículo de EPR] al hecho, obvio pero desconcertante, de que incluso cuando restringimos medidas desentrelazadas [*disentangling*] a *un* sistema, el representante obtenido para el *otro* sistema no es, en absoluto, independiente de la elección particular de observaciones que seleccionamos para tal propósito y que, por cierto, es *completamente* arbitraria. Es bastante desconcertante que la teoría permita al sistema estar dirigido o pilotado hacia uno u otro tipo de estado por la mera voluntad del experimentador, a pesar de no tener acceso a él.

Añadía: «Este artículo no pretende resolver esta paradoja, si acaso la hace mayor».

En el segundo de estos ensayos, Schrödinger (1936: 446) era todavía más claro:

> Si se conoce el representante (o función de onda) de un sistema formado por dos sistemas completamente separados, entonces la actual interpretación de la mecánica cuántica nos obliga a admitir *no solamente* que mediante medidas convenientes, tomadas únicamente en *una* de las dos partes, el estado (o representante o función de onda) de la *otra* parte puede ser determinada sin interferir con ella, *sino también* que, a pesar de esta no interferencia, el estado al que se llega *depende* muy decididamente de *cuáles* son las medidas que uno elige realizar, y no solamente de los resultados que obtiene. En consecuencia, incluso con este método indirecto, que evita intervenir en el propio sistema, el experimentador controla su estado futuro, básicamente en la misma medida que en el bien conocido caso de medidas directas.

Para él, que se esforzaba por enmarcar el entrelazamiento en un contexto de correlaciones, mezclas estadísticas y teoría de la probabilidad, esa *no localidad* era una característica inevitable de la física cuántica, una manifestación, de hecho, de acción a distancia instantánea (Schrödinger 1936: 451): «En base a su innegable carácter no relativista, la mecánica cuántica ordinaria solamente trata realmente con el caso de *actio in distants*». Ahí estaba para él la clave, que resaltaba en las consideraciones finales (Schrödinger 1936: 452): «Estas conclusiones, inevitables dentro de la actual teoría, pero repugnantes para algunos físicos, incluyendo al autor, se deben a la aplicación de la mecánica cuántica no relativista más allá de su rango legítimo».

En este segundo artículo, se hacía referencia a *Mathematische Grundlagen der Quantenmechanik*, en concreto al capítulo VI («La medición»), y al tratamiento que allí recibían las mezclas estadísticas. Von Neumann supo del contenido del texto gracias a Einstein, miembro como él del Institute for Advanced Study de Princeton, que le enseñó el manuscrito que Schrödinger le había enviado. Tras leerlo, el científico húngaro le escribió a este una carta el 11 de abril de 1936. En ella, tras agradecer la mención a su método de «mezclas», manifestaba (Rédei, ed. 2005: 210-213): «No puedo aceptar completamente su § 4 [en el que Schrödinger trataba de las acciones a distancia en la mecánica cuántica; véase la cita anterior]. Creo que las dificultades a las que alude son "pseudoproblemas". La "acción a distancia" en el caso considerado, únicamente dice que incluso si no existe interacción dinámica entre dos sistemas (p. ej., porque están muy alejados entre sí), los sistemas pueden manifestar correlaciones estadísticas. Esto no es en absoluto específico de la mecánica cuántica, sucede también en la clásica». A continuación, le mostraba algunos ejemplos.

El entrelazamiento, que Schrödinger sacó a la palestra de forma explícita, la no localidad de la teoría cuántica, es sin duda una característica extremadamente contraintuitiva. Viene a decir que elementos que han formado parte de un sistema común a esta escala, continúan «informados sobre sus devenires», con independencia del tiempo que haya transcurrido y de la distancia que les separe. Pareciera, en efecto, que las viejas acciones a distancia newtonianas reviviesen (de hecho, así ha sido), con todas las consecuencias y dificultades que esto conlleva, notablemente por su acuerdo o no con el límite de propagación de información que establece la teoría de la relatividad especial. Einstein, por cierto, se dio perfecta cuenta de este problema. En una carta que escribió a Max Born el 3 de marzo de 1947, señalaba (Born 2005: 155):

> No puedo alterar mi actitud sobre la física de manera que tú la consideres razonable. Admito, por supuesto, que existe un considerable

> grado de validez en el enfoque estadístico, que tú fuiste el primero en reconocer claramente que era necesario dado el esquema del formalismo existente. No puedo creer seriamente en él porque la teoría no se puede reconciliar con la idea de que la física debería representar una realidad en el tiempo y el espacio, libre de fantasmagóricas acciones a distancia [*spukhafte Fernwirkung*].

Tardó en volver a salir a la luz esta característica de la mecánica cuántica, pero cuando lo hizo abrió un nuevo mundo, que algunos han denominado «la segunda revolución cuántica». No obstante, de estos acontecimientos se tratará en el tercer volumen de esta historia.

Bibliografía

Abegg, Richard y Bodländer, Guido (1899), «Die Valenz und das Periodische System; Versuch einer Theorie der Molekular Verbindingen», *Zeitschrift für Anorganische und Allgemeine Chemie 20*, 453-496.

Albers, Donald J., Alexanderson, Gerald L. y Reid, Constance (1987), *International Mathematical Congresses. An Illustrated History, 1893-1986*, edición revisada (Springer-Verlag, Nueva York).

Allen, Jack y Misener, Don (1938), «Flow of liquid helium II», *Nature 141*, 75.

Amaldi, Edoardo (2012), *The Adventurous Life of Friedrich Georg Houtermans, Physicist (1903-1966)* (Springer Berlin, Heidelberg).

Anderson, Carl (1932), «The apparent existence of easily deflectable positives», *Science 76*, 238-239.

—, (1933), «The positive electron», *Physical Review 43*, 491-494.

—, (1999), *The Discovery of Anti-matter* (World Scientific, Singapur).

Anderson, Philip W. (1987), «John Hasbrouck van Vleck», *Biographical Memoirs of the National Academy of Sciences 56*, 500-540.

Bacciagaluppi, Guido y Valentini, Antony (2009), *Quantum Theory at the Crossroads. Reconsidering the 1927 Solvay Conference* (Cambridge University Press, Cambridge).

Badino, Massimiliano y Navarro, Jaume, eds. (2017), *Research and Pedagogy: A History of Quantum Physics through Its Textbooks* (Edition Open Access, Berlín).

Bernstein, Jeremy (1991), «King of the Quantum», *New York Review of Books*, 26 de septiembre.

Bethe, Hans A. (1937), «Nuclear physics. B. Nuclear dynamics, theoretical», *Reviews of Modern Physics 9*, 69-244.

—, (1980), «Recollections of solid state theory, 1926-33», en Mott, ed. (1980: 49-51).

Beyerchen, Alan D. (1977), *Scientists under Hitler* (Yale University Press, New Haven).

Birkhoff, Garret y Kreyszig, Erwin (1984), «The establishment of functional analysis», *Historia Mathematica 11*, 258-321.

Birkhoff, Garret y von Neumann, John (1936), «The logic of quantum mechanics», *Annals of Mathematics 37*, 823-843.

Blackett, Patrick M. S. y Occhialini, Giussepe P. S. (1933), «Some photographs of the tracks of penetrating radiation», *Proceedings of the Royal Society of London A 139*, 699-726.

Bloch, Felix (1928), «Über die Quantenmechanik der Elektronen in Kristallgittern», *Zeitschrift für Physik 52,* 555-600.

—, (1976), Heisenberg and the early days of quantum mechanics», *Physics Today 29* (diciembre), 23-27. Reimpreso en Weart y Phillips, eds. (1985: 319-323).

—, (1980), «Memories of electrons in crystals», *Proceedings of the Royal Society of London A 371*, 24-27.

Boag, J. W., Rubinin, P. E. y Shoenberg, D., eds. (1990), *Kapitza in Cambridge and Moscow. Life and Letters of a Russian Physicist* (North-Holland, Ámsterdam).

Bohm, David (1951), *Quantum Theory* (Prentice Hall, Englewood Cliffs, Nueva Jersey).

—, (1952), «A suggested interpretation of the quantum theory in terms of "hidden" variables, I and II», *Physical Review 85*, 166-193.

—, (1977), «Science as perception-communication», en Suppe, ed., *The Structure of Scientific Theories* (University of Illinois Press, Urbana, Illinois), 374-391.

Bohr, Niels (1918), *On the quantum theory of line-spectra. Part I* (Bianco Lunos Bogtrykkeri, Copenhague), 1-36.

—, (1922), *On the quantum theory of line-spectra. Part II* (Bianco Lunos Bogtrykkeri, Copenhague), 101-118.

—, (1928 a), «The quantum postulate and the recent developments of atomic theory», en Como (1928: vol. II, 565-588).

—, (1928 b), «The quantum postulate and the recent development of atomic theory», *Nature 121*, 580-590.

—, (1928 c), «Das Quantenpostulat und die neuere Entwicklung der Atomistik», *Die Naturwissenschaften 16*, 245-257. Traducción al francés en Électrons et photons (1928: 215-247): «Le postulat des quanta et le nouveau développement de l'atomistique».

—, (1933), «Light and life», *Nature 131*, 421-423 y 457-459.

—, (1934), *Atomic Theory and the Description of Nature* (Cambridge University Press, Cambridge).

—, (1935), «Can quantum-mechanical description of physical reality be considered complete?», *Physical Review 48*, 692-702.

—, (1949), «Discussion with Einstein on epistemological problems in atomic physics», en Schilpp, ed. (1949: 201-241).
—, (1958), *Atomic Physics and Human Knowledge* (John Wiley & Sons, Nueva York). Traducción al castellano (1964), *Física atómica y conocimiento humano* (Aguilar, Madrid).
—, (1970 a), «Física cuántica y filosofía. Causalidad y complementariedad», en Bohr (1970 b: 3-10).
—, (1970 b), *Nuevos ensayos sobre física atómica y conocimiento humano* (Aguilar, Madrid).
—, (1988), *La teoría atómica y la descripción de la Naturaleza* (Alianza Editorial, Madrid).
Borel, Armand (1986), «Hermann Weyl and Lie Grups», en *Hermann Weyl, 1885-1985*, Chandrasekharan, ed. (1968; 53-82).
Born, Max (1924), «Über Quantenmechanik», *Zeitschrift für Physik 26*, 379-395. Traducción al inglés en van der Waerden, ed. (1967: 181-198).
—, (1926 a), «Zur Quantenmechanik der Stossvorgänge. (Vorläufige Mitteilung)», *Zeitschrift für Physik 37*, 863-867. Traducción al inglés en Wheeler y Zurek, eds. (1983: 52-55).
—, (1926 b), «Quantenmechanik der Stossvorgänge», *Zeitschrift für Physik 38*, 803-827.
—, (1926 c), *Problems of Atomic Dynamics* (MIT Press, Cambridge, Massachusets).
—, (1927), «Physical aspects of quantum mechanics», *Nature 119*, 345-347. Reproducido en Born (1970: 6-12).
—, (1949), *Natural Philosophy of Cause and Chance* (Clarendon Press, Oxford).
—, (1970), *Physics in My Generation* (The English Universities Press Ltd., Londres).
—, (1971 a), «Recuerdos y reflexiones de un físico», en Born, M. y Born, H. (1971: 28-72).
—, (1971 b), «La interpretación estadística de la mecánica cuántica», en Born, M. y Born, H. (1971: 100-116).
—, (1975), *Mein Leben* (Nymphenburger Verlagsbuchhandlung, Múnich).
—, (1978), *My Life. Recollections of a Nobel Laureate* (Charles Scribner's, Nueva York).
—, (2005), *The Born-Einstein Letters, 1916-1955* (Macmillan, Nueva York).
Born, Max y Born, Hedwig (1971), *Ciencia y conciencia en la era atómica* (Alianza Editorial, Madrid).
Born, Max y Heisenberg, Werner (1923), «Die Elektronenbahnen im angeregten Heliumatom», *Zeitschrift für Physik 16*, 229-243.
Born, Max y Jordan, Pascual (1925), «Zur Quantenmechanik», *Zeitschrift für Physil 34*, 858-888. Traducción al inglés en van der Waerden, ed. (1967: 277-306).
—, (1930), *Elementare Quantenmechanik* (Julius Springer, Berlín).

Born, Max y Oppenheimer, Robert (1927), «Zur Quantentheorie der Molekeln», *Annalen der Physik 389*, 457-484.
Born, Max y Wiener, Norbert (1926), «A new formulation of the laws of quantization of periodic and aperiodic phenomena», *Journal of Mathematics and Physics of the M.I.T. 5*, 84-98. Traducción al alemán en *Zeitschrift für Physics 36* (1926:174-187).
Born, Max, Heisenberg, Werner y Jordan, Pascual (1926), «Zur Quantenmechanik. II», *Zeitschrift für Physik 35*, 557-615. Traducción al inglés en van der Waerden, ed. (1967: 321-385).
Bose, Satyendranath (1924), «Plancks Gesetz und Lichtquantenhypothese», *Zeitschrift für Physik 26*, 178-181.
Bothe, Walther y Geiger, Hans (1924), «Ein Weg zur experimentellen Nachprüfung der Theorie von Bohr, Kramers und Slater», *Zeitschrift für Physik 26*, 44.
Bothe, Walther y Kolhörster, Werner (1929), «Das Wesen der Höhenstrahlung», *Zeitschrift für Physik 56*, 751-777.
Brandt, Siegmund (2009), *The Harvest of a Century* (Oxford University Press, Nueva York).
Bronstein, Matvéi Petrovich (1936), «Quantentheorie Schwacher Gravitationsfelder», *Physikalische Zeitschrift der Sowjetunion 9*, 140-157.
Brown, Laurie M. (2006), «Paul A. M. Dirac's *The Principles of Quantum Mechanics*», *Physics in Perspective 8*, 381-407.
Brown, Laurie M. y Hoddeson, Lillian, eds. (1983), *The Birth of Particle Physics* (Cambridge University Press, Cambridge).
Brush, Stephen G. (1983), *Statistical Physics and the Atomic Theory of Matter, from Boyle and Newton to Landau and Onsager* (Princeton University Press, Princeton, Nueva Jersey).
Bruzzaniti, Giuseppe (2016), *Enrico Fermi. The Obedient Genius* (Birkhäuser-Springer, Dordrecht).
Bub, Jeffrey (1979), «The measurement problem of quantum mechanics», en *Problems in the Foundations of Physics* (North-Holland, Ámsterdam), 71-124.
Buckingham, A. D. (1987), «Quantum chemistry», en Kilmister, ed. (1987: 112-118).
Cabrera, Blas (1921), «La estructura del átomo y las propiedades magnéticas», en *Asociación Española para el Progreso de las Ciencias. Congreso de Oporto, vol. II («Conferencias»)* (Jiménez y Molina Impresores, Madrid), 5-44.
—, (1927), «Congreso Internacional de Física de Como», *Anales de la Sociedad Española de Física y Química 25*, 385-391.
Casimir, Hendrik B. (1960), «Pauli and the theory of the solid state», en Fierz y Weisskopf, eds. (1960: 137-139).
—, (1983), *Haphazard Reality. Half a Century of Science* (Harper & Row, Nueva York).

Cassidy, David C. (1992), *Uncertainty. The Life and Science of Werner Heisenberg* (W. H. Freeman and Co., Nueva York).
Chadwick, James, ed. (1963), *The Collected Papers of Lord Rutherford of Nelson, vol. 2* («Manchester») (George Allen and Edwin, Londres).
—, (1965), *The Collected Papers of Lord Rutherford of Nelson, vol. 3* («The Cavendish Laboratory») (George Allen and Edwin, Londres).
Chandrasekharan, K., ed. (1968), *Hermann Weyl, 1885-1985* (Springer-Verlag, Berlín).
Chevalley, Claude y Weil, André (1957), «Hermann Weyl (1885-1955)», *L'Enseignement Mathématique 3*, reimpreso en Chandrasekharan, ed. (1968: vol. IV 655-685).
Chodorow, M., Hofstadter, R., Rorschach, H. E. y Shawlow, A. L. eds. (1980), *Felix Bloch and Twentieth-Century Physics, Rice University Studies 66*, n.º 3 (William Marsh Rice University, Houston).
Cohen, Robert S. y Stachel, John J., eds. (1979), *Selected Papers of Léon Rosenfeld* (Reidel, Dordrecht).
Como (1928), *Atti del Congresso Internazionale dei Fisici, 11-20 Settembre 1927 Como-Pavia-Roma*, 2 vols. (Nicola Zanichelli, Bolonia).
Condon, Edward U. y Shortley, George H. (1935, 1959 2.ª ed.), *The Theory of Atomic Spectra* (Cambridge University Press, Cambridge).
Corry, Leo (2004), *David Hilbert and the Axiomatization of Physics (1898-1918)* (Kluwer, Dordrecht).
Coulson, Charles A. (1937), «A note on the criterion of maximum overlapping of wave functions», *Proceedings of the Cambridge Philosophical Society 33*, 111-114.
—, (1952), *Valence* (Clarendon Press, Oxford).
Courant, Richard y Hilbert, David (1924), *Methoden der Mathematischen Physik*, 2 vols. (Springer-Verlag, Berlín).
CPAE (2006), *The Collected Papers of Albert Einstein, vol. 10 (The Berlin Years: Correspondence, May-December 1920)*, Kormos Buchwald, Diana, Sauer, Tilman, Rosenkrafz, Ze'ev, Illy, József y Holmes, Virginia I., eds. (Princeton University Press, Princeton, Nueva Jersey).
—, (2009), *The Collected Papers of Albert Einstein, vol. 12 (The Berlin Years: Correspondence, January-December 1921)*, Kormos Buchwald, Diana, Rosenkrafz, Ze'ev, Sauer, Tilman e Illy, József, eds. (Princeton University Press, Princeton, Nueva Jersey).
—, (2018), *The Collected Papers of Albert Einstein, vol. 15 (The Berlin Years: Writings & Correspondence, June 1925-May 1927)*, Kormos Buchwald, Diana, Illy, József, Kox, A. J., Lehmkuhl, Dennis, Roenkrafz, Ze'ev y Nollar James, Jennifer, eds. (Princeton University Press, Princeton, Nueva Jersey).
Crawford, Elisabeth, Heilbron, J. L. y Ullrich, Rebecca (1987), *The Nobel Population, 1901-1937. A Census of the Nominators and Nominees for the Prizes in Physics and Chemistry* (Office for History of Science and Tech-

nology, University of California, Berkeley/ Office for History of Science, Uppsala University, Uppsala).
Crick, Francis (1989), *Qué loco propósito* (Tusquets Editores, Barcelona).
Curbera, Guillermo (2009), *Mathematicians of the World, Unite!: The International Congress of Mathematicians: A Human Endeavor* (A. K. Peters, Wellesley, Cambridge, Massachusets).
Curie, Pierre (1895), «Propriétés magnétiques des corps a diverses températures», *Annales de Chimie et de Physique 5*. Reproducido en Curie (1908: 232-334).
—, (1908), *Oeuvres de Pierre Curie, publiées par les soins de la Société Française de Physique* (Gauthier-Villars, París).
D'Agostino, Salvo (2002), «From rational numbers to Dirac's bra and ket: symbolic representation of physical laws», *Physics in Perspective 4*, 216-229.
Dahl, Per F. (1984), «Kamerlingh Onnes and the discovery of superconductivity: the Leyden years, 1911-1914», *Historical Studies in the Physical Sciences 15*, 1-37.
Dalitz, Richard H., ed. (1995), *The Collected Works of P. A. M. Dirac, 1924-1948* (Cambridge University Press, Cambridge).
Dalitz, Richard H. y Peierls, Rudolf (1986), «Paul Adrien Maurice Dirac, 1902-1984», *Biographical Memoirs of Fellows of the Royal Society 32*, 139-185.
Darwin, Charles G. (1958), «Douglas Rayner Hartree, 1897-1958», *Biographical Memoirs of Fellows of the Royal Society 4,* 102-116.
Davisson, Clinton J. y Germer, Lester H. (1927), «Diffraction of electrons by a crystal of nickel», *Physical Review 30*, 705-740.
de Broglie, Louis (1927), «La mécanique ondulatoire et la structure atomique de la matière et du rayonnement», *Journal de Physique et le Radium, 8,* 225-241.
—, (1953), «Vue d'ensemble sur mes travaux scientifiques», en *Louis de Broglie, physicien et penseur* (1953: 457-493).
—, (1956), *Une tentative d'interprétation causale et non linéaire de la Mécanique Ondulatoire (La théorie de la double solution)* (Gauthier Villars, París). Traducción al inglés en de Broglie (1960).
—, (1960), *Non-Linear Wave Mechanics. A Causal Interpretation* (Elsevier, Ámsterdam).
Deppert, Wolfgang, Hübner, Kurt, Oberschelp, Arnold y Weidemann, Volker, eds. (1988), *Exact Sciences and their Philosophical Foundations* (Verlag Peter Lang, Fráncfort).
D'Espagnat, Bernard (1989), *Conceptual Foundations of Quantum Mechanics*, 2.ª ed. (Addison-Wesley, Redwood City, California).
Dickinson, Roscoe G. y Pauling, Linus (1923), «The crystal structure of molybdenite», *Journal of the American Chemical Society 45*, 1466-1471.
Dirac, Paul A. M. (1924), «Note on the relativity dynamics of a particle», *Philosophical Magazine 47*, 1158-1159.

—, (1925), «The fundamental equations of quantum mechanics», *Proceedings of the Royal Society of London A 109*, 642-653.

—, (1926 a), «Quantum mechanics and a preliminary investigation of the hydrogen atom», *Proceedings of the Royal Society of London A 110*, 561-579.

—, (1926 b), «The elimination of modes in quantum mechanics», *Proceedings of the Royal Society of London A 111*, 281-305.

—, (1926 c), «Relativity quantum mechanics with an application to Compton scattering», *Proceedings of the Royal Society of London A 111*, 405-423.

—, (1926 d), *Quantum Mechanics*, tesis doctoral, Universidad de Cambridge.

—, (1926 e), «On quantum algebra», *Proceedings of the Cambridge Philosophical Society 23 IV*, 412-418.

—, (1926 f), «On the theory of quantum mechanics», *Proceedings of the Royal Society of London A 112*, 661-677.

—, (1927 a), «The physical interpretation of quantum dynamics», *Proceedings of the Royal Society of London A 113*, 621-641.

—, (1927 b), «The quantum theory of the emission and absorption of radiation», *Proceedings of the Royal Society of London A 114*, 243-265.

—, (1928 a), «The quantum theory of the electron», *Proceedings of the Royal Society of London A 117*, 610-624.

—, (1928 b), «The quantum theory of the electron. Part II», *Proceedings of the Royal Society of London A 118*, 351-361.

—, (1930), «A theory of electrons and protons», *Proceedings of the Royal Society of London A 126*, 360-365.

—, (1931), «Quantised singularities in the electromagnetic field», *Proceedings of the Royal Society of London A 133*, 60-72.

—, (1939 a), «The relation between mathematics and physics», *Proceedings of the Royal Society of Edinburgh 59*, 122-129.

—, (1948 a), «Quelques développements sur la théorie atomique». Reproducido en Dalitz, ed. (1995: 1246-1267).

—, (1958), *The Principles of Quantum Mechanics*, 4.ª ed. (Clarendon Press, Oxford). Traducción al castellano (1967), *Principios de mecánica cuántica* (Ariel, Barcelona).

—, (1977), «Recollections of an exciting era», en Weiner, ed. (1977: 209-146).

Dirac, Paul A. M., Fock, Vladimir A. y Podolsky, Boris (1932), «On quantum electrodynamics», *Physikalische Zeitschrift der Sowjetunion 2*, 468-479.

Doncel, Manuel G., Hermann, Armin, Michel, Louis y Pais, Abraham, eds. (1987), *Symmetries in Physics (1600-1980)* (Seminari d'Història de les Ciències, Universitat Autónoma de Barcelona, Bellaterra).

Duncan, Anthony y Janssen, Michel (2009), «From canonical transformations to transformation theory», *Studies in History and Philosophy of Science. Part B. Studies in History and Philosophy of Modern Physics 40*, 352-362.

—, (2023), *Constructing Quantum Mechanics,* vol. 2 *(The Arch 1923-1927)* (Oxford University Press, Oxford).

Dyson, Freeman (2015), «A walk through Johnny von Neumann's garden», en *Birds and Frogs. Selected Papers, 1990-2014* (World Scientific, Singapur, 2015), 71-84.

Eckert, Michael (1987), «Propaganda in science: Sommerfeld and the spread of the electron theory of metals», *Historical Studies in the Physical and Biological Sciences 17,* 191-233.

—, (2013), *Arnold Sommerfeld. Science, Life and Turbulent Times, 1868-1951* (Springer, Nueva York).

Eckert, Michael y Schubert, Helmut (1991), *Cristales, electrones y transistores* (Alianza Editorial, Madrid).

Einstein, Albert (1918 a), «Notiz zu E. Schrödingers Arbeit "Die Energiekomponenten des Gravitationsfeldes"», *Physikalische Zeitschrift 19,* 115-116.

—, (1918 b), «Bemerkung zu Herrn Schrödingers Notiz "Über ein Lösungssystem der allgemein kovarianten Gravitationsgleichungen"», *Physikalische Zeitschrift 19,* 165-166.

—, (1918 c), «Über Gravitationswellen», *Sitzungsberichte der Königlich-Preussischen Akademie der Wissenschaften (Berlin),* 154-167.

—, (1924), «Quantentheorie des einatomigen idealen Gases», *Sitzungsberichte der Königlich-Preussischen Akademie der Wissenschaften (Berlin),* 261-267.

—, (1925), «Quantentheorie des einatomigen idealen Gases. 2. Abhandlung», *Sitzungsberichte der Königlich-Preussischen Akademie der Wissenschaften (Berlin),* 3-14.

—, (1933), *On the Method of Theoretical Physics* (Clarendon Press, Oxford). Traducción al español en Einstein (1981: 242-247).

—, (1936), «Physik und realität», *Journal of the Franklin Institute 221,* 313-347.

—, (1948), «Quantenmechanik und Wirklichkeit», *Dialectica 2,* 320-324.

—, (1949 a), «Bemerkungen zu den in diesem Bande vereinigten Arbeiten», en Schilpp, ed. (1949: 665-688).

—, (1949 b), «Remarks concerning the essays brought together in this cooperative volume», en Schilpp, ed. (1949: 665-688).

—, (1981), *Mis ideas y opiniones* (Antoni Bosch, Barcelona).

Einstein, Albert, Tolman, Richard C. y Podolsky, Boris (1931), «Knowledge of the past and future in Quantum Mechanics», *Physical Review 37,* 780-781.

Einstein, Albert, Podolsky, Boris y Rosen, Nathan (1935), «Can Quantum-Mechanical Description of Physical Reality be Considered Complete?», *Physical Review 47,* 777-780.

Électrons et photons (1928), *Électrons et photons. Rapports et discussions du Cinquiéme Conseil Solvay* (Gauthier-Villars, París).

Elsasser, Walter M. (1971), «Philosophical dissonances in quantum mechanics», en Yourgrau y van der Merwe, eds., *Perspectives in Quantum Theory* (The MIT Press, Cambridge, Massachusets), 199-218.

Enz, Charles (2002), *No Time to Be Brief: A Scientific Biography of Wolfgang Pauli* (Oxford University Press, Oxford).

Eve, Arthur S. (1939), *Rutherford. Being the Life and Letters of the Rt Hon. Lord Rutherford, O.M.* (MacMillan, Nueva York).

Farmelo, Graham (2009), *The Strangest Man. The Hidden Life of Paul Dirac, Mystic of the Atom* (Basic Books, Nueva York).

Favrholdt, David, ed. (1999), *Niels Bohr Collected Works,* vol. 10 *(Complementarity Beyond Physics, 1928-1962)* (North-Holland, Ámsterdam).

Fermi, Enrico (1923), «Beweis, dass ein mechanisches normalsystem im allgemeinen quasi-Ergodisch ist», *Zeitschrift für Physik 24*, 261-265.

—, (1924), «Considerazioni sulla quantizzazione dei sistemi che contengono degli elementi identici», *Il Nuovo Cimento 1*, 145-152.

—, (1926 a), «Sulla quantizzazione del gas perfetto monoatomico», *Atti della Reale Accademia dei Lincei. Rendiconti 3*, 145-149.

—, (1926 b), «Zur Quantelung des idealen einatomigen Gases», *Zeitschrift für Physik 36*, 902-912.

Feynman, Richard P. (1953 a), «Atomic theory of the λ transition in Helium», *Physical Review 91*, 1291-1301.

—, (1953 b), «Atomic theory of liquid Heliun near absolute zero», *Physical Review 91*, 301-1308.

—, (1954), «Atomic theory of the two-fluid model of liquid helium», *Physical Review 94*, 262-349.

—, (1965), *Collected Papers (Note e memorie)*, vol. I (The University of Chicago Press-Accademia Nazionale dei Lincei, Chicago-Roma).

—, (1972), *Statistical Mechanics. A Set of Lectures* (W. A. Benjamin, Reading Massachusets)

Fierz, M. y Weisskopf, V. F., eds. (1960), *A Memorial Volume to Wolfgang Pauli* (Interscience Publishers, Nueva York).

Fine, Arthur (1986), *The Shaky Game. Einstein Realism and the Quantum Theory* (The University of Chicago Press, Chicago).

Fischer, Ernst S. (1907), «Sur le convergence en moyenne», *Comptes rendus de l'Académie des Sciences 144*, 1022-1024.

Flamm, Dieter (1987), «Boltzmann's influence on Schrödinger», en *Schrödinger. Centenary Celebration of a Polymath*, Kilmister, ed. (1987: 4-15).

Fock, Vladimir (1926), «Über die invariant Form der Wellenund der Bewegungsgleichungen für einen geladenen Massenpunk», *Zeitschrift für Physik 39*, 226-232.

—, (1930), «Näherungsmethode zur des quantenmechanischen Mehrkörperproblems», *Zeitschrift für Physik 61*, 126-148.

Fox, Robert y Gooday, Graeme, eds. (2005), *Physics in Oxford, 1839-1939* (Oxford University Press, Oxford).

Fowler, Ralph H. (1921), «A simple extension of Fourier's integral theorem and some applications, in particular to the theory of quanta», *Proceedings of the Royal Society 99*, 462-471.
—, (1926), «On dense matter», *Monthly Notices of the Royal Astronomical Society 87*, 114-122.
—, (1932), «A report on homopolar valency and its mechanical interpretation», en *Chemistry at the Centenary Meeting of the British Association for the Advancement of Science* (W. Heffer and Sons, Cambridge), 226-246.
Fowler, Ralph H. y Milne, Edward A. (1923), «The intensities of absorption lines in stellar spectra, and the temperatures and pressures in the reversing layers of stars», *Monthly Notices of the Royal Astronomical Society 83*, 403-424.
Frenkel, Victor Ykovlevich (1996), *Yakov Ilich Frenkel. His Work, Life and Letters* (Springer, Basilea).
Frenkel, Yakov I. (1931), «On the transformation of light into heat in solids», *Physical Review 37*, 1276-1294.
—, (1932), *Wave Mechanics: Elementary Theory* (Oxford University Press, Oxford).
Furry, H. (1936), «Note on the quantum-mechanical theory of measurement», *Physical Review 49*, 393-399.
Gamow, George (1928), «Zur Quantentheorie des Atomkernes», *Zeitschrift für Physik 51*, 204-212.
—, (1970), *My World Line. An Informal Autobiography* (The Viking Press, Nueva York).
Gamow, George y Houtermans, Friedrich G. (1929), «Zur Quantenmechanick des radioaktiven Kerns», *Zeitschrift für Physik 52*, 496-509.
Gavroglu, Kostas (1995), *Fritz London. A Scientific Biography* (Cambridge University Press, Cambridge).
Gavroglu, Kostas y Goudaroulis, Yorgos (1989), *Methodological Aspects of the Development of Low Temperature Physics, 1881-1956* (Kluwer, Dordrecht).
—, (1991), *Heike Kamerlingh Onnes. Through Measurement to Knowledge. The Selected Papers of Heike Kamerling Onnes, 1854-1926* (Kluwer, Dordrecht).
Gavroglu, Kostas y Simões, Ana (2012), *Neither Physics nor Chemistry. A History of Quantum Chemistry* (The MIT Press, Cambridge, Massachusets).
Geiger, Hans y Müller, Wilhelm (1928), «Elektronenzählrohr zur Messung schwächster Aktivitäten (Electron counting tube for the measurement of the weakest radioactivities)», *Die Naturwissenschaften 16*, 617-618.
Geiger, Hans y Nuttall, John M. (1911), «The ranges of the α particles from various radioactive substances and a relation between range and period of transformation», *Philosophical Magazine 22*, 613-621.

Ginzburg, Vitali Lazarevich (2009), *On Superconductivity and Superfluidity. A Scientific Autobiography* (Springer, Berlín).

Glick, Thomas F., ed. (1987), *The Comparative Reception of Relativity* (Reidel, Dordrecht).

Goldstine, Herman (1983), «The role of John von Neumann in the computer field», en *Springs of Scientific Creativity*, Aris, Davis, y Stuewer, eds. (University of Minnesota Press, Minneapolis) (1983: 308-327).

Goodstein, Judith R. (1984), «Atoms, molecules, and Linus Pauling», *Social Research 51,* 691-708.

—, (1991), *Millikan's School: A History of the California Institute of Technology* (W. W. Norton, Nueva York).

Gordon, Walter (1926), «Der Comptoneffekt nach der Schrödingerschen theorie», *Zeitschrift für Physik 40*, 117-133.

Gorelik, Gennady Efimovich y Frenkel, Victor Yakovlevich (1994), *Matvey Petrovich Bronstein and Soviet Theoretical Physics in the Thirties* (Birkhäuser, Basilea).

Grattan-Guinness, Ivor y Ravetz, Jerome R. (1972), *Joseph Fourier, 1768-1830* (The MIT Press, Cambridge, Massachusets).

Gurney, Ronard W. y Condon, Edward U. (1928), «Quantum mechanics and radioactive disintegration», *Nature 122*, 439.

—, (1929), «Quantum mechanics and radioactive disintegration», *Physical Review 33*, 127-140.

Haas, Arthur E. (1929), *Die Grundlage der Quantenchemie: Eine Einleitung in vier Vorträge* (Akademische Verlagsgesellchaft, Leipzig).

—, (1930), *Quantum Chemistry. A Short Introduction in Four Non-Mathematical Lectures* (R. R. Smoth, Nueva York).

Hager, Thomas (1995), *Force of Nature. The Life of Linus Pauling* (Simon & Schuster, Nueva York).

Hanle, Paul A. (1979), «Indeterminacy before Heisenberg: the case of Franz Exner and Erwin Schrödinger», *Historical Studies in the Physical Sciences 10*, 225-269.

Harish-Chandra, Mehrotra (1987), «My association with Professor Dirac», en Kursunoglu y Wigner, eds. (1987: 34-36).

Hartree, Douglas R. (1928 a), «The wave mechanics of an atom with a non-Coulomb central field, I. Theory and methods», *Proceedings of the Cambridge Philosophical Society 24*, 89-110.

—, (1928 b), «The wave mechanics of an atom with a non-Coulomb central field, II. Some results and discussion», *Proceedings of the Cambridge Philosophical Society 24*, 111-132.

—, (1928 c), «The wave mechanics of an atom with a non-Coulomb central field, III. Term values and intensities in series in optical spectra», *Proceedings of the Cambridge Philosophical Society 24*, 426-437.

Hawkins, Thomas (2000), *Emergence of the Theory of Lie Groups: An Essay in the History of Mathematics 1869-1926* (Springer).

Heaviside, Oliver (1899), *Electromagnetic Theory,* vol. 2 (Office of «The Electrician», Londres).

Heisenberg, Werner (1924 a), «Über die Stabilität und Turbulenz von Flüssigkeiten», *Annalen der Physik 86*, 577-627.

—, (1924 b), «Über ein Abänderung der formalen Regeln der Quantentheorie beim Problem der anomalen Zeemaneffekte», *Zeitschrift für Physik 26*, 291-307.

—, (1925), «Über quantentheoretische Umdeutung kinematischer und mechanischer Beziehungen», *Zeitschrift für Physik 33*, 879-893.

—, (1926), «Mehrkörperproblem und Resonanz in der Quantenmechanik», *Zeitschrift für Physik 38*, 411-426.

—, (1927), «Über den anschaulichen Inhalt der quantentheoretischen Kinematik und Mechanik», *Zeitschrift für Physik 43*, 172-198. Traducción al inglés en Wheeler y Zurek, eds. (1983: 62-84).

—, (1930), *The Physical Principles of the Quantum Theory* (The University of Chicago Press, Chicago).

—, (1932), «Contribution to the discussion on the structure of simple molecules», en *Chemistry at the Centenary (1931) Meeting of the British Association for the Advancement of Science* (Heffer, Cambridge), 247-248.

—, (1955), «The development and interpretation of the Quantum Theory», en Pauli, ed. (1955: 12-29).

—, (1958) *Physics and Philosophy. The Revolution in Modern Science* (Harper & Brothers, Nueva York).

—, (1969), *Der Teil und das Ganze. Gespräche im Umkreis der Atomphysik* (Piper, Múnich).

—, (1973), «Development of concepts in the history of quantum theory», en Mehra, ed. (1973: 246-275).

—, (1974), *Más allá de la física. Atravesando fronteras* (Biblioteca de Autores Cristianos, Madrid); edición original en alemán de 1971.

—, (1979 a), *Encuentros y conversaciones con Einstein y otros ensayos* (Alianza Editorial, Madrid).

—, (1979 b), «La evolución de los conceptos en la historia de la mecánica cuántica», en Heisenberg (1979 a: 25-43).

—, (1979 c), «Los comienzos de la mecánica cuántica en Gotinga», en Heisenberg (1979 a: 44-62).

—, (1979 d), «Encuentros y conversaciones con Albert Einstein», en Heisenberg (1979 a: 116-131).

—, (1996), *Diálogos sobre la física atómica*, en Heisenberg, Werner, Bohr, Niels y Schrödinger, E. (1996: 43-368).

Heisenberg, Werner, Bohr, Niels y Schrödinger, E. (1996), *Física cuántica* (Círculo de Lectores, Barcelona).

Hentschel, Klaus, ed. (1996), *Physics and National Socialism. An Anthology of Primary Sources* (Birkhäuser, Basilea 1996),

Hermann, Armin, von Meyenn, Karl y Weisskopf, Victor F., eds. (1979), *Wolfgang Pauli. Wissenschatlicher Briefwechsel mit Bohr, Einstein, Heisenberg u. a.*, vol. 1 *(1919-1929)* (Springer-Verlag, Nueva York).

Hess, Victor (1912), «Über Beobachtungen der durchdringenden Strahlung bei sieben Freiballonfahrten», *Physikalische Zeitschrift 13*, 1084-1091.

Hilbert, David (1902), «Problèmes futures des Mathématiques», en *Compte Rendu du Deuxième Congrès International des Mathématiciens tenu a Paris du 6 au 12 Août 1900* (Gauthier-Villars, París).

—, (1929), «Probleme der Grundlegung der Mathematik», en *Atti del Congresso Internazionale dei Matematici. Bologna 3-10 Settembre 1928, vol. I* (Nicola Zanichelli, Bolonia), 135-141. Reproducido en *Mathematische Annalen 102* (1930: 1-9).

Hilbert, David, von Neumann, John y Nordheim, Lothar (1927), «Über die Grundlagen der Quantenmechanik», *Mathematische Annalen 98*, 1-30. Reproducido en *John von Neumann Collected Works*, Taub, ed., 6 vols. (Pergamon Press, Oxford, 1961-1963).

Hill-Andrews, Oliver (2015), *Interpreting Science. James Gerald Crowther and the Making of Interwar British Culture*, tesis doctoral, Universidad de Sussex.

Hoch, Paul K. (1990), «John Clarke Slater and the science for the transistor», *European Journal of Physics 11,* 283-291.

—, (1992), «The development of the band theory of solids, 1933-1960», en Hoddeson, Braun, Teichmann y Weart, eds. (1992: 182-235).

Hoddeson, Lillian H. y Baym, Gordon (1980), «The development of the quantum mechanical electron theory of metals: 1900-1928», *Proceedings of the Royal Society of London A 371,* 8-23.

Hoddeson, Lillian, Baym, Gordon y Eckert, Michael (1987), «The development of the quantum-mechanical theory of metals, 1928-1933», *Reviews of Modern Physics 59,* 287-327.

Hoddeson, Lillian, Braun, Ernest, Teichmann, Jürgen y Weart, Spencer, eds. (1992), *Out of the Crystal Maze. Chapters from the History of Solid-State Physics* (Oxford University Press, Nueva York).

Hoffmann, Dieter y Walker, Max (2007), «Der gute Nazi. Pascual Jordan und das Dritte Reich», en *Pascual Jordan (1902-1980)* (Max-Planck-Institut für Wissenschaftsgeschichte, preprint 328: 83-112).

—, (2020), «The "better" Nazi: Pascual Jordan and the Third Reich», en *Biographies in the History of Physics*, Forstren y Walker, eds. (Springer) (2020: 111-128).

Howard, Don (2004), «Who invented the "Copenhagen Interpretation"? A study in mythology», *Philosophy of Science 71*, 669-682.

Hund, Friedrich (1926), «Zur Deutung einiger erscheinungen in den Molekelspektren», *Zeitschrift für Physik 36*, 657-674.

—, (1927), «Zur Deutung der Molekelspektren, I, II», *Zeitschrift für Physik 40*, 742-764; *42*, 93-120.

Ising, Ernst (1924), *Beitrag zur Theorie des Ferro- und Paramagnetismus*, (Mathematisch-Naturwissenschaftliche Fakultät der Hamburgischen, Universität Hamburg, Hamburgo).
—, (1925), «Beitrag zur Theorie des Ferromagnetismus», *Zeitschrift für Physik 31*, 253-258.
Jammer, Max (1989), *The Conceptual Development of Quantum Mechanics*, 2.ª ed. (Tomash Publishers-American Institute of Physics); primera edición de 1966.
—, (1974), *The Philosophy of Quantum Mechanics. The Interpretations of Quantum Mechanics in Historical Perspective* (John Wiley-Interscience, Nueva York).
Jauch, Josef-Maria (1971), «Foundations of quantum mechanics», en *Fondamenti di meccanica quantistica* (Academic Press, Nueva York), 20-55.
—, (1972), «On bras and kets», en Salam y Wigner, eds. (1972: 137-167).
Jeans, James (1934), «The new world-picture of modern physics», *en British Association for the Advancement of Science. Report of the annual meeting, 1934. Aberdeen, September 5-12* (Office of the British Association, Londres), 1-18.
Jordan, Pascual (1926), «Über eine neue Begründung der Quantenmechanik I», *Zeitschrift für Physik 40*, 809-838.
Jordan, Pascual, von Neumann, John y Wigner, Eugene (1934), «On the algebraic generalization of the quantum mechanical formalism», *Annals of Mathematics 35*, 29-64.
Josephson, Paul R. (1991), *Physics and Politics in Revolutionary Russia* (University of California Press, Berkeley, California).
Kaiser, David (2011), *How the Hippies Saved Physics. Science, Counterculture, and the Quantum Revival* (W. W. Norton, Nueva York).
Kalckar, Jorgen, ed. (1985), *Niels Bohr Collected Works, vol. 6* (*Foundations of Quantum Physics I, 1926-1932*) (North-Holland, Ámsterdam).
Kamerlingh Onnes, Heike (1911), «Further experiments with liquid helium. D. On the change of electric resistance of pure metals at very low temperature, etc. V. The disappearance of the resistance of mercury», *KNAW [Koninklijke Nederlandse Akademie van Wetenschappen] Proceedings 14 I*, 113-115.
Kapitza, Piotr (1923), «Some observations on α-particle tracks in a magnetic field», *Proceedings of the Cambridge Philosophical Society 21*, 511-516.
—, (1929 a), «The change of electrical conductivity in strong magnetic fields. Part I. Experimental results», *Proceedings of the Royal Society of London A 123*, 292-341.
—, (1929 b), «The change of electrical conductivity in strong magnetic fields. Part II. The analysis and interpretation of experimental results», *Proceedings of the Royal Society of London A 123*, 342-372.
—, (1934), «The liquefaction of helium by an adiabatic method», *Proceedings of the Royal Society of London A 147*, 189-211.

—, (1938), «Viscosity of liquid helium above the λ-point», *Nature 141*, 74.
—, (1969), «Lev Davydovitch Landau, 1908-1968», *Biographical Memoirs of Fellows of the Royal Society 15*, 140-158.
—, (1985 a), *Experimento, teoría, práctica* (Editorial Mir, Moscú).
—, (1985 b), «Sobre algunas etapas en el desarrollo de las investigaciones en el campo del magnetismo», en Kapitza (1985 a: 83-101).
Keith, S. T. y Hoch, Paul K. (1986), «Formation of a research school: Theoretical solid state physics at Bristol, 1930-1954», *British Journal for the History of Science 19,* 19-44.
Keith, Stephen y Quédec, Pierre (1992), «Magnetism and magnetic materials», en Hoddeson, Braun, Teichmann y Weart, eds. (1992: 359-442).
Kemble, Edwin C. (1921), «The probable normal state of helium», *Philosophical Magazine 42*, 123-133.
—, (1935), «The correlation of wave functions with the states of physical systems», *Physical Review 47*, 973-974.
Kevles, Daniel (1978), *The Physicists* (Alfred A. Knopf, Nueva York).
Kilmister, Clive W., ed. (1987), *Schrödinger. Centenary Celebration of a Polymath* (Cambridge University Press, Cambridge).
Klein, Martin J. (1964), «Einstein and wave-particle duality», *The Natural Philosopher 3*, 3-49.
Klein, Oskar (1926), «Quantentheorie und fünfdimensionale Relativitätstheorie», *Zeitschrift für Physik 37*, 895-906.
Kohler, Robert E. (1971), «The origin of G. N. Lewis's theory of the shared pair bond», *Historical Studies in the Physical Sciences 3*, 343-376.
—, (1974), «Irving Langmuir and the "octet" theory of valence», *Historical Studies in the Physical Sciences 4*, 39-87.
—, (1975), «The Lewis-Langmuir theory of valence and the chemical community, 1920-1928», *Historical Studies in the Physical Sciences 6*, 431-468.
Kohlrausch, K. W. Fritz y Schrödinger, Erwin (1914), «Über die weiche (β) Sekundärstrahlung von γ-Strahlen», *Sitzungsberichte der kaiserlichen Akademie der Wissenschaften in Wien. Mathematisch-naturwissenschaftliche Klasse, Abteilung 2a, 123*, 1319-1367.
Kojevnikov, Alexei (1993), «Paul Dirac and Igor Tamm Correspondence. Part I: 1928-1933», *MPI-Ph/93-80.*
—, (1999), «Freedom, collectivism, and quasiparticles: Social metaphors in quantum physics», *Historical Studies in the Physical and Biological Sciences 29*, 295-331.
Kox, A. J., ed. (2008), *The Scientific Correspondence of H. A. Lorentz,* vol. I (Springer, Nueva York).
Kragh, Helge (1979), «On the history of early wave mechanics», *TEKST NR* 23.
—, (1982), «Erwin Schrödinger and the wave equation: the crucial phase», *Centaurus 26*, 154-197.

—, (1984), «Equation with many fathers. The Klein-Gordon equation in 1926», *American Journal of Physics 52*, 1024-1033.

—, (1990), *Dirac. A Scientific Biography* (Cambridge University Press, Cambridge).

—, (2017), «Paul Dirac and The Principles of Quantum Mechanics», en Badino y Navarro, eds. (2017: 245-260).

Kramers, Hendrik y Heisenberg, Werner (1925), «Über die Gesamtstärke der von einem Zustande ausgehenden Absorptionslinien», *Zeitschrift für Physik 31*, 681. Traducción al inglés en van der Waerden, ed. (1967: 223-252).

Kubli, Fritz (1970), «Louis de Broglie und die Entdeckung der Materiewellen», *Archive for History of Exact Sciences 7*, 26-68.

Kuhn, Thomas S. (1962), *The Structure of Scientific Revolutions* (The University of Chicago Press, Chicago). Traducción al castellano (1971), *La estructura de las revoluciones científicas* (Fondo de Cultura Económica, México D. F.).

Kuhn, Thomas S., Heilbron, John L., Forman, Paul y Allen, Lini (1967), *Sources for History of Quantum Physics. An Inventory and Report* (The American Philosophical Society, Philadelphia).

Kuhn, Werner (1925), «Über die Gesamtstärke der von einem Zustande ausgehenden Absorptionslinien», *Zeitschrith für Physik 33*, 408-412. Traducción al inglés en van der Waerden, ed. (1967: 253-257).

Kursunoglu, Behram N. y Wigner, Eugene P., eds. (1987), *Reminiscences about a Great Physicist: Paul Adrian Maurice Dirac* (Cambridge University Press, Cambridge).

Ladenburg, Rudolf (1921), «Die quantentheoretische Deutung der Zahl der Dispersionselektronen», *Zeitschrift für Physik 4*, 451-468.

Ladenburg, Rudolf y Reiche, Fritz (1923), «Absorption, Zerstreuung und Dispersion in der Bohrschen Atomtheorie», *Naturwissenschaften 11*, 584-589.

Lallemand, André (1935), «Influence de l'état physique sur les propriétés magnètiques de quelques sels de la famille du fer», *Annales de Physique 3*, 97-180.

Lanczos, Kornel (1926), «Über eine feldmäβige Darstellung der neuen Quantenmechanik», *Zeitschrift für Physik 35*, 812-836.

—, (1998), *Collected Published Papers with Commentaries*, 6 vols. (North Carolina State University, Raleigh, Carolina del Norte).

Landau, Lev Davidovich (1941), «The theory of superfluidity of Helium II» *Physical Review 60*, 356-358. Reproducido en *Journal of Physics (Moscow) 8*, 1-3.

—, (1947), «On the theory of superfluidity of Helium II», *Journal of Physics (Moscow) 11*, 91, Reproducido en Ter Haar, ed. (1965) (Pergamon Press, Oxford) (1965: 466-468).

Landau, Lev Davidovich y Lifshitz, E. M. (1967), *Mecánica cuántica no-relativista, vol. 3 del Curso de Física Teórica* (Editorial Reverté, Barcelona).

—, (1991), *Mecánica de fluidos* (Editorial Reverté, Barcelona).

Landé, Alfred (1925), «Lichtquanten und Kohärenz», *Zeitschrift für Physik 33*, 571-578.

Langevin, Paul (1905 a), «Sur la théorie du magnétisme», *Journal de Physique Théorique et Appliqueé 4*, 678-693.

—, (1905 b), «Magnétisme et théorie des électrons», *Annales de Chimie et de Physique 5*, 70-127. Reproducido en Langevin (1950: 331-368).

—, (1912), «La théorie cinétique du magnétisme at les magnétons», en Langevin y de Broglie, eds. (1912: 393-406).

—, (1950), *Oeuvres scientifiques de Paul Langevin* (Centre National de la Recherche Scientifique, París).

Langevin, Paul y de Broglie, Maurice, eds. (1912), *La théorie du rayonnement et les quanta. Rapports et discussions de la réunion tenue à Bruxelles, du 30 octobre aù 3 novembre 1911* (Gauthier-Villars, París).

Langmuir, Irvin (1919), «The arrangement of electrons in atoms and molecules», *Journal of the American Chemical Society 41*, 868-934. Reproducido en Suits y Way, eds. (1961: 9-73).

—, (1921), «Future developments of theoretical chemistry», *Chemical and Metallurgical Engineering 24*. Reproducido en Suits y Way, eds (1962: 241-250).

Lee, Sabine (2007 a), *The Bethe-Peierls Correspondence* (World Scientific, Singapur).

—, (2007 b), *Sir Rudolf Peierls. Selected Private and Scientific Correspondence, vol. 1* (World Scientific, Singapur).

Le Magnetisme (1932), *Le magnétisme. Reports et discussions du sixiéme Conseil de Physique tenu a Bruxelles du 20 au 25 octobre 1930* (Gauthier-Villars, París).

Lennard-Jonnes, John E. (1929), «The electronic structure of some diatomic molecules», *Transactions of the Faraday Society 25*, 668-686.

Livanova, Anna (1980), *Landau. A Great Physicist and Teacher* (Pergamon Press, Oxford).

London, Fritz (1926), «Winkelvariable und kanonische Transformationen in der Quantenmechanik», *Zeitschrift für Physik 40*, 193-210.

—, (1938), «The λ-point phenomenon of liquid helium and the Bose-Einstein degeneracy», *Nature 141*, 643-644.

London, Fritz y Bauer, Edmond (1939), *La théorie de l'observation en mécanique quantique* (Hermann, París).

Louis de Broglie (1953), *Louis de Broglie, physicien et penseur* (Éditions Albin Michel, París).

Löwding, Per-Olov y Pullman, Bernard, eds. (1964), *Molecular Orbitals in Chemistry, Physics and Biology. A Tribute to R. S. Mulliken* (Academic Press, Nueva York).

Lützen, Jesper (1982), *The Prehistory of the Theory of Distributions* (Springer, Berlín).

—, (2003), «Between rigor and applications. Development in the concept of function in mathematical analysis», en Nye, ed. (2003: 468-487).

MacKinnon, Edward M. (1982), *Scientific Explanation and Atomic Physics* (The University Press, Chicago).

MacLane, Saunders (2005), *A Mathematical Autobiography* (A. K. Peters. Wellesley, Massachusets).

Mead, C. y Hager, T., eds. (2001), *Linus Pauling, Scientist and Peacemaker* (Oregon State University Press, Corvallis, Oregón).

Mehra, Jagdish (1993), «Eugene Paul Wigner: A biographical sketch», en *The Collected Works of Eugene Paul Wigner, Part A («The Scientific Papers»),* vol. 1, Wightman, ed. (Springer-Verlag, Berlín) (1993: 3-14).

Mehra, Jagdish, ed. (1973), *The Physicist's Conception of Nature* (Reidel, Dordrecht y Boston).

—, (1974), *The Quantum Principle: The Interpretation and Epistemology* (Reidel, Dordrecht y Boston).

Mehra, Jagdish y Rechenberg, Helmut (1982), *The Historical Development of Quantum Theory,* vol. 4, partes 1 y 2: *The Fundamental Equations of Quantum Mechanics, 1925-1926 y The Reception of the New Quantum Mechanics, 1925-1926* (Springer, Nueva York).

—, (1987*), The Historical Development of Quantum Theory,* vol. 5, partes 1 y 2: *Erwin Schrödinger and the Rise of Wave Mechanics* (Springer-Verlag, Nueva York).

—, (2000), *The Historical Development of Quantum Theory,* vol. 6, *The Completion of Quantum Mechanics, 1926-1941; Part I, The Probability Interpretation and the Statistical Transformation Theory, the Physical Interpretation, and the Empirical and Mathematical Foundations of Quantum Mechanics, 1926-1932* (Springer, Nueva York).

Meier, Carl A. (1996), *Wolfgang Pauli y Carl G. Jung. Un intercambio epistolar, 1932-1958* (Alianza Editorial, Madrid).

Millikan, Robert y Cameron, G. Harvey (1926), «High frequency rays of cosmic origin. III. Measurements in snow-fed lakes at high altitudes», *Physical Review 28*, 851-868.

—, (1928), «The origin of the cosmic rays», *Physical Review 32*, 533-557.

Milne, Edward A. (1945), «Ralph Howard Milne, 1889-1944», *Obituary Notices of Fellows of the Royal Society 5*, 61-78.

Monk, Ray (2012), *Inside the Centre. The Life of J. Robert Oppenheimer* (Jonathan Cape, Londres).

Moore, Walter (1989), *Schrödinger. Life and Thought* (Cambridge University Press, Cambridge).

Morrell, Jack (2005), «The Lindemann era», en Fox y Gooday, eds. (2005: 233-266).

Mott, Nevill (1986), *A Life in Science* (Taylor & Francis, Londres).

—, (1988), «Development of solid state physics in England and Germany», en *The Origins of Solid-State Physics in Italy: 1945-1960,* G. Giuliani, ed. (Società Italiana di Fisica, Bolonia), 243-248.

—, (1995), «John Edward Lennard-Jones, 1894-1954», *Biographical Memoirs of Fellows of the Royal Society 1*, 174-184.

Mott, Nevill, ed. (1980), *The Beginnings of Solid State Physics. A Symposium organized by Sir Nevill Mott, F.R.S. held 30 Abril.2 May 1979* (The Royal Society, Londres). Publicado inicialmente en *Proceedings of the Royal Society of London 371*, 1-177.

Mott, Nevil F. y Jones, H. (1936), *The Theory of the Properties of Metals and Alloys* (Clarendon Press, Oxford).

Mulliken, Robert S. (1968), *Life of a Scientist* (Springer-Verlag, Berlín).

Murray, F. J. y von Neumann, J. (1936), «On rings of operators», *Annals of Mathematics 37*, 116-229.

—, (1937), «On rings of operators, II», *American Mathematical Society Transactions 41*, 108-248.

—, (1943), «On rings of operators, IV», *Annals of Mathematics 44*, 716-808.

Nathan, Otto y Norden, Heinz, eds. (1968), *Einstein on Peace* (Schocken Books, Nueva York). Primera edición de 1960.

Navarro, Jaume (2012), *A History of the Electron. J. J. and G. P. Thomson* (Cambridge University Press, Cambridge).

Navarro Faus, Jesús (2015), *La superfluidez. Landau. La física que surgió del frío* (National Geographic).

Nernst, Walter (1914), *The Theory of the Solid State* (University of London Press, Londres).

Nielsen, J. Rud, ed. (1977), *Niels Bohr Collected Works,* vol. 4 *(The Periodic System, 1920-1923)* (North-Holland, Ámsterdam).

Nye, Mary J. (1993), *From Chemical Philosophy to Theoretical Chemistry. Dynamics of Matter and Dynamics of Disciplines, 1800-1950* (University of California Press, Berkeley, California).

Nye, Mary J., ed. (2003), *The Cambridge History of Science,* vol. 5 *(The Modern Physical and Mathematical Sciences)* (Cambridge University Press, Cambridge).

Parshall, Karen Hunger (1998), *James Joseph Sylvester. Life and Work in Letters* (Clarendon Press, Oxford).

Pauli, Wolfgang (1926), «Über das Wasserstoffspektrum vom Standpunkt der neuen Quantenmechanik», *Zeitschrift für Physik 36*, 336-363. Traducción al inglés en van der Waerden, ed. (1967: 387-415).

—, (1927), «Zur Quantenmechanik des magnetischen Elektrons», *Zeitschrift für Physik 43*, 601-623.

—, (1932), «Les théories quantiques du magnétisme. L'électron magnétique», en Le Magnetisme (1932: 175-238).

—, (1940), «The connection between spin and statistics», *Physical Review 58*, 716-722.

—, (1953), «Remarques sur le problème des paramètres cachés dans la mécanique quantique et sur la théorie de l'onde pilote», en *Louis de Broglie, physicien et penseur* (1953: 33-42).

Pauli, Wolfgang, ed. (1955), *Niels Bohr and the Development of Physics* (Pergamon, Londres).

Pauli, Wolfgang y Weisskopf, Victor (1934), «Über die Quantisierung der skalaren relativistischen Wellengleichung», *Helvetica Physika Acta 7*, 709-731.

Pauling, Linus (1939), *The Nature of the Chemical Bond and the Structure of Molecules and Crystals* (Cornell University Press, Ithaca, Nueva York).

—, (1965), «Fifty years of physical chemistry in the California Institute of Technology», *Annual Review of Physical Chemistry 16,* 1-14.

—, (1981), «Early work on chemical bonding in relation to solid state physics», *Proceedings of the Royal Society of London A 378,* 207-218.

—, (1985), «Why modern chemistry is quantum chemistry», *New Scientist*, 7 de noviembre, 54-55.

—, (1986), «Early days of molecular biology in the California Institute of Technology», *Annual Review of Biophysics and Biophysical Chemistry 15,* 1-9.

Pauling, Linus y Goudsmit, Samuel (1930), *The Structure of Line Spectra* (McGraw-Hill, Nueva York).

Pauling, Linus y Wilson, Edgar B. (1935*), Introduction to Quantum Mechanics, with Applications to Chemistry* (McGraw-Hill, Nueva York).

Peierls, Rudolf (1932), «Elektronentheorie der Metalle», *Ergebnisse der Exakten Naturwissenschaften 11*, 264-322.

—, (1955), *Quantum Theory of Solids* (Clarendon Press, Oxford).

—, (1960), «Quantum theory of solids», en Fierz y Weisskopf, eds. (1960: 140-160).

—, (1972), «Fermi-Dirac statistics», en Salam y Wigner, eds. (1972: 117-127).

—, (1985), *Bird of Passage* (Princeton University Press, Princeton, Nueva Jersey).

—, (1987), «Dirac's way», en Kursunoglu y Wigner, eds. (1987: 43-45).

Peierls, Rudolf, ed. (1986), *Niels Bohr Collected Works,* vol. 9 *(Nuclear Physics, 1929-1952)* (North-Holland, Ámsterdam).

Pelseneer, Jean (s. f.), *Historique des Instituts internationaux de Physique et de Chimie Solvay depuis leur fondation jusqu'à la deuxième guerre mondiale* (manuscrito no publicado; copia depositada en «Archives for the History of Quantum Physics», microfilm n.º 58).

Perutz, Max (2002), «¿Qué mantiene unidas a las moléculas? », en Perutz, *Los científicos, la ciencia y la humanidad*, traducción de Leando Sanz (Granica, Barcelona) (2002: 232-234). Este artículo se publicó en 1994, como un obituario de Pauling, en *Natural Structural Biology 1*, 667-671.

Poisson, Siméon-Denis (1809), «Sur la variation des constantes arbitraries dans les questions de Mécanique», *Journal de l'École Polytechnique 8*, 266-353.

Przibram, K. ed. (1967), *Letters on Wave Mechanics* (Vision, Londres).

Quédec, Pierre (1988), «Weiss' magneton: The sin of pride or a venial mistake?», *Historical Studies in the Physical Sciences 18*, 349-375.

Raman, Varadaja y Forman, Paul (1969), «Why was it Schrödinger who developed de Broglie's ideas?», *Historical Studies in the Physical Sciences 1*, 291-314.

Rédei, Miklós, ed. (2005), *John von Neumann: Selected Letters* (London Mathematical Society-American Mathematical Society).

Rédei, Miklós y Stöltzner, Michael, eds. (2001), *John von Neumann and the Foundations of Quantum Physics* (Kluwer, Dordrecht).

Riesz, Frigyes (1907), «Sur les systèmes orthogonaux de fonctions», *Comptes rendus de l'Académie des Sciences 144*, 615-619.

Robertson, Peter (1979), *The Early Years. The Niels Bohr Institute, 1921-1930* (Akademisk Forlag, Copenhague).

Roll-Hansen, Nils (2000), «The application of complementarity to biology: from Niels Bohr to Max Delbrück», *Historical Studies in the Physical and Biological Sciences 30*, 417-442.

Rosenfel, Léon (1967), «Niels Bohr in the thirties. Consolidation and extension of the conception of complementarity», en Rozental, ed. (1967: 114-136).

—, (1972), «Nuclear reminiscences (in memory of George Gamow)», en *Cosmology, Fusion and other Matters. George Gamow Memorial Volume*, Reies, ed. (Colorado Associated University Press) (1972: 289-299). Reproducido en Cohen y Stachel, eds. (1979: 335-345).

Rozental, Stefan, ed. (1967), *Niels Bohr. His Life and Work as Seen by His Friends and Colleagues* (North-Holland, Ámsterdam).

Rutherford, Ernest (1919), «Collision of α particles with light atoms. I. Hydrogen», *Philosophical Magazine 37*, 537-561. Reproducido en Chadwick, ed. (1963: 547-567).

—, (1921), «The artificial disintegration of light elements», *Philosophical Magazine 42*, 809-825. Reproducido en Chadwick, ed. (1965: 48-62).

—, (1927 a), «Atomic nuclei and their transformations», *Proceedings of the Physical Society 39*, 359-372. Reproducido en Chadwick, ed. (1965: 164-180).

—, (1927 b), «Structure of the radioactive atom and origin of the α-rays», *Philosophical Magazine 4*, 580-603. Reproducido en Chadwick, ed. (1965: 181-202).

Salam, Abdus y Wigner, Eugene P., eds. (1972), *Aspects of Quantum Theory* (Cambridge University Press, Cambridge).

Sánchez Ron, José Manuel (1986), «¿Físicos o filósofos? Sobre la problemática relación entre ciencia y filosofía», en *Filosofía e Historia de la*

Ciencia. Actas I Simposio Hispano-Mexicano de Filosofía, Álvarez, Broncano y Quintanilla, comps. (Ediciones Universidad de Salamanca, Salamanca), 244-253.
—, (1987), «The reception of special relativity in Great Britain», en Glick, ed. (1987: 27-58).
—, (1992 b), «Erwin Schrödinger, teorías unificadas y la estructura geométrica del espacio-tiempo», en Schrödinger (1992: 11-29).
—, (2015), *Albert Einstein. Su vida, su obra y su mundo* (Crítica, Barcelona).
—, (2021), *Blas Cabrera, científico español y universal* (Real Sociedad Española de Física-Fundación Ramón Areces-Catarata, Madrid).
—, (2022), *El poder de la ciencia* (Crítica, Barcelona).
—, (2025), *Einstein's Relativity in Great Britain: From Larmor and Eddington to Penrose and Hawking. A Tale of Physicists, Astronomers, Mathematicians and Philosophers* (World Scientific, Singapur).
Schilpp, Paul A., ed. (1949), *Albert Einstein: Philosopher-Scientist* (Open Court, La Salle, Illinois).
Schrödinger, Erwin (1910), «Über die Leitung der Elektrizität auf der Oberfläche von Isolatoren an feuchter Luft», *Sitzungsberichte der kaiserlichen Akademie der Wissenschaften in Wien. Mathematisch-naturwissenschaftliche Klasse, Abteilung 2a, 119*, 1215-1222.
—, (1912), «Zur kinetischen Theorie des Magnetismus (Einfluss der Leitungselektronen)», *Sitzungsberichte der kaiserlichen Akademie der Wissenschaften in Wien. Mathematisch-naturwissenschaftliche Klasse, Abteilung 2a, 121*, 1305-1328.
—, (1918 a), «Die Energiekomponenten des Gravitationsfeldes», *Physikalische Zeitschrift 19*, 4-7.
—, (1918 b), «Über eine Lösungssystem der allgemein kovarianten Gravitationsgleichungen», *Physikalische Zeitschrift 19*, 20-22.
—, (1921), «Versuch zur modellmäβigen Deutung des Terms der scharfen Nebenserien», *Zeitschrift für Physik 4*, 347-354.
—, (1922), «Über eine bemerkenswerte Eigenschaft der Quantenbahnen eines einzelnen Elektrons», *Zeitschrift für Physik 12*, 13-23.
—, (1925), «Bemerkungen über die statistische Entropiedefinition beim idealen Gas», *Sitzungsberichte der Königlich-Preussischen Akademie der Wissenschaften (Berlin)*, 434-441.
—, (1926 a), «Zur Einsteinschen Gastheorie», *Physikalische Zeitschrift 27*, 95-101.
—, (1926 b), «Quantisierung als Eigenwertproblem. (Erste Mitteilung)», *Annalen der Physik 79*, 361-376.
—, (1926 c), «Quantisierung als Eigenwertproblem. (Zweite Mitteilung)», *Annalen der Physik 79*, 489-527.
—, (1926 d), «Über das Verhältnis der Heisenberg-Born-Jordanschen Quantenmechanik zu der meinen», *Annalen der Physik 79*, 734-756.

—, (1926 e), «Quantisierung als Eigenwertproblem. (Dritte Mitteilung: Störungstheorie, mit Anwendung auf den Stareffekt der Balmerlinien)», *Annalen der Physik 80*, 437-490.
—, (1926 f), «Quantisierung als Eigenwertproblem. (Vierte Mitteilung)», *Annalen der Physik 81*, 109-139.
—, (1935 a), «Perfil autobiográfico», en *Le Banquet Nobel* (1935 a: 86-88). Reproducido en Schrödinger (1984: vol. IV, 361-363).
—, (1935 b), «Die gegenwärtige Situation in der Quantenmechanik», *Die Naturwissenschaften 23*, 807-812, 823-828 y 844-849.
—, (1935 c), «Discussion of probability relations between separated systems», *Proceedings of the Cambridge Philosophical Society 31*, 555-563.
—, (1936), «Probability relations between separated systems», *Proceedings of the Cambridge Philosophical Society 32*, 446-452.
—, (1982), *Collected Papers on Wave Mechanics* (Chelsea Publ. Co., Nueva York).
—, (1984), *Gesammelte Abhandlungen* (Verlag der Österreichischen Akademie der Wissenschaftten/Friedr. Vieweg & Sohn, Viena), 4 vols.
—, (1988 a), *Mi concepción del mundo* (Tusquets, Barcelona). Traducción del original alemán *Meine Weltansicht* (1961).
—, (1988 b), «Mi vida», en Schrödinger (1988 a: 133-157). Traducción del original alemán *Mein Leben* (1985).
—, (1992), *La estructura del espacio-tiempo* (Alianza, Madrid). Traducción del original inglés *Space-Time Structure* (Cambridge University Press, Cambridge, 1950).
Schroeder-Gudehus, Brigitte (1978), *Les scientifiques et la paix. La communnauté scientifique internationale au cours des annés 20* (Les Presses de l'Université de Montréal, Montreal).
Schroer, Bert (2007), «Pascual Jordan, biographical notes, his contributions to quantum mechanics and his role as a protagonist of quantum field theory», en *Pascual Jordan (1902-1980)* (Max-Planck-Institut für Wissenschafsgeschichte, preprint 329: 47-68).
Schwartz, David N. (2017), *The Last Man Who Knew Everything. The Life and Times of Enrico Fermi, Father of the Nuclear Age* (Basic Books, Nueva York).
Schwartz, Laurent (1945), «Généralisation de la notion de function de dérivation, de transformation de Fourier et applications mathématiques et physiques», *Annales de l'Université de Grenoble 21*, 57-74.
—, (1950-1951), *Théorie des distributions*, 2 vols. (Hermann, París).
—, (1972), «La "function" δ et les noyaux», en Salam y Wigner, eds. (1972: 179-182).
Schweber, Silvan S. (1990), «The young John Clarke Slater and the development of quantum chemistry», *Historical Studies in the Physical Sciences 20*, 339-406.

Schwinger, Julian (1988), «Hermann Wey and Quantum Mechanics», en Deppert, Hübner, Oberschelp y Weidemann, eds. (1988: 107-129).
Segrè, Emilio (1982), *Fermi* (Consejo Nacional de Ciencia y Tecnología, México D.F.). Traducción del original en inglés *Fermi* (1970).
Seitz, Fredericc (1980), «Biographical notes», en Mott, ed. (1980: 84-99).
—, (1994), *On the Frontier. My Life in Science* (American Institute of Physics, Nueva York).
Serwer, Daniel (1977), «*Unmechanischer Zwang*: Pauli, Heisenberg, and the rejection of the mechanical atom, 1923-1925», *Historical Studies in the Physical Sciences 8*, 189-256.
Shinn, Terry (1993), «The Bellevue grand électroaimant, 1900-1940: birth of a research-technology community», *Historical Studies in the Physical and Biological Sciences 24*, 157-187.
Siegmund-Schultze, Reinhard (2003), «The origins of functional analysis», en Jahnke, ed., *A History of Analysis* (American Mathematical Society/ London Mathematical Society, Providence, Rhode Island) (2003: 3805-407).
Sigurdsson, Skuli (1991), *Herman Weyl, Mathematics and Physics, 1900-1927*, tesis doctoral, Universidad de Harvard.
Simões, Ana y Gavroglu, Kostas (1999), «Quantum chemistry and applied mathematics. The contribution of Charles Alfred Coulson, 1910-1974», *Historical Studies in the Physical Sciences 29*, 363-406.
Slater, John (1939), *Introduction to Chemical Physics* (McGraw-Hill, Nueva York).
—, (1967), «Quantum physics in America between the wars», *International Journal of Quantum Chemistry I S*, 1-23.
—, (1975), *Solid-State and Molecular Theory. A Scientific Biography* (John Wiley, Nueva York).
Soifer, Alexander (2015), *The Scholar and the State: In Search of Van der Waerden* (Springer).
Sommerfeld, Arnold (1919), *Atombau und Spektrallinien* (F. Vieweg, Brunswick).
—, (1923), *Atomic Structure and Spectral Lines* (Methuen & Co., Londres).
—, (1927), «Zur Elektronentheorie der Metalle», *Naturwissenschaften 15,* 823-832.
—, (1928), «Zur Elektronentheorie der Metalle auf Grund der Fermischen Statistik», *Zeitschrift für Physik 47,* 1-60.
—, (1949), *Partial Differential Equations in Physics,* vol. VI de *Lectures on Theoretical Physics* (Academic Press, Londres).
—, (1964), *Mechanics,* vol. I de *Lectures on Theoretical Physics* (Academic Press, Londres).
—, (1968), *Gesammelte Schriften*, 4 vols. (F. Vieweg, Brunswick).
Sommerfeld, Arnold y Bethe, Hans A. (1933), «Elektronentheorie der Metalle», *Handbuch der Physik* (Springer, Berlín).

Sommerfeld, Arnold y Bopp, Friedrich (1951), «Fifty years of quantum theory», *Science 113 S*, 85-92.

Sommerfeld, Arnold y Runge, Iris (1911), «Anwendung der Vektorrechnung auf die Grundlagen der geometrischen Optik», *Annalen der Physik 35*, 277-298.

Sopka, Katherine R. (1980), *Quantum Physics in America, 1920-1935* (Arno Press, Nueva York).

Speiser, David (1988), «Gruppentheorie und Quantenmechanik: The book and its position in Weyl's work», en Deppert, Hübner, Oberschelp y Weidemann, eds., (1988: 161-189).

Speziali, Pierre, ed. (1994), *Albert Einstein. Correspondencia con Michele Besso (1903-1955)* (Tusquets, Barcelona).

Stolzenburg, Klaus, ed. (1984), *Niels Bohr Collected Works,* vol. 5 *(«The Emergence of Quantum Mechanics, mainly 1924-1935»)* (North-Holland, Ámsterdam).

Stuewer, Roger H. (1986 a), «Rutherford's satellite model of the nucleus», *Historical Studies in the Physical Sciences 16*, 321-352.

—, (1986 b), «Gamow's theory of alpha decay», en *The Kaleidoscope of Science: The Israel Colloquium Studies in History, Philosophy and Sociology of Science,* vol. 1, Ullman-Margalit, ed. (Springer, Englewood Cliffs, Nueva Jersey), 147-186.

—, (2018*), The Age of Innocence, Nuclear Physics between the First and Second World Wars* (Oxford University Press, Oxford).

Suits, Chauncey G. y Way, Harold E., eds. (1962), *The Collected Works of Irving Langmuir,* vol. 12 *(«Langmuir, the man and the scientist»)* (Pergamon Press, Oxford).

Teller, Edward y Shoolery, Judith L. (2001), *Memoirs. A Twentieth-Century-Journey in Science and Politics* (Perseus Publishing, Cambridge, Massachusets).

Thirring, Hans (1928), «Die Grundgedanken der neuen Quantentheorie. Erter Teil: Die Entwicklung bis 1926», *Ergebnisse der exakten Naturwissenschaften 7*, 384-431.

Thomas, Kelly D. (2013), «The advent and fall of EPR», en *The Institute Letter (Fall)* Institute for Advanced Study, Princeton, 13.

Thomas, Wilhelm (1925), «Über die Zahl der Dispersionselektronen, die einem stationären Zustande zugeordnet sind», *Naturwissenschaften 13*, 627.

Thomson, George P. (1927), «Diffraction of cathode rays by a thin film», *Nature (Letter to the Editor) 119*, 890.

—, (1928), «Experiments on the diffraction of cathode rays», *Proceedings of the Royal Society A 117*, 600-609.

—, (1930), *The Wave Mechanics of Free Electrons* (McGraw-Hill, Nueva York).

Thomson, Joseph J. (1910), «President's Address», *Report of the Seventy-*

Ninth Meeting of the British Association for the Advancement of Science. Winnipeg: 1909 (John Murray, Londres) (1910: 3-29).
—, (1923), *The Electron in Chemistry* (The Franklin Institute, Filadelfia).
Tisza, László (1938), «Transport phenomena in helium II», *Nature 141*, 913.
—, (2009), «Adventures of a theoretical physicist, Part I: Europe», *Physics in Perspective 11*, 46-97.
Tolman, Richard (1927), *Statistical Mechanics with Applications to Physics and Chemistry* (Chemical Catalog Company, Nueva York).
van Delft, Dirk (2007), *Freezing Physics. Heike Kamerlingh Onnes and the Quest for Cold* (Koninklijke Nederlandse Akademie van Wetenschappen, Ámsterdam).
van Vleck, John (1922), «Crossed orbit helium model», *Philosophical Magazine 44*, 842-869.
—, (1926), *Quantum Principles and Line Spectra (Bulletin of the National Research Council,* vol. 10, parte 4*)* (National Research Council, Washington D. C.).
—, (1932), *Theory of Electric and Magnetic Susceptibilities* (Oxford University Press, Oxford).
—, (1968), «My Swiss visits of 1906, 1926, and 1930», *Helvetica Physica Acta 41*, 1234-1237.
van der Waerden, Bartel L. (1932), *Die Gruppentheoretische Methode in der Quantenmechanik* (Springer, Berlín).
van der Waerden, Bartel L., ed. (1967), *Sources of Quantum Mechanics* (Dover, Nueva York).
von Laue, Max (1947), *Geschichte der Physik* (Universitäts-Verlag, Bonn).
—, (1950), *History of Physics* (Academic Press, Nueva York).
von Meyenn, Karl, ed. (1985), *Wolfgang Pauli. Wissenschaftlicher Briefwechsel mit Bohr, Einstein, Heisenberg u. a., vol. II («1930-1939»)* (Springer, Berlín).
—, (1993), *Wolfgang Pauli. Wissenschaftlicher Briefwechsel mit Bohr, Einstein, Heisenberg u. a., vol. III («1940-1949»)* (Springer, Berlín).
von Meyenn, Karl y Sánchez Ron, José M. (1987), «Erwin Schrödinger y la concepción estadística del mundo», *Sylva Clius 1*, n.º 3, 3-23.
von Neumann, John (1925), «Eine Axiomatisierung der Mengenlehre», *Journal für reine und angewandte Mathematik 154*, 219-240.
—, (1927 a), «Zur Hilbertschen Beweistheorie», *Mathematische Zeitschrift, 26*, 1-46.
—, (1927 b), «Mathematische Begründung der Quantenmechanik», *Nachrichten der Koniglichen Gesellschaft der Wissenschqften zu Gottingen, Math. Phys. Kl.,* 1-57.
—, (1929 a), «Allgemeine Eigenwerststheorie Hermitescher Funktionaloperstoren», *Mathematische Annalen 102*, 49-131.
—, (1929 b), «Zur Algebra der Funktionaloperatoren und Theorie der normalen Operatoren», *Mathematische Annalen 102*, 370-427.

—, (1940), «On rings of operators», *Annals of Mathematics 41*, 94-161.

—, (1932), *Mathematische Grundlagen der Quantenmechanik* (Springer, Berlín). Traducción al castellano (2018), *Fundamentos matemáticos de la mecánica cuántica* (Consejo Superior de Investigaciones Científicas, Madrid).

Weart, Spencer R. (1992), «The solid community», en Hoddeson, Braun, Teichmann y Weart, eds. (1992: 617-669).

Weart, Spencer R. y Phillips, Melba, eds. (1985), *History of Physics* (American Institute of Physics, Nueva York).

Weiner, Charles, ed. (1977), *History of Twentieth Century Physics (Rendiconti della Scuola Internazionale di Fisica «Enrico Fermi», Varenna 1972)* (Academic Press, Nueva York).

Weiss, Pierre (1907), «L'hypothèse du champ moléculaire et la proprieté ferromagnétique», *Journal de Physique 6*, 661-690.

—, (1911 a), «Sur la grandeur du magnétón déduite des coefficients d'aimantation des solutions de fer», *Comptes rendus de l'Académie des Sciences 152*, 367-369.

—, (1911 b), «Sur la rationalité des rapports des moments magnétiques moléculaires et le magnéton», *Journal de Physique 1 (sèrie 5ème)*, 900-912 y 965-988.

Weiss, Pierre y Kamerlinh Onnes, Heike (1910), «Researches on magnetization at very low temperatures», *Proceedings of the KNAW [Koninklijke Nederlandse Akademie van Wetenschappen] 12, 1909-1910*, 649-677.

Weisskopf, Victor F. (1983), «Growing up with field theory: the development of quantum electrodynamics», en Brown y Hoddeson, eds. (1983: 56-81).

—, (1991), *The Joy of Insight. Passions of a Physicist* (Basic Books, Nueva York).

Wentzel, Gregor (1926), «Zwei Bemerkungen über die Zerstreuung korpuskularer Strahlen als Beugungserscheiung», *Zeitschrift für Physik 40*, 590-593.

Weyl, Hermann (1927), «Quantenmechanik und Gruppentheorie», *Zeitschrift für Physik 46*, 1-46.

—, (1928), *Gruppentheorie und Quantenmechanik* (S. Hirzel, Leipzig).

—, (1929), «The spherical symmetry of atoms», *The Rice Institute Pamphlet 16*, 266-279.

—, (1931), *The Theory of Groups and Quantum Mechanics* (Methuen, Londres).

—, (1944), «David Hilbert 1862-1943», *Obituary Notices of Fellows of the Royal Society 4*, 547-553. Reproducido en Chandrasekharan, ed. (1968: vol. IV, 121-129).

—, (1950), *The Theory of Groups and Quantum Mechanics* (Dover, Nueva York).

Wheeler, John A. y Zurek, Wojciech H., eds. (1983), *Quantum Theory and Measurement* (Princeton University Press, Princeton, Nueva Jersey).

Whittaker, Edmund T. (1937), *A Treatise on the Analytical Dynamics of Particles and Rigid Bodies* (Cambridge University Press, Cambridge).
Wightman, Arthur S. (1972), «The Dirac equation», en Salam y Wigner, eds. (1972: 95-115).
Wigner, Eugene (1926), «Über nicht kombinieerende Terme in der neueren Quantentheorie, Erster Teil», *Zeitschrift für Physik 40*, 492-500.
—, (1927 a), «Über nicht kombinieerende Terme in der neueren Quantentheorie, Zweiter Teil», *Zeitschrift für Physik 40*, 863-892.
—, (1927 b), «Einige Folgerungen aus der Schrödingerschen Theorie für die Termstrukturen», *Zeitschrift für Physik 43*, 624-652.
—, (1960), «The unreasonable effectiveness of mathematics in the natural sciences», *Communications in Pure and Applied Mathematics 13, N.º 1 (February)*. Reproducido en Wigner (1967: 222-237).
—, (1961), «Remarks on the mind-body question», en Good, ed., *The Scientist Speculates* (Heinemann, Londres) (1961: 284-302).
—, (1967*), Symmetries and Reflections* (Indiana University Press, Bloomington, Indiana).
—, (1992), *The Recollections of Eugene Wigner, as told to Andrew Szanton* (Plenum Press, Nueva York).
Wigner, Eugene y Seitz, Frederick (1933), «On the constitution of metallic sodium. I», *Physical Review 43*, 804-810.
—, (1934), «On the constitution of metallic sodium. II», *Physical Review 46*, 509-524.
Wilson, A. H. (1931 a), «The theory of semiconductors», *Proceedings of the Royal Society of London A 133*, 458-491.
—, (1931 b), «The theory of electronic semi-conductors-II», *Proceedings of the Royal Society of London A 134*, 277-287.
—, (1936), *The Theory of Metals* (Cambridge University Press, Cambridge).
—, (1980), «Solid state physics 1925-33: opportunities missed and opportunities seized», en Mott, ed. (1980: 39-48).
Ziman, John M. (1960), *Electrons and Phonons* (Clarendon Press, Oxford).

Índice analítico

Índice